山　东　省　精　品　课　程
高职高专“十二五”规划教材

机械识图与制图

第二版

沈　梅　赵　娟　主编
李世伟　主审

化学工业出版社
·北京·

全书内容包括机械图样中国家标准的基本规定、平面图形的绘制、平面立体的投影、曲面立体、轴测图的画法、组合体的三视图、机件的表达方式、标准件及常用件、零件图、装配图、三维实体的绘制等。

本书采用校企合作的方式编写，以项目导向、任务驱动，进行基于工作过程的课程设计，将机械制图与CAD重构重组、有机融合。本书为山东省精品课程教材，有配套习题集供选择使用。

本书可作为高职高专机械类、近机械类制图课教材，也可作为在职职工岗位培训及自学用书。

图书在版编目（CIP）数据

机械识图与制图/沈梅，赵娟主编．—2版．—北京：化学工业出版社，2012.8

山东省精品课程．高职高专“十二五”规划教材

ISBN 978-7-122-14684-7

Ⅰ.①机… Ⅱ.①沈…②赵… Ⅲ.①机械图-识别-高等职业教育-教材②机械制图-高等职业教育-教材 Ⅳ.①TH126

中国版本图书馆CIP数据核字（2012）第142813号

责任编辑：高　钰　王金生　　文字编辑：张绪瑞

责任校对：王素芹　　装帧设计：史利平

出版发行：化学工业出版社（北京市东城区青年湖南街13号　邮政编码100011）

印　　装：大厂聚鑫印刷有限责任公司

787mm×1092mm　1/16　印张17¼　字数440千字　2012年9月北京第2版第1次印刷

购书咨询：010-64518888（传真：010-64519686）　售后服务：010-64518899

网　　址：http://www.cip.com.cn

凡购买本书，如有缺损质量问题，本社销售中心负责调换。

定　　价：32.00元

第二版前言

本书第一版出版发行几年来，得到了读者的肯定并提出了一些意见，为了更好地服务广大读者，本教材在第一版的基础上，第二次修订采用了国家最新制图标准，AutoCAD 版本由 2005 版全部升级到 2012 版。具体改动内容如下：

绪论、项目一中的任务六、项目二、项目六中的任务四、项目九、项目十一全部换版，采用了 AutoCAD 2012 新版；项目一中的图幅、尺寸注法、图线采用制图新标准，项目九将表面粗糙度的有关内容修订为表面结构，在评定参数，代（符）号以及标注上有了较大的变动，对于位置公差的基准代号也有了较大的改动等。全书均采用了国家最新制图标准。

参加本书编写的人员及分工不变，同第一版。

本书的改版工作，得到了各有关院校的大力支持，在此谨向他们致以诚挚的谢意。

由于编者水平所限，书中的不妥之处，恳请有关专家、同仁和广大读者批评指正。

编　者

2012 年 5 月

第一版前言

为了全面提高高等职业教育教学质量，要求大力推行工学结合，突出实践能力培养，改革人才培养模式，作为高职高专规划教材，本书是根据教育部《关于全面提高高等职业教育教学质量的若干意见》等文件精神，以及当前教学改革发展的要求而编写的。本书内容的编写，以“服务为宗旨，以就业为导向”，集中体现了“突出应用、服务于专业”的指导思想。

本书采用校企合作的方式，由企业工程师参与编写。教材的开发和设计，充分体现出其职业性、实践性和开放性的特点，依据岗位需求，重构重组教材内容（包括《机械制图》与《CAD》的有机融合），以典型的产品零件为项目载体，以项日导向、任务驱动，进行基于工作过程的课程设计，将知识与技能有机融入项目任务中，以寻求“解决方法”，实现了识图与绘图、制图知识与零部件测绘训练的有机融合，有效培养了学生的空间想象力、分析和解决问题的能力，引导和激发学生的学习兴趣。在执行工作任务的过程中，探索吸收知识、练好技能，培养学生自主的学习能力和强化团队精神，为后续课程的学习和适应工作岗位奠定良好基础。

参加本书编写的人员及分工如下：项目四、项目六由沈梅编写；绪论、项目二、项目八由赵娟编写；项目三、项目九由刘建国编写；项目一、项目十由谢蕾编写；项目五、项目七由孙术华编写；项目十一由李福伟编写。全书由沈梅、赵娟担任主编，刘建国、谢蕾担任副主编，由李世伟担任主审。

本书的编写工作，得到了各有关院校的大力支持，在此谨向他们致以诚挚的谢意。

由于编者水平所限，加之时间仓促，书中的不妥之处在所难免，恳请有关专家、同仁和广大读者批评指正。

编　者

2008 年 5 月

目 录

绪　论

一、机械制图的地位、性质和任务

能够准确地表达物体的形状、尺寸及技术要求的图称为图样。图样是制造工具、机器、仪表等产品和进行建筑施工的重要技术依据，是工程界共同的技术语言。随着计算机的普及和发展，计算机绘制图样得到广泛应用，使设计制图工作发生了根本性变化，是现代设计制造必须掌握的一种工具。机械制图就是研究机械图样的图示原理、读图及画图方法的课程。

本课程的主要目的是培养学生具有阅读和绘制工程图样的能力。其主要任务是：

① 学习正投影法的基本理论及其应用。

② 能正确地使用绘图工具和仪器，培养学生绘制和识读零件图及装配图的能力。

③ 培养学生的空间想象力和创新能力。

④ 培养学生计算机绘图的能力。

⑤ 学习、贯彻制图的国家标准及有关规定。

此外，还必须培养学生认真负责的工作态度和严谨细致的工作作风。

二、AutoCAD 简介

AutoCAD 是由美国 AutoDesk 公司开发的通用计算机辅助设计软件包。它的版本从 AutoCAD 1.0 不断升级，功能日趋完善。AutoCAD 在工程界应用非常普及，它不仅是应用平台，而且也是一个软件开发平台，它具有直观的用户界面、下拉式菜单、易于使用的对话框和工具条，使用方便、易于掌握；还具有完善的图形绘制功能、强大的编辑功能及三维造型功能，并支持网络和外部引用等。因此，了解和掌握 AutoCAD 软件的功能、操作和应用是十分必要的。

本教材重点介绍使用 AutoCAD 绘制机械图样的方法，旨在培养和提高学生使用该软件绘制机械图样的能力。

三、本课程的学习方法

① 学习理论部分时，要牢固掌握正投影的基本知识，应将投影分析、几何作图与空间想象、分析判断结合起来，由浅入深，由简到繁地多看、多画、多想，不断地由物到图，由图想物，提高空间分析能力和空间想象能力。

② 学习制图应用时，学会应用形体分析法、线面分析法的基本理论和方法，并用国家标准中有关技术制图的规定，正确熟练地阅读和绘制机械图样。

③ 完成一定的作业量，计算机绘图部分要多上机练习。

④ 读图和绘图是一件十分细致的工作，实际工作中不能出任何差错，学习中对每条线、每个符号都要认真对待，一丝不苟，严格遵守国家标准的有关规定。

四、AutoCAD 的启动

① 双击桌面上的 AutoCAD 2012 快捷方式图标启动，如图 0-1 所示

② 依次单击“开始”→“程序”→“AutoCAD 2012”，然后单击该程序文件夹中的 AutoCAD 2012 选项。

五、AutoCAD 的工作界面

AutoCAD 2012 的工作界面主要由绘图区、十字光标、下拉菜单、工具栏、状态栏、命

图 0-1 AutoCAD 2012 图标

令提示区、动态坐标、坐标系图标等组成，如图 0-2 所示。

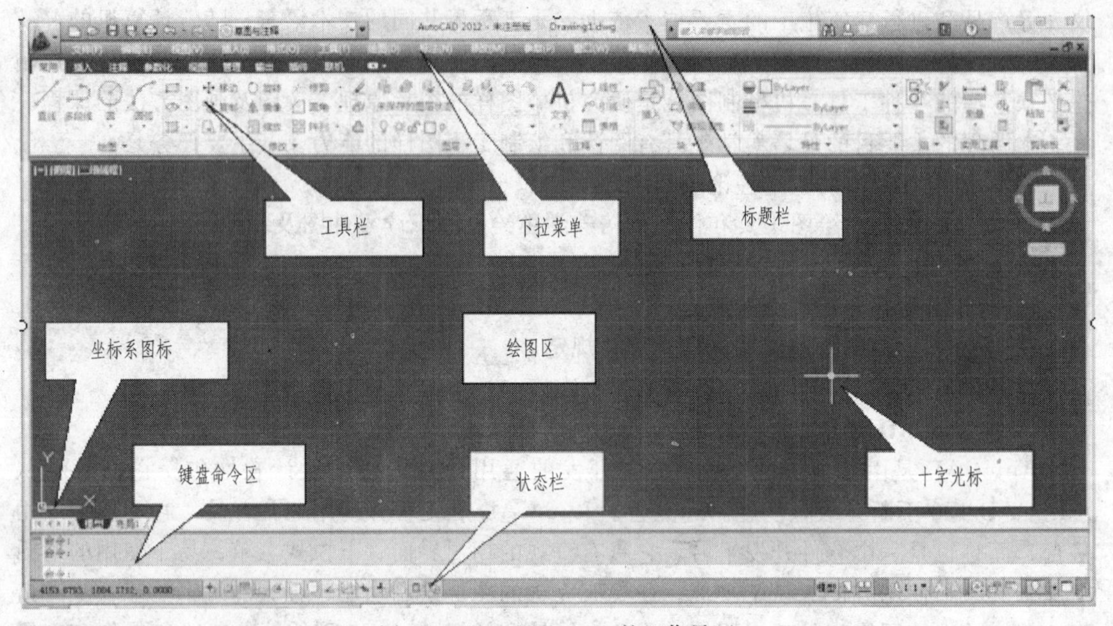

图 0-2 AutoCAD 2012 的工作界面

1. 标题栏

标题栏出现在应用程序窗口的顶部，它显示了当前正在运行的程序名以及当前所装入的文件名。在标题栏的右边为 AutoCAD 2012 程序窗口最大化、最小化、关闭按钮，其使用方法与一般的 Windows 软件相同。

2. 菜单栏

AutoCAD 2012 共包括“文件”、“编辑”、“视图”、“插入”、“格式”、“工具”、“绘图”、“标注”、“修改”、“参数”、“窗口”和“帮助”十二个下拉菜单，利用下拉菜单可执行 AutoCAD 2012 的大部分常用命令。AutoCAD 2012 的下拉菜单有如下特点：

① 下拉菜单中，右面有小三角形图标的菜单项，表示还有子菜单。

② 下拉菜单中，选择右面有省略号（...）的菜单项，将显示出一个对话框。

③ 有效菜单和无效菜单：有效菜单以黑色字符显示，用户可以选择、执行其命令功能；无效菜单以灰色字符显示，用户不可选取、也不能执行该命令功能。

3. 工具栏

工具栏提供了调用 AutoCAD 命令的快捷方式，它包含了许多命令按钮，单击某个按钮，AutoCAD 就会执行相应命令。用户可以在已有工具栏上右击，在弹出的工具栏快捷菜单上，实现工具栏的打开与关闭。如图 0-3 所示。

4. 命令提示区

命令提示区位于 AutoCAD 底部，用于接受用户的命令及显示各种信息与提示。

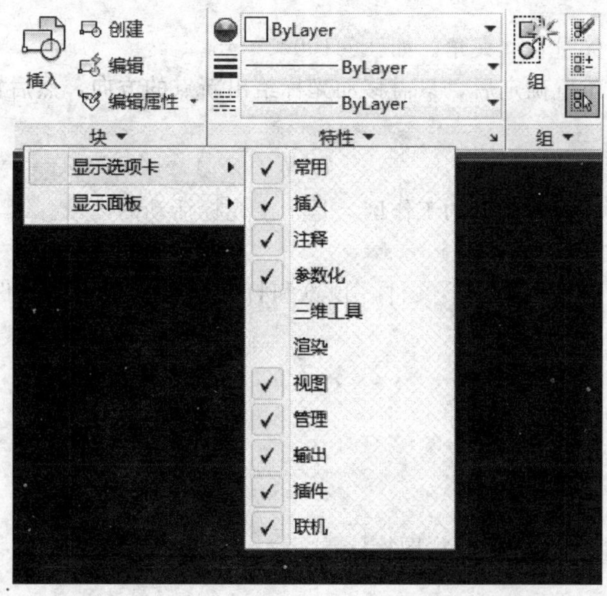

图 0-3 AutoCAD 2012 工具栏的打开与关闭

5．状态栏

状态栏位于屏幕的最下方，它主要反映当前的工作状态，如十字光标的坐标值，一些提示的文字等。还有捕捉、栅格等 14 个控制按钮，按钮呈亮色时为打开状态，如图 0-4 所示。

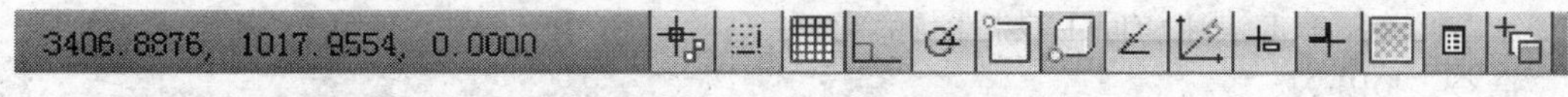

图 0-4 状态控制按钮

部分常用控制按钮的含义如下：

捕捉：控制是否应用捕捉辅助绘图。

栅格：控制是否采用栅格辅助绘图。

正交：控制是否打开正交模式，如果打开正交模式，则此时光标只能水平或垂直移动。

极轴：控制绘图时是否打开极坐标追踪。

对象捕捉：控制绘图时是否打开对象捕捉。

对象追踪：控制绘图时是否打开对象捕捉追踪。

线宽：控制绘图时是否在屏幕上显示线宽。

6．坐标系图标

用来直观显示当前坐标系的方向。坐标是确定图形位置和大小的重要因素，如何根据不同情况快速而准确地寻找坐标点，对于提高作图速度与图形的精确度将产生直接影响。为此，必须熟练掌握系统所提供的各种坐标表示法，以提高作图技能。AutoCAD 2012 的常用坐标输入方式有以下几种。

（1）绝对坐标 通过 X、Y 轴上的绝对数值表示坐标位置。表示方法为：X 坐标，Y 坐标。如：10，20。

（2）相对坐标 通过新点相对于前一点在 X、Y 轴上的增量来表示坐标位置。

表示方法为 @X 增量，Y 增量。如：@10，20。

（3）极坐标 是通过新点与前一点连线与 X 轴正向间的夹角以及两点间的矢量长度来

表示新点的位置。

表示方法为 @矢量长＜夹角。如：@100＜－45。

说明：当第一点位置确定后，只需移动光标给出新点的方向，然后输入距离值就可确定新点的位置。

7. 作图区

用于显示、绘制和编辑图形的工作区，是十字光标活动的区域。

六、图形文件的管理

文件管理是指如何创建新图形文件、预览和打开已存在的图形文件以及文件的存盘等操作。

1. 创建新图

功能：创建一个新的图形文件

命令执行方式：

下拉菜单：文件→新建

工 具 栏：单击快速访问工具栏图标

命令：NEW

2. 打开文件

功能：打开已存在的图形文件

命令执行方式：

下拉菜单：文件→打开

工 具 栏：单击快速访问工具栏图标

命令：OPEN

图 0-5 “选择文件”对话框

操作过程：

执行打开文件命令后，AutoCAD 弹出图 0-5 所示的“选择文件”对话框。指定文件路径及名称，然后单击“打开”按钮。

3. 保存图形文件

快速存盘：单击快速访问工具栏图标

换名存盘：文件→另存为

执行命令后，打开如图 0-6 所示的“图形另存为”对话框，确定文件保存路径及文件名后单击“保存”按钮即可。

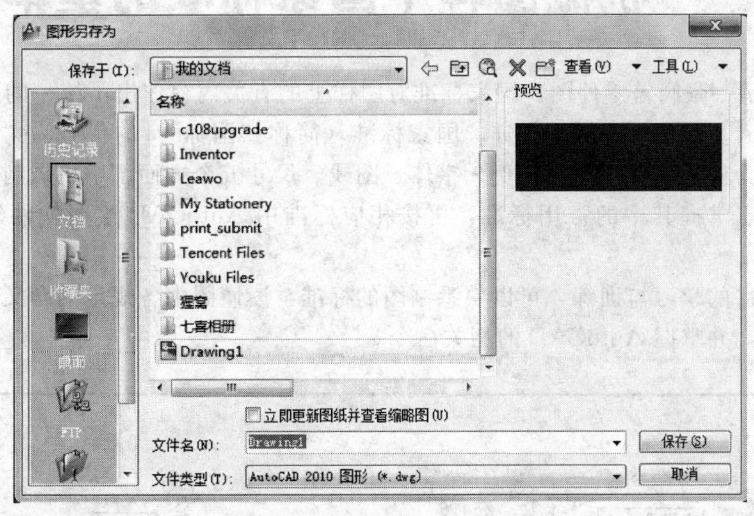

图 0-6 “图形另存为”对话框

4. 关闭图形文件

单击文件关闭按钮同 Windows 操作相同。

项目一　机械图样中国家标准的基本规定

如图 1-1 是一张阀盖零件图。国家标准对图样上的有关内容作出了统一的规定，每个从事技术工作的人员都必须掌握并遵守。国家标准（简称“国标”）的代号为“GB”。本项目以阀盖零件图为例，先从图幅、比例、字体、图线、尺寸五个方面了解机械制图国家标准的一般规定，重点掌握其中的常用标准，再按相应标准用 AutoCAD 绘图软件建立一张标准图幅。

通过本项目的学习与训练，可以熟悉制图的标准，读懂图中各规定的含义，并为识图和制图打下基础，并掌握 AutoCAD 的相关命令。

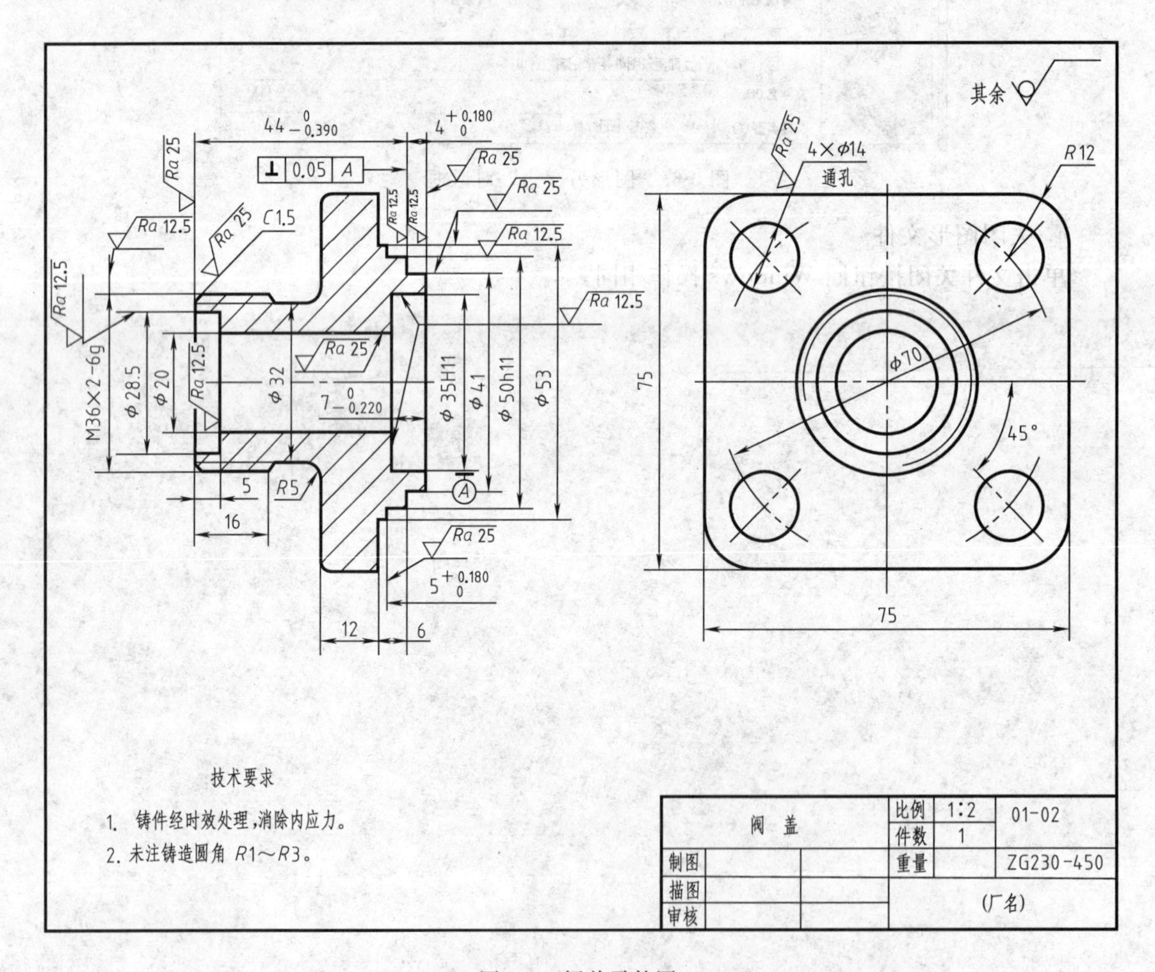

图 1-1　阀盖零件图

任务一　图幅（GB/ T 14689—2008）

图幅由图框、标题栏组成，如图 1-1 中外边缘的两个矩形框为图幅，右下角是标题栏。

1. 图幅尺寸

绘图机械图样时，应采用表 1-1 中所规定的图纸基本幅面。

表 1-1　基本幅面尺寸及其图框尺寸

幅面代号	A0	A1	A2	A3	A4
$B \times L$	841×1189	594×841	420×594	297×420	210×297
e	20		10		
c	10			5	
a	25				

2. 图框格式

在图纸上必须用细实线画出表示图幅大小的纸边界线；用粗实线画出图框，其格式分为不留装订边和留有装订边两种，两种格式都有竖装或横装两种形式。但同一产品的图样只能采用一种格式。相应尺寸见表 1-1，图 1-2（a）是留装订边的横装形式，图 1-2（b）是不留装订边的竖装形式。

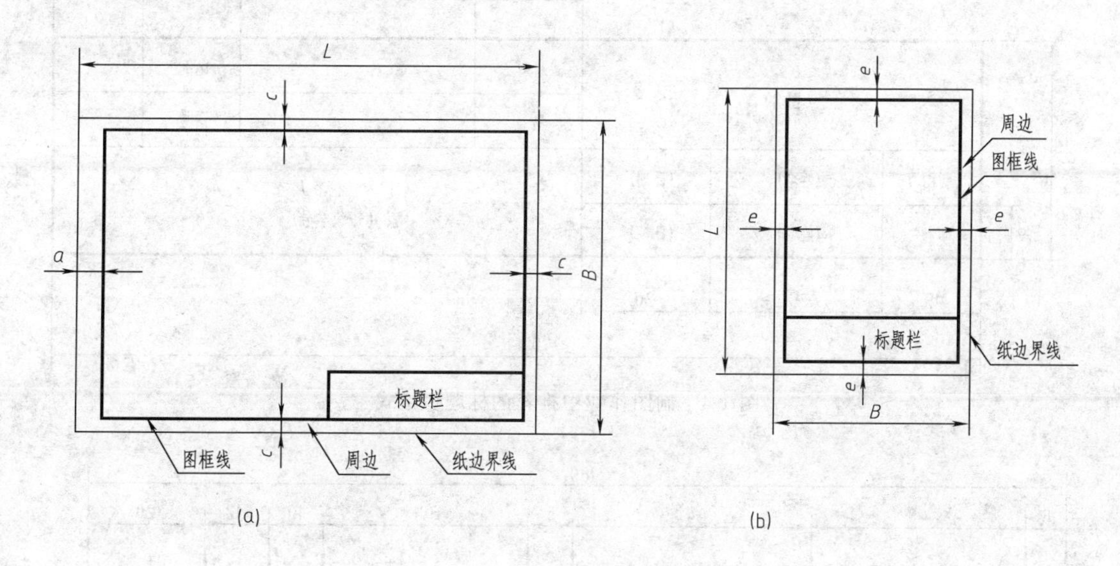

图 1-2　图框格式

3. 标题栏

（1）基本要求　每张技术图样中均应画出标题栏。其位置、线型、字体等都要遵守相应的国家标准。标题栏中日期“年 月 日”应按照《全数字式日期表示法》GB 2808—1981 的规定填写。形式有三种，如 20050328、2005-03-28 及 2005 03 28，可任选。

（2）位置　绘图时，必须在每张图纸的右下角画出标题栏。

对于标题栏的格式，国家标准 GB/T 10609.1—2008 已做了统一的规定，如图 1-3 所示。为了学习方便，在学校的制图作业中，建议采用图 1-4 所推荐的格式。

（3）明细栏　在标题栏的上方是明细栏。明细栏的画法见图 1-5。明细栏一般配置在装配图标题栏的上方，按由下而上的顺序填写。明细栏一般由序号、代号、名称、数量、材料、重量（单件、总计）、分区、备注等组成，可以根据需要增加或减少内容。

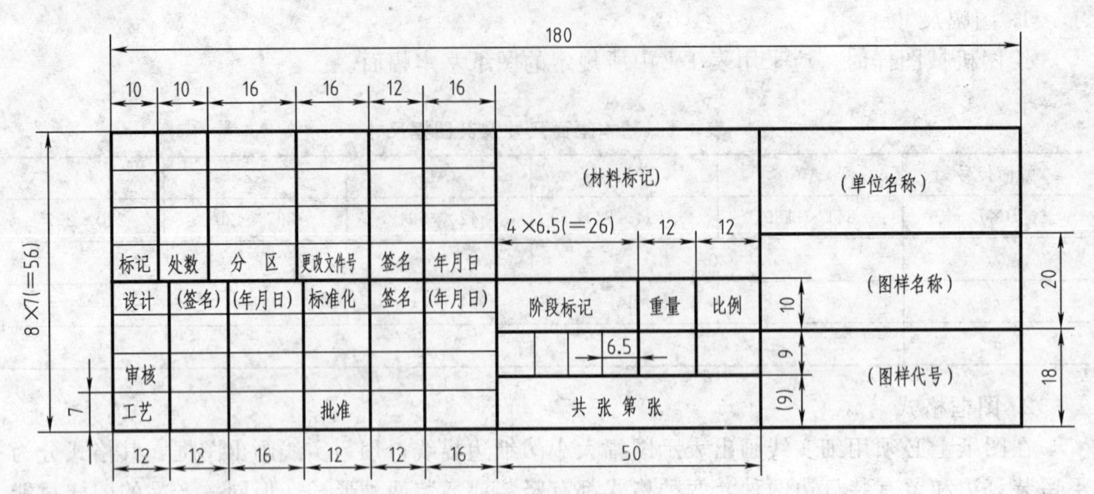

图 1-3 标题栏的格式及尺寸

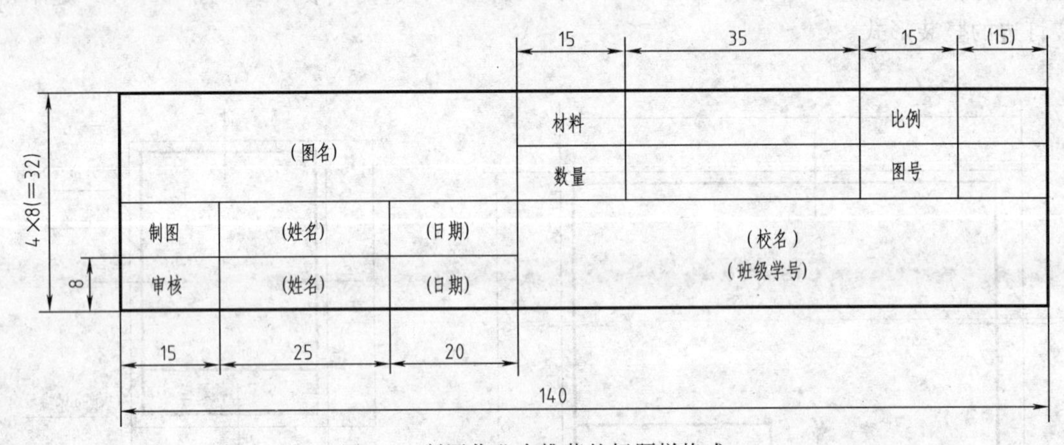

图 1-4 制图作业中推荐的标题栏格式

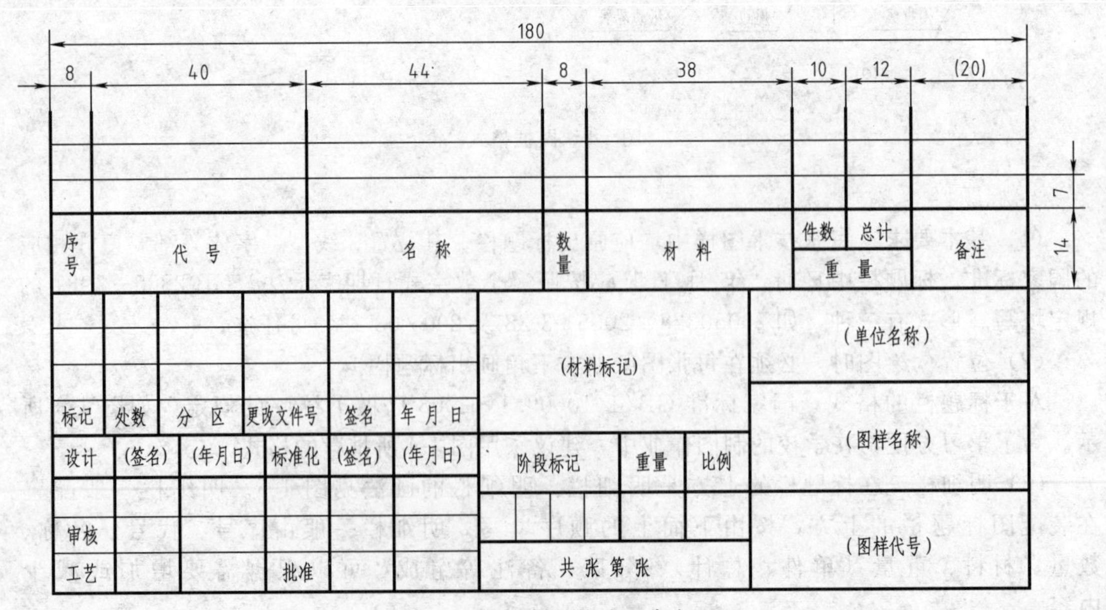

图 1-5 明细栏的格式（参考）

任务二　比例（GB/T 14690—1993）

图中图形与其实物相应要素的线性尺寸之比称为比例。

需要按比例绘制图样时，应按表 1-2 所规定的系列中选取适当的比例。

必要时，也允许按表 1-3 中选用比例。

表 1-2　标准选用的比例

种类	比例
原值比例（比值为 1 的比例）	1∶1
放大比例（比值>1 的比例）	5∶1　2∶1 5×10^n∶1　2×10^n∶1　1×10^n∶1
缩小比例（比值<1 的比例）	1∶2　1∶5　1∶10 1∶2×10^n　1∶5×10^n　1∶1×10^n

表 1-3　允许选用的比例

种类	比　例
放大比例	4∶1　2.5∶1 4×10^n∶1　2.5×10^n∶1
缩小比例	1∶1.5　1∶2.5　1∶3　1∶4　1∶6 1∶1.5×10^n　1∶2.5×10^n　1∶3×10^n　1∶4×10^n　1∶6×10^n

为了能从图样上得到实物大小的真实概念，应尽量采用原值比例绘图。绘制大而简单的机件可采用缩小比例；绘制小而复杂的机件可采用放大比例。不论采用缩小或放大的比例绘图，图样中所标注的尺寸，均为机件的实际尺寸。

对于同一张图样上的各个图形，原则上应采用相同的比例绘制，并在标题栏内的“比例”一栏中进行填写。比例符号以“∶”表示，如 1∶1 或 1∶2 等。当某个图形需采用不同比例绘制时，可在视图名称的下方以分数形式标注出该图形所采用的比例，如$\frac{\text{I}}{2:1}$、$\frac{A}{2:1}$、$\frac{B—B}{2.5:1}$等，标注示例如图 1-6 所示。

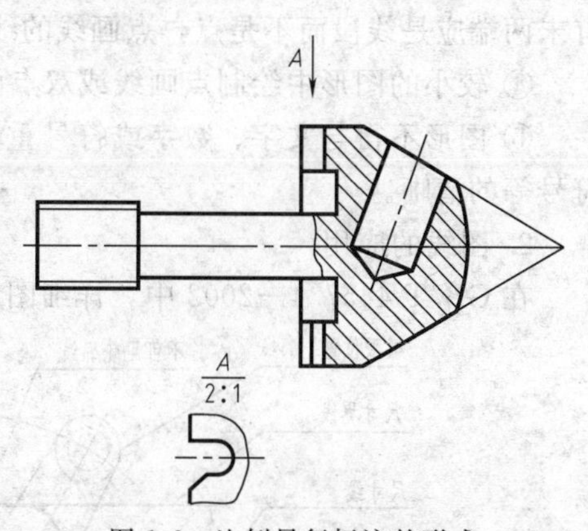

图 1-6　比例另行标注的形式

任务三　图线（GB/T 17450—1998、GB/T 4457.4—2002）

下面就图线的线型种类、尺寸、画法和应用方面的规定介绍图线。

一、图线的型式与尺寸

国标所规定的机械图样的基本线型共有 8 种，分为粗线、细线两类。粗线的宽度 d 应按图的大小和复杂程度在 0.25～2mm 间选择，常用的约 1mm。如表 1-4 所示。

表 1-4 图线线型、尺寸及应用

图线名称	图线型式	图线宽度/mm	图线主要应用举例
粗实线	——	d	可见的棱边、可见的轮廓线、视图上的铸件分型线等
细波浪线	～～～	约 $d/2$	断裂处的边界线、视图与剖视的分界线
细双折线	—\/—\/—	约 $d/2$	断裂处的边界线
细实线	——	约 $d/2$	相贯线、尺寸线和尺寸界线、剖面线、重合断面的轮廓线、投射线
细虚线	— — — —	约 $d/2$	不可见棱边、不可见轮廓线
细点画线	—·—·—	约 $d/2$	中心线、对称中心线、轨迹线
细双点画线	—··—··—	约 $d/2$	相邻零件的轮廓线、移动件的限位线、先期成型的初始轮廓线、剖切平面之前的零件结构状况

二、图线的画法与应用

1. 画法规定

① 同一图样中同类图线的宽度应基本一致，虚线、点画线、双点画线的线段长度和间隔亦应大致相同。

② 平行线（包括剖面线）之间的最小距离应不小于 0.7mm。

③ 画圆的对称中心线时，圆心应为两点画线（中心线）的交点。点画线和双点画线的首末两端应是线段而不是点，点画线的线段应超出对称图形的轮廓 2～5mm。

④ 较小的图形中绘制点画线或双点画线有困难时，可以细实线来代替。

⑤ 图形不得与文字、数字或符号重叠、混淆，当不可避免时应首先保证文字、数字或符号等的清晰。

2. 图线的应用

在 GB/T 4457.4—2002 中，详细图示了各种线型的应用。常见应用见图 1-7。

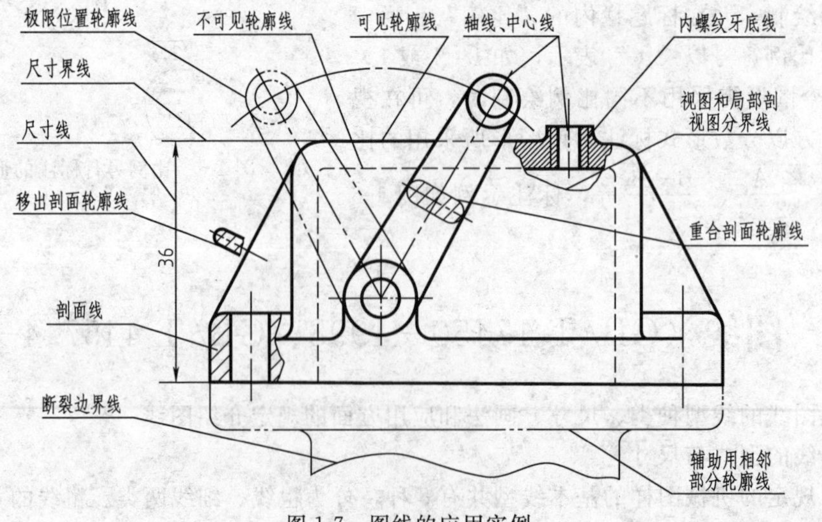

图 1-7 图线的应用实例

任务四　字体（GB/T 14691—1993）

在图1-1阀盖零件图中还用汉字、字母、数字等来标注尺寸和说明机件在设计、制造、装配时的各项要求。下面介绍相关字体的规定。

在图样中书写汉字、字母、数字时必须做到：字体工整、笔画清楚、间隔均匀、排列整齐。

字体的号数即字体的高度，有1.8mm、2.5mm、3.5mm、5mm，7mm、10mm、14mm、20mm共八种，如要书写更大的字，字体高度应按$\sqrt{2}$的比率递增。

汉字的高度h不应小于3.5mm，字宽一般为$h/\sqrt{2}$。

字母和数字的笔画宽度为字高的1/10或1/14。

汉字应写成长仿宋体，并采用国家正式公布的简化字。其书写要领为：横平竖直、注意起落、排列均匀、填满方格。

图样中的字母和数字通常有直体和斜体之分。常用的是斜体，字头向右倾斜与水平线成75°，当与汉字混写时一般用直体。

各种汉字、字母、数字示例如图1-8所示。

10号字

字体工整 笔画清楚 间隔均匀 排列整齐

7号字

横平竖直注意起落结构均匀填满方格

5号字

技术制图机械电子汽车航空船舶土木建筑矿山井坑港口纺织服装

3.5号字

螺纹齿轮端子接线飞行指导驾驶舱位挖填施工引水通风闸阀坝棉麻化纤

图1-8　汉字、字母、数字示例

另外用作指数、分数、极限偏差、注脚等的数字及字母，一般应采用小一号的字体书写。如图 1-9 所示。

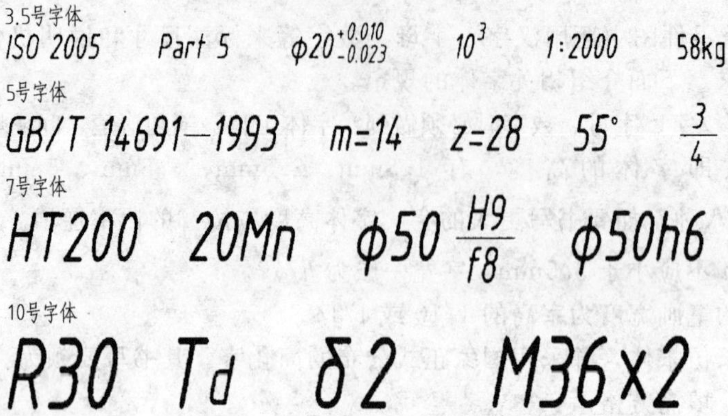

3.5号字体

ISO 2005　Part 5　$\phi20^{+0.010}_{-0.023}$　10^3　1:2000　58kg

5号字体

GB/T 14691—1993　m=14　z=28　55°　$\frac{3}{4}$

7号字体

HT200　20Mn　$\phi50\frac{H9}{f8}$　φ50h6

10号字体

R30　Td　δ2　M36×2

图 1-9　字体书写综合示例

任务五　尺　　寸

图 1-1 中的图形仅能表达机件的结构形状，其各部分的大小和相对位置关系还必须由尺寸来确定。所以，尺寸是图样中的重要内容之一，是制造、检验机件的直接依据。下面先介绍 GB/T 4458.4—2003 尺寸注法中的一些基本内容，然后补充介绍有关尺寸简化注法(GB/T 16675.2—1996) 的一些最新规定，其余内容将在后面的有关章节中阐述。

一、基本规则

① 机件的真实大小应以图样上所注的尺寸数值为依据，与图形的比例大小及绘图的准确度无关。

② 图样中的尺寸凡以毫米为单位时，不需标注其计量单位的代号或名称；如采用其他单位，则必须注明相应的计量单位的代号或名称，如米（或 m)、厘米（或 mm)、度［或(°)］等。

③ 图样中所标注的尺寸，为该图样所示机件的最后完工尺寸，否则应另加说明。

④ 机件的每一尺寸，在图样上一般只标注一次，并应标注在反映该结构最清晰的图形上。

二、尺寸的基本要素

一个完整的尺寸包括尺寸界线、尺寸线（含箭头或斜线）和尺寸数字三个基本要素，如图 1-10 所示。

1. 尺寸界线

尺寸界线表明所注尺寸的范围，用细实线绘制，并应由图形的轮廓线、轴线或对称中心线处引出；也可直接利用这些线作为尺寸界线。如图 1-11 所示，尺寸界线一般应与尺寸线垂直，且超过尺寸线箭头约 2～3mm；当尺寸界线过于贴近轮廓线时，也允许倾斜画出；在光滑过渡处标注尺寸时，必须用细实线将轮廓线延长，并从它们的交点处引出尺寸界线。

2. 尺寸线

尺寸线表明度量尺寸的方向，必须用细实线单独绘制，不能用图中的任何图线来代替，也不得画在其他图线的延长线上。

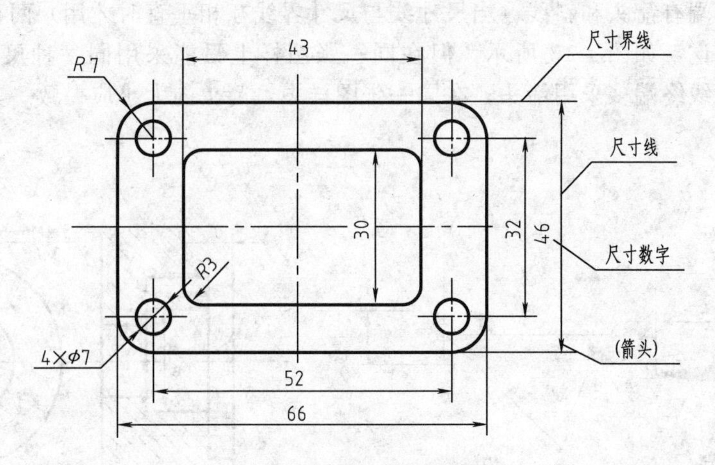

图 1-10　尺寸的组成

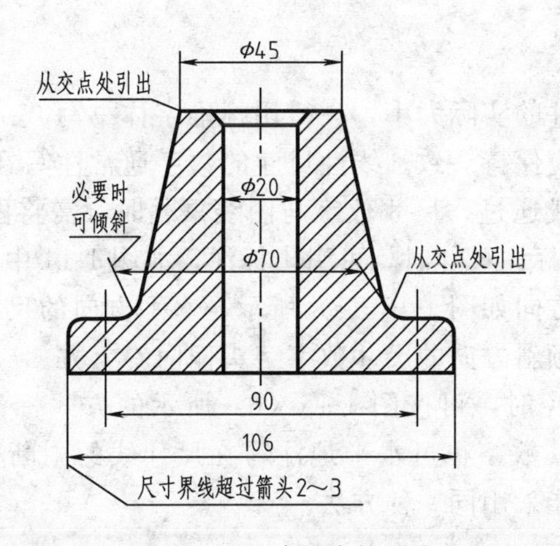

图 1-11　尺寸界线的画法

线性尺寸的尺寸线应与所标注的线段平行，其间隔或平行的尺寸线之间的间隔尽量保持一致，一般约为 5～7mm。尺寸线与尺寸线之间或尺寸线与尺寸界线之间应尽量避免相交，为此，在标注并联尺寸时，应将小尺寸放在里面，大尺寸放在外面，如图 1-12 所示。

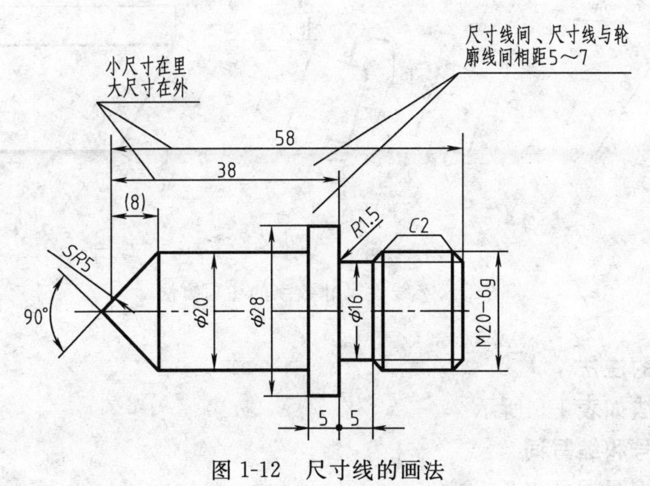

图 1-12　尺寸线的画法

尺寸线的终端有箭头和斜线（当尺寸线与尺寸界线互相垂直时才用）两种形式，用来表明度量尺寸的起讫，如图 1-13 所示，但在同一张图样上只能采用同一种尺寸线终端形式。机械图上的尺寸线终端多采用箭头；在同一张图样中，箭头的大小应一致，其尖端应指向并止于尺寸界线。

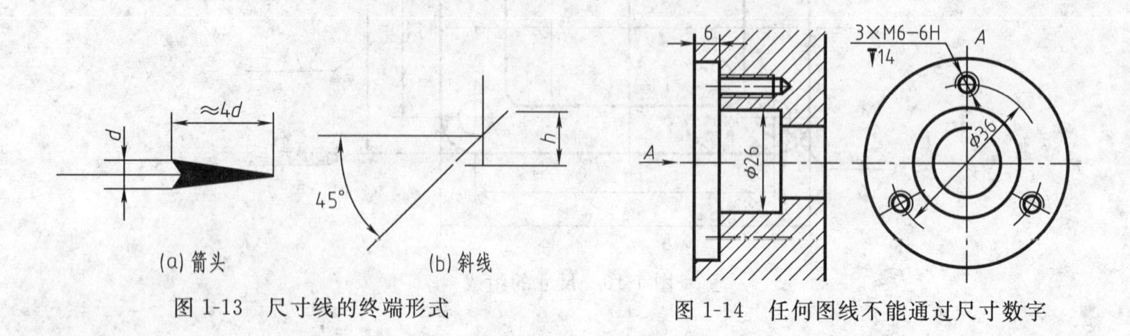

图 1-13　尺寸线的终端形式　　图 1-14　任何图线不能通过尺寸数字

3. 尺寸数字

尺寸数字用来表示机件的实际大小，一律用标准字体书写（一般为 3.5 号字），在同一张图样上尺寸数字的字高应保持一致。线性尺寸的数字通常注写在尺寸线的上方或中断处。尺寸数字不允许被任何图线通过，尺寸数字与图线重叠时，需将图线断开，如图 1-14 中的 ϕ36。当图中没有足够地方标注尺寸时，可引出标注，如图 1-14 中的 3×M6-6H↧14。

线性尺寸数字的注写方向如图 1-15（a）所示，水平方向的尺寸数字字头向上，垂直方向的尺寸数字字头向左，倾斜方向的尺寸数字字头偏向斜上方。应尽量避免在图示 30°的范围内标注尺寸，当无法避免时，可按图 1-15（b）所示的方式标注。对于非水平方向的尺寸，在不致引起误解时，其数字也可水平地注写在尺寸线的中断处，如图 1-15（c）所示，但在同一张图样上应尽可能采用同一种方法。

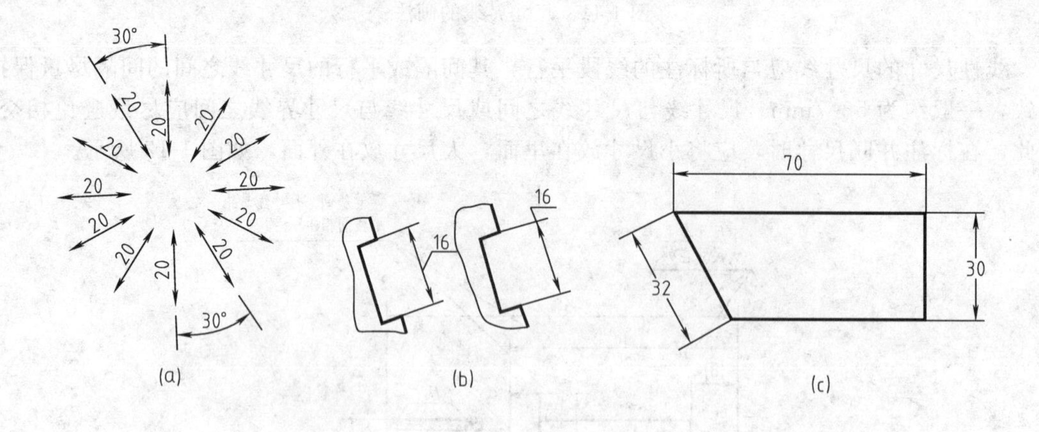

图 1-15　线性尺寸数字的注写方法

三、常见尺寸的注法

常见尺寸的注法如表 1-5 所示。

四、常用的符号和缩写词

常用的符号和缩写词见表 1-6。

表 1-5　常见尺寸的注法

项目	图例	尺寸注法
圆	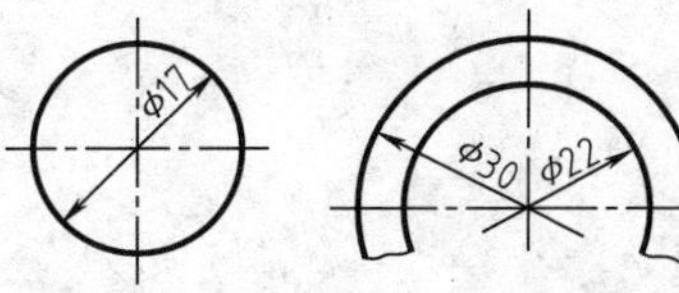	标注整圆或大于半圆的圆弧直径尺寸时，以圆周为尺寸界线，尺寸线通过圆心，并在尺寸数字前加注直径符号“ϕ”。圆弧直径尺寸线应画至略超过圆心，只在尺寸线一端画箭头指向圆弧
圆弧	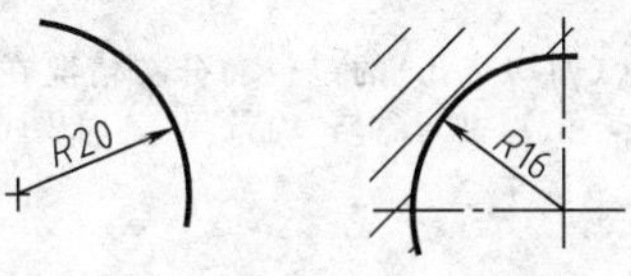	标注小于或等于半圆的圆弧半径尺寸时，尺寸线应从圆心出发引向圆弧，只画一个箭头，并在尺寸数字前加注半径符号“R”
	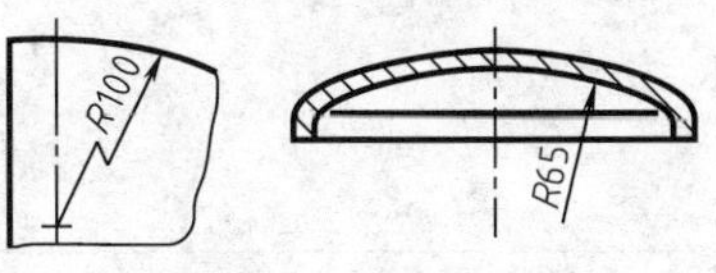 (a)　(b)	当圆弧的半径过大或在图纸范围内无法标出圆心位置时，可按图(a)的折线形式标注。当不需标出圆心位置时，则尺寸线只画靠近箭头的一段，见图(b)
球面	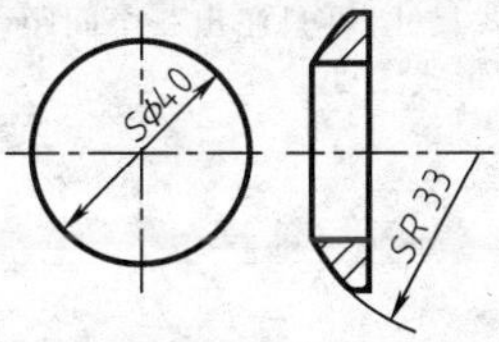	标注球面直径或半径尺寸时，应在尺寸数字前加注符号“$S\phi$”或“SR”
小尺寸	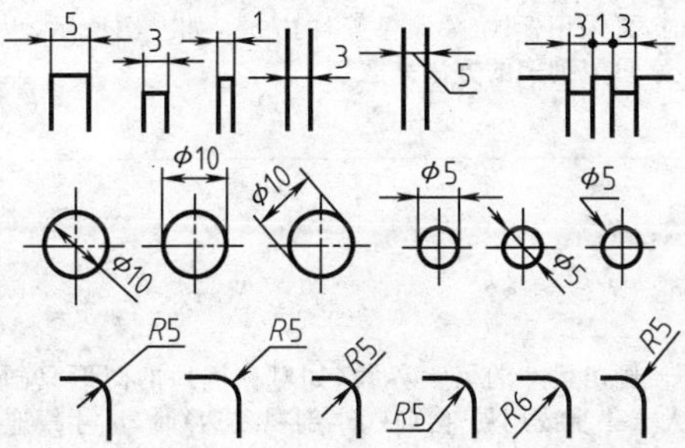	在尺寸界线之间没有足够位置画箭头或注写尺寸数字的小尺寸，可按图示形式进行标注。标注连续尺寸时，代替箭头的圆点大小应与箭头尾部宽度相同
角度	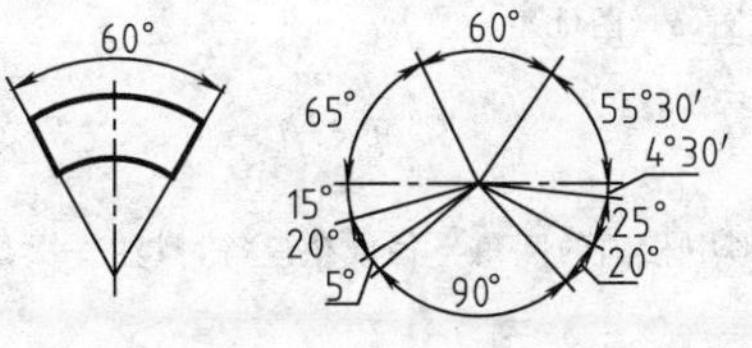 (a)　(b)	标注角度的尺寸界线应沿径向引出；尺寸线画成圆弧，其圆心为该角的顶点，半径取适当大小，见图(a)；角度数字一律写成水平方向，一般注写在尺寸线的中断处或尺寸线的上方或外边，也可引出标注，见图(b)
相同的成组要素	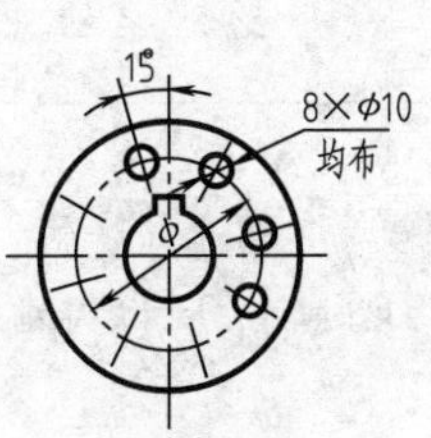 (a)	在同一图形中，对于尺寸相同的孔、槽等成组要素，可仅在一个要素上注出其尺寸和数量，如图(a)和图(b)

续表

<table>
<tr><th>项目</th><th>图例</th><th>尺寸注法</th></tr>
<tr><td rowspan="3">相同的成组要素</td><td>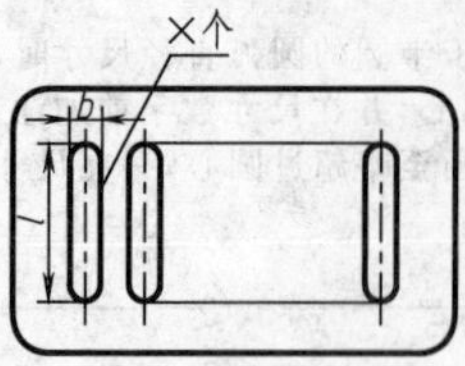
(b)

(c)</td><td>当成组要素（如均布孔）的定位和分布情况在图中已明确时，可不标注其角度，并可省略“均布”两字，如图(c)</td></tr>
<tr><td>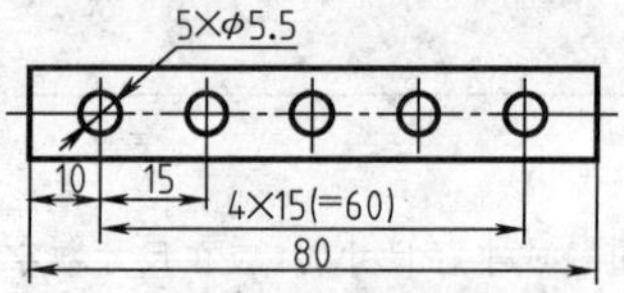</td><td>间隔相等的链式尺寸，可只注出一个间距，其余用“间距数量×间距＝距离”形式注写</td></tr>
<tr><td>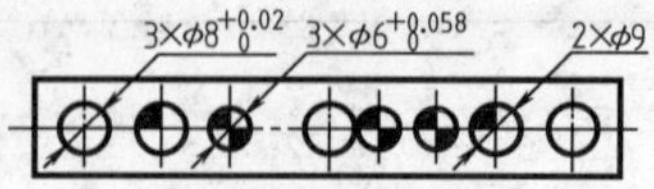</td><td>在同一图形中具有几种尺寸数值相近而又重复的要素（如孔等）时，可采用标注（如涂色等）的方法，如左图所示，也可采用标注字母或列表的方法来区别</td></tr>
<tr><td>对称机件</td><td>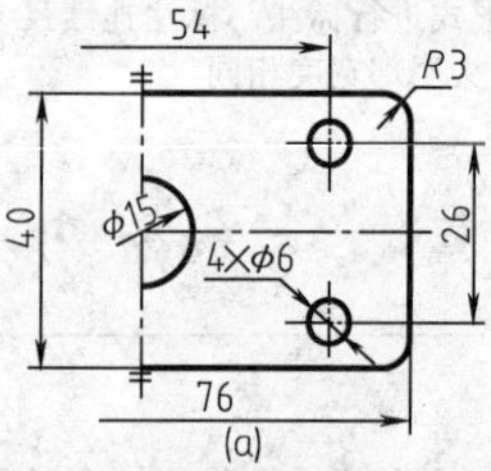
(a)
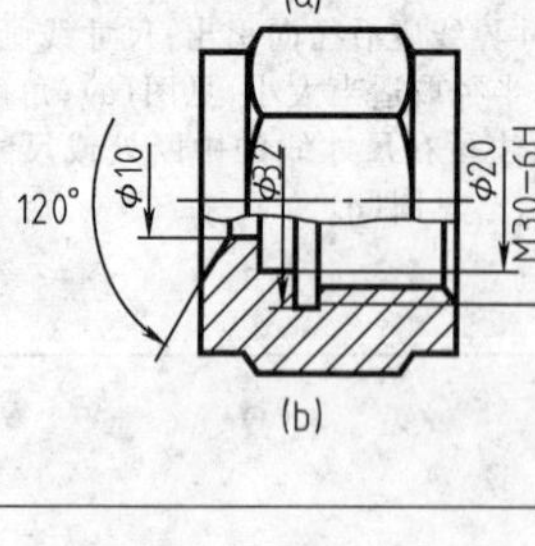
(b)</td><td>当不便画出尺寸的另一界线（如对称机件的图形只画出一半、略大于一半或用局部剖视、半剖视表达）时，尺寸线应略超过对称中心线或断裂处的边界线，此时仅在尺寸线的一端画出箭头，如图(a)、图(b)

对称图形中相同的圆角半径或壁厚等，只注一次，如图(a)中的 $R3$</td></tr>
<tr><td>板状零件</td><td>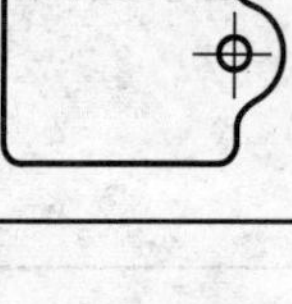</td><td>标注板状零件的厚度时，可在尺寸数字前加注符号“δ”</td></tr>
</table>

表 1-6　常用符号和缩写词

名称	符号或缩写词	名称	符号或缩写词
直径	ϕ	45°倒角	C
半径	R	深度	↧
球直径	$S\phi$	沉孔或锪平	⌴
球半径	SR	埋头孔	⌵
厚度	t	均布	EQS
正方形	□		

任务六　用 AutoCAD 建立样板文件

绘图时每张图纸都必须遵守国家标准，当用计算机绘图时，可以按照国家标准规定建立样板文件，从而节省了每次绘图时建立标准的重复工作。下面就图幅、比例、字体、图线和尺寸 5 个方面的国家标准，建立 1 个 A3 图幅的样板文件。

一、样板文件建立

1. 文件类型

AutoCAD 中的文件类型有图形文件（.dwg）、样板文件（.dwt）、标准文件（.dws）三种类型。

2. 建立样板文件

操作过程：

启动软件，点击保存，出现如图 1-16 所示“图形另存为”对话框，调整如下：

在文件类型中选择“AutoCAD 图形样板”；在文件名中写“A3 图幅”；选择合适路径存盘即可。

二、设置绘图环境

1. 绘图边界的设置

功能：设置图形边界。

命令执行方式：

下拉菜单：格式→图形界限

命令行：Limits

操作过程：

命令：Limits↙

指定左下角点或［开（ON）/关（OFF）］＜当前值＞：(0，0)↙

指定右上角点＜当前值＞：(420，297)↙

说明：

开（ON）：将所设置的图形界线定为有效，当超出这一界线时屏幕将出现报警提示。

关（OFF）：将所设置的范围定为无效，作图将不受范围的影响。

2. 绘图精度设置

功能：设置绘图精度。

下拉菜单：格式→单位。

命令行：Units

操作过程：

执行 Units 命令后，AutoCAD 出现如图 1-17 所示对话框，点击确定即可。

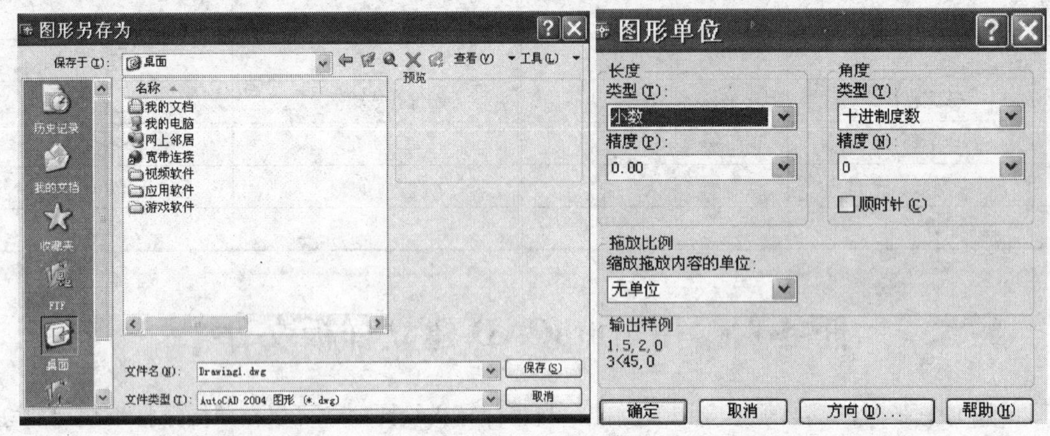

图 1-16 “图形另存为”对话框　　图 1-17 “图形单位”对话框

三、建立各种图线（按图线部分规定）

在图 1-1 中包括图线、尺寸、文字等内容，而且图线也不止一种，为便于管理，在 AutoCAD 中可以设置不同的图层。下面根据制图标准建立了 7 个层，详细内容见图 1-18，仅供参考。相关内容可根据实际情况调整。

图层特性管理器

命名图层过滤器(M)：显示所有图层　□反向过滤器(I)　□应用到对象特性工具栏(T)　新建(N)　删除　当前(C)　显示细节(D)　保存状态(V)...　恢复状态(R)...

当前图层：粗实线

名称	开	在所...	锁...	颜色	线型	线宽	打印样式	打...
0				白色	Continuous	默认	Color_7	
定义点				白色	Continuous	默认	Color_7	
尺寸				黄色	Continuous	0.35毫米	Color_2	
粗实线				绿色	Continuous	0.70毫米	Color_3	
点画线				红色	ACAD_...4W100	0.35毫米	Color_1	
双点画线				紫色	ACAD_...5W100	0.35毫米	Color_6	
文字				青色	Continuous	0.35毫米	Color_4	
细实线				白色	Continuous	0.35毫米	Color_7	
虚线				蓝色	ACAD_...2W100	0.35毫米	Color_5	

图 1-18 各图层内容

下面以点画线层为例说明建立过程。

1. 创建图层命名

AutoCAD 在创建一个新图时，自动创建一个 0 层为当前层。单击“新建”按钮可依照 0 层为模板创建一个新层。这时 AutoCAD 创建一个命名为“图层 1”的新图层并显示在图层列表框中，且新图层处于被选中状态（高亮显示）。在“名称”中将图层 1 命名为“点画线”。

2. 设置颜色

单击颜色名称，将显示如图 1-19 所示的“选择颜色”对话框。

注意：此处定义的颜色是图层的颜色，要使对象的颜色与图层的颜色保持一致，对象的颜色属性需设置为“随层”，这样当图层的颜色改变时对象的颜色也将随之改变。

3. 设置线型

单击线型名称，将显示如图 1-20 所示的“选择线型”对话框。

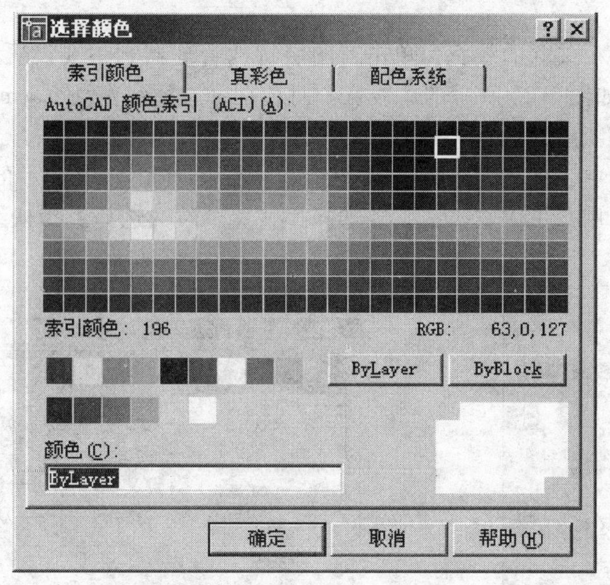

图 1-19 “选择颜色”对话框

对话框中无点画线线型，可选择“加载…”按钮打开如图 1-21 所示的“加载或重载线型”对话框，从线型文件中加载线型。对象的线型最好也设置为“随层”以便与图层保持一致，便于以后图形的修改。

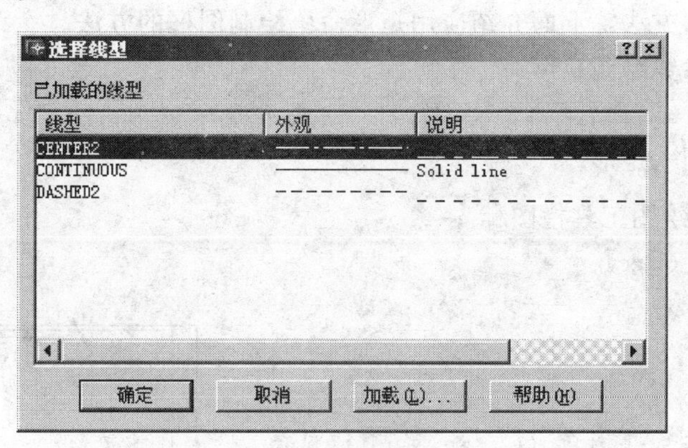

图 1-20 “选择线型”对话框

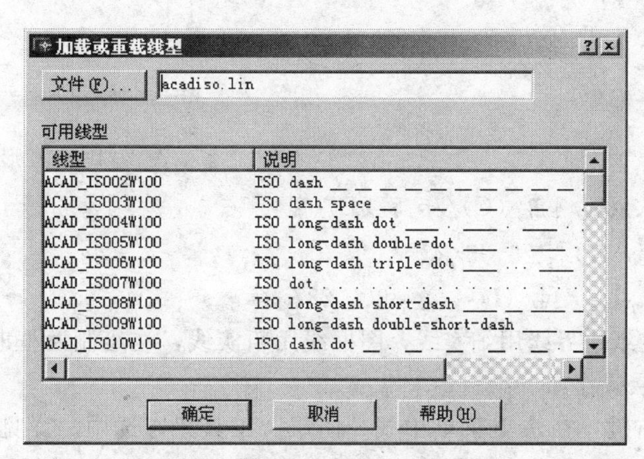

图 1-21 “加载或重载线型”对话框

4. 设置线宽

改变与选定图层相关联的线宽。单击“图层特性管理器”中要设置线宽图层的“线宽”列，AutoCAD 弹出如图 1-22 所示的“线宽”对话框。选择线宽为 0.7mm 后，单击“确定”按钮即可重新设置该图层的线宽。

用户也可以通过单击格式下拉菜单中的线宽，打开如图 1-23 所示的“线宽设置”对话框，在该对话框中，用户可以进行线宽的选择、线宽单位的选择、默认线宽值的设定以及线宽的显示比例等。

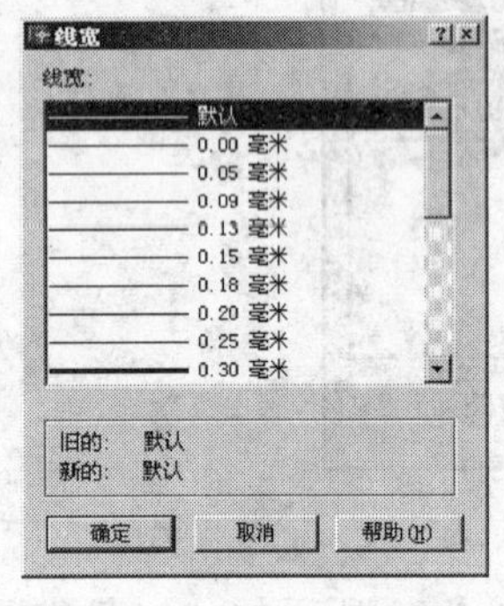

图 1-22 “线宽”对话框

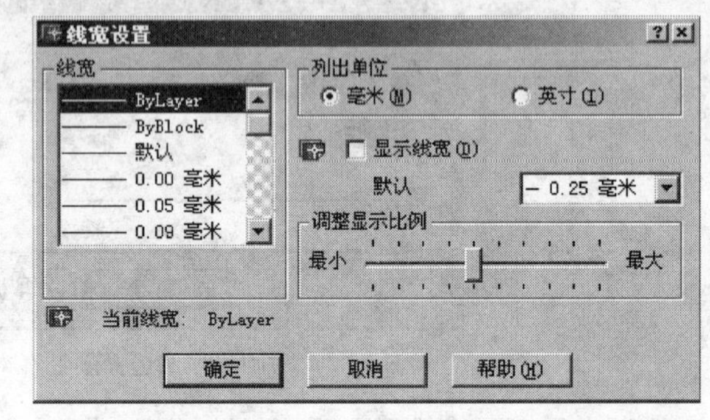

图 1-23 “线宽设置”对话框

四、绘制图框（按图幅部分规定）

绘制图框有多种方法，下面介绍应用矩形命令绘制图框的方法。

功能：按指定参数绘制矩形

命令执行方式：

下拉菜单：绘图→矩形

工 具 栏：单击绘图工具栏图标

命令：Rectang (Rec)

(1) 画外框

操作过程：

命令：REC↙

指定第一个角点或[倒角(C)/标高(E)/圆角(F)/厚度(T)/宽度(W)]：0，0 ↙

指定另一个角点或[尺寸(D)]：420，297↙

(2) 画内框

操作过程：

命令： REC↙

指定第一个角点或[倒角(C)/标高(E)/圆角(F)/厚度(T)/宽度(W)]：25，5↙

指定另一个角点或[尺寸(D)]：@390，287↙

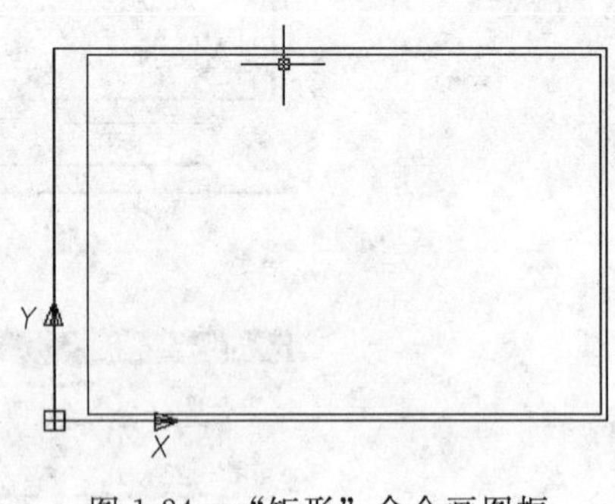

图 1-24 “矩形”命令画图框

注意：图幅规定纸边界线用细实线，图框线用粗实线，在绘制两框时选择相应的图层。如图 1-24 所示。图层操作如下：

对工具条单击右键，在快捷菜单中找“图层”工具条，选中。详见图 1-25 所示图标，即为图层工具条，在下拉三角中选择相应图层，然后调用矩形命令绘制相应图线。

图 1-25 “图层”工具条

五、文字

1. 建立文字样式

在 AutoCAD 中文字的有关设置是通过文字样式对话框来实现的。在文字标注中，有时需要不同的文字字体，如汉字有宋体、黑体、楷体等字体；英文有 Roman、Romant、Romantic、Complex 、Italic 等字体。尤其汉字是我国用户常用的。因此，针对不同的要求，需要设置不同的文字样式以满足用户。在 AutoCAD 2012 中，用于文字标注的文字样式包括字体、文字高度、宽度以及倾斜角度等，字体可以选择大字体使用字型文件（通常后缀为 . shx 和 Romans. shx），也可以使用 Windows 操作系统的系统 TrueType 字体（如宋体、楷体等）。下面根据制图标准需要设置文字。

功能：创建或修改文字样式并设置当前的文字样式。

命令执行方式：

下拉菜单：格式→文字样式

命令：STYLE（也可'STYLE 透明使用）

操作过程：

执行该命令后，AutoCAD 弹出如图 1-26 所示的“文字样式”对话框。

AutoCAD 2012 中缺省的字体样式为标准样式 Standard 样式。用户可以使用文字样式对话框创建新的文字样式或者修改已有的文字样式。

对话框中各项功能及操作如下。

(1) 样式名 “样式名”下拉列表框中可选择已有的文字样式设为当前样式，默认样式为 Standard。

① 新建（N）：该按钮用于定义一个新的字型名。单击该按钮，在弹出的“新建文件样式”对话框的“样式名”编辑框中输入要创建的新字型的名称，然后单击“确定”，回到“文字样式”对话框。

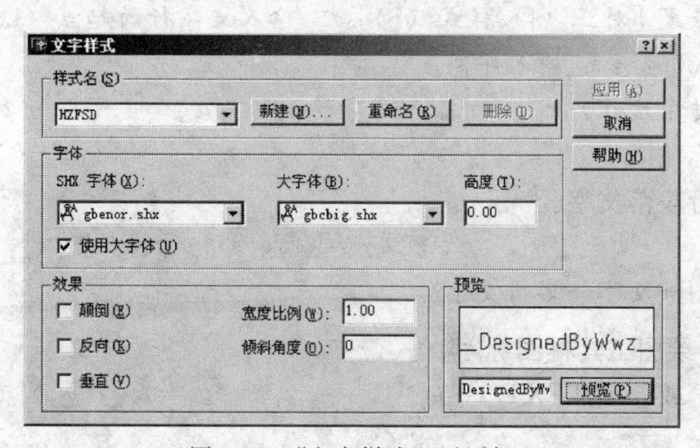

图 1-26 “文字样式”对话框

② 重命名（R）：该按钮用于更改图中已定义的某种字型的名称。

③ 删除（D）：该按钮用于删除已定义的某字型。

说明：重命名和删除选项对 Standard 字型无效。图形中已使用的字型不能被删除。

(2) 字体 该区域用于设置当前字型的字体、字体格式、字高等。

① 在“字体名”下拉列表框中可以选择字体文件。根据国家制图标准的规定，汉字应用长仿宋体，可选择“T 仿宋 GB-2312”，字宽比例应为 0.7；字母和数字可写成直体或斜体，可选择“isocp. shx”、“gbeitc. shx”等字体。

②“字体样式”下拉列表中可选择字体样式如正常体、斜体、粗体等。

③ 高度（T）：该编辑框用于设置当前字符高度。一般用户可使用默认的高度为 0，这样用户可以在使用该文字样式进行文字标注时，由用户指定文字的高度。

(3) 效果　该区域用于设置字符的书写效果。它包括如下内容。

① 颠倒（E）：该复选框用于设置是否将文本上下颠倒书写。

② 反向（K）：该复选框用于设置是否将文本左右反向书写。

③ 垂直（V）：该复选框用于设置是否垂直书写文本。True Type 字体不能设置为垂直书写方式。

④ 宽度比例（W）：该编辑框用于设置字符的宽度比例，即字符的宽度和高度之比。取值为 1 表示保持正常字符宽度，大于 1 表示加宽字符，小于 1 表示使字符变窄。

⑤ 倾斜角度（O）：该编辑框用于设置文本的倾斜角度，当倾斜角度大于 0°时，字符向右倾斜；小于 0°时，字符向左倾斜。

(4) 预览　显示所设置的文字效果。

2. 文字的输入方式

设置好文字样式后就可以进行文字的输入了，在 AutoCAD 中文字的输入方式有两种。

(1) 单行文字标注

功能：标注单行文字。

命令执行方式：

下拉菜单：绘图→文字→单行文字

命令：TEXT 或 DTEXT（DT）

操作过程：

命令：DT ↙

当前文字样式：样式 1 当前文字高度：2.5000（AutoCAD 告诉当前样式及字高信息）

指定文字的起点或［对正（J）/样式（S）］：　输入文字行的起点（默认为左下角）

指定高度<2.5000>：　输入字高↙

指定文字的旋转角度<0>：　输入文字的旋转角度↙

(2) 多行文字标注

功能：标注多行段落文字。

命令执行方式：

下拉菜单：绘图→文字→多行文字

工 具 栏：单击绘图工具栏图标 A

命令：MTEXT 或 _ MTEXT（T）

操作过程：

命令：DT ↙

当前文字样式：“样式 1”　当前文字高度：3.5 ↙

指定第一角点：（指定放置多行段落文字矩形区域的一个角点）↙

指定对角点或［高度（H）/对正（J）/行距（L）/旋转（R）/样式（S）/宽度（W）］：可用拖动方式指定对角点↙

两对角点 X 坐标的方向距离即为文本行宽度。确定对角点后系统弹出“多行文字编辑器”对话框，如图 1-27 所示。用户可在此输入和编辑文字、符号，最后按“确定”按钮，

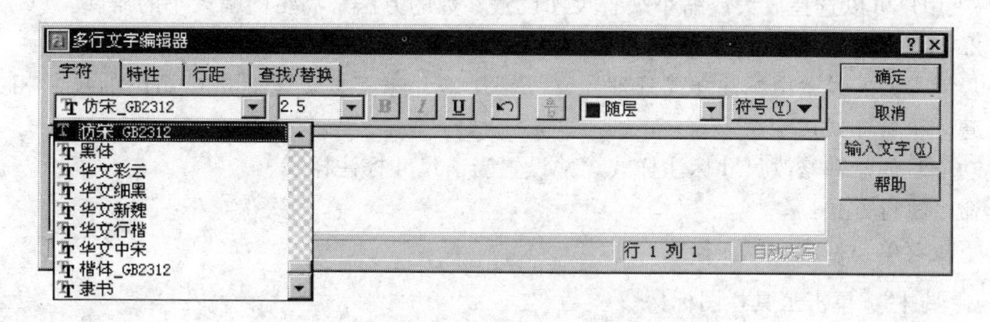

图 1-27 “多行文字编辑器”对话框

在编辑器中输入的文字将以块的形式标注在图中指定的位置。在此对话框中各项含义如下。

文字框：该区用于显示用户输入的文字字符。

“字符”选项卡：该选项卡用于控制文字的格式。单击该“字符”标签后，对话框显示如下内容：

① 字体：用户可从字体下拉列表框中选择一种字体作为选中的字体。

② 字高：从该下拉列表框中选择一高度值或键入一个数值改变选中字体的高度。

③ 黑体、斜体、下划线：用于给选中的字符加黑体、斜体修饰和生成带下划线的文字。但 SHX 字体不支持粗体和斜体文字。

④ 放弃：取消前一步对字符的操作。

⑤ 堆叠/非堆叠：按下按钮可将文字框中含有“/”、“#”、“^”的选中字符转换成堆叠表示方式。利用此按钮可以进行制图中指数、分数、公差与配合等特殊标注，如：

标注 m^2，可先输入 m2^，然后再选中 2^，再单击；

标注 $\frac{3}{5}$，可先输入 3/5，然后再选中 3/5，再单击；

标注 $30\frac{H7}{f5}$，可先输入 30H7/f5，然后再选中 H7/f5，再单击；

标注 $50^{+0.15}_{-0.10}$，可先输入 50+0.15^-0.10，然后再选中+0.15^-0.10，再单击。

⑥ 文字颜色：用户可以从颜色下拉列表框中任意选择一种颜色作为标注文字的颜色。

六、设置尺寸样式

1. 尺寸标注

尺寸参数设置主要包括两个方面：一方面是尺寸的组成元素；另一方面是尺寸的标注格式。主要包括以下几方面的内容。

① 箭头设置：尺寸箭头的种类、大小、颜色等参数。

② 尺寸界线设置：起点偏移量、延伸长度、颜色等参数。

③ 尺寸文字设置：尺寸文字大小、位置、颜色等参数。

④ 尺寸线设置：尺寸线的种类、尺寸线与尺寸线之间的距离、颜色等参数。

⑤ 尺寸公差设置：设置和输入尺寸的上、下偏差等项目。

除以上设置外，还有下面两方面设置。

⑥ 用户可根据图幅大小选择设置尺寸参数。

⑦ 用户可以选择放大或缩小缺省尺寸设置参数的方法来满足图幅大小的需要。

2. 标注样式管理器

尺寸参数的设置由标注样式管理器（见图 1-27）来实现。按照机械制图的尺寸相关标准，建立机械样式尺寸。

功能：创建和修改尺寸标注样式，并设置当前尺寸标注样式。

命令执行方式：

下拉菜单：格式→标注样式

工 具 栏：单击工具栏图标

命令：DIMSTYLE

命令执行后将得到如图 1-28 所示的“标注样式管理器”对话框。“样式”按钮显示图形中所有已设置过的尺寸标注格式；“置为当前”按钮可将设置区中的某一标注格式设为当前，用于修改当前将要标注的格式；“比较”用来比较两个标注格式的特性。

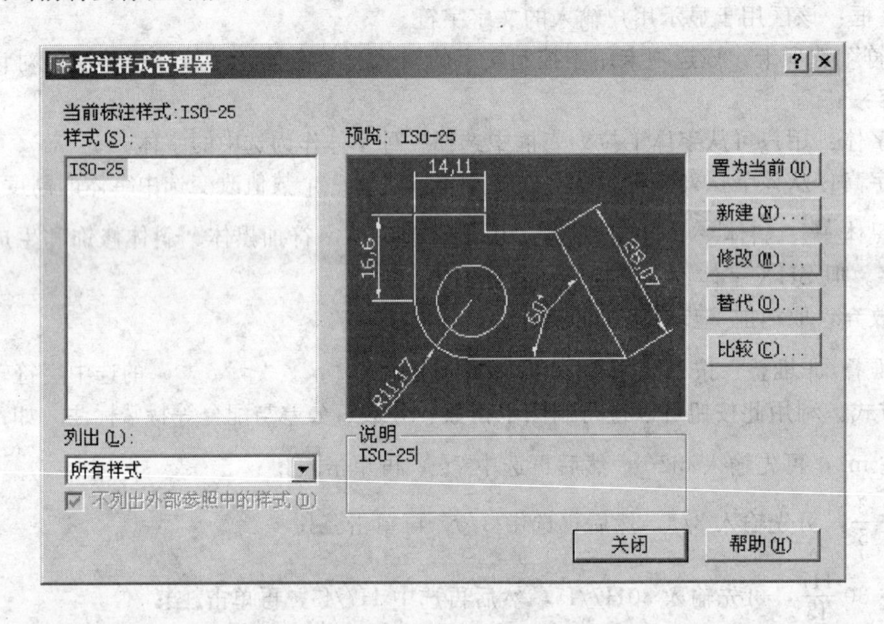

图 1-28 “标注样式管理器”对话框

其中新建、修改、替代选项的对话框相同，用户要着重体会它们的区别。

在“标注样式管理器”对话框中，使用较多的设置是修改对话框。在进行尺寸标注时，有时达不到尺寸标注的要求，这时，用户可通过修改对话框对已有的尺寸标注设置进行修改。下面重点介绍新建对话框的操作。

当用户用鼠标点取“新建”按钮后，弹出如图 1-29 所示对话框。具体调整按图示，然后点击继续，弹出如图 1-30 所示对话框。

该对话框共有六页，分别用于设定修改尺寸线和箭头、文本、位置、标注单位、公差和精度等。

(1) 直线和箭头设置　在图 1-30 对话框中，用鼠标选择“直线和箭头”后，便出现如图 1-30 所示的直线和箭头设置对话框，该对话框分为如下四个方面。

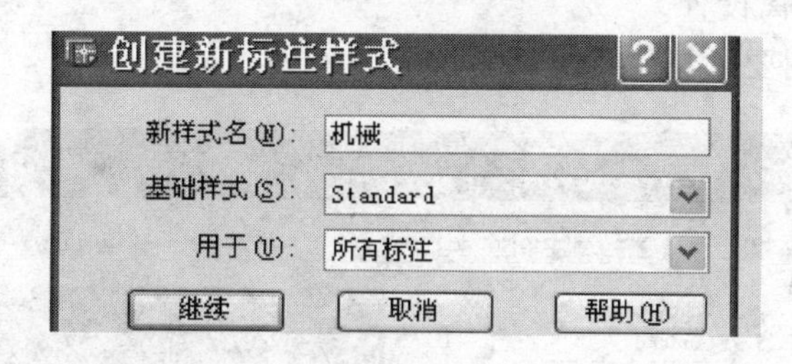

图 1-29 “创建新标注样式”对话框

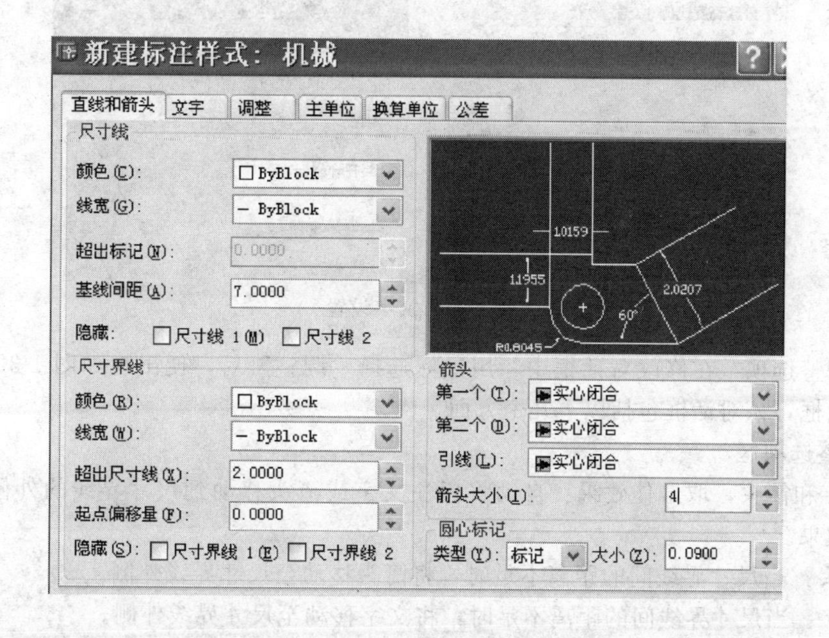

图 1-30　直线和箭头

① 尺寸线设置：该选项用于设置尺寸线种类、设置相邻两尺寸线的距离、颜色、线宽等参数。基线间距值设置为“5～7mm”。

② 尺寸界线设置：该选项用于设置尺寸起始点、延伸长度（机械图中，一般将此值设置为 2～3mm）、颜色、起点偏移量（机械图中，尺寸界线起点偏移量设置为 0）和设置左右尺寸界线（左右尺寸界线可同时画出，还可单独选取左或右尺寸界线）等参数。

③ 箭头设置：该选项用于设置箭头的样式，它包含设置左、右两箭头种类、引线标注的箭头种类和设置箭头大小值。按制图标准将箭头大小设置为“4”。

④ 圆心标记：该选项用于在标记半径尺寸时，设置中心标记。它包含类型设置和尺寸设置。

(2) 文字设置　在修改对话框中，用鼠标选择“文字”后，便出现如图 1-31 所示的文字设置对话框，该对话框包括如下三个方面内容：

① 文字外观：该选项用于设置标注文字的格式和大小，它包含设置文字样式、文字颜色和文字高度等几项内容。将文字高度设为“3.5”；文字样式设置为制图要求的样式。

② 文字位置：该选项用于设置文字标注的方位，它包含水平文字设置、垂直文字设置

和文字与尺寸线间的距离设置。

③ 文字对齐：制图要求与尺寸线对齐。

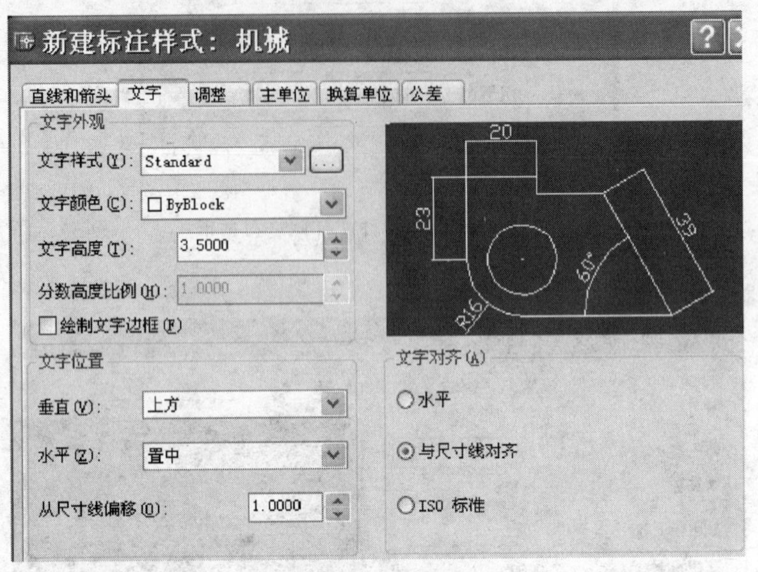

图 1-31 文字设置

(3) 调整选项 在修改对话框中，用鼠标选择“调整”后，便出现如图 1-32 所示的调整选项对话框，该对话框包括以下几个方面。

① 调整选项区

a. 文字和箭头，取最佳效果：自动将标注文字或箭头移动到尺寸界线的外侧，以达到最佳标注效果。

b. 箭头：当尺寸界线间的距离不足时，将箭头移动至尺寸界线外侧。

c. 文字：当尺寸界线间的距离不足时，将文字移动至尺寸界线外侧。

d. 文字与箭头：当尺寸界线间的距离不足时，将箭头与文字同时移至尺寸界线外侧。

e. 文字始终保持在尺寸界线之间。

f. 若不能放在尺寸界线内，则消除箭头：如果尺寸界线距离过小，且箭头未被调整至尺寸界线外侧时，将不绘制箭头。

说明：以上前五个选项只能分别使用，而第 f 项可以分别与前五个选项一起使用。调整后的文字将不在缺省位置，但用户可以通过文字位置设定它们的放置方式。

② 文字位置 该选项可以将标注文字放置在尺寸线旁边、尺寸线上方、尺寸线外侧或加指引等位置上。

③ 尺寸比例 该选项是对原有的尺寸设置进行放大或缩小。

④ 调整 该部分用于设置其他调整选项，它包括：标注时手动放置文字及始终在尺寸界限之间绘制尺寸线。

(4) 主单位设置 在修改对话框中，用鼠标选择“主单位”后，出现如图 1-33 所示的主单位设置对话框，该对话框包括设置标注文字的前后缀、线性标注单位的格式和精度、标注角度的单位和精度等几方面的内容。

说明：如果标注直径或半径时，用户指定了一前缀，它将替换掉 AutoCAD 自动添加的直径、半径或螺纹 M 符号。一般可以将形位公差符号作为前缀，将单位缩写作为后缀。

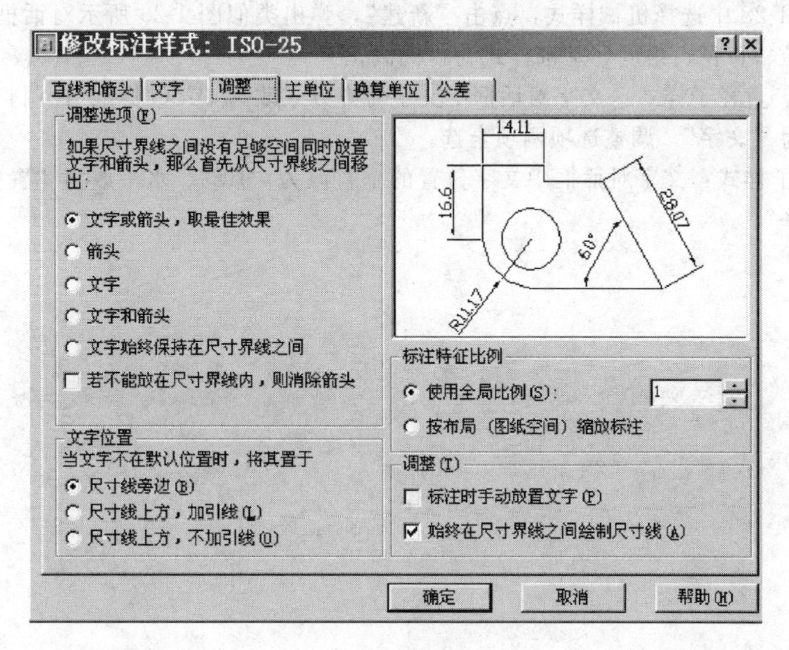

图 1-32 调整选项

（5）换算单位设置 在修改对话框中，用鼠标选择“换算单位”后，将弹出换算单位对话框。它主要用于换算单位格式和精度，由于使用不多，这里不作具体介绍。

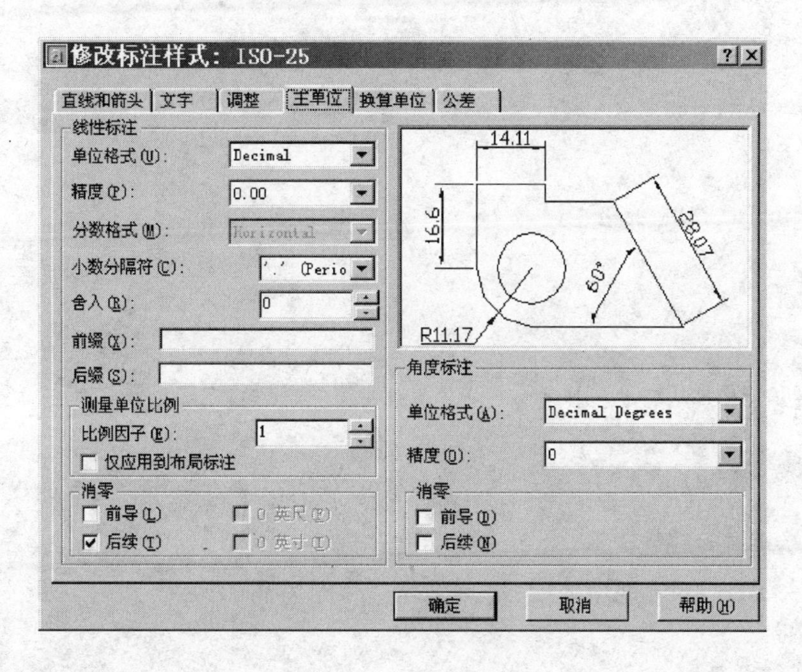

图 1-33 主单位设置

（6）公差设置 在书中后半部分公差标注中详细介绍。

3. 设置尺寸标注子样式

由于制图中的半径、直径、角度标注与一般标注有不同规定，可以在机械样式下建立三种子样式，用于标注此三种类型的尺寸标注。

① 在图 1-28 中选择机械样式，点击“新建”，弹出类似图 1-29 所示对话框，新样式名分别为：半径、直径、角度。基础样式为：机械。

② 半径、直径子样式：文字对话框中文字对齐方式改为“ISO 标准”；调整对话框中的调整选项改为“文字”，调整选项两项全选。

③ 角度子样式：文字对话框中文字位置的垂直改为“JIS”、水平改为“置中”，文字对齐改为“水平”。

项目二 平面图形的绘制

零件的每一视图均属于平面图形，因此，要绘制零件图首先要掌握平面图形的绘制。本项目主要介绍平面图形的画法，重点掌握尺规作图和计算机绘制平面图形的方法。

通过本项目的学习，使学生具备按正确方法和步骤绘制平面图形的能力。

任务一 尺规作图时常用绘图工具及仪器的使用

熟练掌握绘图工具和仪器的使用方法是尺规作图时保证绘图质量和速度的前提。本任务主要介绍绘图工具和仪器的正确使用。

一、图板

画图前首先应将图纸固定在图板上，如图 2-1 所示。图板是绘图时用来固定图纸的矩形木板，它的板面必须平坦光滑。图纸是用胶纸固定在图板上的。图板的左右两边称为导边，也必须光滑平直。

二、丁字尺

丁字尺主要用来画水平线，可实现后续项目中所要讲到的三视图对应关系中的“高平齐”。它由互相垂直的尺头和尺身组成，如图 2-2 所示。尺头的内侧面必须平直。用时紧贴图板的导边，上下移动即可按尺身的工作边画出水平线。

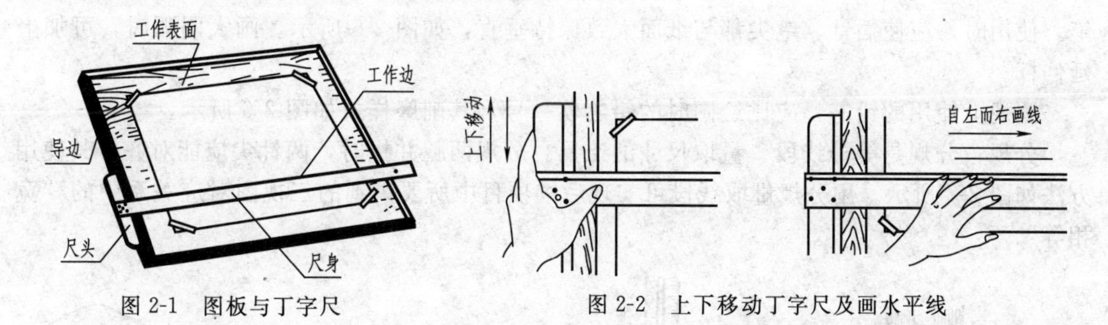

图 2-1 图板与丁字尺　　图 2-2 上下移动丁字尺及画水平线

三、三角板

每副三角板有两块，一块为 45°；另一块为 30°-60°。要注意保持板面及各边的平直。两块三角板配合使用，可画出已知直线的平行线和垂直线，如图 2-3 所示。

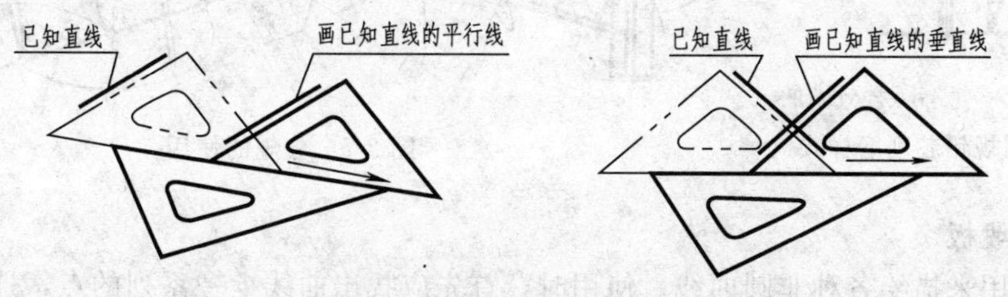

图 2-3 两块三角板配合使用

三角板和丁字尺配合使用画出的垂直线，可实现后续项目中所要讲到的三视图对应关系中的“长对正”。并且还能画出 30°、60°、45°、15°、75°等各种角度斜线，如图 2-4 所示。

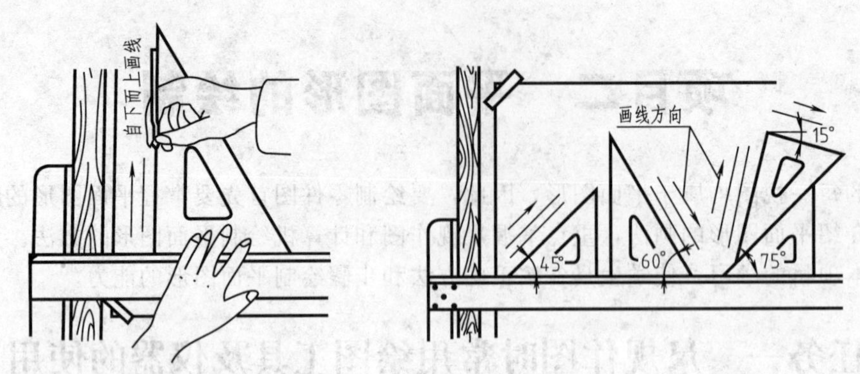

图 2-4　三角板和丁字尺配合使用

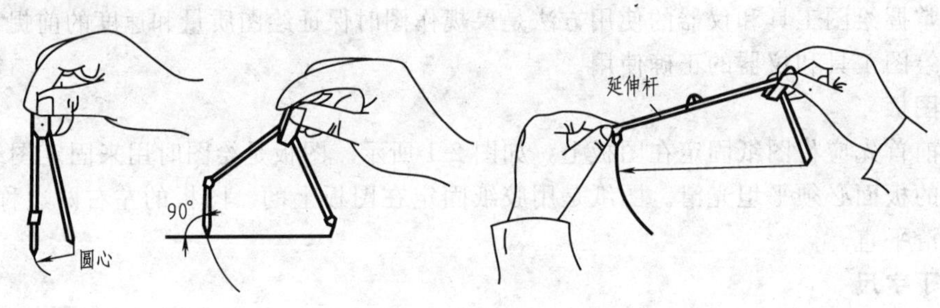

图 2-5　圆规的使用方法

四、圆规和分规

圆规：圆规是画圆和圆弧的工具。圆规的一支腿上装插针，另一支腿上装铅芯或鸭嘴笔。使用时，应使插针、笔尖都与纸面大致保持垂直，如图 2-5 所示。画大圆弧时，可加上延伸杆。

圆规上使用的铅芯，应比绘图时的铅芯软一号，其削磨样式如图 2-6 所示。

分规：分规是等分线段、量取尺寸的工具。分规两腿并拢时，两针尖应能对齐。其使用方法如图 2-7 所示。用分规量取线段可实现后续项目中所要讲到的三视图对应关系中的“宽相等”。

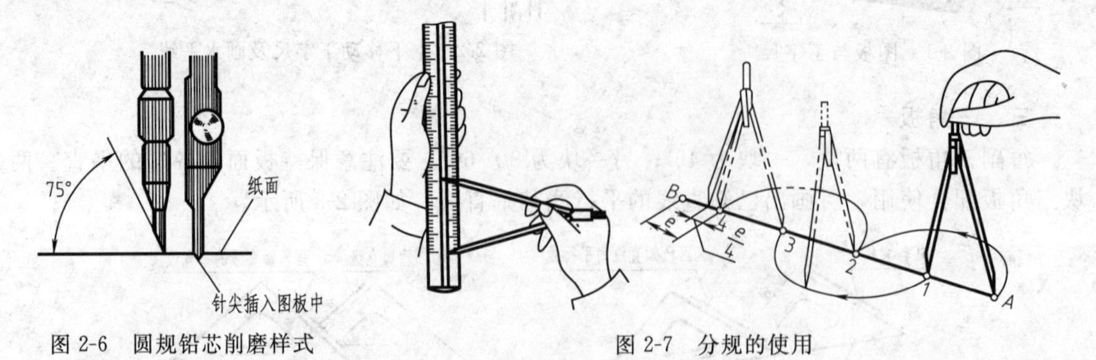

图 2-6　圆规铅芯削磨样式　　图 2-7　分规的使用

五、曲线板

曲线板用来描绘各种非圆曲线。使用时，首先应找出曲线上一系列的点，选用曲线板上一段与连续四个点贴合最好的轮廓，画线时只连前三个点，然后再连续贴合后面未连线的四个点，仍然连前三个点，这样中间有一段前后重复贴合两次，如此依次逐段描绘，以便使整条曲线光滑，如图 2-8 所示。

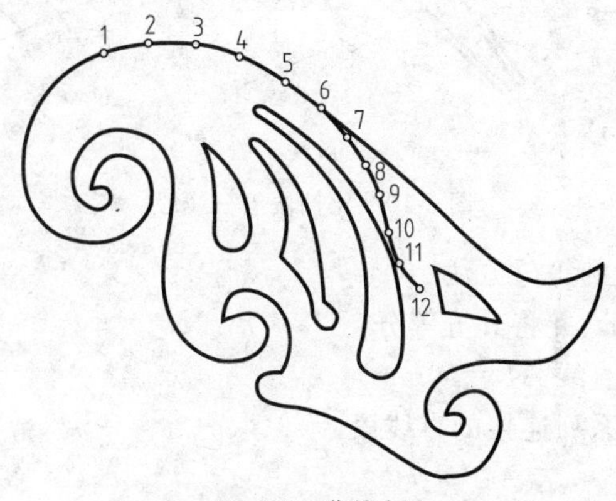

图 2-8　曲线板

六、铅笔

铅笔铅芯的硬度用 B、H 符号表示，B 前数字越大表示铅芯越软，H 前数字越大表示铅芯越硬。绘图时，一般采用 H、2H 的铅笔画细实线、虚线、细点画线，用 HB 的铅笔写字、标注尺寸，用 HB、B 的铅笔加深粗实线。铅笔应从没有标号的一端开始削磨使用，以便保留铅芯的硬度符号，铅笔的削磨方式如图 2-9 所示。

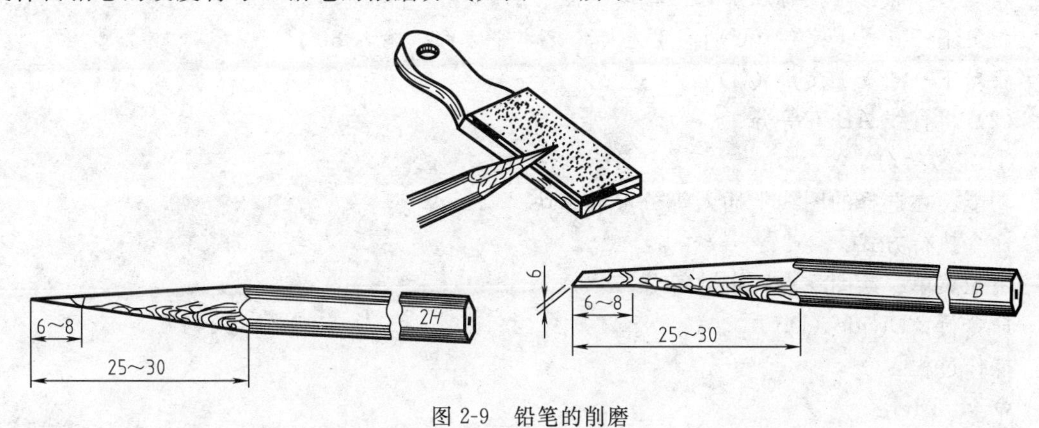

图 2-9　铅笔的削磨

任务二　常用等分方法

在绘制机械图样过程中，常会遇到对象等分的问题。本任务主要从手工绘图及计算机绘图两方面介绍了线段、角度及圆周的等分。

一、线段的等分

1. 手工绘图时线段的等分

比例法：已知线段 AB，求作任意等分（如五等分），其作图方法如图 2-10 所示。

作图步骤：

① 过端点 A 作直线 AC，与已知线段 AB 成任意锐角；

② 用分规在 AC 上以任意相等长度截得 1、2、3、4、5 各等分点；

③ 连接 $5B$，过 4、3、2、1 各点作 $5B$ 的平行线，在 AB 线上即得 $4'$、$3'$、$2'$、$1'$各等分点。

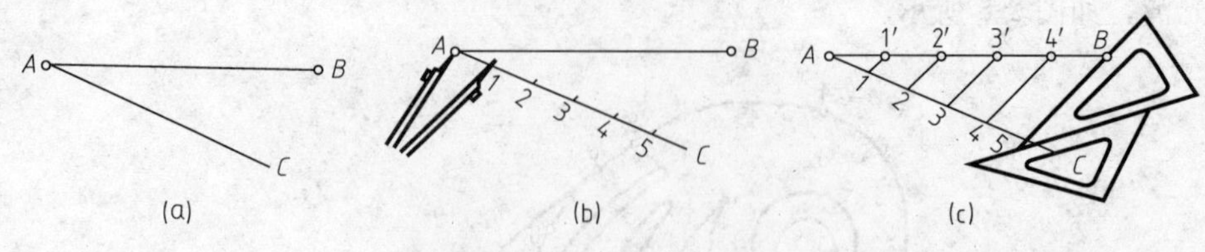

图 2-10　比例法等分线段

2. 计算机绘图时线段的等分方法

绘制直线 AB=50mm，并将其五等分。

(1) 直线命令（绘制直线 AB=50mm）

功能：绘制一条或一系列连接的直线段。

命令执行方式：

下拉菜单：绘图→直线

工 具 栏：单击绘图工具栏图标

命令：Line (L)

操作过程：

命令：L ↙

指定第一点：用鼠标在屏幕上拾取一点 ↙

指定下一点或[放弃 (U)]：用光标给定水平方向，输入 50 ↙

指定下一点或[放弃 (U)]： ↙

(2) 将直线 AB 五等分

① 定数等分

功能：在选择的图线上插入等分点或图块

命令执行方式：

下拉菜单：绘图→点→定数等分。

命令行：Divide (Div)

操作过程：

命令：Div ↙

选择要定数等分的对象：　选择直线 AB

输入线段数目或[块 (B)]：5 ↙

结果如图 2-11 所示。

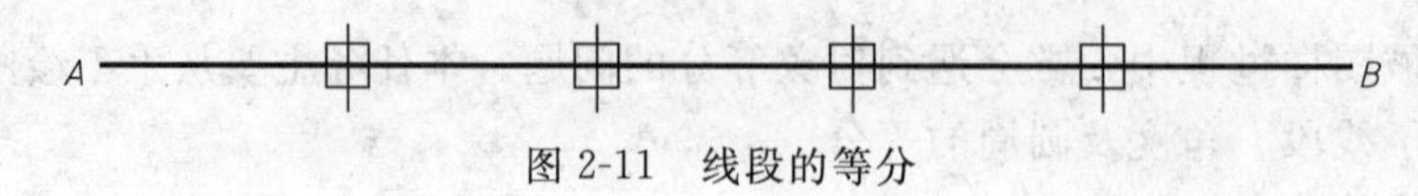

图 2-11　线段的等分

② 定距等分

功能：在选择的图线上按指定的距离值插入标记或图块。

命令执行方式：

下拉菜单：绘图→点→定距等分

命 令 行：Measure

操作过程：

命令：Measure ↙

选择要定距等分的对象：　选择直线 AB

指定线段长度或［块（B）］：　10 ↙

结果如图 2-11 所示。

说明：执行完命令后若看不到等分点，用户通过菜单“格式”→“点样式”打开点样式对话框改变等分点的形状即可。

二、角度的等分

手工绘图时可采用试分法，现以三等分为例，如图 2-12 所示。

作图步骤：

① 以角顶点 B 为圆心，以适当长度（稍大一些）为半径，画圆弧 AC；

② 目测并调节分规，约为 AC 长的 1/3，一次截取后，再进行调整，直至将 AC 分尽；

③ 将角顶点 B 与各分点连接，即将角度等分。

三、圆周的等分

1. 手工绘图时等分圆周及作正多边形的方法

（1）六等分圆周和作正六边形

① 用圆的半径六等分圆周　当已知正六边形对角距离（即外接圆直径）时，可用此法画出正六边形，如图 2-13 所示。

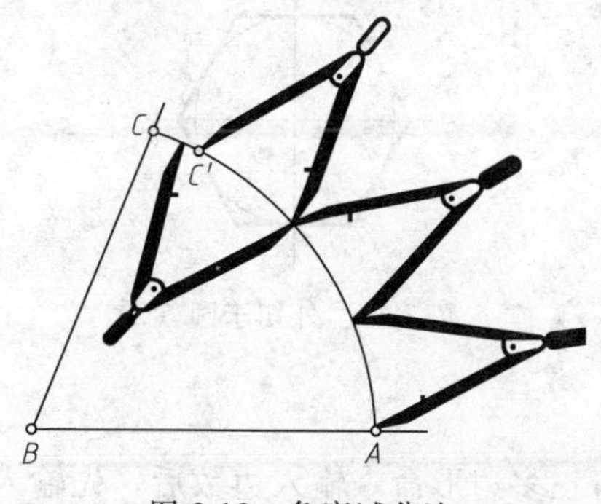

图 2-12　角度试分法

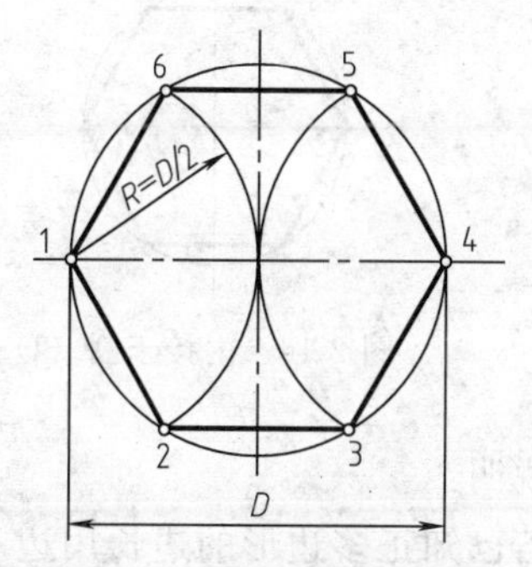

图 2-13　用半径六等分圆周

② 用丁字尺及三角板配合作圆的内接或外切正六边形，如图 2-14 所示。

（2）五等分圆周和作正五边形如图 2-15 所示。

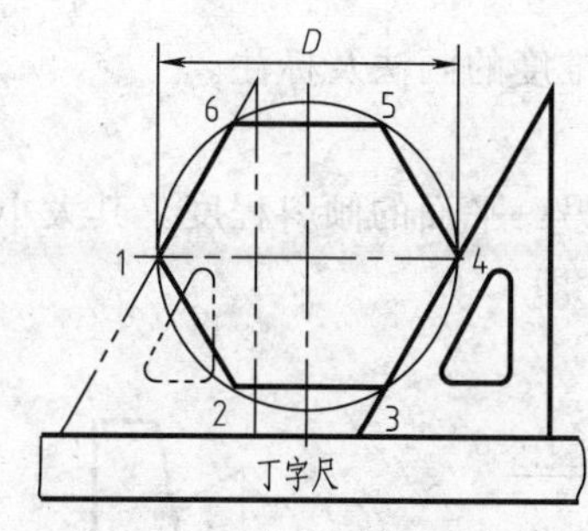

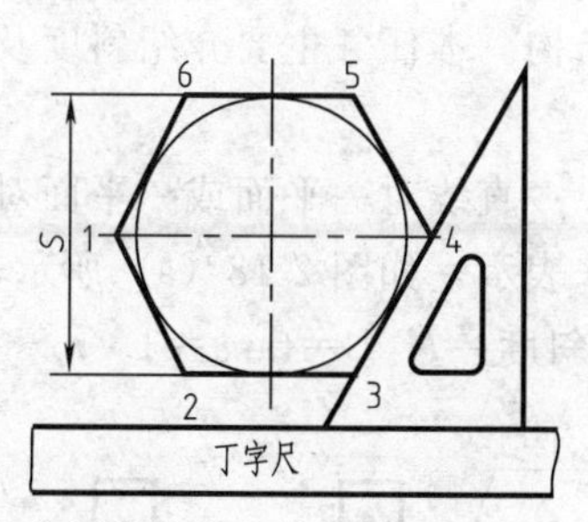

图 2-14　用丁字尺及三角板配合作圆的内接或外切正六边形

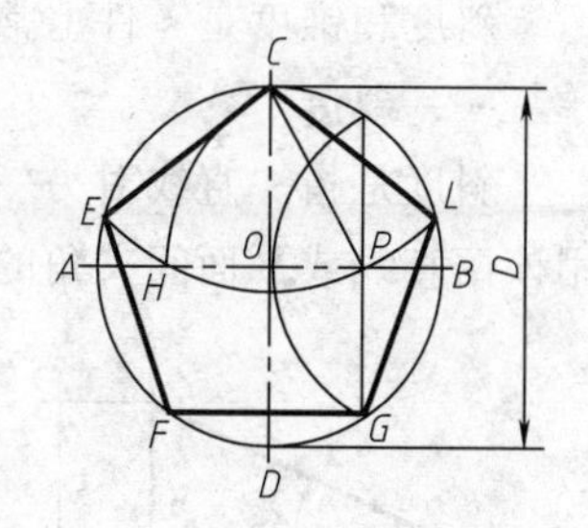

图 2-15　正五边形画法

作图步骤：

① 平分 OB 得其中点 P；

② 在 AB 上取 $PH=PC$，得点 H；

③ 以 CH 为边长等分圆周，得 E、F、G、L 等分点，依次连接即得正五边形。

2. 计算机绘图时作正多边形的方法（正多边形命令）

功能：按指定参数绘制正多边形，可绘制边数为 3～1024 的正多边形。

命令执行方式：

下拉菜单：绘图→正多边形

工具栏：单击绘图工具栏图标

命令行：Polygon（Pol）

操作过程：（以正六边形为例）

命令：Pol ↙

输入边的数目 <4>： 6 ↙

指定正多边形的中心点或［边（E）］： 输入中心点坐标或用鼠标拾取已知点，此处可在屏幕上任意点击一点 ↙

输入选项［内接于圆（I）/外切于圆（C）］：若已知正六边形的对角距用 I 作图，直接输入对角距的半长，如图 2-16 所示；若已知正六边形的对边距用 C 作图，先输入 C，再输入对边距的半长，如图 2-17 所示。

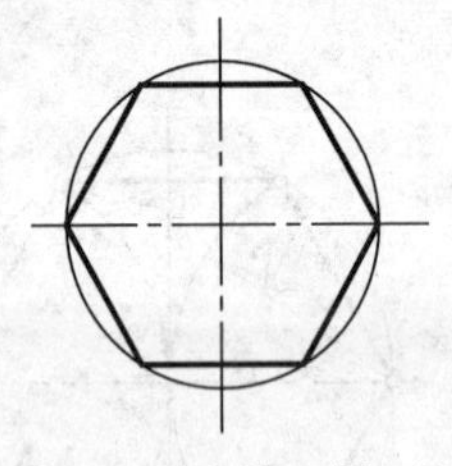

图 2-16 内接于圆（I）

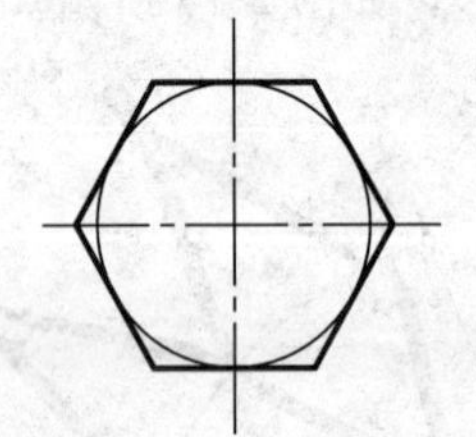

图 2-17 外切于圆（C）

说明：

若已知正多边形的边长用边（E）作图，在执行正多边形命令输入边数后，先输入“E”再输入正多边形的一条边长。

任务三 斜度及锥度

斜度和锥度是零件上常见的结构。本任务主要介绍斜度及锥度的画法及标注。

一、斜度

斜度是指一直线对另一直线、一直线对一平面或一平面对另一平面的倾斜程度。其大小用该两直线或平面间夹角的正切来表示，如图 2-18（a）所示，即

$$斜度=H/L=\tan\alpha=1:n$$

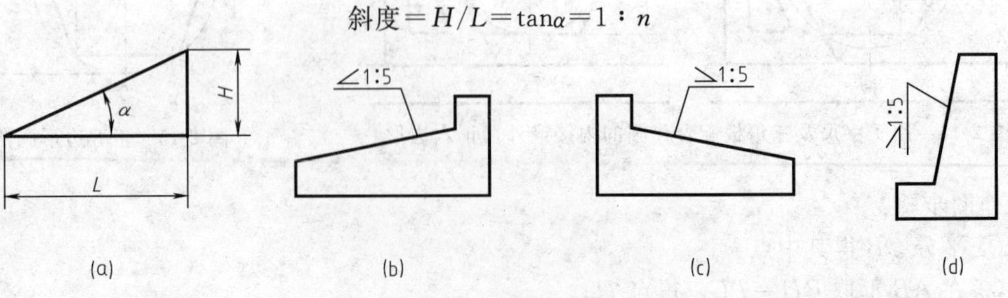

图 2-18 斜度及其标注

斜度在图样中一般要化成 1∶n 的形式进行标注，斜度符号∠用 1/10 字高的线绘制，斜线与水平方向成 30°角，高度与图样中数字高相同，方向应与斜度方向一致，如图 2-18（b）～(d) 所示。

斜度的作图方法如图 2-19（b）、(c) 所示。

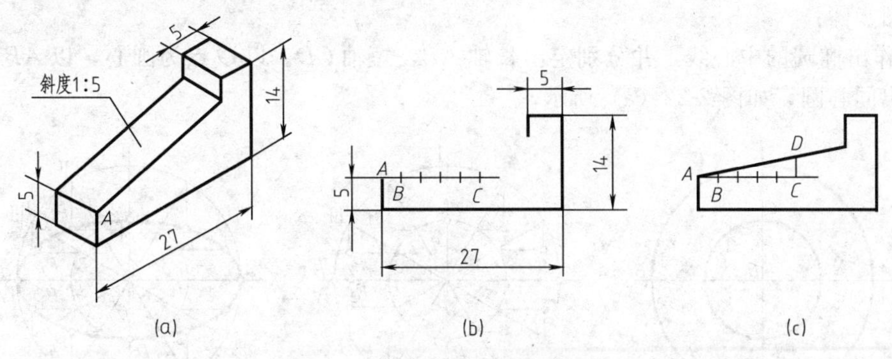

图 2-19　斜度的画法及尺寸标注

二、锥度

锥度是指正圆锥底圆直径与锥高的比。若是圆锥台，则为两底圆直径之差与锥台高之比。如图 2-20 所示，锥度$=D/L=(D-d)/l=2\tan\alpha=1∶n$

锥度在图样上的标注形式如图 2-21（c）所示。锥度符号◁用 1/10 字高的线绘制，是一个顶角为 30°的等腰三角形，底边长与图样中尺寸数字的高度相同，符号◁的指向应与锥度方向一致。

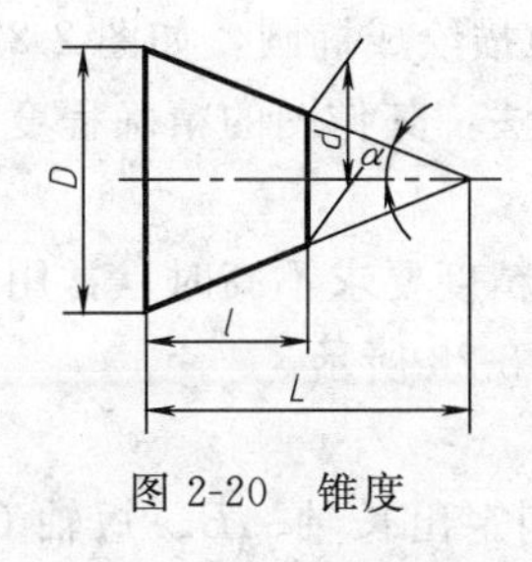

图 2-20　锥度

锥度的画法如图 2-21（a）、(b) 所示。标注圆台尺寸时，一般要注出锥体部分一个底圆的直径、锥高及锥度三个尺寸，如图 2-21（c）所示。

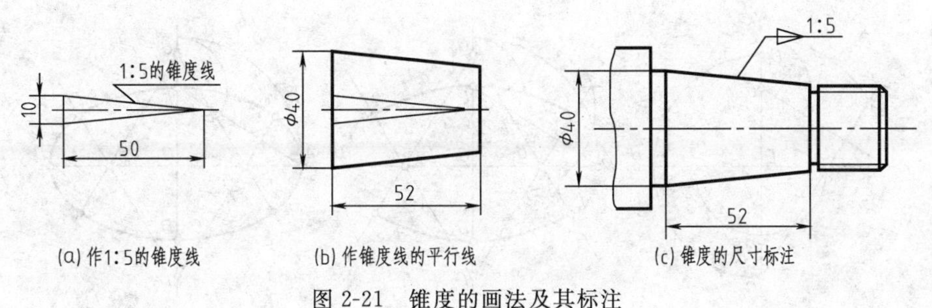

图 2-21　锥度的画法及其标注

任务四　椭圆的画法

椭圆是一种常见的非圆曲线，一般根据其长轴及短轴绘制。本任务从手工绘图及计算机绘图两方面介绍了椭圆的画法。

一、手工绘图时椭圆的画法

1. 同心圆法画椭圆

作图步骤：

① 作出椭圆的中心线，并分别定出长轴 AB，短轴 CD。以 O 点为圆心，以 AB、CD 为直径画出同心圆，如图 2-22（a）所示。

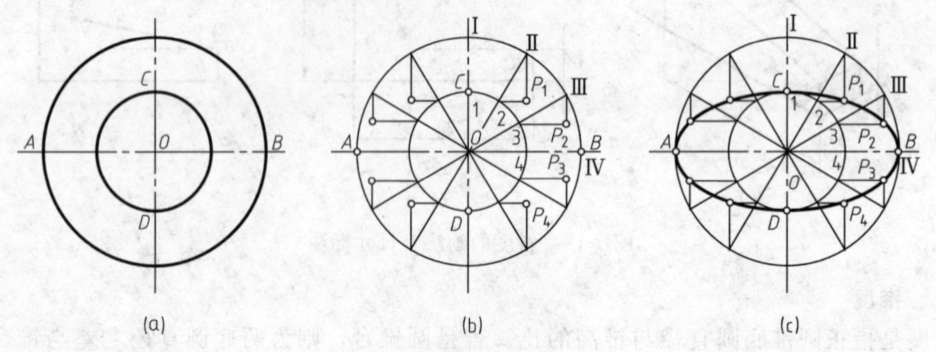

图 2-22 同心圆法画椭圆

② 将两同心圆等分（如取 12 等分），得各等分点Ⅰ、Ⅱ、Ⅲ…和 1、2、3…。

过大圆的等分点作短轴的平行线，过小圆上的等分点作长轴的平行线，分别交于 P_1、P_2、P_3…各点，即为椭圆上的点，如图 2-22（b）所示。

③ 用曲线板依次将各点光滑地描绘成椭圆，如图 2-22（c）所示。

同心圆法是椭圆的精确作图方法，其作图的精确程度取决于同心圆的等分数。

2. 四心法画椭圆

在一般绘图中，如对椭圆作图精度要求不高时，常用四心扁圆法，也称四心法。四心法是一种近似画法，其作图过程如图 2-23 所示。

作图步骤：

① 作出椭圆的中心线，并分别定出长轴 AB、短轴 CD，连接 AC，从 C 点截取 $CF=OA-OC$，并作线段 AF 的垂直平分线，交长轴于 O_1 和短轴的延长线于 O_2，同时取相应的对称点 O_3 和 O_4，则 O_1、O_2、O_3、O_4 分别为椭圆上四段圆弧的圆心，如图 2-23（a）所示。

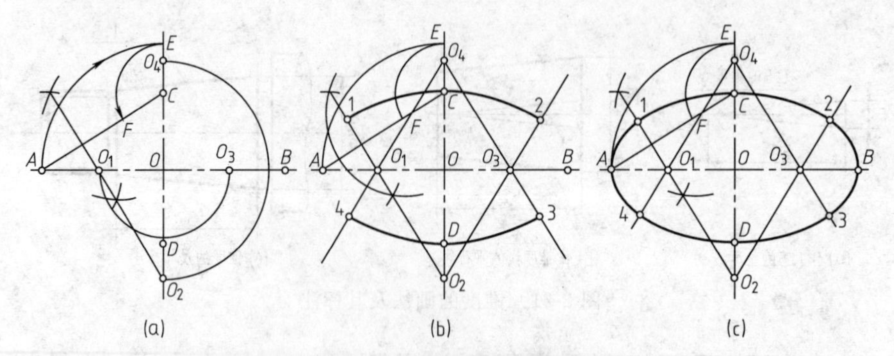

图 2-23 四心法画近似椭圆

② 连接 O_1O_2、O_2O_3、O_3O_4、O_4O_1 为四条连心线；以 O_2、O_4 为圆心，O_2C（或 O_4D）为半径画弧 12（或 34），如图 2-23（b）所示。

③ 以 O_1、O_3 为圆心，O_1A（或 O_3B）为半径画弧 41（或 23），即完成作图，如图 2-23

(c) 所示。

二、计算机绘制椭圆（椭圆命令）

功能：按指定的参数绘制椭圆或椭圆弧。

命令执行方式：

下拉菜单：绘图→椭圆

工 具 栏：单击绘图工具栏图标

命令行：Ellipse（EL）

操作过程：

命令：EL ↙

指定椭圆的轴端点或［圆弧（A）/中心点（C）］：（指定椭圆长轴的一个端点）在屏幕上任意拾取一点

指定轴的另一个端点：用光标给定长轴的方向，并输入长轴的长 120 ↙

指定另一条半轴长度或［旋转（R）］：输入短轴长度的一半 40 ↙

结果如图 2-24 所示。

说明：

① 指定轴端点为默认项，主要通过指定一条轴的全长和另一条轴的半长来绘制椭圆。

② 中心点 C 为选项，主要通过指定椭圆中心点、一条轴的半长和另一轴的半长来绘制椭圆。

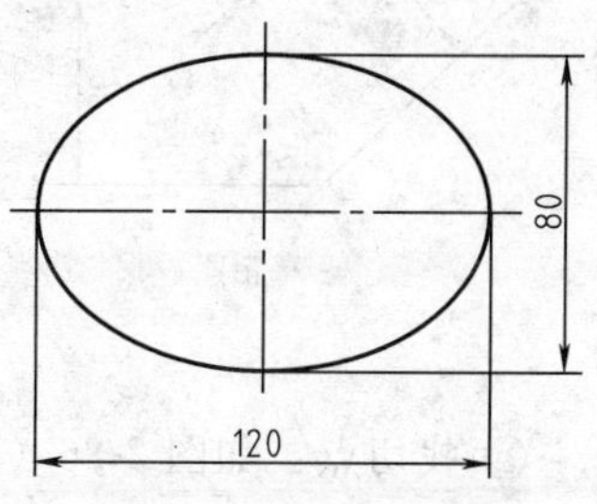

图 2-24 计算机绘制椭圆

任务五 圆弧连接

机械图样中的大多数图形都是由直线和圆弧、圆弧和圆弧光滑连接而成。如图 2-25 中 *R*16、*R*12、*R*35 三段弧的特点都是只知道半径不知道圆心，把这种用只知道半径不知道圆心的圆弧光滑地连接相邻线段的作图方法叫圆弧连接。圆弧连接的实质就是使连接圆弧与相

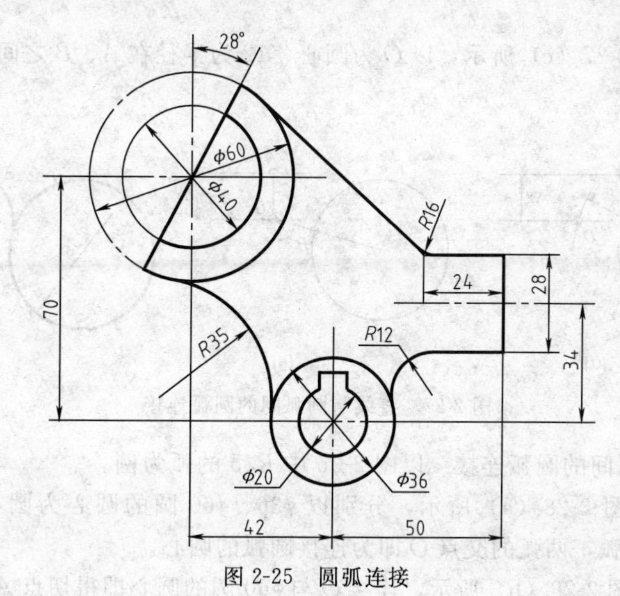

图 2-25 圆弧连接

邻线段相切，以达到光滑连接的目的。本任务主要从手工作图和计算机作图两个方面介绍了圆弧连接的作图方法。

一、手工绘图时圆弧连接的方法

1. 基本步骤

①找圆心；②找切点；③画弧。

2. 方法

(1) 直线与直线间的圆弧连接　以图 2-25 中 $R16$ 的弧为例。

① 找圆心：如图 2-26 (a) 所示，作已知直线的平行线，使两平行线之间的距离等于连接圆弧的半径 16，两平行线的交点 O 即为连接圆弧的圆心。

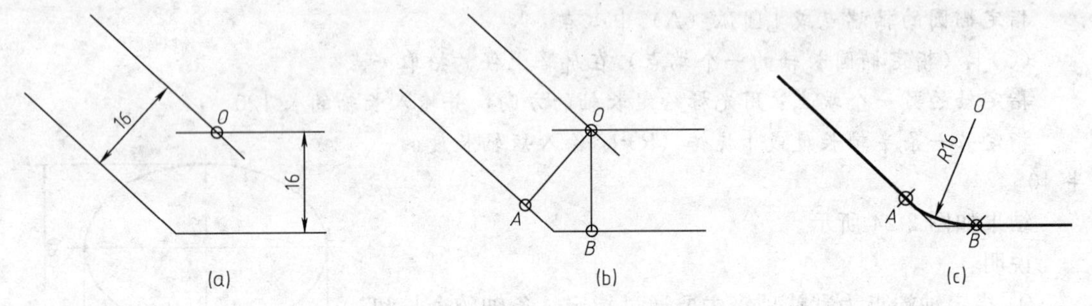

图 2-26　直线与直线间的圆弧连接

② 找切点：如图 2-26 (b) 所示，过圆心 O 作已知直线的垂线，垂足 A、B 即为切点；

③ 画弧：如图 2-26 (c) 所示，以 O 为圆心，16 为半径在 A、B 之间画弧即完成直线与直线间的圆弧连接。

(2) 直线与圆弧间的圆弧连接　以图 2-25 中 $R12$ 的弧为例。

① 找圆心：如图 2-27 (a) 所示，作已知直线的平行线，使平行线之间的距离等于连接圆弧的半径 12，再以 $\phi 36$ 圆的圆心为圆心、以 $R12+R18$（连接圆弧的半径＋被连接圆弧的半径）为半径画弧，此弧与平行线的交点 O 即为连接圆弧的圆心。

② 找切点：如图 2-27 (b) 所示，过 O 作已知直线的垂线得切点 A，再连接 O 与 $\phi 36$ 圆的圆心得切点 B。

③ 画弧：如图 2-27 (c) 所示，以 O 为圆心、12 为半径在 A、B 之间画弧即完成直线与圆弧间的圆弧连接。

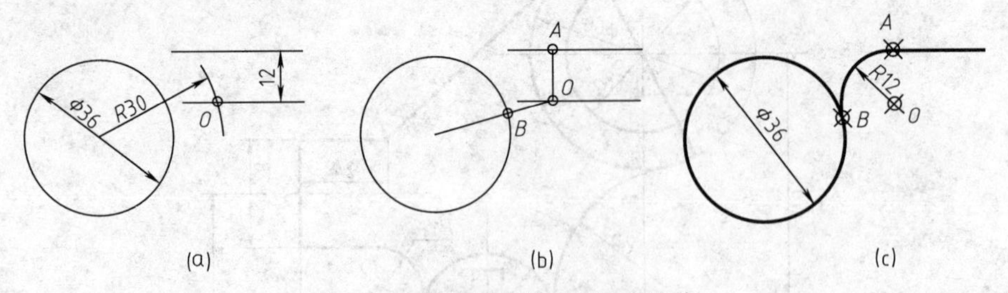

图 2-27　直线与圆弧间的圆弧连接

(3) 圆弧与圆弧间的圆弧连接　以图 2-25 中 $R35$ 的弧为例。

① 找圆心：如图 2-28 (a) 所示，分别以 $\phi 36$、$\phi 60$ 圆的圆心为圆心，以 $R35+R18$、$R35+R30$ 为半径画弧，两弧的交点 O 即为连接圆弧的圆心。

② 找切点：如图 2-28 (b) 所示，连接 O 与 $\phi 60$ 圆的圆心即得切点 A，连接 O 与 $\phi 36$ 圆

的圆心即得切点 B。

③ 画弧：如图 2-28（c）所示，以 O 为圆心、35 为半径在 A、B 之间画弧即完成圆弧与圆弧间的圆弧连接。

结论：手工绘图时圆弧连接的关键是找圆心，找圆心的方法取决于被连接的相邻线段，若相邻线段为直线则作平行线，若相邻线段为圆弧，则要先判断连接圆弧与被连接圆弧的关系是外切还是内切，外切时取半径之和画弧，内切时取半径之差画弧。

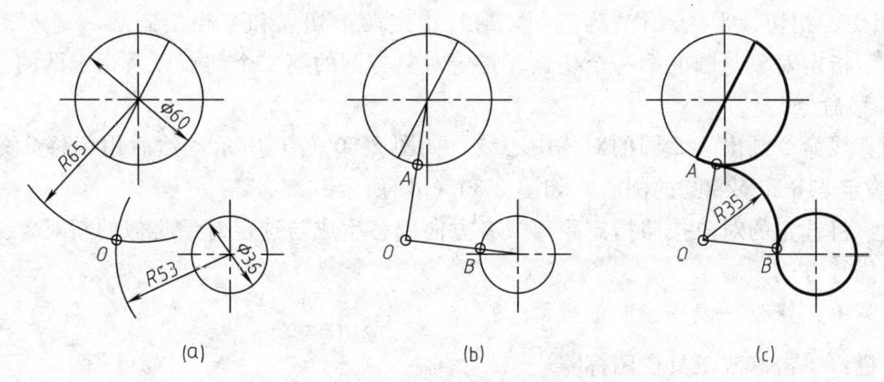

图 2-28 圆弧与圆弧间的圆弧连接

二、计算机绘图时圆弧连接的方法及步骤

用计算机绘制如图 2-29 所示的图形。

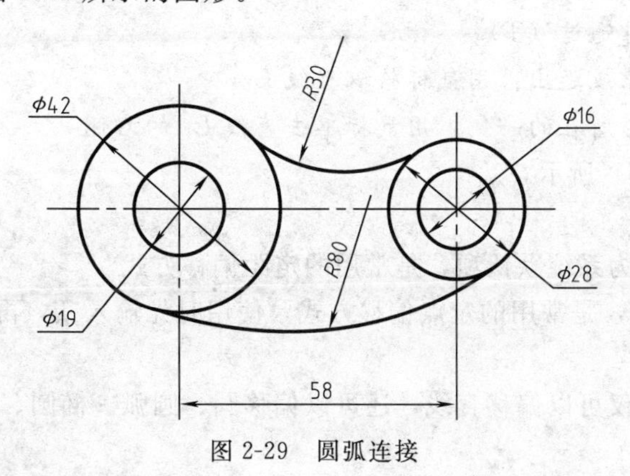

图 2-29 圆弧连接

1. 圆命令（画 $\phi 42$ 和 $\phi 19$ 的圆）

功能：按指定的参数绘制圆。

命令执行方式：

下拉菜单：绘图→圆→“圆”子菜单中各选项。

工 具 栏：单击绘图工具栏图标

命令行：Circle（C）

操作过程：

命令：C ↙

指定圆的圆心或［三点（3P）/两点（2P）/相切、相切、半径（T）］：用鼠标点击屏幕上任意一点 ↙

指定圆的半径或［直径（D）］：输入 21 ↙或者输入 D ↙再输入 42 ↙

用同样的方法绘制 $\phi 19$ 的圆。

说明：

① 指定圆心为默认项，这是常用的绘制圆的方法。

② 三点（3P）为选项，通过圆周上的三个点来绘制圆。键入 3P 后，系统分别提示指定圆上的第一点、第二点和第三点。

③ 两点（2P）为选项，通过确定直径的两个端点绘制圆。键入 2P 后，系统分别提示指定圆的直径的第一点和第二点。

④ 相切、相切、半径（T）为选项，通过指定两个切点和半径绘制圆，键入 T 后，系统分别提示指定对象与圆的第一个切点、指定对象与圆的第二个切点以及指定圆的半径。

2. 偏移命令

先用直线命令画出 $\phi42$ 圆的对称中心线，如图 2-30（a）所示，然后用偏移命令绘制直线 L_2 以确定 $\phi16$ 和 $\phi28$ 圆的圆心，如图 2-30（b）所示。

功能：将选定的对象按照指定距离或者方向偏移生成与选定对象类似的新对象。

命令执行方式：

下拉菜单：修改→偏移

工具栏：单击修改工具栏图标

命令行：Offset（O）

操作过程：

命令：O ↙

指定偏移距离或［通过（T）］： 58 ↙

选择要偏移的对象或退出：用鼠标拾取直线 L_1

指定点以确定偏移所在的一侧：用鼠标单击直线 L_1 的右侧

结果如图 2-30（b）所示。

说明：

① 指定偏移距离为系统默认项，是常用的定距偏移方式。

② 通过 T 为选项，是常用的定点偏移方式，使用时先输入 T，再用鼠标拾取偏移对象，再指定通过点。

③ 偏移命令不仅仅可以偏移直线，还可以偏移圆、圆弧、椭圆、椭圆弧等曲线和矩形、多边形等。

3. 计算机绘图时圆弧连接的方法

先用圆命令完成 $\phi16$ 和 $\phi28$ 的圆，结果如图 2-30（c）所示。

(1) 第一种方法　用倒圆角命令完成（倒角命令），以 $R30$ 的弧为例。

功能：对相交或者未相交的线段倒圆角，线段可以是直线、圆、圆弧等。

命令执行方式：

下拉菜单：修改→圆角

工 具 栏：单击修改工具栏图标

命令行：Filiet（F）

命令执行过程：

命令：F ↙

选择第一个对象或［多段线（P）/半径（R）/修剪（T）］：R ↙

指定圆角半径 ：30 ↙

选择第一个对象或［多段线（P）/半径（R）/修剪（T）/多个 U］：拾取 $\phi 42$ 的圆

选择第二个对象：拾取 $\phi 28$ 的圆

结果如图 2-30（d）所示。

（2）第二种方法　用前面介绍的手工作图使圆弧连接的绘图步骤完成，在此仅以 $R30$ 的弧为例。

① 找圆心：分别以 $\phi 42$ 和 $\phi 28$ 圆的圆心为圆心，以 R（21＋30）、R（14＋30）为半径画圆，则两圆在上面的交点为 O 即为 $R30$ 这段连接圆弧的圆心，如图 2-30（e）所示。

② 找切点：连接 O 及 $\phi 42$ 圆的圆心得切点 A；连接 O 及 $\phi 28$ 圆的圆心得切点 B，如图 2-30（e）所示。

③ 画弧：AutoCAD 提供了很多种圆弧的绘制方式，在这里可执行下拉菜单：绘图→圆弧→起点（A）、端点（B）、半径（$R30$）或者绘图→圆弧→圆心（O）、起点（A）、端点（B）的方式完成，这两种方法都必须让端点在起点的逆时针方向，是常用的画弧的方法。

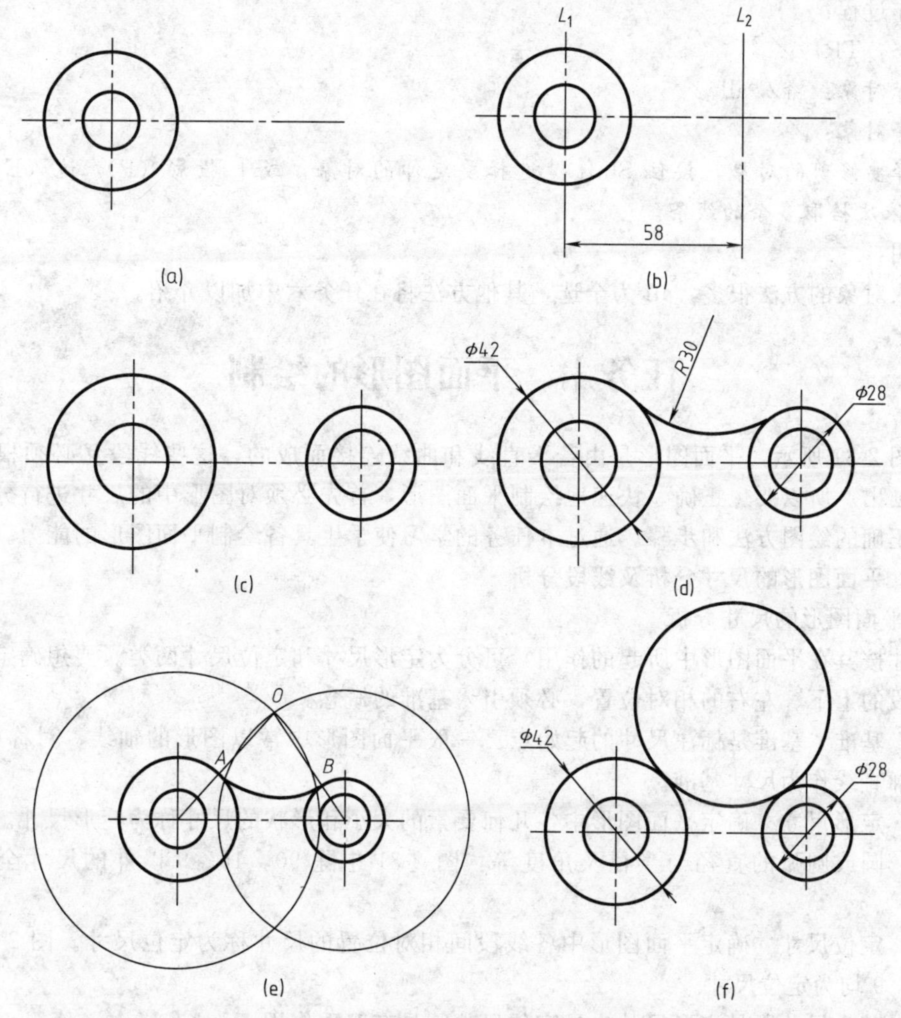

图 2-30　圆弧连接的方法及步骤

（3）第三种方法　用相切、相切、半径的方式完成，以 $R30$ 的弧为例。

执行下拉菜单：绘图→圆→相切、相切、半径后，先拾取 $\phi 42$ 的圆，再拾取 $\phi 28$ 的圆，在系统提示下输入半径 30，结果如图 2-30（f）所示。

说明：在计算机进行圆弧连接时，优先选用第一种方法，但当连接圆弧与被连接圆弧相内切时，用倒圆角命令无法完成，如图 2-29 中 $R80$ 的弧，可用第三种方法完成。

4. 修剪命令

用计算机进行圆弧连接时，第二种方法与第三种方法中都有多余的线条，这些线条可用修剪命令完成。

功能：将图形中多余的部分剪掉，可以修剪圆、圆弧、椭圆、椭圆弧、直线、样条曲线、构造线等。

命令执行方式：

下拉菜单：修改→修剪

工具栏：单击工具栏图标 -/--

命令行：Trim（TR）

操作过程：

命令：TR ↙

选择对象：输入 all ↙

选择对象：↙

选择要修剪的对象，按住 Shift 键选择要延伸的对象，或 [投影（P）/ 边（E）/ 放弃（U）]：依次拾取多余的线条。

说明：

选取对象的方法很多，all 为全选，其他方法将在任务六中加以介绍。

任务六　平面图形的绘制

如图 2-31 所示，平面图形是由若干直线和曲线连接而成的，这些线段又必须根据给定的尺寸画出。所以要想正确、快速地绘制平面图形，首先必须对图形中的尺寸进行分析，从而确定正确的绘图方法和步骤。通过本任务的学习使学生具备绘制平面图形的能力。

一、平面图形的尺寸分析及线段分析

1. 平面图形的尺寸分析

尺寸按其在平面图形中所起的作用，可分为定形尺寸和定位尺寸两类。要想确定平面图形中线段的上下、左右的相对位置，必须引入基准的概念。

（1）基准　基准是标注尺寸的起始点。一般平面图形中常以图形的轴线、对称中心线、长的轮廓直线作为尺寸基准。

（2）定形尺寸　确定平面图形中各几何要素的大小和形状的尺寸称为定形尺寸。如直线的长度、圆或圆弧的直径与半径及角度等。图 2-31 中除 90、15、9 以外的尺寸全为定形尺寸。

（3）定位尺寸　确定平面图形中各线段间相对位置的尺寸称为定位尺寸。图 2-31 中的 90、15、9 均为定位尺寸。

有时某个尺寸既是定形尺寸也是定位尺寸，具有双重作用。

2. 平面图形的线段分析

线段分为已知线段、中间线段和连接线段三种形式。

（1）已知线段　定形尺寸和定位尺寸齐全的线段称为已知线段，如图 2-31 中的 38、

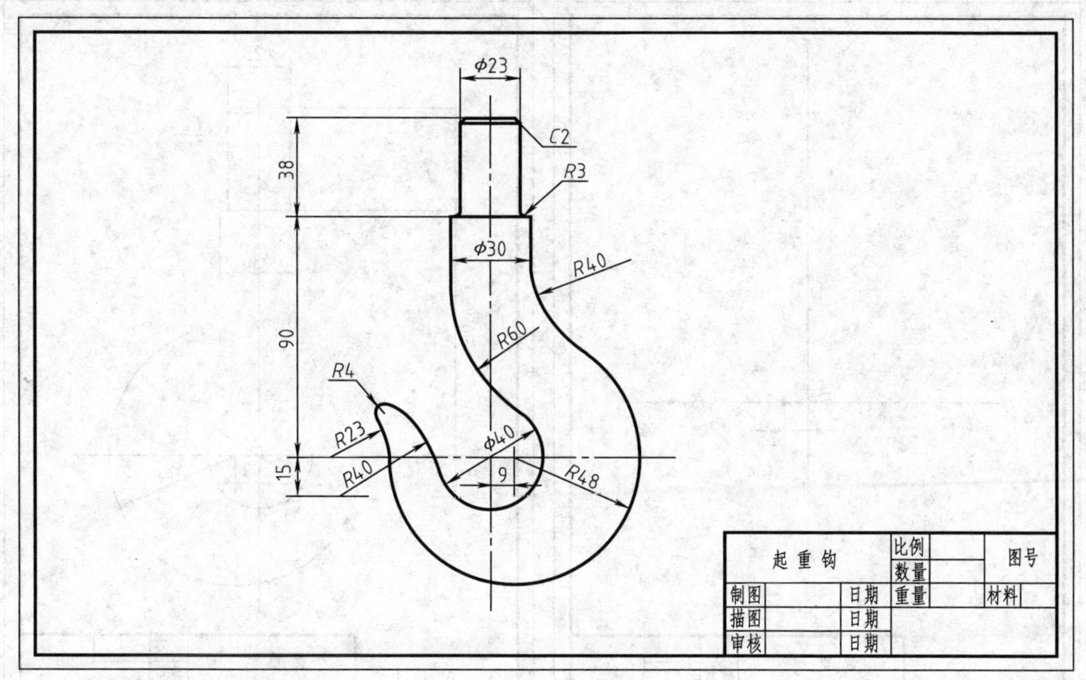

图 2-31 起重钩

$\phi23$、$\phi30$、$R48$ 等。

(2) 中间线段 定形尺寸齐全而定位尺寸不完整的线段称为中间线段，如图 2-30 中的 $R40$、$R23$。

(3) 连接线段 只有定形尺寸而没有定位尺寸的线段称为连接线段，如图 2-30 中 $R4$、$R3$、$R60$、$R40$。

二、手工绘图平面图形的画法及步骤

在 A4 图纸上绘制如图 2-31 所示的起重钩。

① 画边框线、标题栏并画出图形的基准线以确定图形的位置，如图 2-32 (a) 所示。

② 画已知线段 $\phi23$、$\phi30$、$C2$、$\phi40$、$R48$、15、90、38 等，如图 2-32 (b) 所示。

③ 画中间线段 $R23$、$R40$，如图 2-31 (c) 所示。

④ 画连接线段 $R3$、$R4$、$R40$、$R60$，如图 2-32 (d) 所示。

⑤ 最后检查、加深并标注尺寸，如图 2-31 所示。

三、计算机绘制平面图形

1. 精确绘图工具

(1) 对象捕捉

功能：找到图形对象的特殊点。

命令执行方式：

下拉菜单：工具→绘图设置 → 对象捕捉

状态栏：右击状态栏上的对象捕捉按钮

执行命令后便打开了如图 2-33 的对话框，现仅对对话框中常用的对象捕捉模式加以说明。

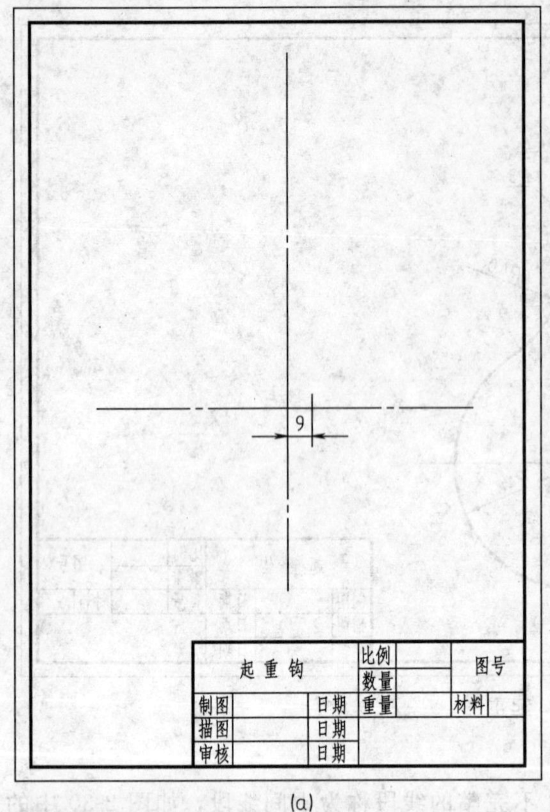

(a)

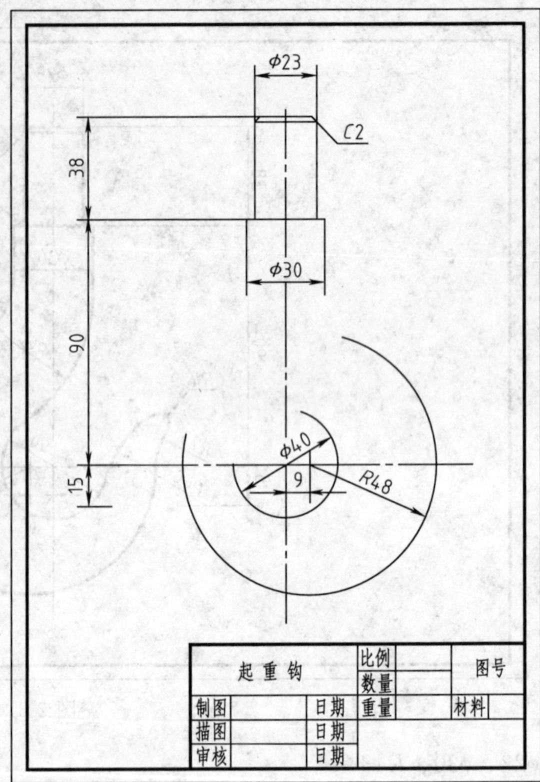

(b)

R23
R40
15
起 重 钩
比例
数量
图号
制图
日期
重量
材料
描图
日期
审核
日期

(c)

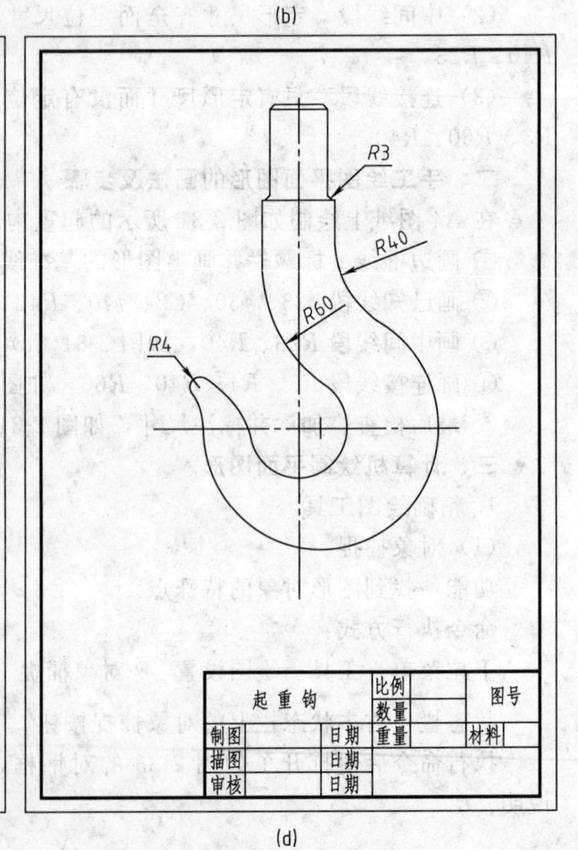

(d)

图 2-32 手工绘平面图形的画法及步骤

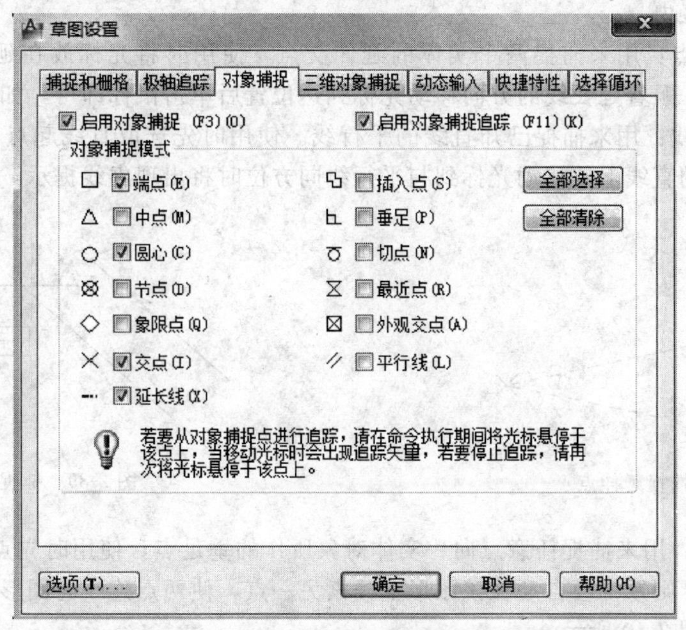

图 2-33 “对象捕捉”选项卡

① 捕捉端点：用来捕捉实体的端点如线段的端点、弧的端点及多边形的角点等。使用时将拾取框放在所需端点所在一侧，如图 2-34 所示。

② 捕捉中点：用来捕捉实体的中点如线段的中点、弧的中点等。使用时只需将拾取框放在直线附近即可，而不一定要放在中部，如图 2-35 所示。

图 2-34 捕捉端点　　图 2-35 捕捉中点

③ 捕捉圆心：用来捕捉圆弧、椭圆弧、圆、椭圆的圆心。使用时一定要用拾取框选择圆及圆弧本身而非直接选取圆心部位。如图 2-36 所示。

④ 捕捉象限点：用来捕捉圆弧、椭圆弧、圆、椭圆的 0°、90°、180°、270°的特殊点，如图 2-37 所示。

⑤ 捕捉节点：用来捕捉节点。使用时将拾取框放在节点上。

图 2-36 捕捉圆心　　图 2-37 捕捉象限点

⑥ 捕捉交点：用来捕捉实体的交点。要求实体在空间必须有一个真实的交点。使用时

交点必须位于靶区内。

⑦ 捕捉延伸点：用来捕捉两个实体的延伸交点，使用时将光标放在延长线的端点上，待出现“×”后，顺着延长线的方向移动光标到达位置后单击鼠标即可，如图 2-38 所示。

⑧ 捕捉平行线：用来捕捉已知直线的平行线。使用时先选取直线起点，再将光标放置在需要与其平行的直线上并移动光标到与平行线同方位时将出现虚线提示，如图 2-39 所示。

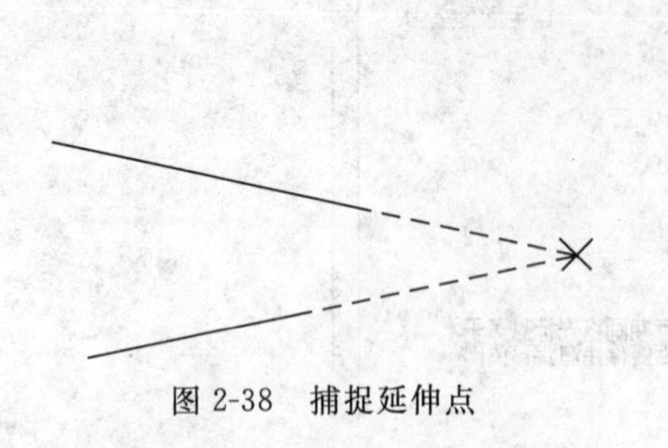

图 2-38 捕捉延伸点

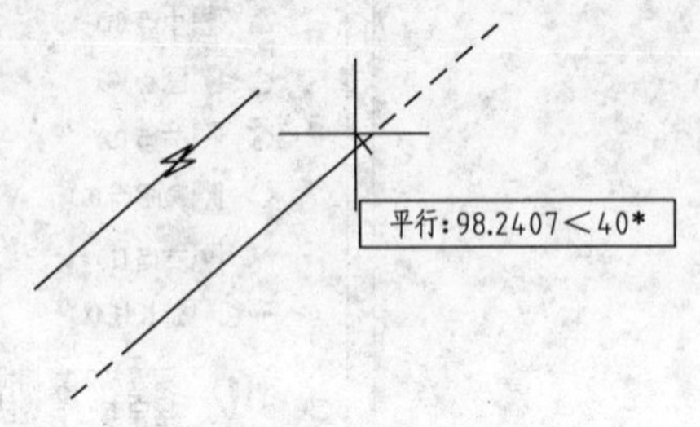

图 2-39 捕捉平行线

⑨ 捕捉垂足：用来捕捉任意点向一实体对象所作的垂足点，使用时先点取垂线的起点，再点取另一图形，则系统会自动在该图形上搜索另一点，使两点连线与图形在该点的切线方向保持垂直，如图 2-40 所示。

⑩ 捕捉切点：用来捕捉任意点向圆弧、椭圆弧、圆、椭圆所作的切点，如图 2-41 所示。

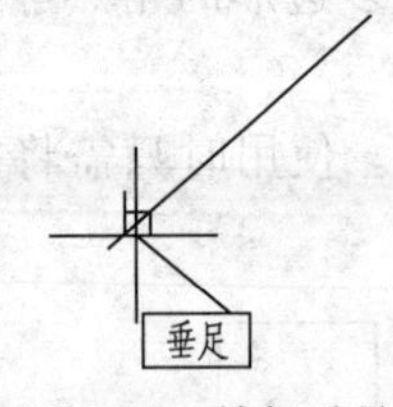

图 2-40 捕捉垂足

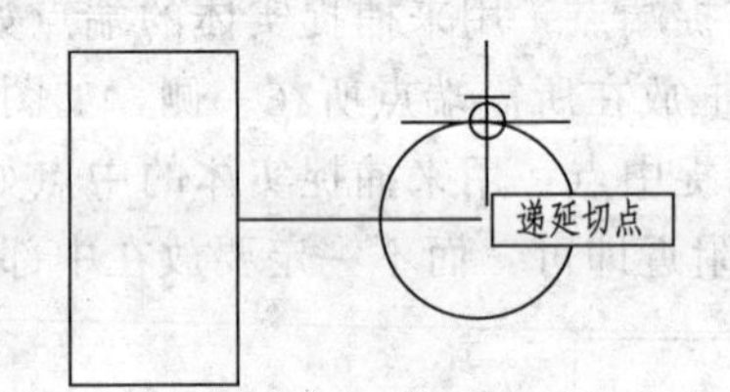

图 2-41 捕捉切点

(2) 对象追踪

功能：利用已有图形对象上的特殊点来获取另外一些特殊点。

命令执行方式：

下拉菜单：工具→绘图设置 → 对象捕捉→对象追踪

状态栏：右击状态栏上的对象追踪按钮 →设置→对象捕捉→对象追踪

如图 2-42 所示。

(3) 极轴追踪捕捉

所谓极轴追踪就是利用作图过程中当两点间连线与 X 轴的夹角和极轴角一致时，系统所显示的放射状虚线，快速而准确地捕捉到一些特定的角度，以提高作图效率。用户可通过“工具”→“草图设置”选择“极轴追踪”选项，其中：

“启用极轴追踪”：选择该选项方可打开极轴追踪功能。在绘图过程中，可以通过单击状态栏上的“极轴”按钮或 F10 键切换极轴追踪的启用与否。

“增量角”：用于选择极轴夹角的递增值，当极轴夹角为该数值的倍数时都将显示放射虚线。

“附加角”：选择该选项后可将通过“新建”命令所增加的特殊极轴夹角设为有效。

“新建”：点击该按钮，可增加“角增量”下拉列表中所没有的特殊的极轴夹角。

2. 计算机绘图时图形编辑的常用目标选择方式

① 单击鼠标选取对象：直接用光标点击要选的对象，一次一个。

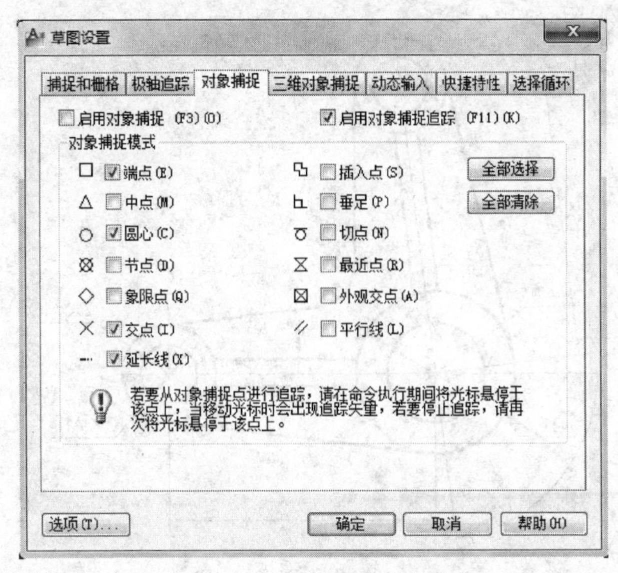

图 2-42 “对象捕捉”选项

② 全选：在命令行中键入 ALL 将选中图形中所有实体对象。

③ W 窗口选择：在命令行中键入 W，再在提示下输入两点形成一个窗口，完全处在窗口内的实体将被选中。

④ C 窗口选择：在命令行中键入 C，再在提示下输入两点形成一个窗口，完全或部分处在窗口内的实体都将被选中。

⑤ 自动窗口选择：直接单击空白处，再在系统提示下输入第二点形成窗口。若第二点在第一点的右边，则形成 W 窗口；若第二点在第一点的左边，则形成 C 窗口。

⑥ WP 窗口选择：在命令提示下，键入 WP，再在提示下输入多点构成多边形窗口，完全处在窗口内的实体将被选中。

⑦ CP 窗口选择：在命令提示下，键入 CP，再在提示下输入多点构成多边形窗口，完全或部分处在窗口内的实体都将被选中。

⑧ F 窗口选择：在系统提示下键入 F，再在提示下输入多点构成折线，凡是被折线穿过的实体都将被选中。

⑨ R 选择：进入清除模式，即将已经选中的图形对象从选择集中去掉。

⑩ A 选择：由清除模式转为增加模式。

3. 计算机绘制平面图形

(1) 用计算机绘制如图 2-43 所示的平面图形

① 用圆命令绘制 $\phi31$、$\phi19$ 的圆，并用直线命令绘制圆的对称中心线，如图 2-44 (a) 所示。

② 用偏移命令指定偏移距离为 52，偏移出 $\phi18$ 圆的对称中心线并用圆命令绘制 $\phi11$、$\phi18$ 的圆，如图 2-44 (b) 所示。

③ 用偏移命令将水平对称线上、下各偏移 2.5，并用直线命令画出两圆间的粗实线，如图 2-44 (c) 所示。

④ 删除命令：用删除命令删除刚刚偏移出的上、下两条点画线，结果如图 2-44 (d) 所示。

功能：删除一些错误的或者是没有用的对象或者图形。

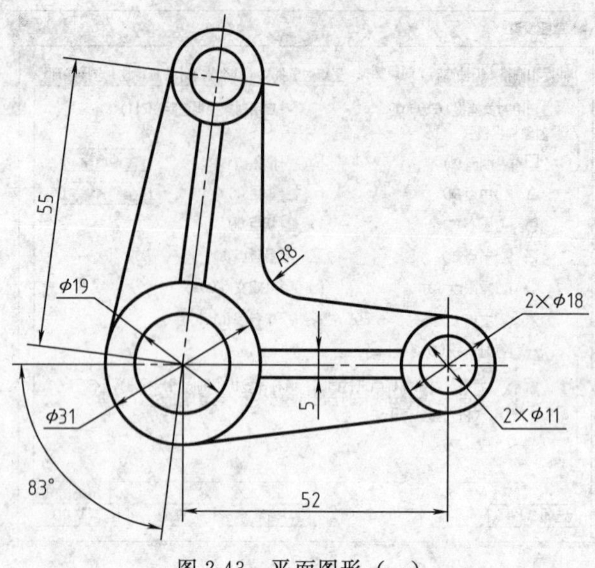

图 2-43 平面图形（一）

命令执行方式：

下拉菜单：修改→删除

工 具 栏：单击修改工具栏上的图标

命 令 行：Erase (E)

操作过程：

命令：E ↙

选取对象：用鼠标分别点取两条不需要的点画线 ↙

执行结果如图 2-44 (d) 所示。

⑤ 把对象捕捉中的圆心捕捉关掉，把切点捕捉打开，用直线命令绘制两圆的切线，结果如图 2-44 (e) 所示。

⑥ 镜像命令：用镜像命令镜像图 2-44 (e) 中的右边部分，使图形左、右对称，结果如图 2-44 (f) 所示。

功能：将选择的对象作镜像复制，主要用于具有对称的实体。

命令执行方式：

下拉菜单：修改→镜像。

工 具 栏：单击修改工具栏图标

命 令 行：Mirror (MI)

操作过程：

命令：MI ↙

选择对象：用 C 窗口选取图 2-44 (e) 中图 2-44 (g) 所示的部分 ↙

指定镜像线的第一点：用鼠标点取 *A* 点（打开端点捕捉）

指定镜像线的第二点：用鼠标点取 *B* 点

是否删除源对象？[是 (Y)/否 (N)]：N（N 保留对象，Y 删除原对象）↙

执行结果如图 2-44 (f) 所示。

⑦ 拉伸命令：用拉伸命令将图 2-44 (f) 中左半部分两圆心之间的距离由 52 拉长为 55，

结果如图 2-44（h）所示。

功能：将选择的对象进行局部拉伸或移动，也可以加长或缩短对象，并改变它们的形状。

命令执行方式：

下拉菜单：修改→拉伸

工 具 栏：单击修改工具栏图标

命 令 行：Stretch（S）

操作过程：

命令：S ↙

以交叉窗口或交叉多边形选择要拉伸的对象…

选择对象：用 C 窗口在 2-44（f）中选取如图 2-44（i）所示的部分 ↙

指定基点或位移：用鼠标拾取左边圆的圆心作为基点 ↙

指定位移的第二点或用第一点作位移：用鼠标指定位移的方向（向左拖动一下鼠标即可），并输入要加大的距离值 3 ↙

执行结果如图 2-44（h）所示。

说明：

使用该命令在系统提示选择对象时必须用 C（交叉窗口）窗口选择或者是 CP（交叉多边形窗口）窗口选择要拉伸的对象。

⑧ 旋转命令：用旋转命令将图 2-44（h）中左半部分旋转到指定位置，结果如图 2-44（j）所示。

功能：将选定的图形按一定角度旋转。

命令执行方式：

下拉菜单：修改→旋转

工 具 栏：单击修改工具栏图标

命 令 行：Rotate（RO）

操作过程：

命令：RO ↙

选择对象：用 C 窗口选取如图 2-44（h）中的左半部分 ↙

指定基点：用鼠标拾取 ϕ31 或 ϕ19 圆的圆心作为基点 ↙

指定旋转角度［或参照 R］：输入－97 ↙

执行结果如图 2-44（j）所示。

说明：

a. 指定旋转角度时，顺时针旋转为负，逆时针旋转为正。

b. 若不知道具体旋转角度，知道旋转位置时可用参照 R 作图。

⑨ 用前面所学的圆角命令将图 2-44（j）中两相交直线用圆弧连接，完成作图，最后结果如图 2-44（k）所示。

注：若在作图过程中出现错误，要放弃操作时可点击工具栏上的图标。

（2）用计算机绘制 2-45 所示的图形

① 用圆命令及直线命令绘制 ϕ45、ϕ53 及 ϕ66 的圆，并用直线命令绘制出圆的对称中心线，结果如图 2-46（a）所示。

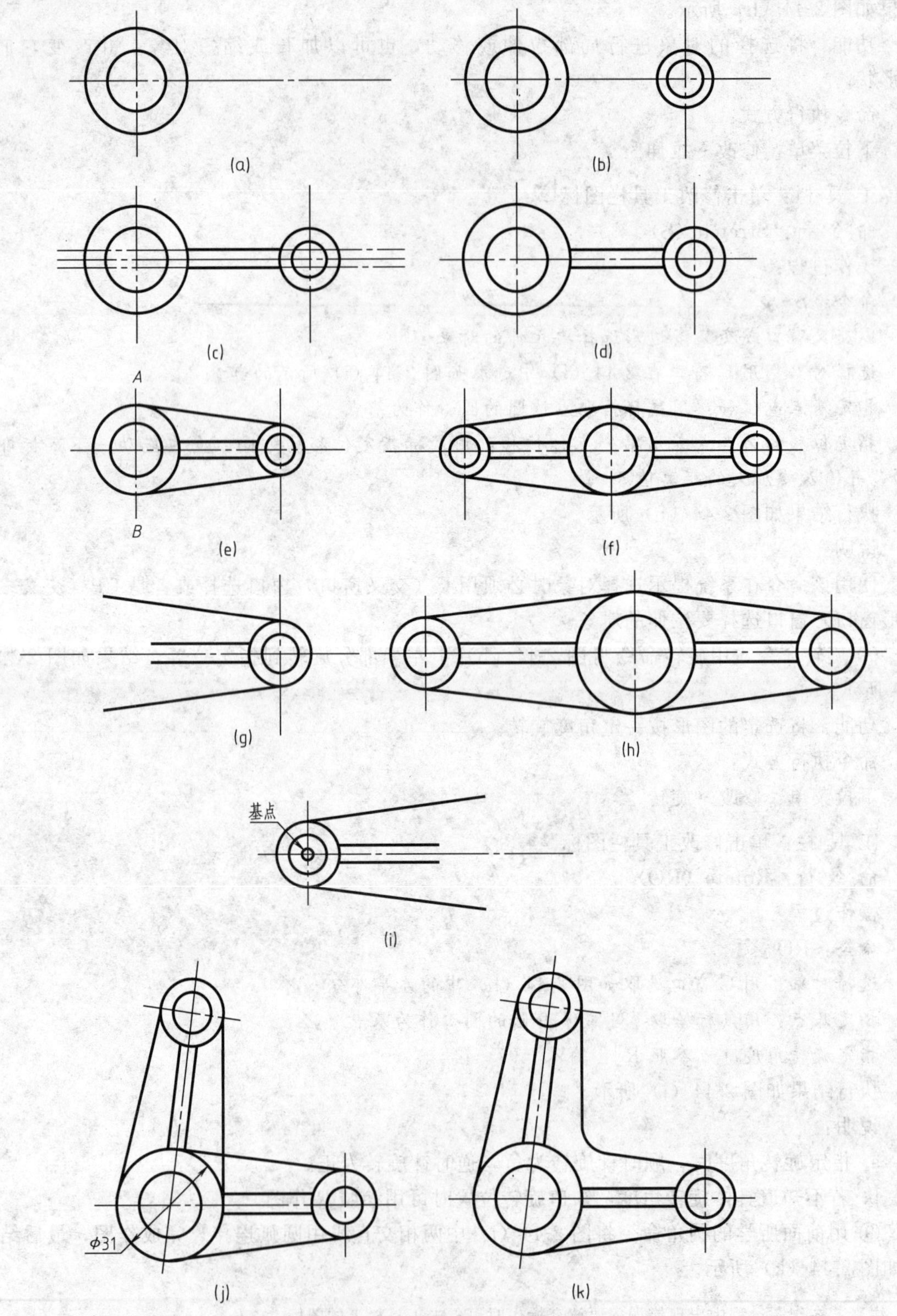

图 2-44 计算机绘制平面图形（一）

② 用圆命令绘制下方 $\phi12$ 及 $\phi6$ 的圆，并用圆角命令倒出 $R3$ 的圆角，结果如图 2-46（b）所示。

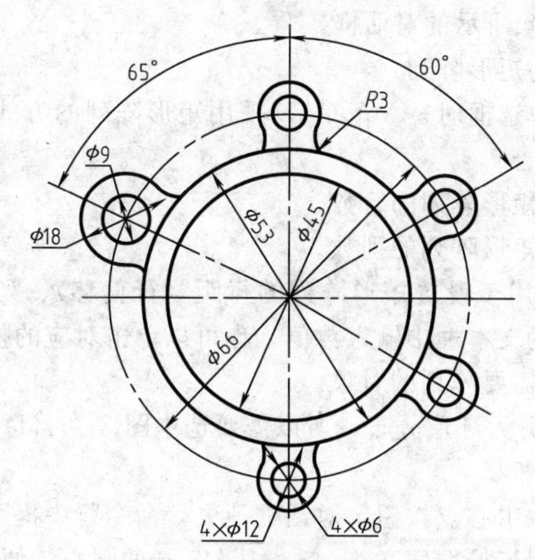

图 2-45　平面图形（二）

③ 打断命令：用打断命令去掉图 2-46（b）中 ϕ12 圆上多余的部分，结果如图 2-46（c）所示。

功能：将选择的对象断开成两半或删除对象上的一部分。

命令执行方式：

下拉菜单：修改→打断

工 具 栏：单击修改工具栏图标

命 令 行：Break（BR）

操作过程：

命令：BR ↙

选择对象：用鼠标点击 ϕ12 的圆 ↙

指定第二个打断点或［第一点 F］：F ↙

指定第一个打断点：用鼠标拾取图 2-46（b）中的 B 点 ↙

指定第二个打断点：用鼠标拾取图 2-46（b）中的 A 点 ↙

执行结果如图 2-46（c）所示。

说明：

a. 在步骤 2 中，若直接指定第二个打断点，则将以拾取点为第一个打断点。

b. 断开圆及圆弧时，应使第二点在第一点的逆时针方向。

c. 打断命令不仅可以断开圆及圆弧，还可以断开直线、多段线、椭圆等，当第一个打断点与第二个打断点重合时，则将对象断开于点。

④ 阵列命令：用阵列命令绘制图 2-45 中右边相同的部分，结果如图 2-46（e）所示。

功能：以指定的方式将选择对象进行多重拷贝，并构成一种圆形或矩形的阵列 。

命令执行方式：

下拉菜单：修改→阵列

工 具 栏：单击修改工具栏图标

命 令 行：Array（AR）

操作过程：

命令：AR ↙

便打开了如图 2-46（f）所示的对话框。

此对话框中的当前项为矩形阵列：

当选择“矩形阵列”单选框时，AutoCAD 采用矩形阵列的方式进行多重复制。对话框中各项含义如下：

“行”文本框用于指定矩形阵列的行数。

“列”文本框用于指定矩形阵列的列数。

“偏移距离和方向”栏用于设置矩形阵列的行距（行偏移）、列距（列偏移）和阵列角度，用户可以直接在对应的文本框中输入数值，也可以单击对应的按钮在绘图窗口中指定。

“选择对象”用于选取需要阵列的对象。

因图 2-42 右边相同部分为环形分布，所以需要选中图 2-46（f）中的环形阵列，便打开了图 2-46（g）所示的对话框。

在此对话框中点击拾取中心点按钮，对话框消失，命令行中提示：

指定阵列中心点：用鼠标拾取图 2-46（c）中 $\phi45$ 圆的圆心，便又打开了图 2-46（g）的对话框。

在项目总数中填入 4，填充角度中填入 180，然后点击选取对象按钮，对话框再一次消失，命令行中提示：

选取对象：用鼠标依次拾取图 2-46（c）中图 2-46（d）所示的部分 ↙

在再一次出现的对话框中点击确定，执行结果如图 2-46（e）所示。

说明：

a. 矩形阵列应用于对象整行整列排列且行间距及列间距相等。

b. 环形阵列应用于对象成环形排列且相邻两对象间的夹角相等。

⑤ 将极轴设为 155°，用直线命令绘制图 2-46（h）中的直线 l。

⑥ 复制命令：用复制命令复制图 2-46（h）中的任意一组同心圆，执行结果如图 2-46（i）所示。

功能：复制一个或者是多个已经存在的对象。

命令执行方式：

下拉菜单：修改→复制

工 具 栏：单击修改工具栏图标

命 令 行：Copy（CO）

操作过程：

命令：CO ↙

选择对象：用鼠标依次选取图 2-46（h）中 $\phi12$ 及 $\phi6$ 的圆 ↙

指定基点或位移：选取 $\phi12$ 和 $\phi6$ 圆的圆心 ↙

指定位移的第二点或<用第一点作位移>：用鼠标拾取直线 l 与 $\phi66$ 圆的交点 ↙

执行结果如图 2-46（i）所示。

说明：

a. 上述方法为指定基点、目标点的复制，即指定完基点以后直接指定目标点。

b. 复制时还常用指定基点、距离的复制，即指定完基点以后用光标确定方向直接输入距离值。

⑦ 缩放命令：用缩放命令将图 2-46（i）中复制的部分缩放到规定尺寸，执行结果如图 2-46（j）所示。

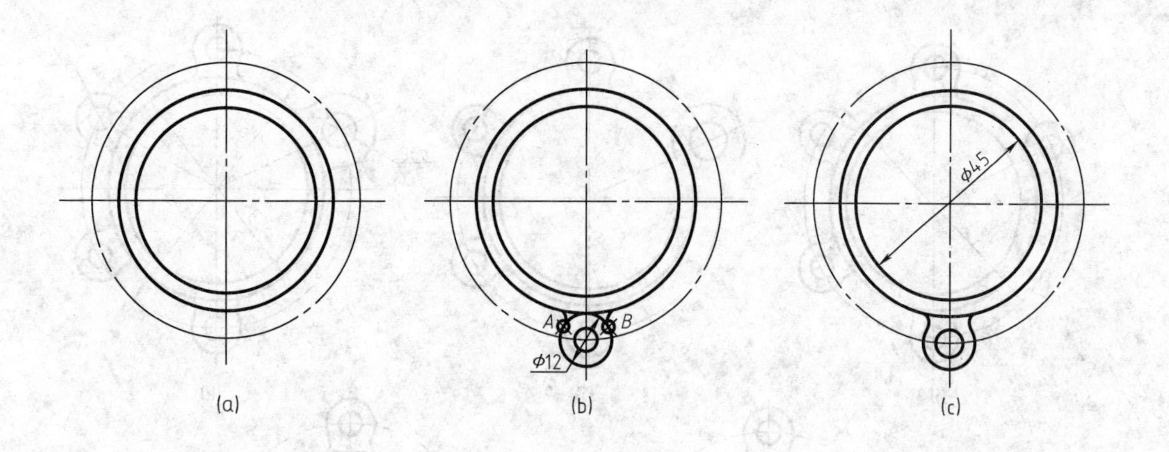
A
B
φ12
φ45
(a)
(b)
(c)

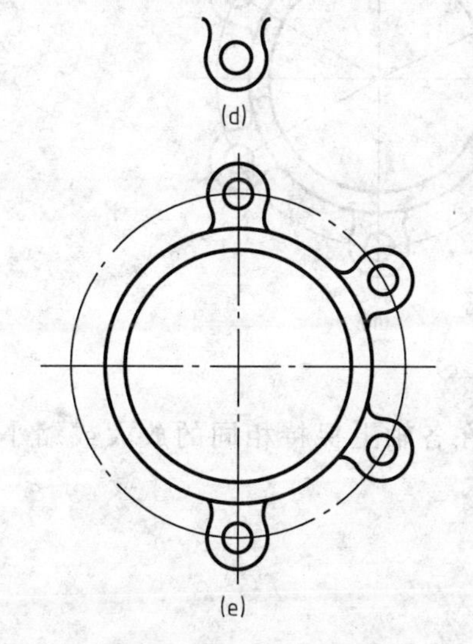
(d)
(e)

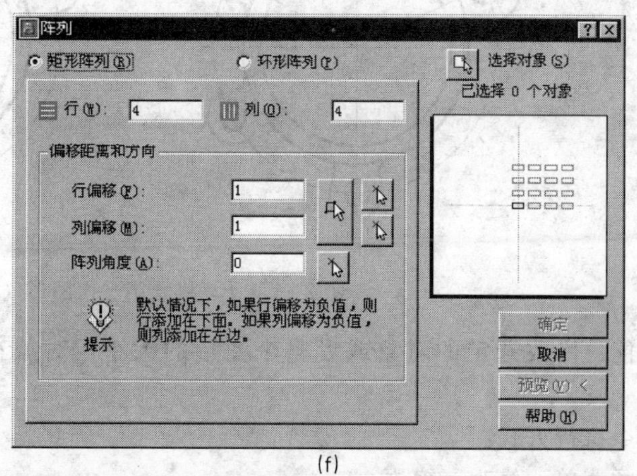
阵列
矩形阵列(R)
环形阵列(P)
选择对象(S)
已选择 0 个对象
行(W): 4
列(O): 4
偏移距离和方向
行偏移(F): 1
列偏移(M): 1
阵列角度(A): 0
默认情况下，如果行偏移为负值，则行添加在下面。如果列偏移为负值，则列添加在左边。
提示
确定
取消
预览(V) <
帮助(H)
(f)

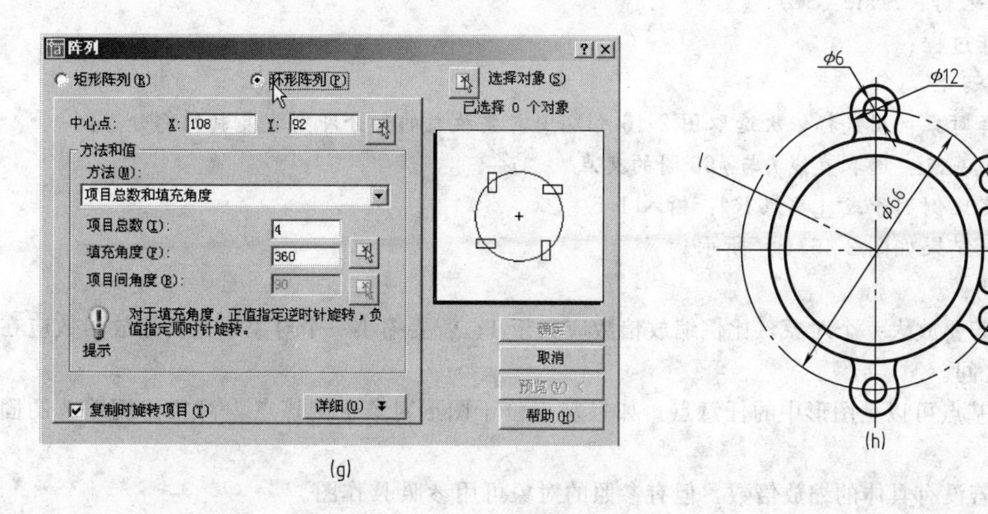
阵列
矩形阵列(R)
环形阵列(P)
选择对象(S)
已选择 0 个对象
中心点: X: 108 Y: 92
方法和值
方法(M):
项目总数和填充角度
项目总数(I): 4
填充角度(F): 360
项目间角度(B): 90
对于填充角度，正值指定逆时针旋转，负值指定顺时针旋转。
提示
复制时旋转项目(T)
详细(O)
确定
取消
预览(V) <
帮助(H)
(g)

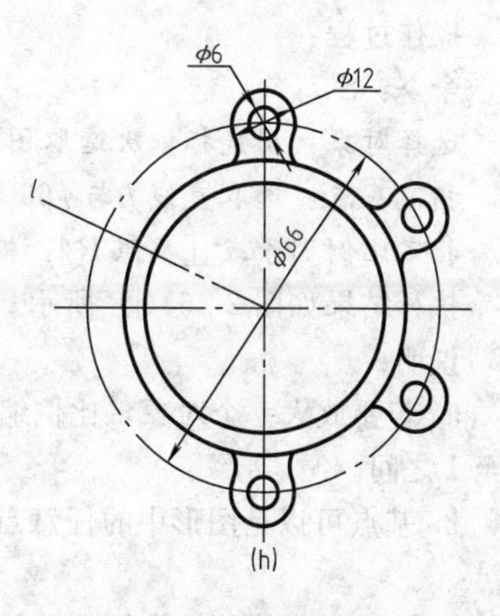
φ6
φ12
φ66
(h)

图 2-46

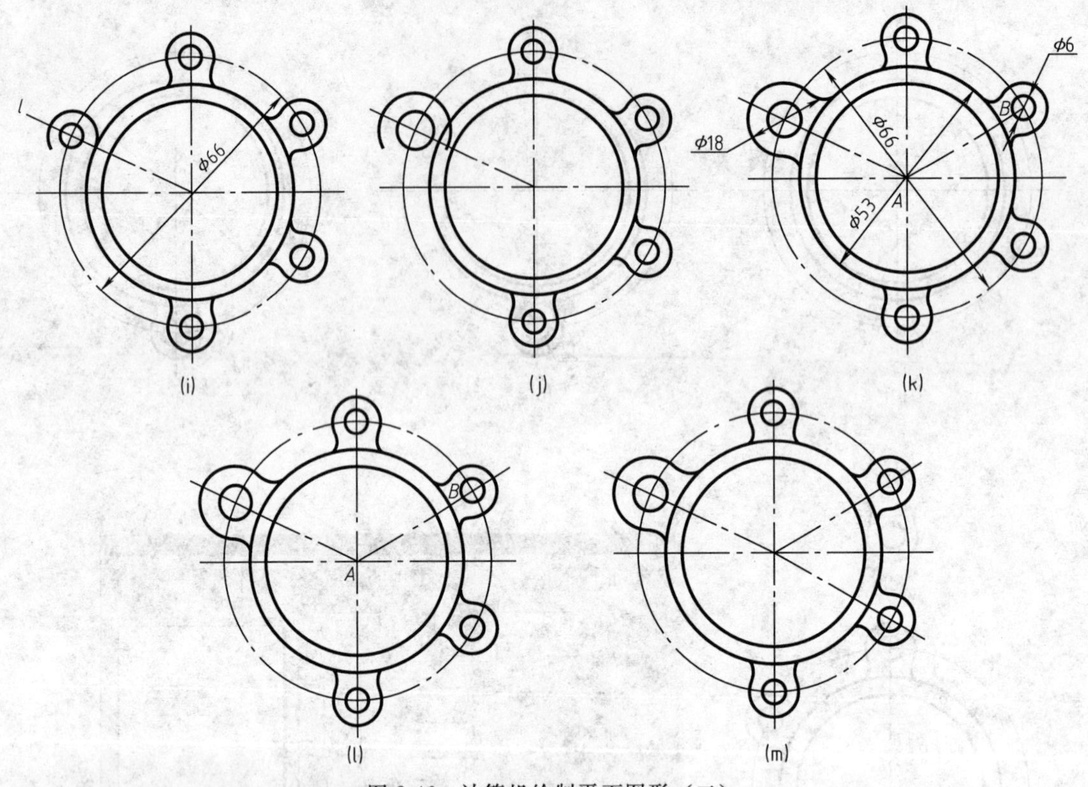

图 2-46 计算机绘制平面图形（二）

功能：修改选定的对象或者整个图形的大小，对象在各轴上保持相同的放大或缩小倍数。

命令执行方式：

下拉菜单：修改→缩放

工 具 栏：单击修改工具栏图标

命 令 行：Scale (SC)

操作过程：

命令：SC↙

选择对象：用鼠标依次选取图 2-46 (i) 中需要放大的部分即刚才复制的部分 ↙

指定基点：选取直线 l 与 ϕ66 圆的交点 ↙

指定比例因子或［参照 R］：输入 1.5 ↙

执行结果如图 2-46 (j) 所示。

说明：

a. 若要放大一个对象，比例缩放倍数应大于 1；若要缩小一个对象，比例缩放倍数应在 0 至 1 之间。

b. 基点可以是图形中的任意点。如果基点位于图形对象上则该点为对象比例缩放的固定点。

c. 若没有具体的缩放倍数，但有参照的对象可用参照 R 作图。

⑧ 用圆角命令将 ϕ18 和 ϕ53 的圆进行圆弧连接，并用直线命令连接 ϕ6 和 ϕ66 圆的圆心画出直线 AB，结果如图 2-46 (k) 所示。

⑨ 拉长命令：用拉长命令将直线 AB 拉长到规定长度，结果如图 2-46（c）所示。

功能：改变选定直线对象的长度，改变选定圆弧的弧长和圆心角，但不改变其圆心和半径。

命令执行方式：

下拉菜单：修改→拉长

工 具 栏：单击修改工具栏图标

命令行：Lengthen（LEN）

操作过程：

命令：LEN↙

选择对象或［增量（DE）/ 百分数（P）/ 全部（T）/ 动态（DY）］：DY↙

选择要修改的对象或［放弃（U）］：用鼠标点击直线 AB 的 B 端

指定新端点：拖动鼠标到所需长度

执行结果如图 2-46（l）所示。

说明：

a. 选择对象：此为默认选项，若拾取一条直线，将显示该直线的长度；若拾取一段圆弧，将显示该圆弧的弧长和圆心角。

b. 增量（DE）：以给定增量的方式拉长对象。增量若为负值，则缩短对象。

c. 百分数（P）：按给定原长的百分数方式改变对象的长度。

d. 全部（T）：通过设置新的总长度或总圆心角来改变对象的长度。

⑩ 用同样的方法完成作图，结果如图 2-46（m）所示。

4. 计算机绘制平面图形综合举例

在 A4 图纸上绘制如图 2-47 所示的图形。

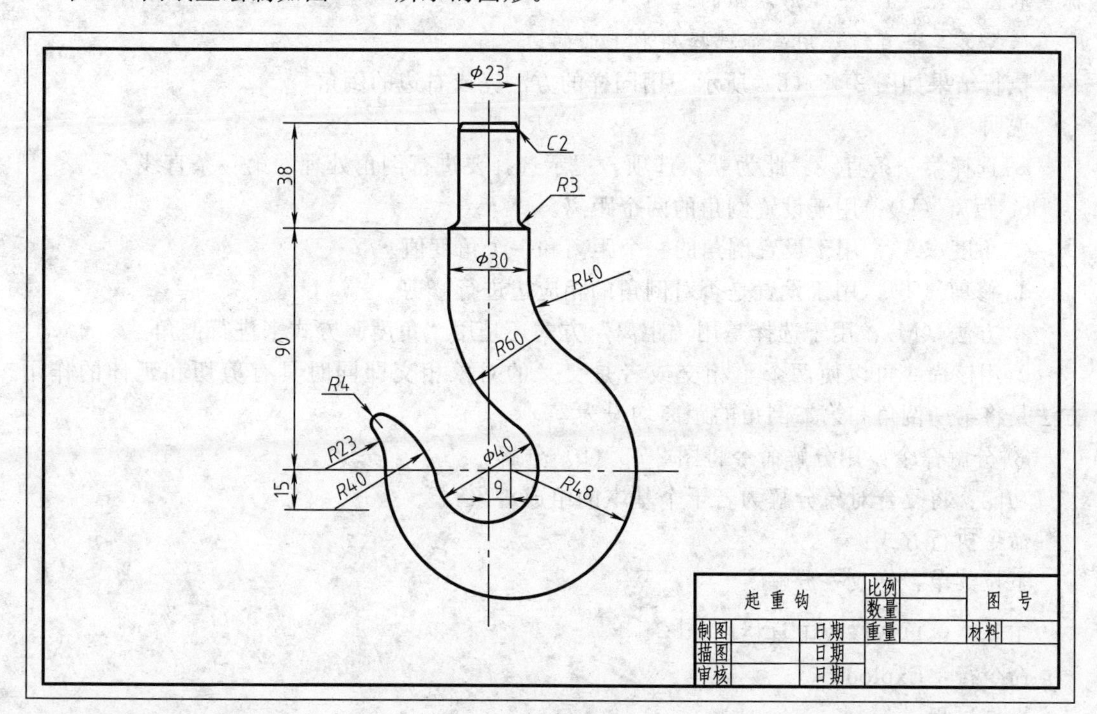

图 2-47　平面图形（三）

(1) 分析图形

① 找出已知线段：$\phi23$、$\phi30$、$C2$、$\phi40$、9、$R48$、15、90、38 等。

② 找出中间线段：$R23$、$R40$。

③ 找出连接线段：$R3$、$R4$、$R40$、$R60$。

(2) 建立图层　建立点画线、粗实线、细实线及文字层。

(3) 按要求设定文字样式，以便填写标题栏。

(4) 绘制起重钩

① 将当前层设为粗实线层并用矩形命令绘制如图 2-48 (a) 所示的矩形。

② 倒角命令：用倒角命令作出矩形上方的倒角。

功能：对选定的两条相交（或其延长线相交）直线进行倒角，也可以对整条多义线进行倒角。

命令执行方式：

下拉菜单：修改→倒角

工 具 栏：单击修改工具栏图标

命令行：Chamfer（CHA）

操作过程：

命令：CHA ↙

（“修剪”模式）当前倒角距离 1 = 10.00，距离 2 = 10.00

选择第一条直线或 [多义线 (P)/ 距离 (D)/ 角度 (A)/ 修剪 (T)/ 方法 (M)]：D ↙

指定第一个倒角距离 <10.00>：2 ↙

指定第二个倒角距离 <20.00>：2 ↙

选择第一条直线或 [多义线 (P)/ 距离 (D)/ 角度 (A)/ 修剪 (T)/ 方法 (M)]：用鼠标点取图 2-48 (a) 中矩形左面的边

选择第二条直线：用鼠标选择矩形上面的边

执行结果如图 2-48 (b) 所示，用同样的方法完成右边的倒角。

说明：

a. 选择第一条直线：此为默认选项，提示选择要进行倒角处理的第一条直线。

b. 距离 (D)：用于设置倒角的两个距离。

c. 角度 (A)：用于设置倒角的一个距离和一个角度值。

d. 修剪 (T)：用于设置是否对倒角的相应边进行修剪。

e. 方法 (M)：用于选择是用“距离”方式还是用“角度”方式来进行倒角。

f. 用该命令可以使两个不相交或者是交叉的对象相交即同时具有剪切和延伸的作用。方法是将第一倒角和第二倒角的距离均设为零。

③ 分解命令：用分解命令将图 2-43 (b) 分解。

功能：将复合对象分解为若干个基本的组成对象。

命令执行方式：

下拉菜单：修改→分解

工具栏：单击修改工具栏图标

命令行：Explode

操作过程：

命令：Explode ↙

选择对象：用鼠标点击图 2-48（b）中的任意一条边↙

执行结果，图 2-48（b）中的图形由一个对象分解为六个对象。

④ 将点画线层设为当前层，用直线命令绘制出图 2-48（c）中所示的点画线，并将此点画线向两侧偏移 15，执行结果如图 2-48（d）所示。

⑤ 延伸命令：用延伸命令将图 2-48（d）中矩形下方的边向两侧延伸，使之与两侧的点画线相交，执行结果如图 2-48（e）所示。

功能：将选中的对象（直线、圆弧等）延伸到指定的边界。

命令执行方式：

下拉菜单：修改→延伸

工 具 栏：单击修改工具栏图标--/

命令行：Extend（EX）

操作过程：

命令：EX↙

选择对象：用鼠标点击图 2-48（d）中两侧的点画线↙

选择要延伸的对象，按住 Shift 键选择要修剪的对象，或［投影（P）/ 边（E）/ 放弃（U）］：用鼠标分别点取图 2-48（d）中矩形下方粗实线的两侧 ↙

执行结果，如图 2-48（e）所示。

⑥ 特性匹配：用特性匹配命令将图 2-48（e）中两侧的点画线匹配为粗实线。

功能：使一个对象的属性与另一个对象的属性匹配 。

命令执行方式：

下拉菜单：修改→特性匹配

命令行：Matchprop（MA）

操作过程：

命令：MA↙

选择源对象：用鼠标点击图 2-48（e）中的任意粗实线

选择目标对象或［设置（S）］：用鼠标分别点击图 2-48（e）中两侧的点画线

执行结果，如图 2-48（f）所示。

⑦ 用修剪命令前掉多余的线，并将当前层换为粗实线层，用直线命令绘制出倒角处的粗实线，用圆角命令绘制矩形下方 $R3$ 的圆角，执行结果如图 2-48（g）所示。

⑧ 用偏移命令将图 2-48（g）中上方的第一条粗实线向下偏移 128，执行结果如图 2-48（h）所示。

⑨ 夹点命令：用夹点命令将图 2-48（h）的点画线拉长，找到与偏出直线的交点，结果如图 2-48（i）所示，此点即为 $\phi40$ 圆的圆心，用圆弧命令中的圆心、起点、端点命令画出 $\phi40$ 的圆弧。

⑩ 用同样的方法，将图 2-48（i）中的点画线向右偏移 9，找到 $R48$ 圆弧的圆心，并用圆弧命令中的圆心、起点、端点命令画出 $R48$ 的圆弧，执行结果如图 2-48（j）所示。

⑪ 用圆角命令倒出图 2-48 中 $R40$ 和 $R60$ 的连接圆弧，执行结果如图 2-48（k）所示。

⑫ 用删除命令删除图 2-48（k）中多余的线，并将当前层设为点画线层，用直线命令绘制出 $R48$ 圆弧的水平对称线，执行结果如图 2-48（l）所示。

⑬ 将图 2-48（l）中 $R48$ 圆弧的水平对称线向下偏移 15，并以 $\phi40$ 圆的圆心为圆心、以 $R60$（$R40+R20$）为半径画弧或圆，找到与刚刚偏出的直线的交点，此点即为中间线段 $R40$

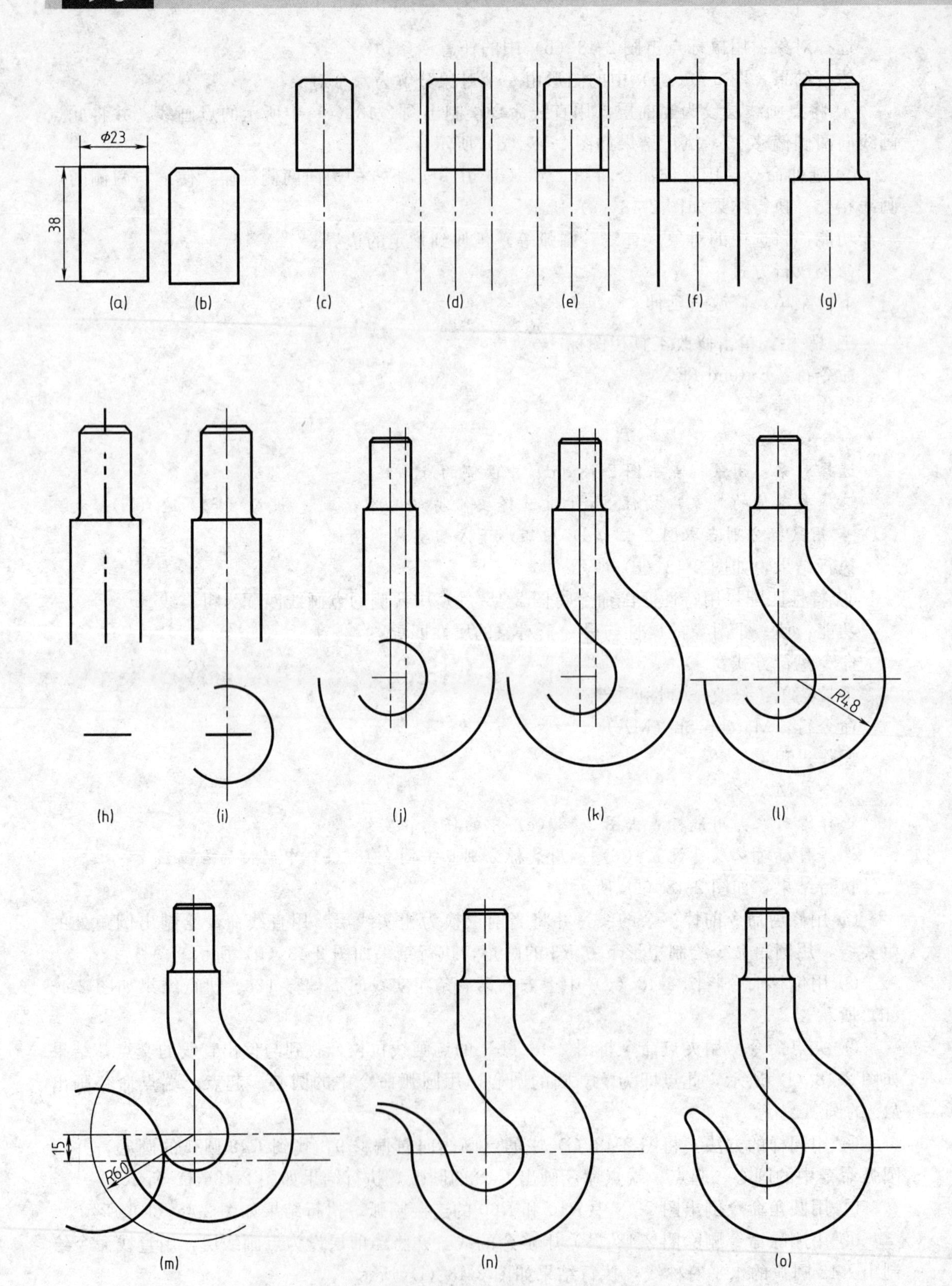

图 2-48

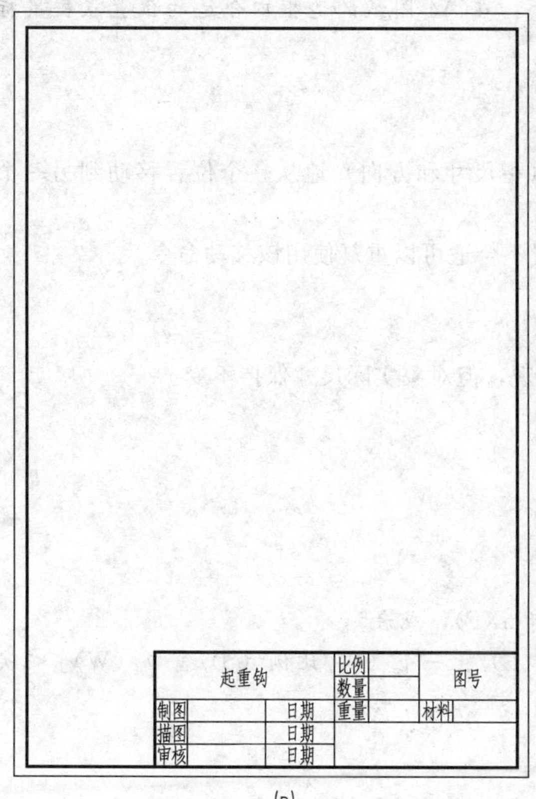

(p)

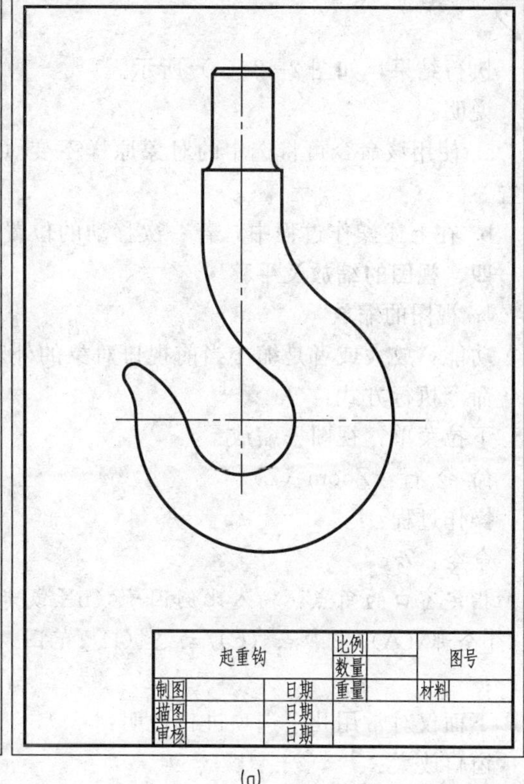

(q)

图 2-48　计算机绘制平面图形（三）

的圆心，以此交点为圆心，绘制 $R40$ 的圆弧，执行结果如图 2-48（m）所示，若 $R40$ 的圆弧与 $\phi40$ 的圆心没有交点，可用延伸命令完成。

⑭ 用删除命令和修剪命令去掉图 2-48（m）中多余的线，并同样的方法绘制出 $R23$ 的中间线段，执行结果如图 2-48（n）所示。

⑮ 用圆角命令，倒出 $R4$ 的连接线段，并用夹点或拉长命令调整图中点画线的长短，完成起重钩的绘制，结果如图 2-48（o）所示。

⑯ 用直线命令和偏移命令绘制出 A4 图纸的边框线和标题栏，并用设定好的文字样式填写标题栏，结果如图 2-48（p）所示。

⑰ 移动命令：用移动命令将绘制好的起重钩移入 A4 图纸的边框内，执行结果如图 2-48（q）所示。

功能：将画好的图形移动到其他位置。

命令执行方式：

下拉菜单：修改→移动

工具栏：单击修改工具栏图标

命令行：Move（M）

操作过程：

命令：M ↙

选择对象：用 W 或 C 窗口选择起重钩 ↙

指定基点或位移：鼠标选取两点画线的交点（也可以是其他点）↙

指定位移的第二点或＜用第一点作位移＞：在 A4 图纸的边框内合适的位置点击鼠标↙

执行结果，如图 2-48（q）所示。

说明：

a. 使用该命令可将选中的对象原样不变（指尺寸和方向）地从一个位置移动到另一个位置。

b. 在上述操作过程中，若一次移动的位置不合适可以重复使用该移动命令。

四、视图的缩放及平移

1. 视图的缩放

功能：放大或者是缩小当前视口对象的外观，但对象实际尺寸保持不变。

命令执行方式：

下拉菜单：视图→缩放

命 令 行：Zoom（Z）

操作过程：

命令：Z↙

指定窗口的角点，输入比例因子（nX 或者 nXP），或者

[全部（A）/中心点（C）/动态（D）/范围（E）/上一个（P）/比例（S）/窗口（W）]＜实时＞：

下面仅对常用几个选项进行说明：

窗口放大：

该选项为 ZOOM 命令的默认选项。用户可通过在绘图窗口指定两个角点定义一个矩形窗口来快速对窗口内区域进行放大。

“全部”缩放 A：该选项用于在当前视窗显示整个图形。如果图形超出图限范围时 AutoCAD 在当前视窗中显示所有对象。

“范围”缩放 E：将所有绘制的图形充满整个屏幕。

“实时”缩放：该选项是系统缺省选项，在调用 ZOOM 命令后直接回车，屏幕中显示一个带“±”号的放大镜图标，移动放大镜图标即可实现即时动态缩放。按住鼠标左键，将放大镜图标向上移动，图形放大显示；向下移动，则图形缩小显示；左、右移动，图形无变化。

2. 视图的平移

功能：在不改变视图大小的前提下移动视图。

命令执行方式：

下拉菜单：视图→平移

命 令 行：Pan（P）

操作过程：

命令：P

按住拾取键并拖动鼠标进行平移。

说明：只要光标变为小手则屏幕中所显示的图形将随着光标的移动而移动，同时可单击右键在打开的菜单中方便地进行视图的缩放与平移的转换。

五、徒手绘图

不借助绘图工具，依靠目测大致估计物体各部分的比例，并徒手绘制的图样称为草图。在设计、维修、仿造、计算机绘图等场合，经常要借助草图来表达技术思想。绘制草图应做

到：表达合理、图线清晰、字体工整、比例匀称、尺寸正确。

绘制草图一般要用HB或B铅笔，且采用浅色方格纸绘制，图纸不固定，可随时将要画的线段转到自己顺手的部位。

1. 直线的画法

徒手绘制直线时，运笔力求自然，小手指靠着纸面，笔尖前进方向应看得清楚，眼睛要随时注意直线终点。若直线较长时，应分段绘制，如图2-49所示。

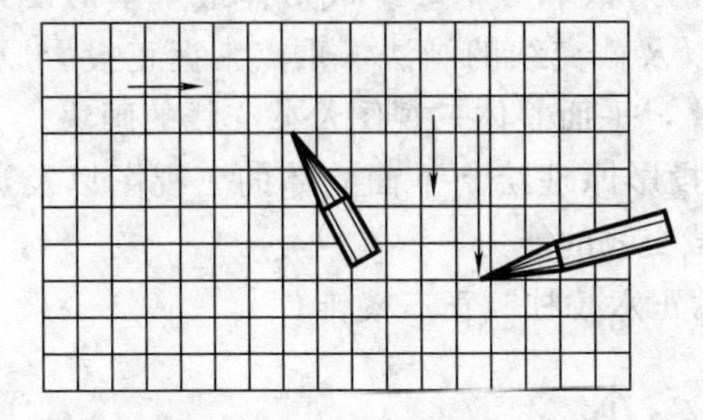
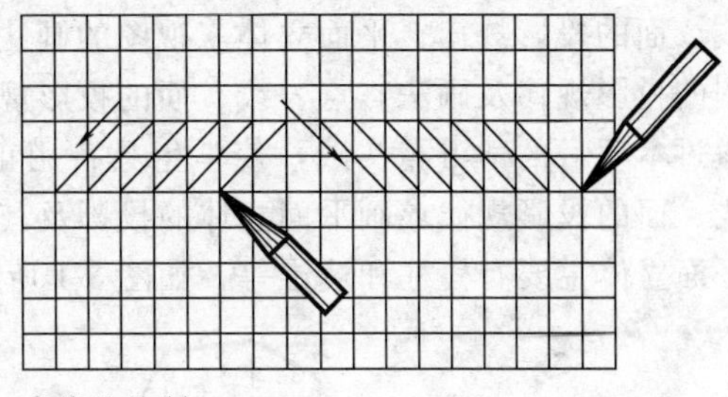

图2-49 直线的绘制

2. 圆及圆弧

先用相互垂直的两段细点画线确定圆心。画小圆时可先在中心线上定出距离圆心约等于半径的四个点，然后依次画四段圆弧线，每段都转到自己顺手的方位画出，如图2-50（a）所示。画较大圆时，可再加画一对或几对相互垂直的直线，则可以多取一些点，分段画出，最后擦去不用的线，如图2-50（b）所示。

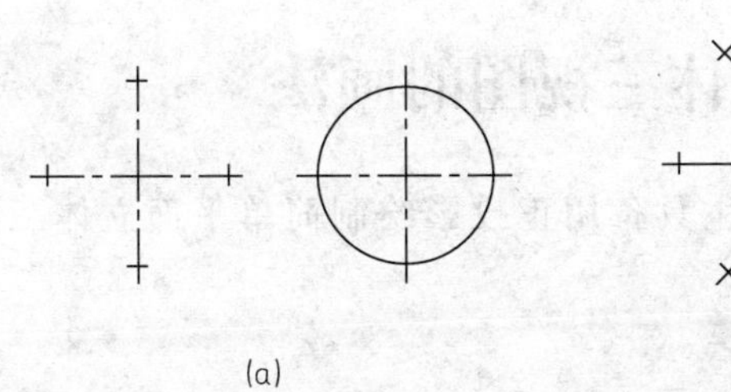

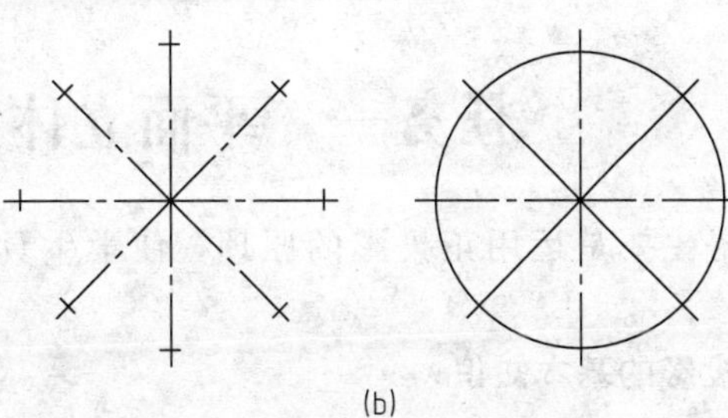

图2-50 圆的绘制

3. 椭圆的画法

画椭圆时，先画垂直相交的两条点画线作为长、短轴，目测定出椭圆长、短轴上的四个端点，再画出其外切矩形或外切平行四边形，并在对角线上按相同比例取四个点，最后用四段圆弧徒手连成椭圆，如图2-51所示。

绘制草图是一项细致的工作，需要多画多练，才能逐渐摸索出适合自己的画图手法。

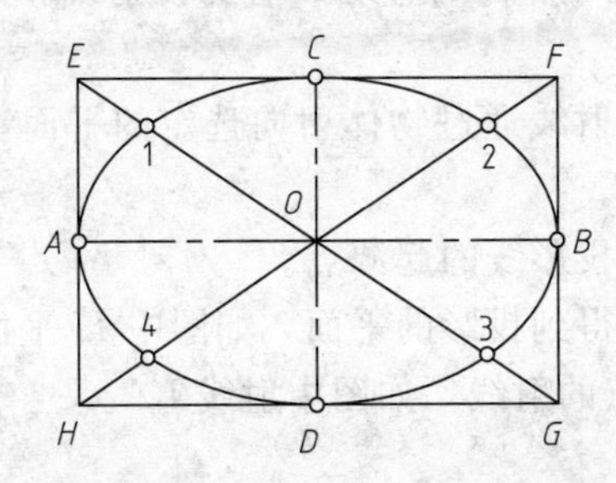

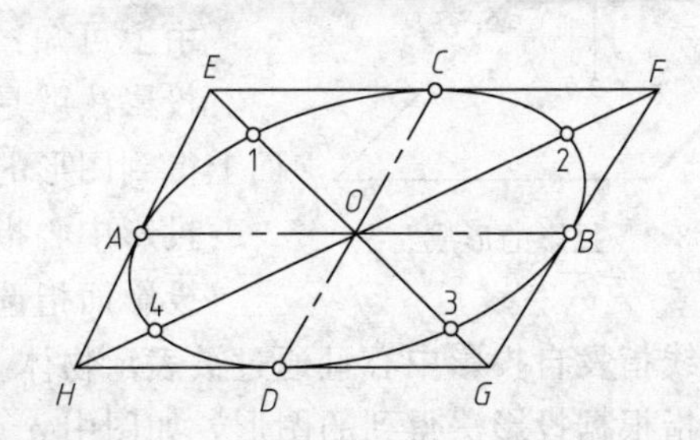

图2-51 椭圆的绘制

项目三　平面立体的投影

本项目主要介绍投影的原理和方法；三视图的形成和画法；组成形体最基本的要素即点、线、面的投影规律；平面立体三视图的画法以及截交线的画法。重点掌握正投影原理，三视图的投影规律及画法，点、线、面的投影规律，平面立体三视图及截交线的画法。

通过本项目的学习与实践，使学生具备用正投影原理绘制平面立体的三视图以及运用点、线、面的投影规律求画平面立体的投影及其截交线的能力。

平面立体主要有棱柱和棱锥等，如图 3-1 所示正六棱柱、正三棱锥。

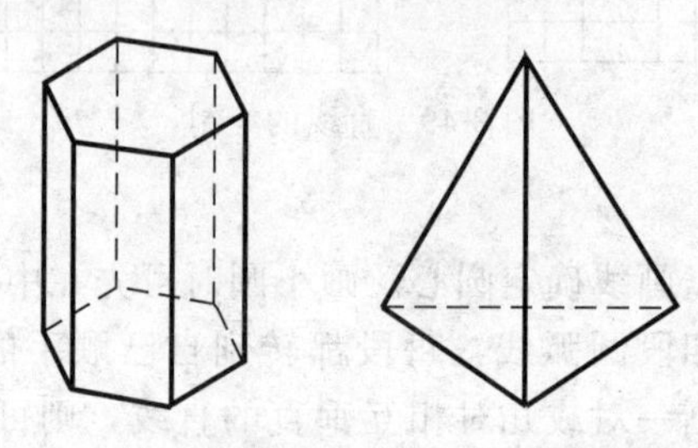

图 3-1　正六棱柱、正三棱锥

任务一　平面立体三视图的画法

本任务主要是运用正投影的原理，使学生具备用正投影绘制简单平面立体三视图的能力。

一、投影的基本知识

1. 投影法（GB/T 16948—1997）

在日常生活中，人们可以看到，当太阳光或灯光照射物体时，就会在地面或墙壁上出现物体的影子，这个影子在某些方面反映出物体的形状特征，这就是常见的投影现象。

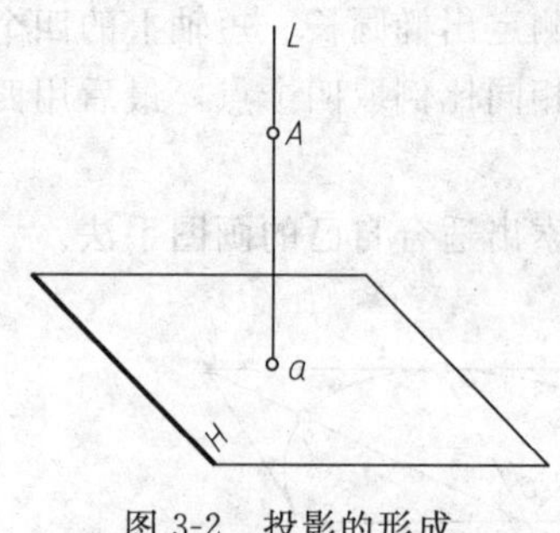

图 3-2　投影的形成

投影法与这种日常生活中的自然现象类似，如图 3-2 所示，空间有一平面 H 和不在该平面上的一点 A，过点 A 作一直线 L，令其向 H 面投射，得交点 a。a 就是 A 在 H 面上的对应图形，通过空间点 A 的直线 L 称为投射线。

由上可知：

投影法就是一组射线通过物体射向选定的平面，并在该面上得到图形的方法。

投影中心指所有投影线的起源点。

投影面指选定和得到投影的平面，如图中 H 平面。

投影线指发自投影中心且通过被表示物体上各点的射线，如图中射线 LA。

投影指根据投影法得到的图形，如图中 a 点。

2. 投影法的分类

投影法分为中心投影法和平行投影法。

（1）中心投影法　投影线汇交于一点的投影法称为中心投影法。由中心投影法得到的投影称为中心投影。如图 3-3 所示。

从图 3-3 中可知，投影的四边形 $abcd$ 比空间的四边形 $ABCD$ 轮廓要大，所以，中心投影法所得投影不能反映物体原来的真实大小，因此，它不适用于绘制机械图样。但是，根据中心投影法绘制的图形立体感较强，建筑物的外观图、美术画、照相等均属于中心投影。

（2）平行投影法　投影线相互平行的投影法称为平行投影法。由平行投影法得到的投影称为平行投影。如图 3-4 所示。

从图 3-4 可知，当四边形平行于投影面时，无论空间 $ABCD$ 离投影面 P 多远，它的投影四边形 $abcd$ 与空间 $ABCD$ 是相同的。在平行投影法中，根据投影线与投影面的角度不同，又可分为斜投影和正投影。

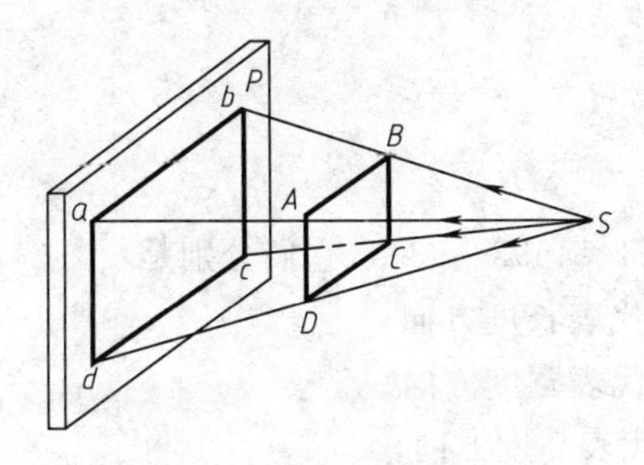

图 3-3　中心投影法

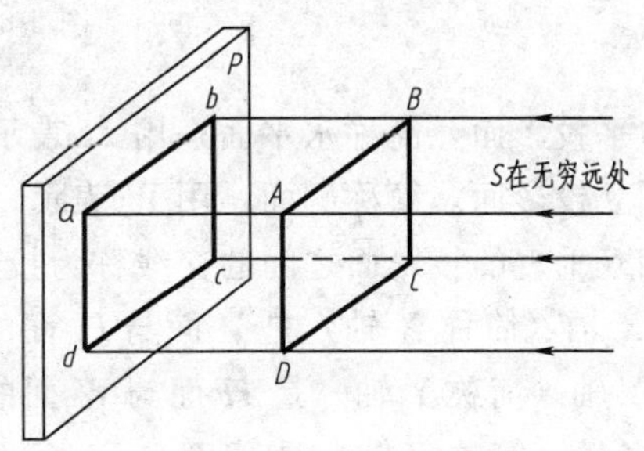

图 3-4　平行投影法

① 斜投影　平行投影法中，投影线与投影面倾斜时的投影称为斜投影，如图 3-5 中的左图 $a_1b_1c_1d_1$。

② 正投影　平行投影法中，投影线与投影面垂直时的投影称为正投影，如图 3-5 中的右图 $abcd$。

由于正投影得到的投影图能如实表达空间物体的形状和大小，作图比较方便，因此，在机械制图中得到广泛应用。在实际绘图时，可用平行的视线当作投影线，把图纸看作投影面，画在纸上的图形就是物体的投影——视图，即物体向投影面投影所得的图形。

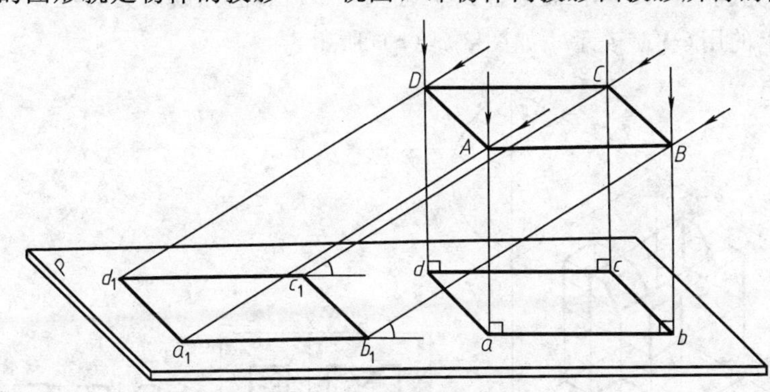

图 3-5　斜投影与正投影

二、三视图的画法

1. 三投影面体系的建立

三投影面由三个相互垂直的投影面所组成，如图 3-6 所示。

三个投影面分别是：

正投影面，简称正面，用 V 表示；

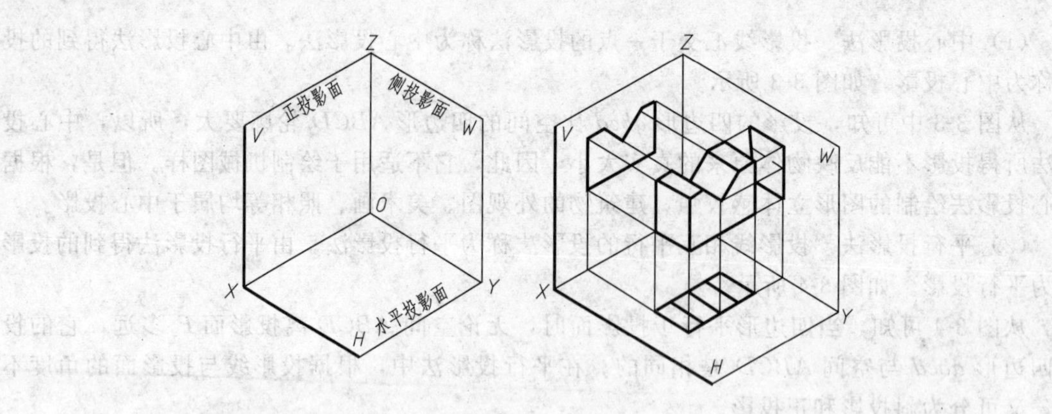

图 3-6 三投影面体系

水平投影面，简称水平面，用 H 表示；

侧立投影面，简称侧面，用 W 表示。

相互垂直的投影面之间的交线称为投影轴（GB/T 14692—93），它们分别是：

OX 轴（简称 X 轴）是 V 面与 H 面的交线，它代表长度方向；

OY 轴（简称 Y 轴）是 H 面与 W 面的交线，它代表宽度方向；

OZ 轴（简称 Z 轴）是 V 面与 W 面的交线，它代表高度方向；

OX、OY、OZ 相互垂直，交点 O 称为原点。

2. 画物体的三视图的步骤

① 将物体放在三投影面体系中，按正投影法分别向各投影面投射。

由前向后投射所得到的视图称为主视图；

由上向下投射所得到的视图称为俯视图；

由左向右投射所得到的视图称为左视图。

② 正面不动，将水平面绕 OX 轴向下旋转 90°，将侧面绕 OZ 轴向右旋转 90°，如图 3-7（a）所示。旋转完成后，H、W 面重合到 V 面上，OY 轴也分成两处，在 H 面上的用 OY_H 表示，在 W 面上的用 OY_W 表示，如图 3-7（b）所示。

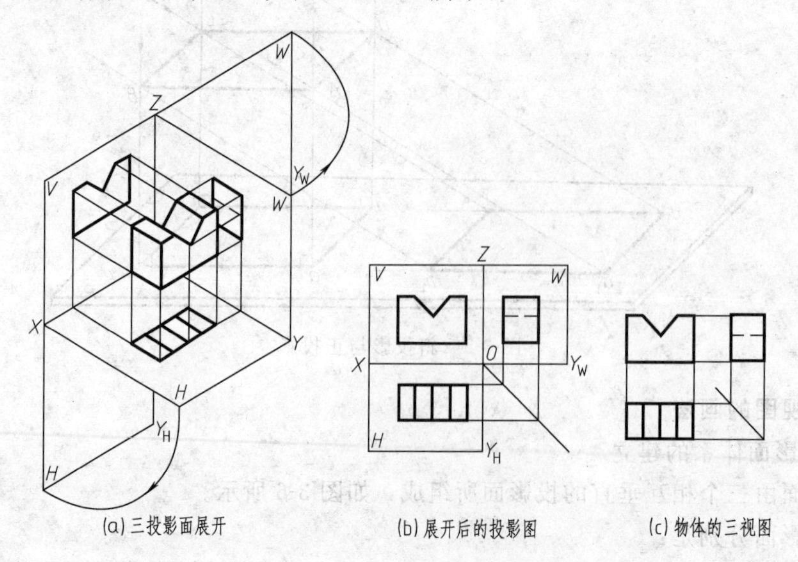

图 3-7 物体三视图的形成

③ 去掉面框、投影轴，得到物体的三视图，如图 3-7（c）所示。

3．物体与三视图的对应关系

物体的一个视图是不能反映物体的形状和大小的。一般采用三个视图来表示物体的形状，如图 3-8 所示。

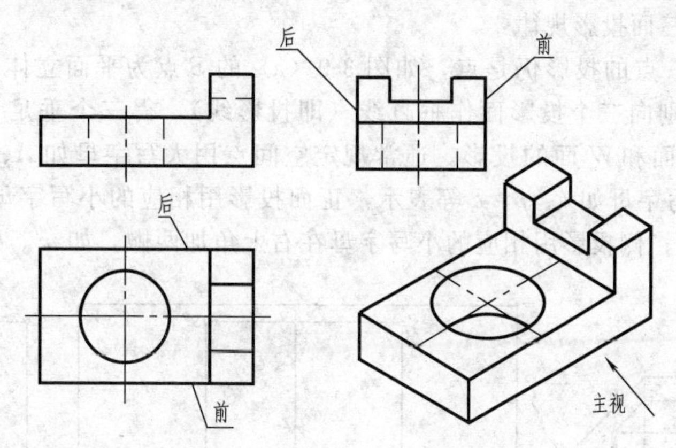

图 3-8 物体与三视图的对应关系

（1）物体的形状与三视图之间的对应关系

① 主视图　从物体前面向后看，主要得到物体前面的轮廓形状，用粗实线绘出。而后面的轮廓为不可见，用虚线绘出。

② 俯视图　从物体上面向下看，主要得到上面的轮廓形状，用粗实线绘出。而物体下面被遮挡的轮廓形状，用虚线绘出。

③ 左视图　从物体左面向右看，主要得到物体左面的轮廓形状，用粗实线绘出。物体右面被遮挡的轮廓形状，用虚线绘出。

（2）物体方位与三视图的关系

① 主视图　反映物体左、右、上、下四个方位，同时反映其高度和长度。

② 俯视图　反映物体左、右、前、后四个方位，同时反映其长度和宽度。

③ 左视图　反映物体上、下、前、后四个方位，同时反映其高度和宽度。

应当注意：物体的上、下与主、左视图的上、下是一致的，物体的左、右与主、俯视图的左、右也是一致的，而物体的前、后方位只在俯、左视图上反映。

由图 3-8 可知，俯、左视图中远离主视图的要素表示物体的前面。

（3）三视图之间的关系

以主视图为准，俯视图在主视图的正下方，左视图在主视图的正右方。

由以上分析可知，三视图之间的投影规律是：

主、俯视图长对正；主、左视图高平齐；俯、左视图宽相等。

简言之：长对正、高平齐、宽相等。

应当指出：无论是整个图形，还是它的局部，都应符合“三等”关系。

任务二　平面立体表面上几何要素的投影规律

本任务主要讲述点、线、面的投影规律，使学生具备运用其投影规律，看、画平面立体上的点、线、面的能力。

任何物体都可看成是由点、线、面等几何元素所构成的，如图 3-1 的正六棱柱和正三棱锥都是由交点、棱线、棱面组成。因此学习和熟练掌握几何元素投影规律和特征，才能透彻理解机械图样所表示物体的具体结构形状。

一、点

1. 点的投影和三面投影规律

(1) 点的投影　点的投影仍是点，如图 3-9 (a) 的 S 点为平面立体正三棱锥上三棱线的交点。自 S 点分别向三个投影面作垂直线（即投影线），得三个垂足 s、s'、s''。分别表示 S 点在 H 面、V 面和 W 面的投影。通常规定空间点用大写字母如 A、B、C 等表示；水平投影用相应的小写字母如 a、b、c 等表示，正面投影用相应的小写字母在右上角加一撇，如 a'、b'、c'等表示；侧投影用相应的小写字母在右上角加两撇，如 a''、b''、c''等表示。

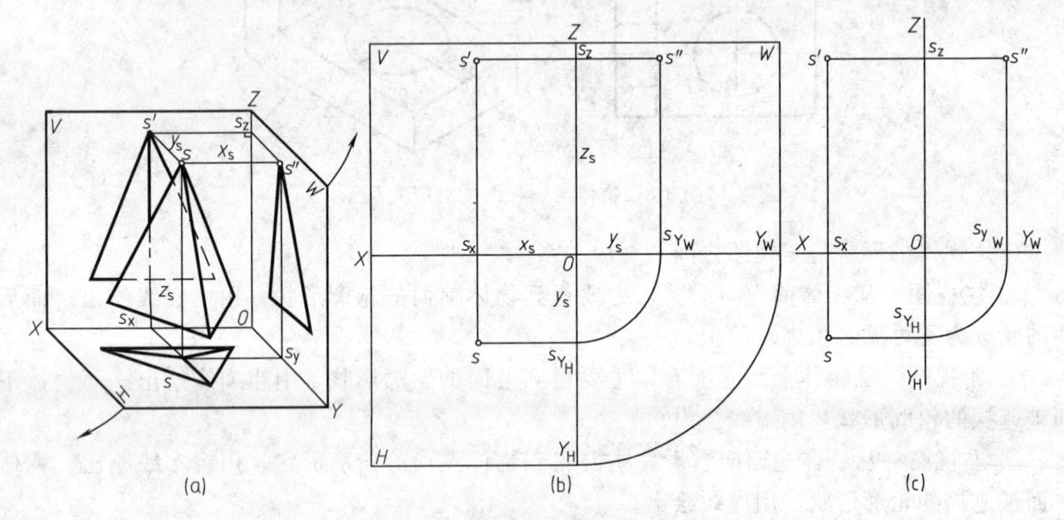

图 3-9　点的三面投影图

这样 S 点到 W 面的距离为其 x 坐标；S 点到 V 面的距离为其 y 坐标；S 点到 H 面的距离为其 z 坐标。若用坐标值确定点的空间位置时，可用下列规定书写形式：

$$S(x_s, y_s, z_s)\text{；}A(x_a, y_a, z_a)\text{；}B(x_b, y_b, z_b)$$

从图 3-9 (a) 中可知，$Ss \perp H$ 面；$Ss' \perp V$ 面；则通过 Ss 和 Ss'所作的平面 P 必然同时垂直于 H 面和 V 面，当然也就垂直于 H 面与 V 面的交线 OX 轴，它与 OX 轴的交点用 s_x 表示。显然 $Ss's_xs$ 是一矩形。同理，$Ss''s_ys$ 和 $Ss's_zs''$也是矩形。这三个矩形平面都与相应的投影轴正交，并与三投影面上的相应矩形围成一长方体。因为长方体中相互平行棱线长度相等，故可得点与三投影面的关系为：

$$Ss'' = ss_y = s's_z = Os_x \text{（均为坐标 } x_s\text{）}$$

$$Ss' = ss_x = s''s_z = Os_y \text{（均为坐标 } y_s\text{）}$$

$$Ss = s's_x = s''s_y = Os_z \text{（均为坐标 } z_s\text{）}$$

可见，空间点在某一投影上的投影，都是由该点的两个相应坐标值所决定的。

s 可由 Os_x 和 Os_y，即 S 点的 x_s、y_s 两坐标决定；

s'可由 Os_x 和 Os_z，即 S 点的 x_s、z_s 两坐标决定；

s''可由 Os_y 和 Os_z，即 S 点的 y_s、z_s 两坐标决定。

如图 3-9 (a) 所示，V 面不动，H、W 面按箭头方向旋转，使其与 V 面展开成同一平面。为便于进行投影分析，用细实线将点的两面投影连起来得到 ss'和 $s's''$（称为投影连线），

分别与 X、Z 轴正交于 s_x、s_z 点。由于 Y 轴展开后分别为 Y_H 和 Y_W，在作图时，一种方法采用以 O 为圆心画圆弧连接 s_{Y_H} 和 s_{Y_W}，如图 3-9（b）所示。另一种方法自 O 作 45°斜线，从 s_{Y_H} 引 Y_H 轴的垂线与 45°斜线得交点，再从此点引 Y_W 的垂线与由 s' 引出的 Z 轴垂线交点，即为 s''。在投影图上通常只画出其投影轴，不画投影面的边界，如图 3-9（c）所示。

（2）点的三面投影规律

按照点与三投影面关系，由立体展成平面，可得出点的三面投影规律。

① 点的正面投影和水平投影的连线垂直于 X 轴。这两个投影都反映空间的 x 坐标，表示空间点到侧投影面的距离，即

$$s's \perp X\text{轴}，s's_z = ss_{Y_H} = x_s$$

② 点的正面投影和侧面投影的连线垂直于 Z 轴。这两个投影都反映空间点的 z 坐标，表示空间点到水平投影面的距离，即

$$s's'' \perp Z\text{轴}，s's_x = s''s_{Y_W} = z_s$$

③ 点的水平投影到 X 轴的距离等于侧面投影到 Z 轴的距离。这两投影都反映空间点的 y 坐标，表示空间点到正投影面的距离，即

$$ss_x = s''s_z = y_s$$

显然，点的投影规律与任务一所讲的看图、画图规则“长对正、高平齐、宽相等”是一致的。

根据点的投影规律，可由点的三个坐标值 x、y、z 画出其三面投影图，也可根据点的两面投影图作出第三投影图。

例 3-1　已知点 $A(9、8、11)$，求作 A 点的三面投影图。

画法：（1）作出互相垂直且相交的两条直线，并标出 O、X、Y_H、Y_W、Z，如图 3-10（a）所示。

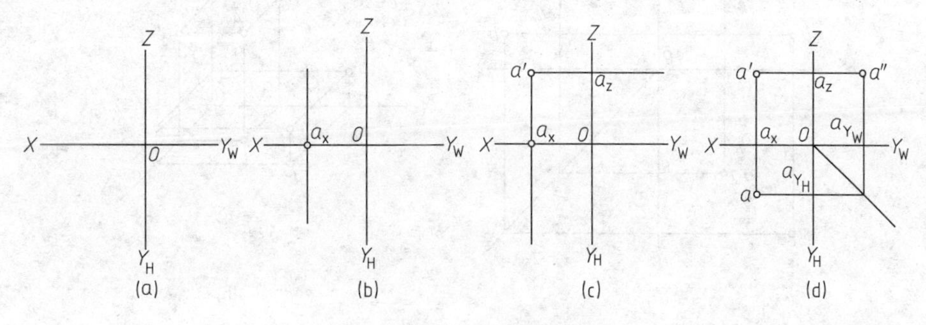

图 3-10　点的三面投影图作法

（2）在 OX 轴上，自 O 向左量 9mm，得一点 a_x，过 a_x 作直线⊥OX 轴，如图 3-10（b）所示。

（3）在 OZ 轴上，自 O 向上量 11mm，得一点 a_z，过 a_z 作直线⊥OZ 轴，与前述垂线交于一点 a'，如图 3-10（c）所示。

（4）在 OY_H 轴上，自 O 向下量 8mm，得一点 a_{Y_H}，过 a_{Y_H} 作直线⊥OY_H 轴，与（2）中所述垂线交于一点 a，并与从 O 点所引 45°斜线交于一点；过此点作直线⊥OY_W 轴，与 OY_W 轴交于点 a_{Y_W}，过 a_{YW} 作垂线与（3）中所述垂线交于 a''，如图 3-10（d）所示。

这样，就画出了空间点 A 在三个投影面上的投影。图 3-10（d）即为点的三面投影图。

例 3-2　已知点的两面投影，求作第三面投影。

分析：因为空间点在每一投影面上的投影都反映了两个坐标值，所以已知点的两面投影，即等于知道了点的三个坐标值，故可根据点的任意两个投影求出第三投影。

画法：如图 3-11 所示，过已知两面投影图按箭头指示方向分别作出相应的投影线，两垂线的交点即为所求。

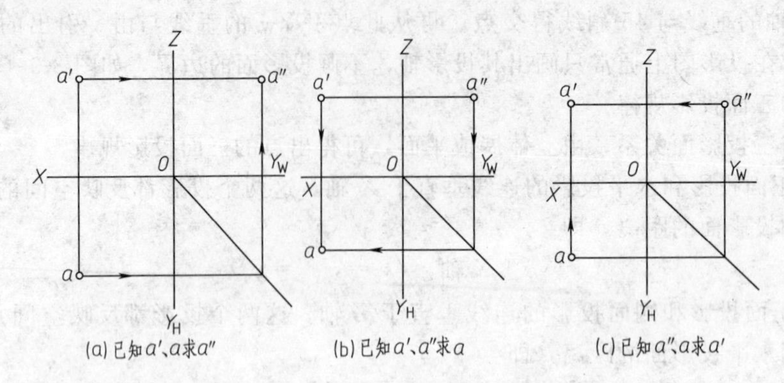

图 3-11 已知点的两面投影图求第三面投影图

2. 两点的相对位置

空间两点在三投影面体系中的相对位置，由空间点到三个投影面的距离来确定。距 W 面远者在左，近者在右（根据 V、H 面投影分析）；距 V 面远者在前，近者在后（根据 H、W 面投影分析）；距 H 面远者在上，近者在下（根据 V、W 面投影分析）。

从图 3-12 所示，已知 A、B 两点的三面投影，确定它们的相对位置如下：

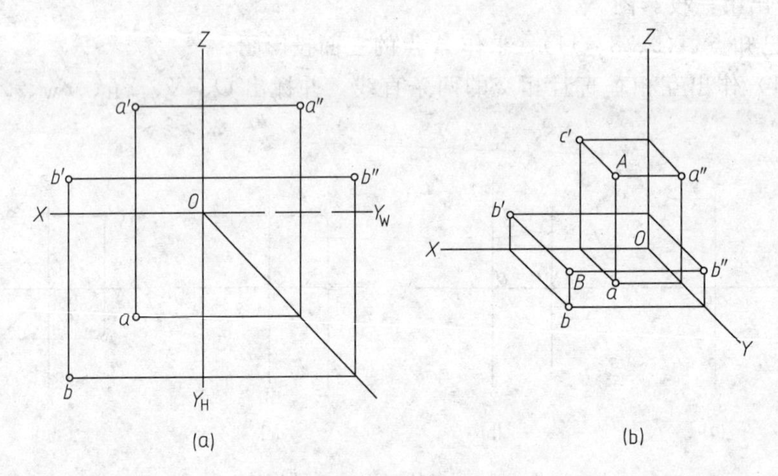

图 3-12 两点的相对位置

从 V、H 面投影看出，B 点比 A 点距 W 面远（$x_B > x_A$），故 B 点在左，A 点在 B 点右方。

从 V、W 面投影看出，A 点比 B 点距 H 面远（$z_A > z_B$），故 A 点在上，B 点在 A 点下方。

从 H、W 面投影看出，B 点比 A 点距 V 面远（$y_B > y_A$），故 B 点在前，A 点在 B 点后方。

总的说来，A 点在 B 点的右后上方，B 点在 A 点的左前下方。

当两点的某两个坐标相同时，该两点将处于同一投影线上，因而对某一投影面具有重合的投影，则这两点称为对该投影面的重影点。在投影图上，如果两个点的投影重合，则对重合投影所在投影面的距离（即对该投影面的坐标值）较大的那个点是可见的，而另一点是不可见的，应将不可见的点的字母用括弧括起来，如 (a'')、(b)、(c') …。

如图 3-13 所示，因 A、B 两点到 V 面、W 面距离相等。所以，A、B 两点在 H 面投影重合，故称 A、B 两点为对 H 面的一对重影点，B 点在 H 面的投影不可见，用 (b) 表示。

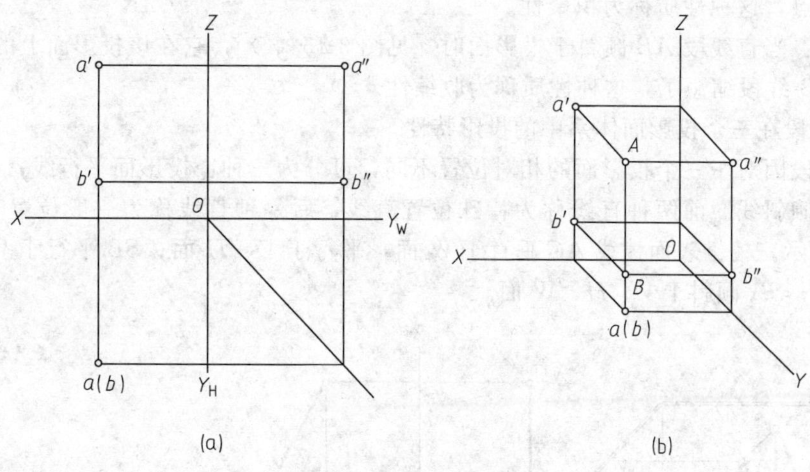

图 3-13　重影点的投影

二、线

空间两点确定一条空间直线段，空间直线段的投影一般仍为直线，如图 3-14 所示。将直线 AB 向 H 面投影，因为线段上的任意两点可以确定线段在空间的位置，所以直线段上两端点 A、B 的同面投影 a、b 的连线，就是线段在该面上的投影。

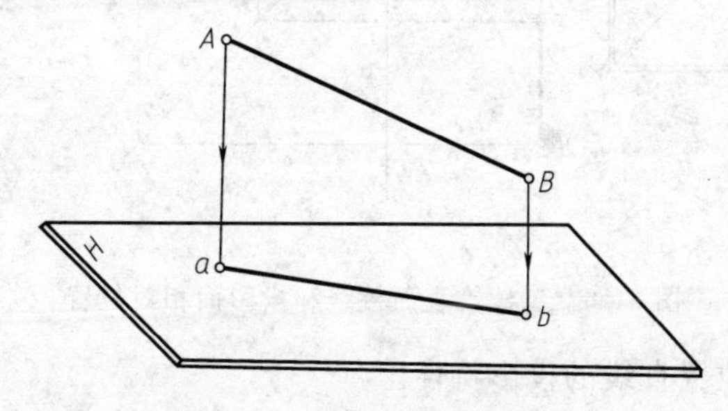

图 3-14　空间直线段的投影

1. 直线段对于一个投影面的投影

空间直线段相对于一个投影面的位置有平行、垂直、倾斜三种，如图 3-15 所示。三种位置有不同的投影特性。

真实性：当直线段 AB 平行于投影面时［见图 3-15 (a)］，它在该投影面上的投影 ab 长

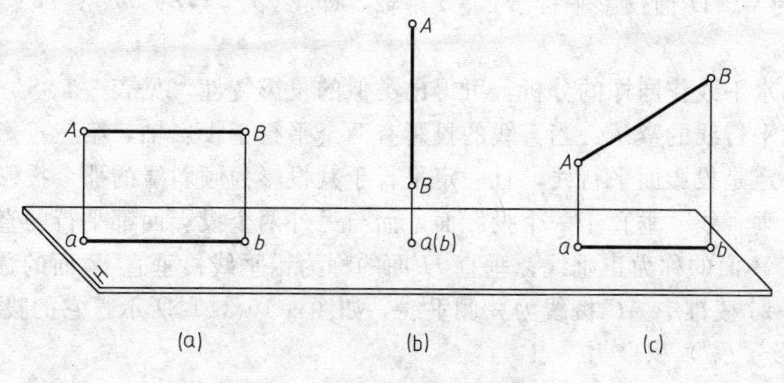

图 3-15　直线段的投影特性

度与空间 AB 线段相等，这种性质称为真实性。

积聚性：当直线段 AB 垂直于投影面时［见图 3-15（b）］，它在该投影面上的投影 ab 长度重合为一点，这种性质称为积聚性。

收缩性：当直线段 AB 倾斜于投影面时［见图 3-15（c）］，它在该投影面上的投影 ab 长度比空间 AB 线段缩短了，这种性质称为收缩性。

2. 直线段在三个投影面体系中的投影特性

空间线段因对于三个投影面的相对位置不同，可分为三种：投影面平行线；投影面垂直线；投影面倾斜线。前两种直线称为特殊位置直线，后一种直线称为一般位置直线。如图 3-16（a）所示三棱锥表面棱线 AC 垂直于 W 面，平行于 V、H 面；SB 平行于 W 面，倾斜于 V、H 面；SA 倾斜于 V、H、W 面。

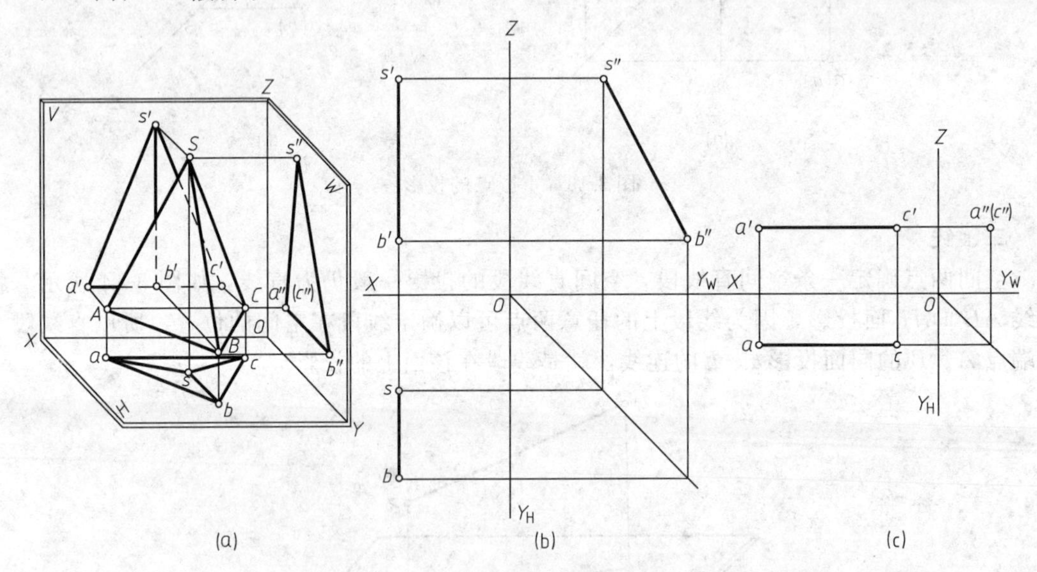

图 3-16　三棱锥表面棱线和投影面相对位置

下面分别介绍各种位置直线的投影特性。

（1）投影面平行线　平行于一个投影面，而对于另外两个投影面倾斜的直线段，称为投影面平行线。平行于 V 面的称为正平线；平行于 H 面的称为水平线；平行于 W 面的称为侧平线。

例如，图 3-16 三棱锥中 SB 棱线为一侧平线。如图 3-16（b）所示。它的投影特性为：

① 侧平线的 W 面投影反映线段实长，即 $s''b''=SB$。

② 侧平线的 V、H 面投影平行于 Z、Y_H 轴，即：$s'b' /\!/ OZ$；$sb /\!/ OY_H$。它们的投影长度小于 SB 实长。

对正平线和水平线作同样的分析，可得出类似的投影特性，见表 3-1。

对于投影面平行线的辨认：当直线的投影有两个平行于投影轴，第三投影与投影轴倾斜时，则该直线一定是投影面平行线，且一定平行于其投影为倾斜线的那个投影面。

（2）投影面垂直线　垂直于一个投影面，而与另外两个投影面都平行的直线，称为投影面垂直线。垂直 V 面的称为正垂线；垂直 H 面的称为铅垂线；垂直 W 面的称为侧垂线。

例如，图 3-16 棱锥中 AC 棱线为一侧垂线，如图 3-16（c）所示，它的投影特性为：

① 侧面投影 $a''(c'')$ 积聚为一点。

② 正面投影 $a'c' \perp OZ$ 轴；水平投影 $ac \perp OY_H$ 轴，且 $a'c'$ 和 ac 均反映实长。

表 3-1　投影面平行线的投影特性

名称	直观图	投影图	投影特性	
正平线（直线段平行于 V 面）			①$a'b'=AB$ ②$ab\parallel OX$ 轴，$a''b''\parallel OZ$ 轴	①在所平行的投影面上投影反映实长 ②另两投影分别平行于直线所平行的那个投影面的两根轴
水平线（直线段平行于 H 面）			①$cd=CD$ ②$c'd'\parallel OX$ 轴，$c''d''\parallel OY_W$ 轴	①在所平行的投影面上投影反映实长 ②另两投影分别平行于直线所平行的那个投影面的两根轴
侧平线（直线段平行于 W 面）			①$e''f''=EF$ ②$e'f'\parallel OZ$ 轴，$ef\parallel OY_H$ 轴	

对正垂线和铅垂线作同样分析，也可得出类似的投影特性，见表 3-2。

对于投影面垂直线的辨认：直线的投影只要有投影积聚成一点，则该直线段一定是投影面垂直线，并且一定垂直于其投影积聚为一点的那个投影面。

（3）一般位置直线　对三个投影面都倾斜的直线为一般位置直线，如图 3-16 三棱锥中 SA、SC 棱线，它的投影特性为：

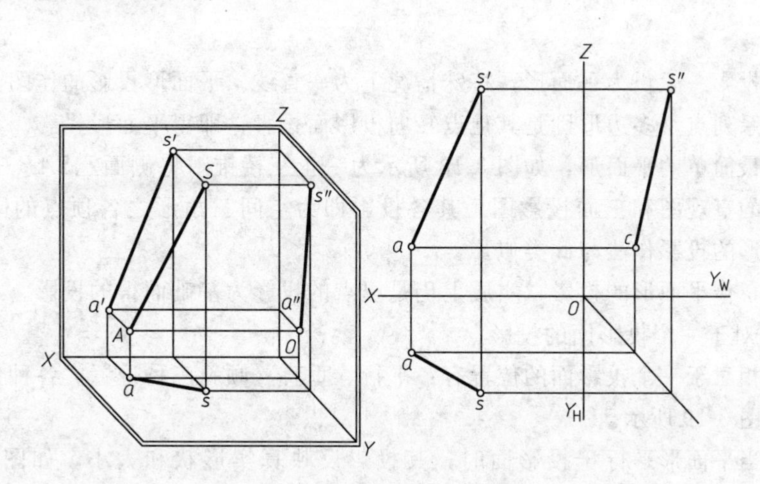

图 3-17　一般位置直线的投影特性

表 3-2 投影面垂直线的投影特性

名称	直观图	投影图	投影特性	
正垂线（直线段垂直于 V 面）	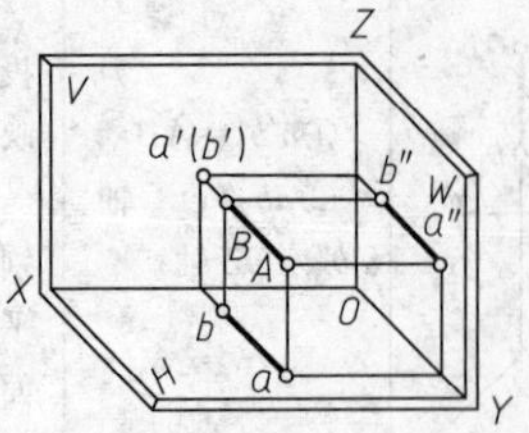	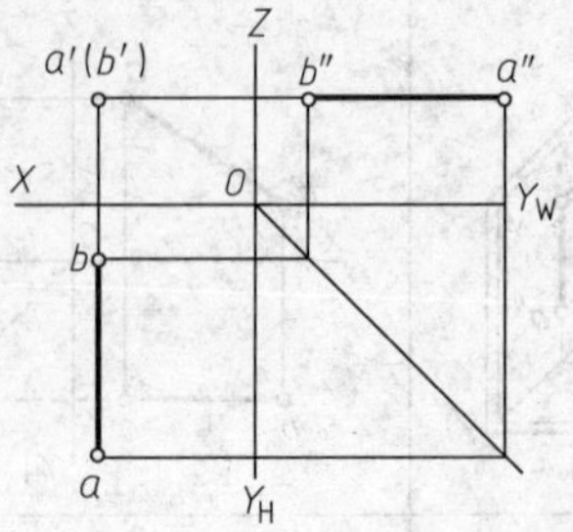	①正面投影 $a'(b')$ 积聚为一点 ② $ab \perp OX$ 轴；$a''b'' \perp OZ$ 轴；$ab=a''b''=AB$	①在所垂直的投影面上的投影积聚为一点 ②另外两面投影分别垂直于直线所垂直的那个投影面上的两根投影轴，且反映实长
铅垂线（直线段垂直于 H 面）	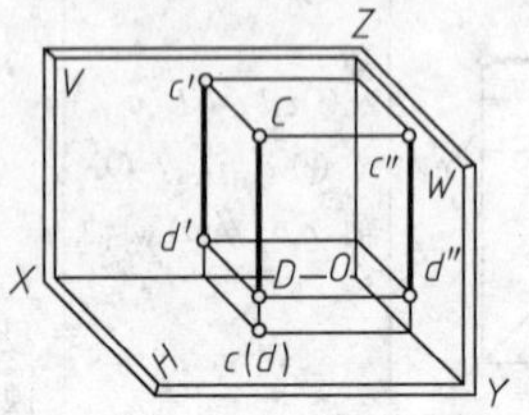	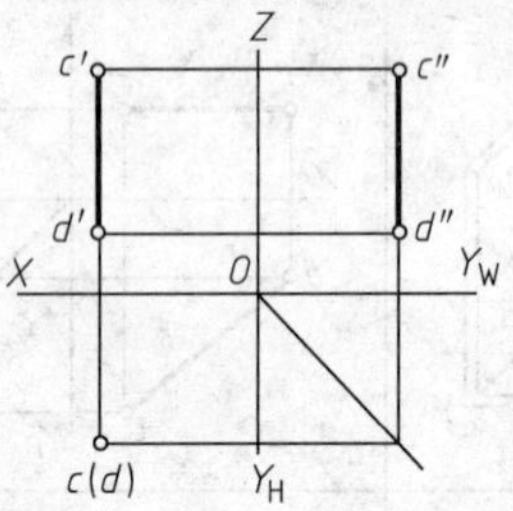	①水平投影 $c(d)$ 积聚为一点 ② $c'd' \perp OX$ 轴；$c''d'' \perp OY_W$ 轴；$c'd'=c''d''=CD$	
侧垂线（直线段垂直于 W 面）	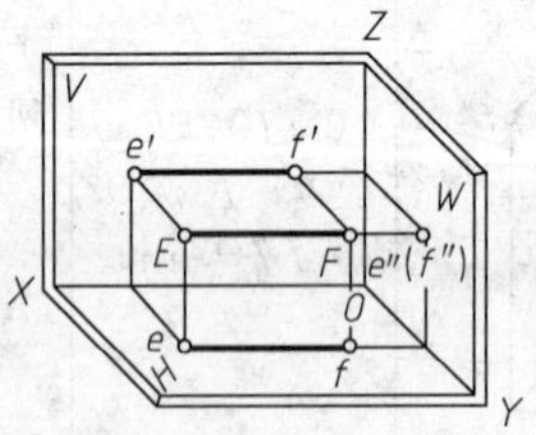	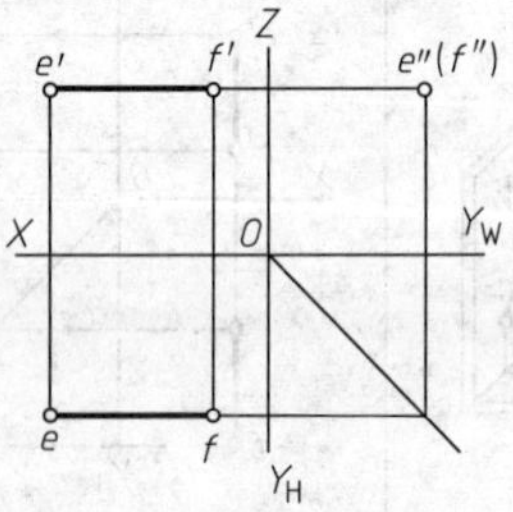	①侧面投影 $e''(f'')$ 积聚为一点 ② $e'f' \perp OZ$ 轴；$ef \perp OY_H$ 轴；$e'f'=ef=EF$	

① 因为一般位置直线上两端点到任一投影面距离都不等，所以它的三面投影都与投影轴倾斜，如图 3-17 所示。

② 因为与三个投影面都倾斜，所以它的三个投影都小于线段的实长。

对于一般位置直线的辨认：直线的三个投影如果与三个轴都倾斜，则可判定该直线为一般位置直线。

三、面

平面形的投影一般仍为平面形，特殊情况下为一直线。平面形投影的作图方法是将图形轮廓线上的一系列点（多边形则是其顶点）向投影面投影，即得平面形投影。

三角形是最简单的平面形，如图 3-18 所示为一正三棱锥，将侧面△SAB 三顶点向三投影面进行投影的直观图和三面投影图。其各投影即为空间三角形之各顶点的同面投影的连线。其他多边形的投影作法与此类似。

由上可见，作平面形的投影，实质上仍是以点的投影为基础而得的投影。

1. 平面形对于一个投影面的投影

空间平面相对于一个投影面的位置有：平行、垂直、倾斜三种位置。各种位置有不同的投影特性。如图 3-19 所示。

真实性：当平面形平行于投影面时，其投影反映真实形状和大小，如图 3-19（a）中△abc=△ABC。这种性质称为真实性。

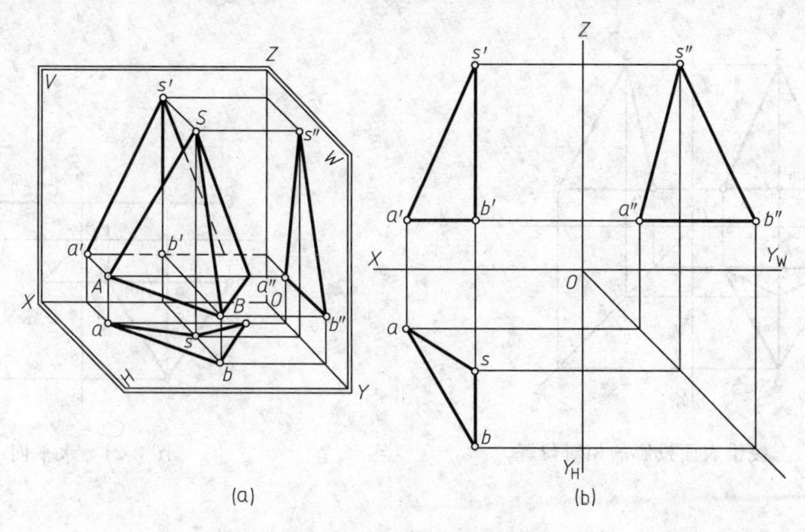

图 3-18 三棱锥侧面投影

积聚性：当平面形垂直于投影面时，其投影积聚成一条直线段，如图 3-19（b）中△*ABC* 投影形成一条直线段。这种性质称为积聚性。

收缩性：当平面形倾斜于投影面时，其投影和原平面形类似，如三角形投影仍为三角形，如图 3-19（c）所示，但是△*abc*＜△*ABC*。这种性质称为收缩性。

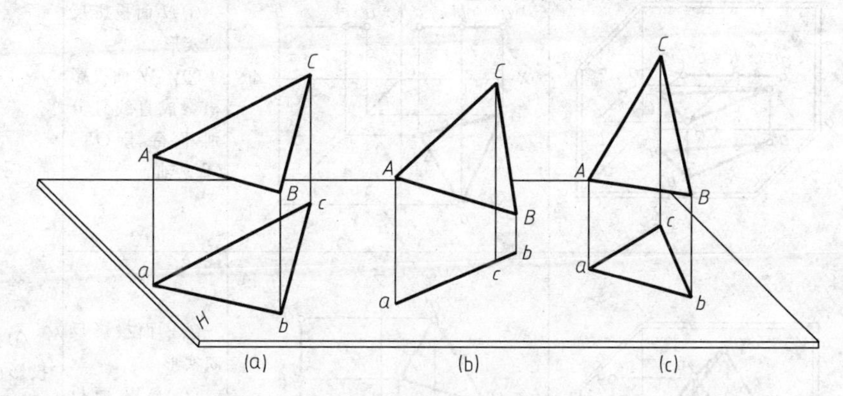

图 3-19 平面投影的特性

2. 平面形在三投影面体系中的投影

平面形在三投影面体系中，按其对投影面的位置不同可分为三种：投影面垂直面；投影面平行面；投影面倾斜面。前两种平面形称为特殊位置平面形，后一种平面形称为一般位置平面形。如将图 3-18（a）（直观图）画成图 3-20 所示投影图，其表面△*SAC* 垂直于 *W* 面而倾斜于 *V* 和 *H* 面，△*ABC* 平行于 *H* 面而垂直于 *V* 和 *W* 面，△*SAB* 与 *V*、*H*、*W* 面均倾斜。

下面分别介绍各种位置平面的投影特性。

(1) 投影面平行面　平行于一个投影面，而同时垂直于其他两个投影面的平面称为投影面平行面。平行于 *H* 面的称为水平面，平行于 *V* 面的称为正平面，平行于 *W* 面的称为侧平面。

例如，图 3-20 中三棱锥底面△*ABC* 为一水平面。现将该平面单独画出，如图 3-21 所示。它的投影特性为：

① 水平投影△*abc* 反映△*ABC* 实形；

② 正面投影△$a'b'c'$和侧面投影 $a''b''(c'')$ 各自积聚成一直线，它们分别与 *OX*、OY_W

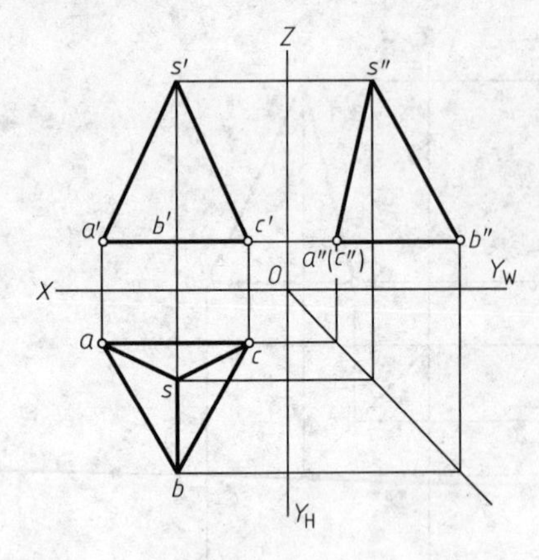

图 3-20 三棱锥表面投影的相对位置

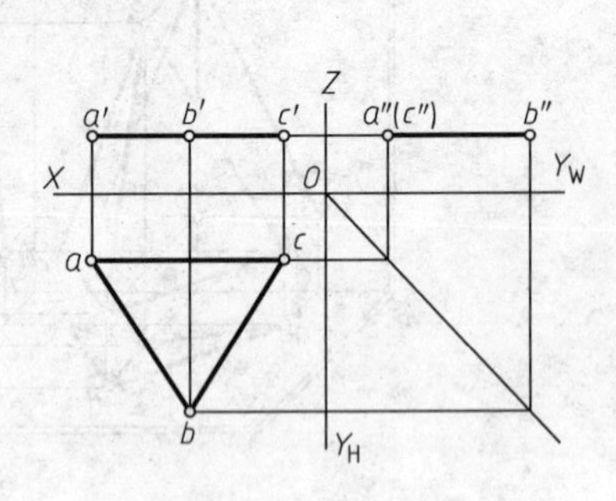

图 3-21 水平面

轴平行。

对于正平面和侧平面作同样的分析，也可得出其投影特性，如表 3-3 所示。

表 3-3 投影面平行面的投影特性

名称	直 观 图	投 影 图	投影特性	
水平面（平行于 *H* 面）	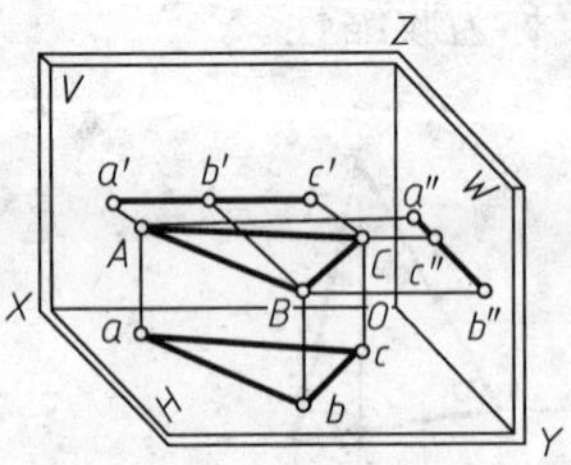	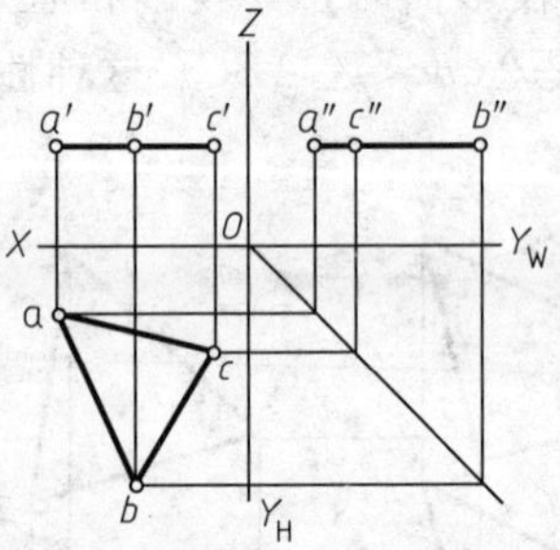	①*H* 面投影反映实形 ②*V*、*W* 面投影积聚成直线且分别平行于 *OX*、OY_W 轴	
正平面（平行于 *V* 面）	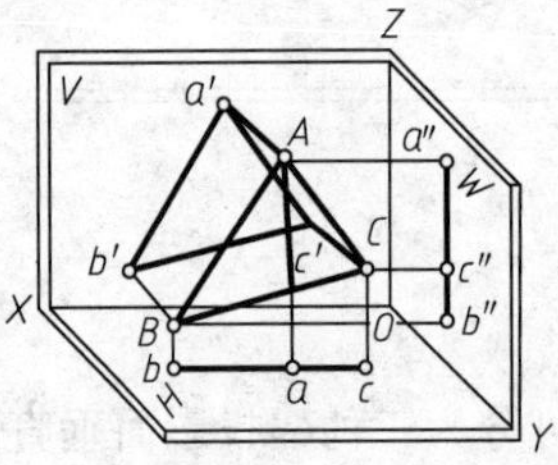	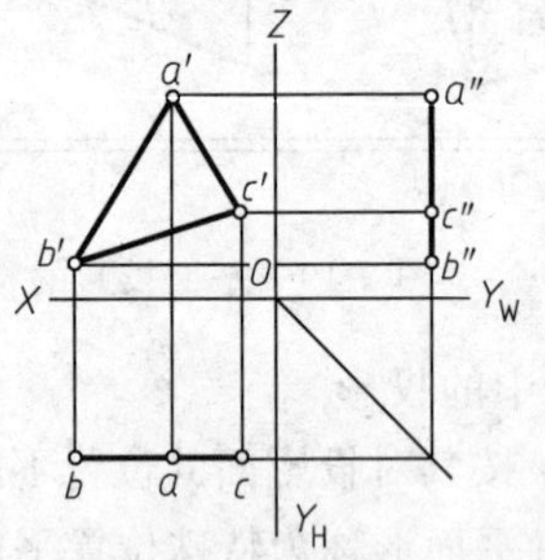	①*V* 面投影反映实形 ② *H*、*W* 面投影积聚成直线，且分别平行于 *OX*、*OZ* 轴	①在所平行的投影面上其投影反映实形 ②另两面投影分别积聚成平行于不同投影轴的线段
侧平面（平行于 *W* 面）	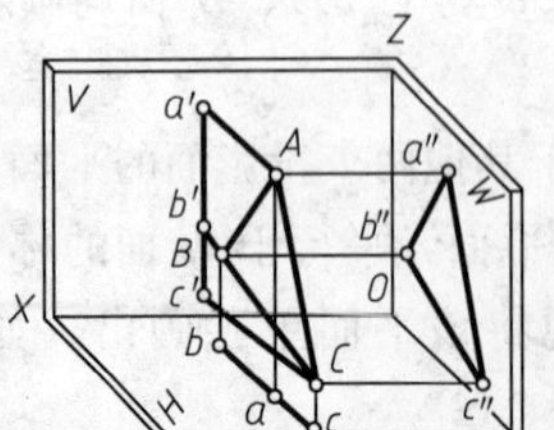	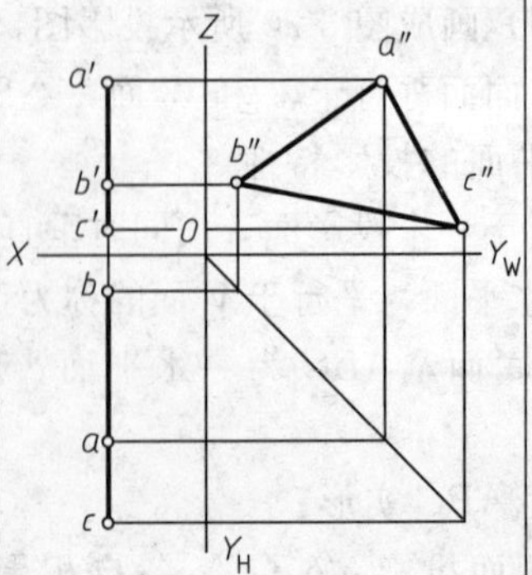	①*W* 面投影反映实形 ②*V*、*H* 面投影积聚成直线，且分别平行于 *OZ*、OY_H 轴	

对于投影面平行面的辨认：如果平面的投影图中，同时有两个投影分别积聚成平行于不同投影轴的直线，而只有一个投影为平面形，则此平面平行于该投影所在的那个投影面。该平面形投影反映该空间平面形的实形。

（2）投影面垂直面　垂直于一投影面而与另外两个投影面倾斜的平面称为投影面垂直面。垂直于 H 面的称为铅垂面，垂直于 V 面的称为正垂面，垂直于 W 面的称为侧垂面。

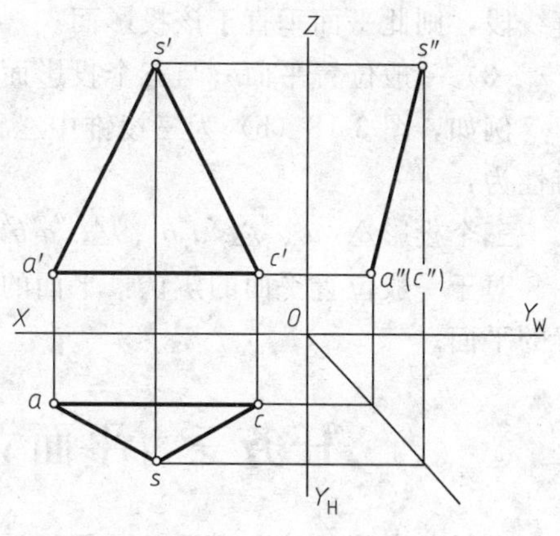

图 3-22　侧垂面

例如，图 3-20 中三棱锥表面△SAC 为一侧垂面，现将该平面单独画出，如图 3-22 所示。它的投影特性为：

① 侧投影 $s''a''(c'')$ 积聚为一直线段，该线段倾斜于 OZ、OY_W 轴。

② 正面投影△$s'a'c'$ 与水平投影△sac 均比△SAC 缩小，为类似形。

对于铅垂面和正垂面作同样的分析，也可以得出类似的投影特性，如表 3-4 所示。

表 3-4　投影面垂直面的投影特性

名称	直观图	投影图	投影特性	
铅垂面（垂直于 H 面）	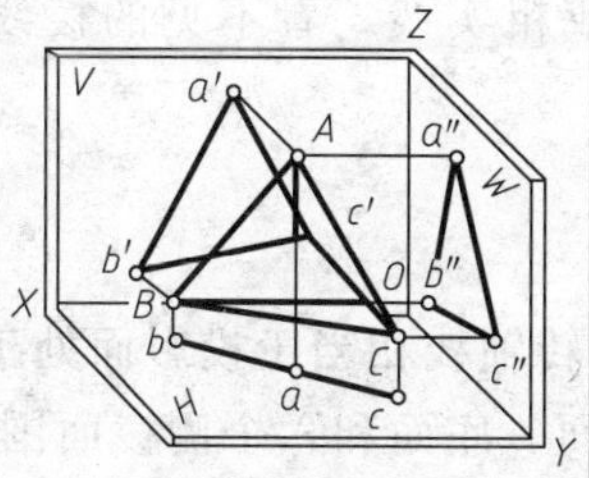	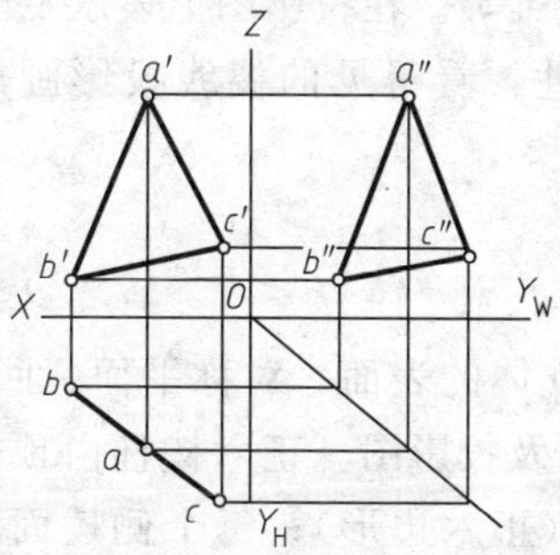	① H 面投影积聚成一直线，该线段 bac 倾斜于 OX、OY_H 轴 ② 在 V、W 面投影△$a'b'c'$ 和△$a''b''c''$ 均小于△ABC	
正垂面（垂直于 V 面）	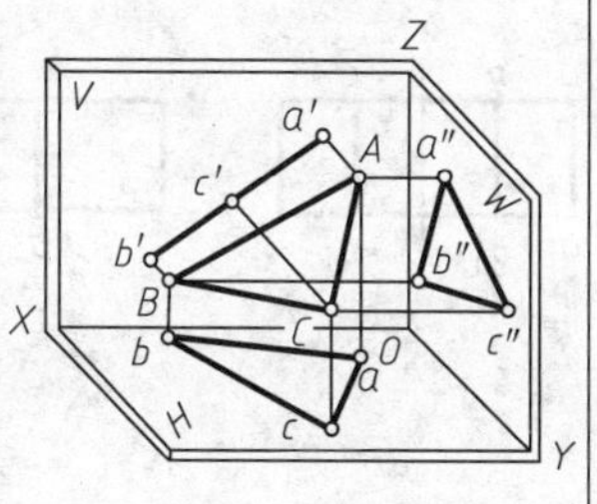	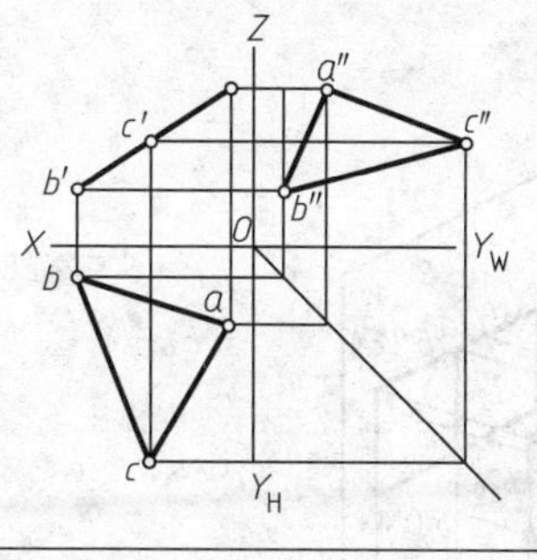	① V 面投影积聚成一直线，该线段 $a'b'c'$ 倾斜于 OX、OZ 轴 ② H、W 面投影△abc 和△$a''b''c''$ 均小于△ABC	①在所垂直的投影面上的投影积聚成一直线且与投影轴倾斜 ②另外两个投影面上的投影为比实际收缩的类似形
侧垂面（垂直于 W 面）	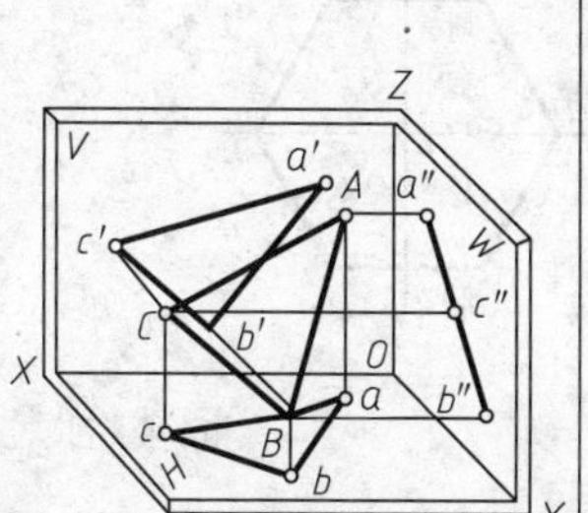	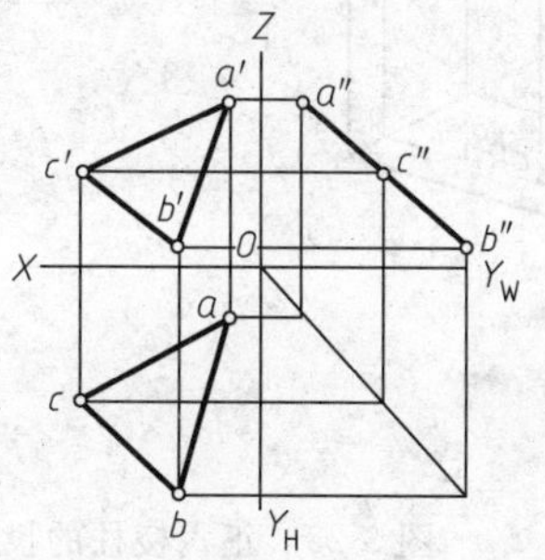	① W 面投影积聚成一直线，该线段 $a''b''c''$ 倾斜于 OZ、OY_W 轴 ② V、H 面投影△$a'b'c'$ 和△abc 均小于△ABC	

对于投影面垂直面的辨认：如果平面在某一投影面上的投影积聚成一条倾斜于投影轴的直线段，则此平面垂直于该投影面。

(3) 一般位置平面　与三个投影面都处于倾斜位置的平面形称为一般位置平面。

例如，图 3-18 (b) 为三棱锥中△*SAB* 的投影图，该三角形为一般位置平面。它的投影特性为：

三个投影△*sab*、△*s′a′b′*、△*s″a″b″*均比△*SAB* 缩小，且为类似形。

对于一般位置平面的辨认：平面的三面投影都是类似的几何图形，该平面一定是一般位置的平面。

任务三　平面立体的投影及表面上取点

本任务主要是综合运用本项目所学知识，使学生具备绘制平面立体的三视图和表面上求点的能力。

平面立体的表面是由若干多边形平面组成的。表面均由平面构成的形体称为平面立体。因此，绘制平面立体的投影可归结为绘制它的各表面的投影。平面立体各表面的交线称为棱线。平面立体的各表面是由棱线所围成，而每条棱线可由其两端点确定，因此，绘制平面立体的投影又可归结为绘制各棱线及各顶点的投影。

平面立体主要有棱柱、棱锥等。在投影图上表示平面立体就是把组成立体的平面和棱线表示出来，然后判断其可见性，看得见的棱线投影画成粗实线，看不见的棱线投影画成虚线。

一、棱柱

1. 棱柱的投影

图 3-23 所示为一正放（立体的表面、对称平面、回转轴线相当于投影面处于平行或垂直的位置）的正六棱柱直观图及投影图。正六棱柱由顶面、底面和六个侧棱面围成。顶面、底面分别由六条底棱线围成（正六边形）；每个侧棱面又由两条侧棱线和两条底棱线围成（矩形）。

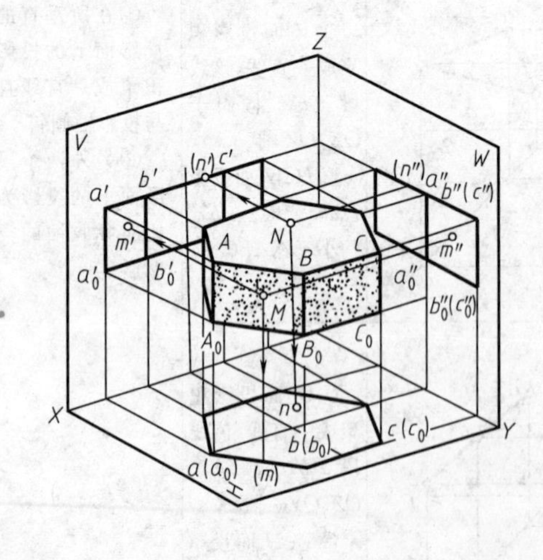

(a) 直观图

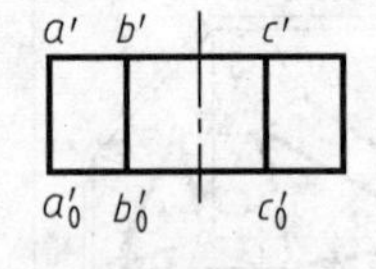

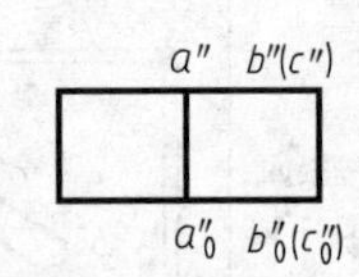

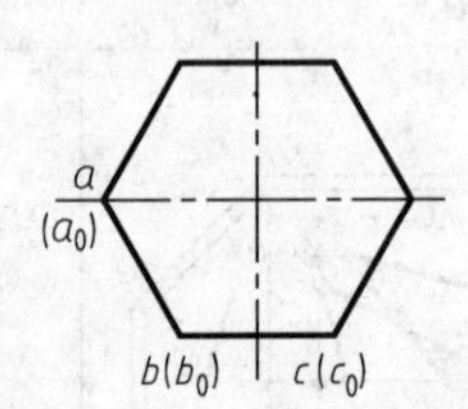

(b) 投影图

图 3-23　正六棱柱的投影

（1）投影分析　正六棱柱的顶面、底面均为水平面，其水平投影反映顶面、底面的真形，且互相重合；正面投影和侧面投影均积聚为平行于相应投影轴的直线。六个侧棱面其前后两个棱面为正平面，其正面投影重合，且反映真形；水平投影和侧面投影都积聚成平行于相应投影轴的直线。其余四个侧棱面都为铅垂面，其水平投影分别积聚成倾斜直线；正面投影和侧面投影均为类似形（矩形），且两侧棱面投影对应重合。由于六个侧棱面的水平投影均有积聚性，故与顶面、底面边线（底棱线）的水平投影重合。

棱线：顶、底面各有六条底棱线，其中前、后两条为侧垂线，四条为水平线；而六条侧棱线均为铅垂线。它们的三面投影，请读者自行分析。

（2）作图步骤　画正棱柱（如正六棱柱）的投影图时，一般先画出对称中心线、对称线，再画出棱柱水平投影（如正六边形）；然后根据投影关系画出它的正面投影和侧面投影。应注意当棱线投影与对称线重合（如图中棱线 AA_0 的侧面投影 $a''a_0''$）时应画成粗实线。

2. 棱柱表面上取点

在平面立体表面上取点，其原理和方法与平面上取点相同。由于正放棱柱的各个表面都处于特殊位置，因此，在其表面上取点均可利用平面投影积聚性作图，并表明可见性。例如，在正六棱柱表面上有一点 M，已知其正面投影 m'，要作出水平和侧面投影（见图 3-24）。由于点 M 的正面投影是可见的，所以点 M 必定在左前方的棱面 AA_0B_0B 上［参阅图 3-23 (a)］。而该棱面为铅垂面，因此点 M 的水平投影 m 必在该棱面有积聚性的水平投影 aa_0b_0b 直线上，再根据投影关系由 m' 和 m 求出 m''。由于棱面 AA_0B_0B 处于左前方，侧面投影可见，所以其上的点 M 的侧面投影也可见，它的水平投影 m 不可见。又如，已知点 N 水平投影 n，求 n' 和 n''。由于 n 可见，所以点 N 必定在顶面上，而顶面为水平面，其正面投影和侧面投影都具有积聚性。因此，(n')、(n'') 也必分别在顶面的正面投影和侧面投影所积聚的直线上，均不可见。

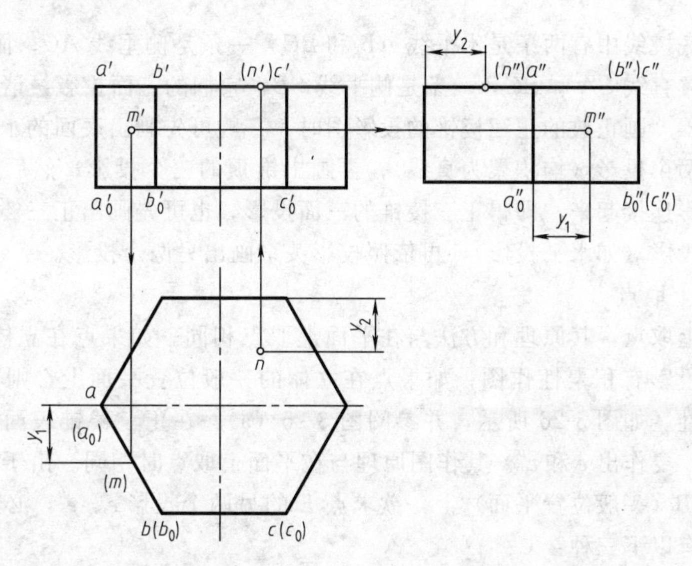

图 3-24　正六棱柱表面上点的投影

二、棱锥

1. 棱锥的投影

如图 3-25 所示为一正放的正三棱锥直观图及投影图。正三棱锥由底面和三个侧棱面围成。底面又由三条底棱线围成（正三角形），三个侧棱面由三条侧棱线和三条底棱线围成

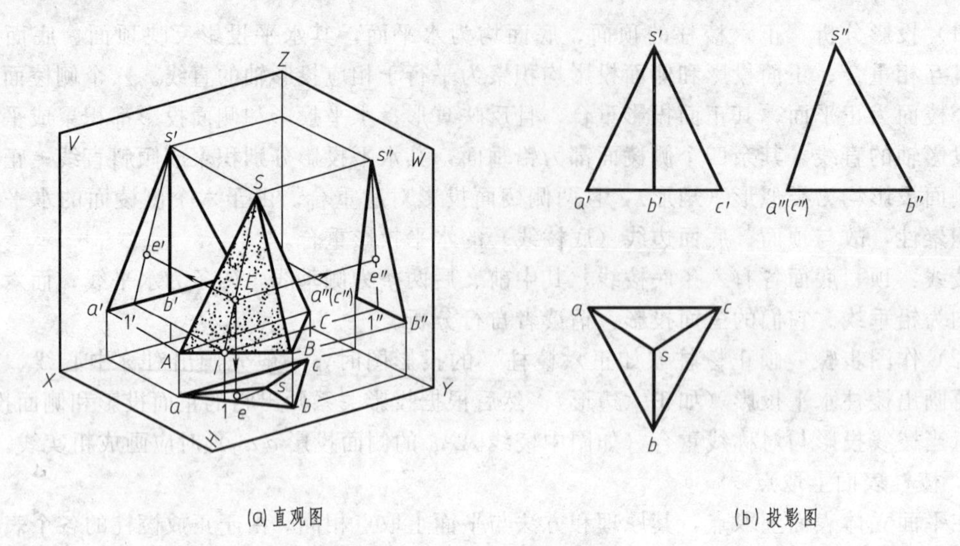

(a) 直观图　　(b) 投影图

图 3-25　正三棱锥的投影

(三个真形大小相等的等腰三角形)。

(1) 投影分析　正三棱锥的底面△*ABC* 为水平面，其水平投影△*abc* 反映真形，正面投影和侧面投影均积聚为平行于相应投影轴的直线 $a'b'c'$ 和 $a''(c'')b''$；三个侧棱面中的左右两个侧棱面△*SAB* 和△*SBC* 为一般位置平面，其三面投影均不反映真形，且侧面投影重合；后侧棱面△*SAC* 为侧垂面（因含侧垂线 *AC*），其侧面投影积聚成斜向直线 $s''a''(c'')$，正面投影△$s'a'c'$和水平投影△*sac* 均不反映真形，且正面投影△$s'a'c'$与△$s'a'b'$、△$s'b'c'$重合；三个侧棱面△*SAB*、△*SBC*、△*SCA* 的水平投影△*sab*、△*sbc*、△*sca* 与底面△*ABC* 的水平投影△*abc* 重合。

底面的三条底棱线中有两条是水平线 *AB* 和 *BC*，一条是侧垂线 *AC*；而三条侧棱线中，有两条是一般位置直线 *SA* 和 *SC*，一条是侧平线 *SB*，它们的三面投影，请读者自行分析。

(2) 作图步骤　画正放的正三棱锥的投影图时，一般可先画出底面的水平投影（正三角形）和底面的另两个投影（均积聚为直线）；再画出锥顶的三个投影；然后将锥顶和底面三个顶点的同面投影连接起来，即得正三棱锥的三面投影。也可先画出正三棱锥（底面和三个侧棱面）的一个投影（如水平投影），再依照投影关系画出另两个投影。

2. 棱锥表面上取点

在棱锥表面上取点，其原理和方法与在平面上取点相同。如果点在立体的特殊平面上，则可利用该平面投影有积聚性作图；如果点在立体的一般位置平面上，则可利用辅助线作图，并表明可见性。如图 3-26 所示，并参阅图 3-25 (a)，在正三棱锥表面上有一点 *E*，已知其正面投影 e'，要作出 *e* 和 e''。其作图原理与在平面上取点时相同。由于 e'可见，所以点 *E* 在左棱面△*SAB*（一般位置平面）上，欲求点 *E* 的另两个投影 *e*、e''，必须利用辅助线作图，具体方法可有以下三种：

① 过点 *E* 和锥顶作辅助直线 *s*Ⅰ，其正面投影 $s'1'$必通过 e'；求出辅助线 *s*Ⅰ的水平投影 *s*1 和侧面投影 $s''1''$，则点 *E* 的水平投影 *e* 必在 *s*1 上，侧面投影也必在 $s''1''$上。

② 也可过点 *E* 作底棱 *AB* 的平行线ⅡⅢ，则 $2'3' /\!/ a'b'$且通过 e'，求出ⅡⅢ的水平投影 ($23 /\!/ ab$，必通过 *e*) 和侧面投影 ($2''3'' /\!/ a''b''$，也必通过 e'')。

③ 也可过欲求点在该点所在的棱面上作任意直线。先求出该辅助直线的投影，再求出

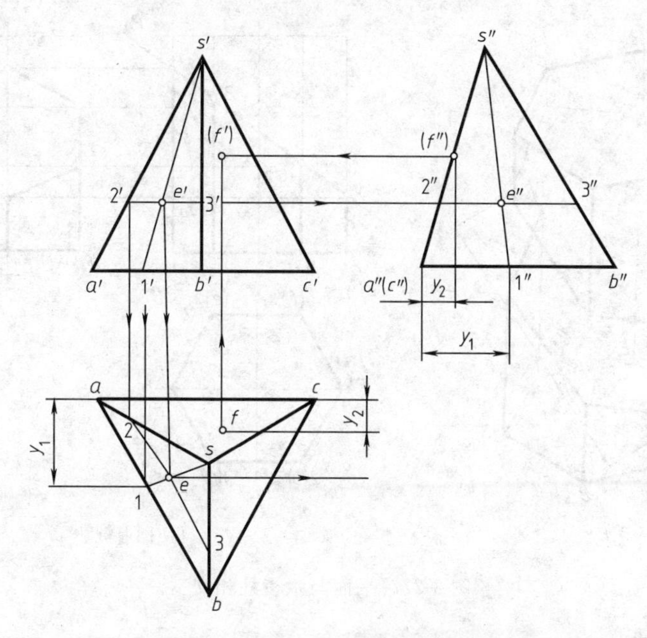

图 3-26　正三棱锥表面上点的投影

点的投影（为使图形清晰，图中未示出）。

由于侧棱面△SAB处于左方，侧面投影可见，故其上的点E的侧面投影e''可见；水平投影e也可见。又如已知点F的水平投影f，求f'和f''。由于f可见，所以知点F是在后棱面△SAC上，而不是在底面△ABC上。侧棱面△SAC是侧垂面，其侧面投影具有积聚性，故f''可利用积聚性直接求出，即（f''）必在$s''a''$（c''）直线上，再由f和（f''）求出（f'）。由于侧棱面△SAC处于后方，正面投影不可见，故其上的点F的正面投影（f'）不可见，侧面投影（f''）也不可见。

任务四　平面立体的截割

本任务主要是运用点、线、面的投影规律，使学生具备求画平面立体截交线的能力。

平面与立体相交，即立体被平面截切所产生的表面交线称为截交线；截割立体的平面称为截平面；因截平面的截切在立体表面上围成的平面图形称为截断面。

一、截交线的性质

由于立体表面的形状不同和截平面所截切的位置不同，截交线也表现为不同的形状，但任何截交线都具有下列基本性质。

（1）共有性　截交线既属于截平面，又属于立体表面，故截交线是截平面与立体表面的共有线，截交线上的每一点均为截平面与立体表面的共有点。

（2）封闭性　由于任何立体都占有一定的封闭空间，而截交线又为平面截切立体所得，故截交线所围成的图形一般是封闭的平面图形。

（3）截交线的形状　截交线的形状取决于立体的几何性质及其与截平面的相对位置，通常为平面折线。当平面与平面立体相交时，其截交线为封闭的平面折线，如图 3-27 所示。

二、求画截交线的一般方法、步骤

求画截交线就是求画截平面与立体表面的一系列共有点。求共有点的方法通常有：面上

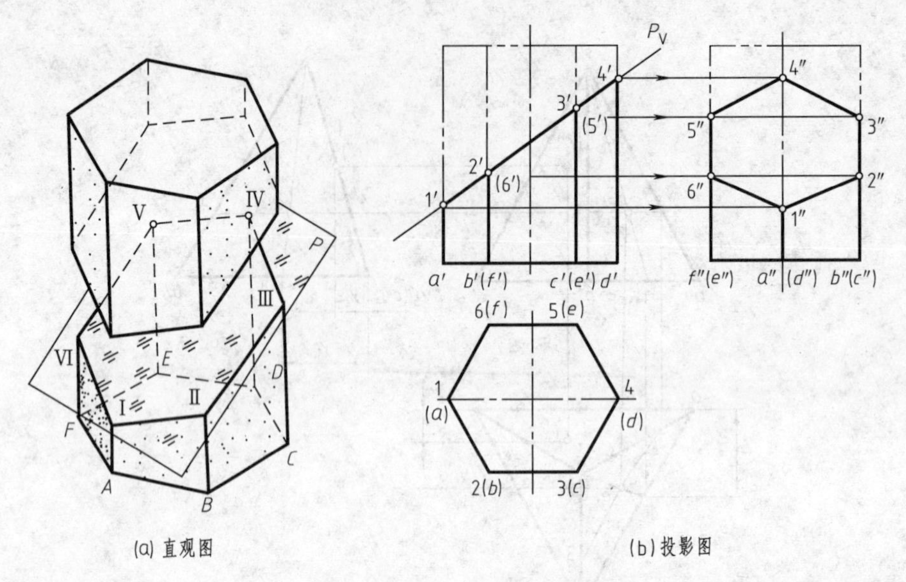

(a) 直观图　　(b) 投影图

图 3-27　平面与六棱柱相交

取点法和线面交点法。

具体作图步骤为：

① 找（求）出属于截交线上一系列的特殊点；

② 求出若干一般点；

③ 判别可见性；

④ 顺次连接各点。

1. 面上取点法

平面与立体相交，截平面处于特殊位置，截交线有一个投影或两个投影有积聚性，利用积聚性采用面上取点法，求出截交线上共有点的另外一个或两个投影，此方法称为面上取点法。图 3-27（b）所示为一正放的正六棱柱被正垂面 P 截切，由于截平面 P 是正垂面，截交线的正面投影可直接确定（即积聚在截平面的有积聚性的同面投影上），截交线的水平投影积聚在正六棱柱各侧棱面水平投影上，故由截交线的正面投影和水平投影可求出其侧面投影。

2. 线面交点法

平面与立体相交，截平面处于特殊位置，截交线有一个投影或两个投影有积聚性，求立体表面上的棱线或素线与截平面的交点，该交点即为截交线上的点（共有点），此方法称为线面交点法，如图 3-28 所示。

三、平面截切棱柱与棱锥

平面截切平面立体，其截交线是一封闭的平面折线。求平面与平面立体的截交线，只要求出平面立体有关的棱线与截平面的交点，经判别可见性，然后依次连接各交点，即得所求的截交线。也可直接求出截平面与立体有关表面的交线，由各交线构成的封闭折线即为所求的截交线。

当截平面为特殊位置时，它在所垂直的投影面上的投影有积聚性。对于正放的棱柱，因各表面都处于特殊位置，故可利用面上取点法求画其截交线，如图 3-27 所示。对于棱锥，因含有一般位置平面，故可采用线面交点法求画截交线，如图 3-28 所示。

例 3-3　画截割的四棱柱。

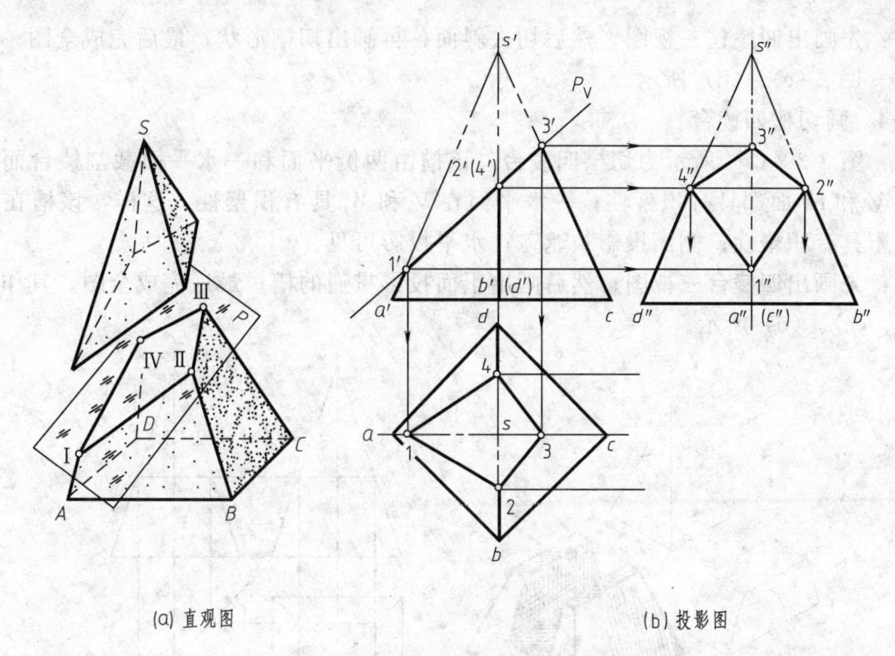

(a) 直观图　　(b) 投影图

图 3-28　平面与四棱锥相交

分析：如图 3-29（a）所示，四棱柱切去一个三棱柱后，又开了一个槽。该槽由两个正平面和一个侧平面截割而成。两正平面在 H 和 W 面都有积聚性；一侧平面在 V 和 H 面具有积聚性。这样，该槽的水平投影具有积聚性；正面投影不可见；侧面投影可见。

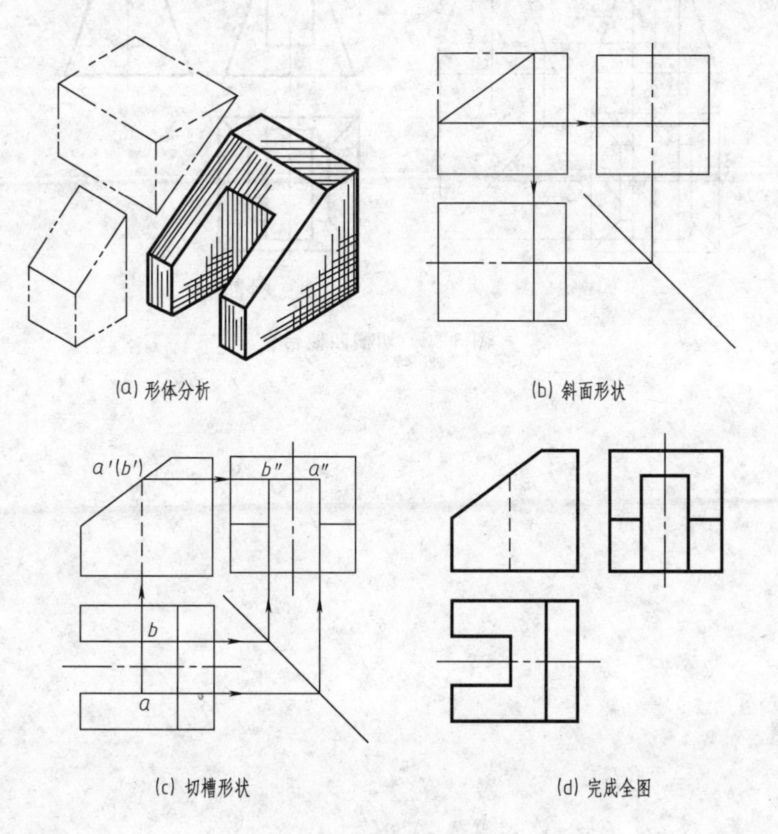

(a) 形体分析　　(b) 斜面形状

(c) 切槽形状　　(d) 完成全图

图 3-29　截割的四棱柱

画法：先画出四棱柱三视图，然后切去斜面；再画出切槽形状；最后完成全图。其作法如图 3-29（b）、（c）、（d）所示。

例 3-4 画切槽四棱台。

分析：图 3-30（a）所示为切槽四棱台。该槽由两侧平面和一水平面截割棱台而成。两侧平面在 V 和 H 面都具有积聚性；一水平面在 V 和 W 具有积聚性。这样，该槽在正投影面上的投影具有积聚性；侧面投影被遮盖；水平投影可见。

画法：先画出四棱台三视图；然后画出正面投影贯通的槽；最后完成全图。其作法如图 3-30（b）、（c）、（d）所示。

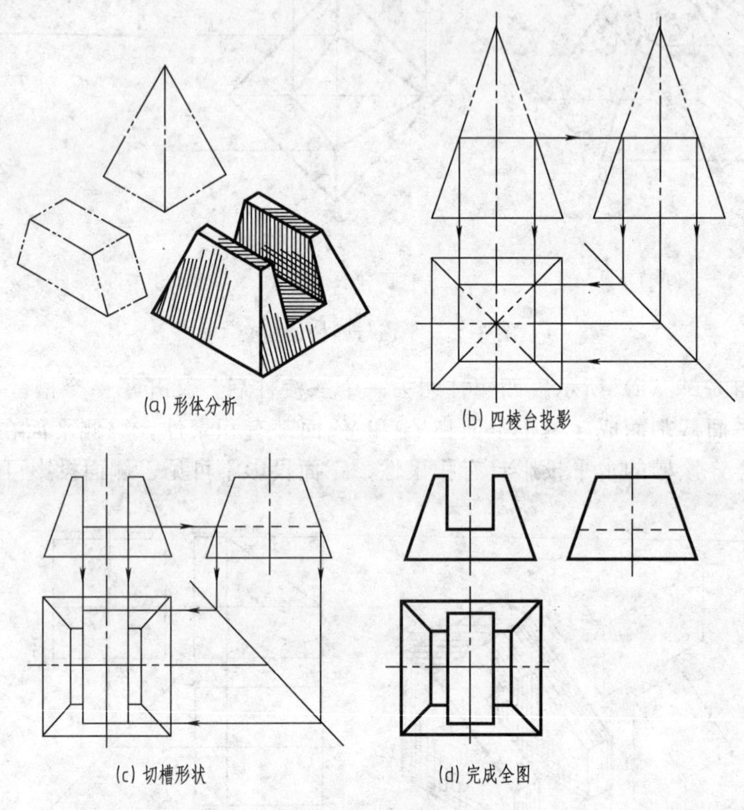

图 3-30 切槽四棱台

项目四　曲面立体

本项目主要介绍曲面立体三视图的画法、表面取点、截割及表面交线的投影等知识。使学生重点掌握曲面立体三视图的画法、表面取点、平面与圆柱体的交线、两正交圆柱相贯时相贯线画法。

通过本项目的学习（与训练），使学生具备绘制曲面立体三视图、曲面立体表面取点及绘制截割线与相贯线的能力。

任务一　曲面立体三视图的画法及表面取点

常见的曲面立体有圆柱、圆锥、圆球等，它们的表面是光滑曲面，不像平面立体那样有明显的棱线，所以在画图和看图时，要抓住曲面的特殊性质，即曲面的形成规律和曲面轮廓的投影。

本任务主要完成圆柱、圆锥、圆球三视图（如图 4-1 所示）的画法及表面取点。使学生具备绘制曲面立体三视图的能力与曲面立体表面取点的能力。

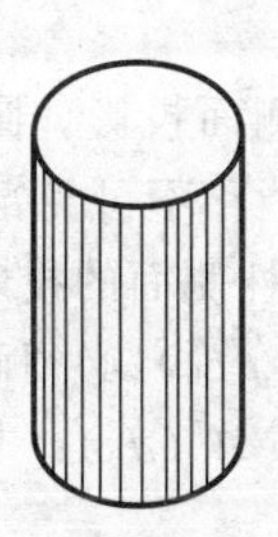
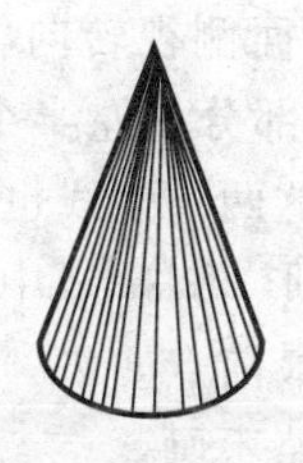

图 4-1　曲面立体

一、圆柱三视图的画法及表面取点

绘制圆柱的三视图，并完成表面上的取点。

1. 圆柱三视图的画法

(1) 圆柱的形成　圆柱是由圆柱面和顶圆平面、底圆平面围成的。如图 4-2 (a) 所示，圆柱面可以看作是一条直母线 AA_0 绕与它平行的轴线 OO_1 旋转而成的。

(2) 圆柱的投影　图 4-2 (b)、(c) 为轴线处于铅垂线位置时的圆柱直观图及其投影图。对此图的投影进行分析。

① 圆柱的顶圆平面、底圆平面为水平面，其水平投影反映顶、底圆平面真形，且重合；正面投影和侧面投影均积聚为平行于相应投影轴的直线 $a'c'b'd'$、$a'_0c'_0b'_0d'_0$ 和 $d''a''c''b''$、$d''_0a''_0c''_0b''_0$，且等于顶、底圆的直径。

② 圆柱面因其轴线为铅垂线，故圆柱面上所有素线必为铅垂线，圆柱面为铅垂面，其水平投影积聚为一圆，且与顶、底圆平面俯视轮廓线的水平投影圆周相重合。每一条素线的水平投影都积聚为点，且落在该圆周上。

③ 圆柱面的正面投影应画出该圆柱面主视转向轮廓线的正面投影。圆柱面上最左、最右两条素线 AA_0 和 BB_0 是主视方向可见部分（前半个圆柱面）和不可见部分（后半个圆柱

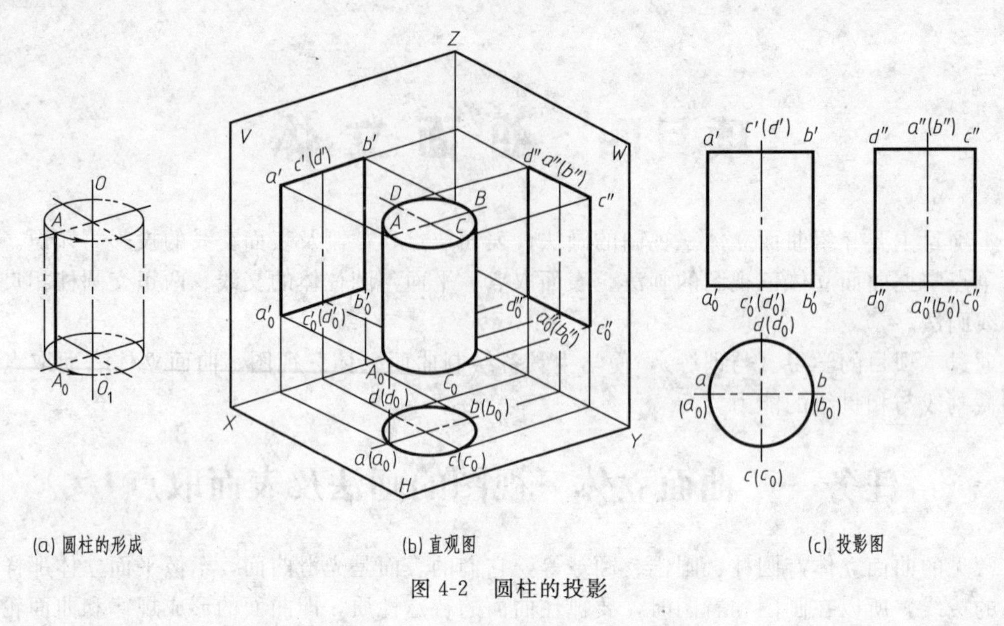

(a) 圆柱的形成　　(b) 直观图　　(c) 投影图

图 4-2　圆柱的投影

面）的分界线，称为主视转向轮廓线。这两条素线也表示了圆柱正面投影范围，所以主视转向轮廓线 AA_0 和 BB_0 的正面投影（矩形 $a'a'_0b'_0b'$ 中的 $a'a'_0$ 和 $b'b'_0$）必须画出。而这两条主视转向轮廓线的水平投影积聚在圆周的最左点 a（a_0）和最右点 b（b_0）；其侧面投影 $a''a''_0$ 和 $b''b''_0$ 与圆柱轴线的侧面投影重合，省略不画。

④ 圆柱面的侧面投影应画出该圆柱面侧视转向轮廓线的侧面投影。圆柱面上最前、最后两条素线 CC_0 和 DD_0 是侧视方向可见部分（左半个圆柱面）和不可见部分（右半个圆柱面）的分界线，称为侧视转向轮廓线。这两条素线也表示了圆柱侧面的投影范围，所以侧视转向轮廓线 CC_0 和 DD_0 的侧面投影（矩形 $d''d''_0c''_0c''$ 中的 $d''d''_0$ 和 $c''c''_0$）必须画出。而这两条侧视转向轮廓线的水平投影积聚在圆周的最前点 c（c_0）和最后点 d（d_0）；其正面投影 $c'c'_0$ 和 $d'd'_0$ 与圆柱轴线的正面投影重合，亦省略不画。

(3) 三视图的作图步骤　图示回转体时，必须画出轴线和对称中心线，均用细点画线表示。画轴线处于特殊位置时的圆柱三面投影图时，一般先画出轴线和对称中心线（均用细点画线表示）；然后画出圆柱面有积聚性的投影（为圆）；再根据投影关系画出圆柱的另两个投影（为同样大小的矩形），表明转向轮廓线的投影。如图 4-2 所示。

2. 圆柱表面取点

轴线处于特殊位置的圆柱，其圆柱面在轴线所垂直的投影面上的投影有积聚性，其顶、底圆平面的另两个投影有积聚性。因此，在圆柱表面上取点，均可利用积聚性作图。对于圆柱表面上的点（如轮廓线上点），其投影均可直接作出，并表明可见性。

在圆柱面上取 3 个点 E、F、G，已知圆柱面上点 E、点 F 和点 G 的正面投影 e'、f' 和（g'），试分别求出它们的另两个投影。如图 4-3 所示，作法如下：

(1) 求 e、e''　由于 e' 是可见的，所以点 E 在前半个圆柱面上，又因点 E 在左半个圆柱面上，所以 e'' 也必为可见。作图时可利用圆柱面有积聚性的投影，先求出点 E 的水平投影（e）（在前半个圆周上），再由 e' 和（e）求出侧面投影 e''。

(2) 求 f、f''　由于点 F 在圆柱的最左主视转向轮廓线上，故另两个投影均可直接求出。其水平投影（f）积聚在圆柱面水平投影（圆）的最左点上，即与最左主视转向轮廓线的水平投影重合，其侧面投影 f'' 重合在圆柱轴线的侧面投影上，且 f'' 可见。

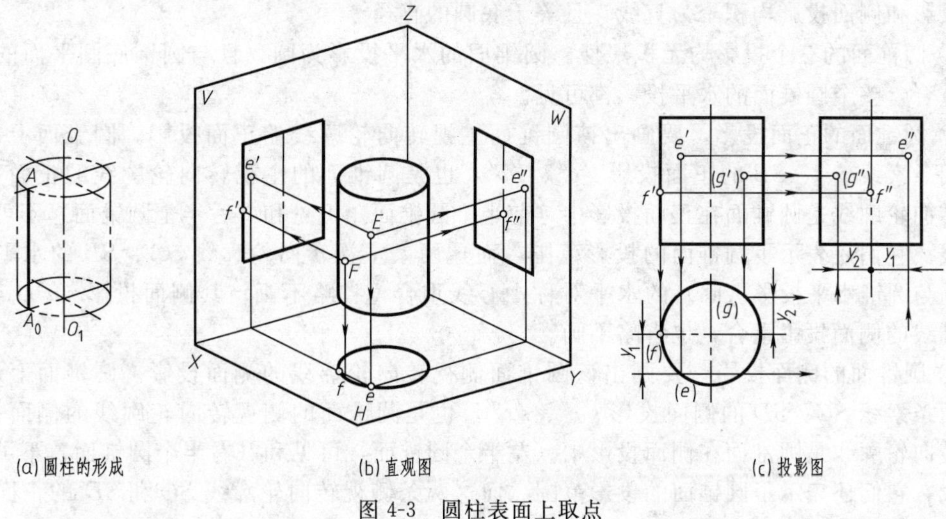

图 4-3 圆柱表面上取点

(3) 求 g、g'' 由于 (g') 为不可见，所以点 G 在后半个圆柱面上，又因点 G 在右半个圆柱面上，所以 (g'') 也为不可见。作图时可利用圆柱面有积聚性的投影，先求出点 G 的水平投影 (g)（在后半个圆周上），再由 (g') 和 (g) 求出侧面投影 (g'')。

二、圆锥三视图的画法及表面取点

绘制圆锥的三视图，并完成表面上的取点。

1. 圆锥三视图的画法

(1) 圆锥的形成 圆锥是由圆锥面和底圆平面围成的。如图 4-4 (a) 所示，圆锥面可以看作是一条直母线 SA 绕与它相交的轴线 OO_1 回转而形成。在圆锥面上任一位置的素线，均交于锥顶 S。

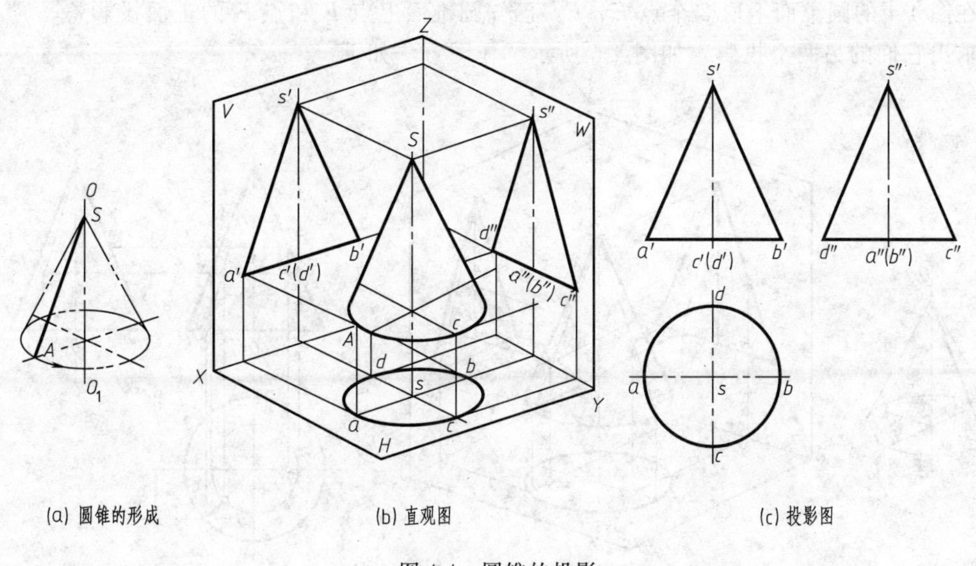

图 4-4 圆锥的投影

(2) 圆锥的投影 图 4-4 (b)、(c) 为轴线处于铅垂线位置时的圆锥直观图及其投影图。对此图的投影进行分析。

① 圆锥的底圆平面为水平面，其水平投影为圆，且反映底圆平面的真形，底圆平面的

正面投影和侧面投影均积聚为直线，且等于底圆的直径。

② 圆锥面的三个投影均无积聚性。圆锥面的水平投影为圆，且与圆锥底圆平面的水平投影重合，整个圆锥面的水平投影都可见。

③ 圆锥面的正面投影，要画出该圆锥面主视转向轮廓线的正面投影。圆锥面上最左、最右两条素线 SA、SB 的正面投影 $s'a'$、$s'b'$，也是圆锥面的主视转向轮廓线的正面投影，主视转向轮廓线是圆锥面在正面投影中（前半个圆锥面）可见和（后半个圆锥面）不可见的分界线。它们还表示了圆锥面的投影范围，而这两条主视转向轮廓线 SA、SB 的水平投影 sa、sb 与圆锥水平投影（圆）的水平对称中心线重合，省略不画；其侧面投影 $s''a''$、$s''b''$ 与圆锥轴线的侧面投影重合，也省略不画。

④ 圆锥面的侧面投影，要画出该圆锥面侧视转向轮廓线的侧面投影。圆锥面上最前、最后两条素线 SC、SD 的侧面投影 $s''c''$、$s''d''$，也是圆锥面的侧视转向轮廓线的侧面投影，侧视转向轮廓线是圆锥面在侧面投影中（左半个圆锥面）可见和（右半个圆锥面）不可见的分界线，它们还表示了圆锥面的投影范围。而这两条侧视转向轮廓线 SC 和 SD 的正面投影与圆锥轴线的正面投影重合，省略不画；其水平投影与圆锥水平投影（圆）的垂直对称中心线重合，也省略不画。

(3) 三视图作图步骤　画轴线处于特殊位置时的圆锥三面投影图时，一般先画出轴线和对称中心线（用细点画线表示）；然后画出圆锥反映为圆的投影；再根据投影关系画出圆锥的另两个投影（为同样大小的等腰三角形）。如图 4-4 (c) 所示。

2. 圆锥表面取点

轴线处于特殊位置的圆锥，只有底面的两个投影有积聚性，而圆锥面的三个投影都没有积聚性。因此，在圆锥表面上取点，除处于圆锥面转向轮廓线上特殊位置的点或底圆平面上的点可以直接求出外，而其余处于圆锥表面上一般位置的点，则必须用辅助线（素线法或纬线法）作图，并表明可见性。

在图 4-4 的圆锥面上取 2 个点 E、F，已知圆锥面上点 E 和点 F 的正面投影 e'、f'，试分别求出它们的另两个投影，如图 4-5 所示。作图方法如下。

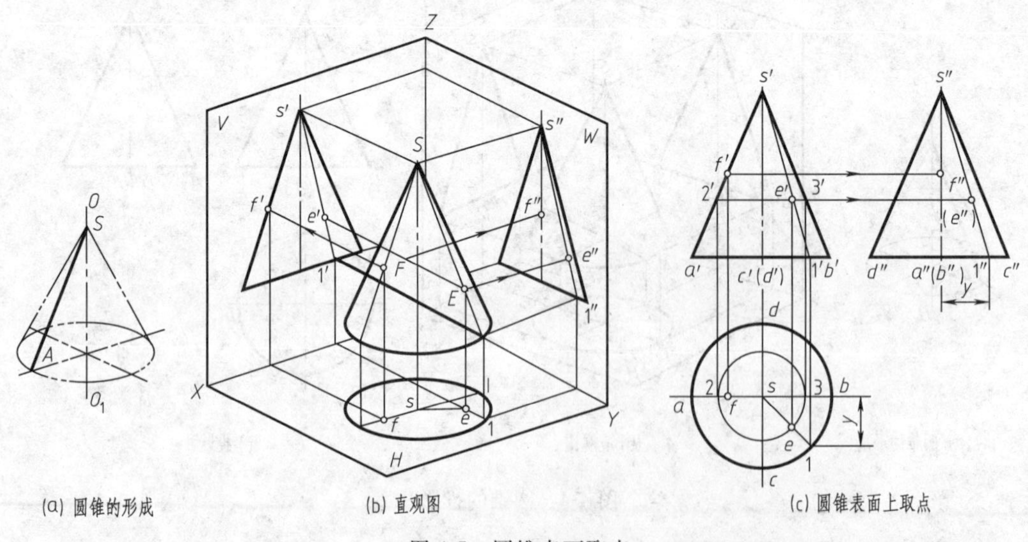

(a) 圆锥的形成　(b) 直观图　(c) 圆锥表面上取点

图 4-5　圆锥表面取点

回转体有一重要特性，母线的任一位置称为素线；母线上各点的运动轨迹皆为垂直于回转轴线的圆，这些圆周称为纬线（纬圆、回转圆）。根据这一性质，可在回转面上作素线取点、线，称为素线法；也可在回转面上作纬线取点、线，称为纬线（纬圆、回转圆）法。

（1）求 e、e'' 由于点 E 为圆锥面上右前方的一般位置点，故需用辅助线作图。

① 素线法。由于过锥顶的圆锥面上的任何素线均为直线，故可过点 E 及锥顶 S 作锥面上的素线 SⅠ。即先过 e' 作 $s'1'$，由 $1'$ 求出 1 和 $1''$，连接 $s1$ 和 $s''1''$，分别为辅助线 SⅠ的水平投影和侧面投影。则点 E 的水平投影和侧面投影必在 SⅠ的同面投影上，从而即可求出 e 和（e''）。e 可见，又因点 E 在右半个锥面上，所以（e''）为不可见。

② 纬线（纬圆、回转圆）法。过点 E 在圆锥面上作一水平辅助圆（纬圆），点 E 的投影必在该纬圆的同面投影上。即先过 e' 作水平线 $2'3'$，它是纬圆的正面投影，$2'3'$ 的长度即为该纬圆的直径，从而可画出圆心与 s 重合的该纬圆的水平投影；由 e' 作投影连线，与纬圆的水平投影（圆）交于点 e，再由 e' 和 e 求出（e''）。

（2）求 f、f'' 由于点 F 在最左正视转向轮廓线 SA 上，为圆锥面上特殊位置的点，故可直接求出 f 和 f''。由于 f' 在 $s'a'$ 上，则 f 必在 sa 上，f'' 必在 $s''a''$ 上。且 f、f'' 均为可见。

三、圆球三视图的画法及表面取点

绘制圆球的三视图，并完成表面上的取点。

1. 圆球三视图的画法

（1）圆球的形成 如图 4-6（a）所示，圆球面可以看作由一圆为母线，绕其通过圆心且在同一平面的轴线（直径）回转而形成的曲面。

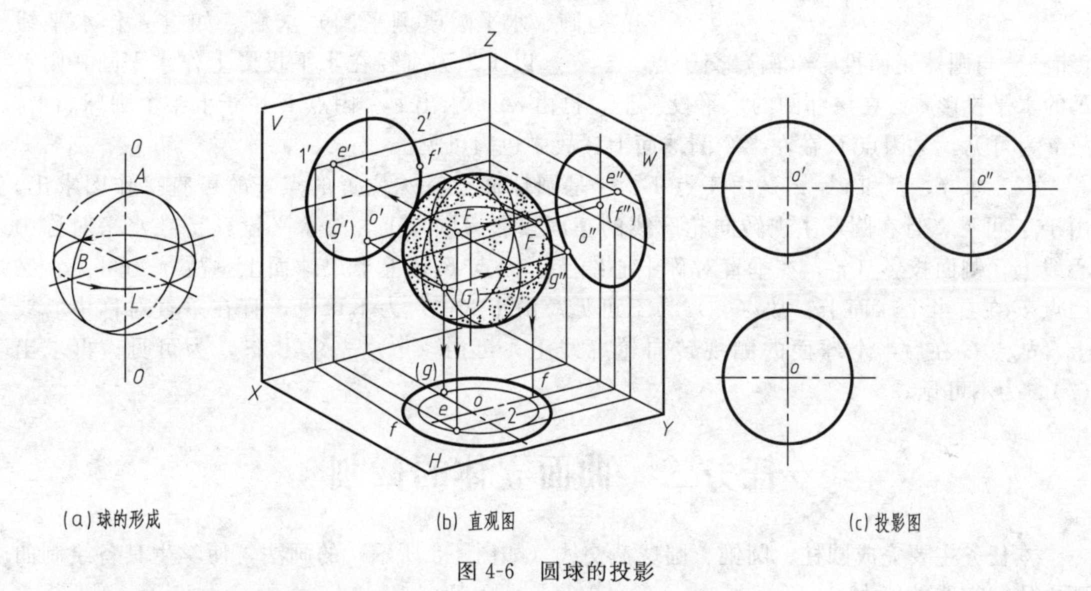

(a) 球的形成　(b) 直观图　(c) 投影图

图 4-6 圆球的投影

（2）圆球的投影 图 4-6（b）、（c）为圆球直观图及其投影图。对此图的投影进行分析。

圆球的三面投影均为等直径的圆，它们的直径为球的直径。

① 正面投影的圆是圆球主视转向轮廓线（过球心平行于正面的转向轮廓线，是前、后半球面的可见与不可见的分界线）的正面投影。而圆球主视转向轮廓线的水平投影与圆球水平投影的水平对称中心线重合；其侧面投影与圆球侧面投影的垂直对称中心线重合，都省略不画。

② 水平投影的圆是圆球俯视转向轮廓线（过球心平行于水平面的转向轮廓线，是上、下半球面的可见与不可见的分界线）的水平投影。而圆球俯视转向轮廓线的正面投影和侧面投影均分别在其水平对称中心线上，都省略不画。

③ 侧面投影的圆是圆球侧视转向轮廓线（过球心平行于侧面的转向轮廓线，是左、右半球面的可见与不可见的分界线）的侧面投影。而圆球侧视转向轮廓线的正面投影和水平投影均分别在其垂直对称中心线上，都省略不画。

(3) 作图步骤　画圆球的三面投影图时，可先画出确定球心 O 的三个投影 o、o'、o''位置的三组对称中心线；再以球心 O 的三个投影 o、o'、o''为圆心分别画出三个与圆球直径相等的圆。

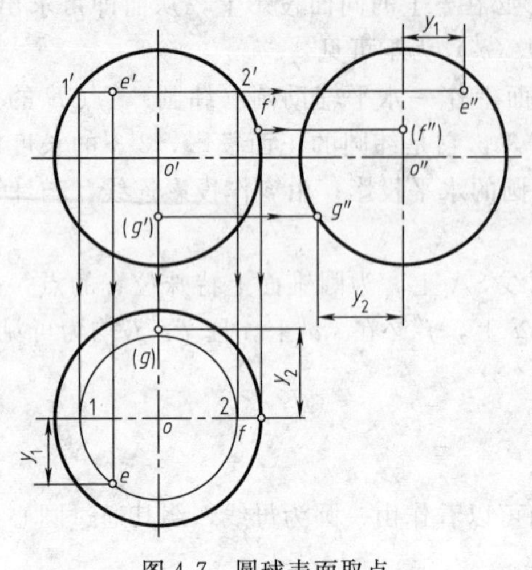

图 4-7　圆球表面取点

2. 圆球表面取点

由于圆球的三个投影均无积聚性，所以在圆球表面上取点除属于转向轮廓线上的特殊点可直接求出之外，其余处于一般位置的点，都需用辅助线（纬线）作图，并表明可见性。

在图 4-6 的圆球面上取 3 个点 E、F、G，已知圆球表面上点 E、F、G 的正面投影 e'、f'、(g')，试求其另两个投影，如图 4-7 所示。作法如下。

(1) 求 e、e''　由于 e'是可见的，且为前半个圆球面上的一般位置点，故可作纬圆（正平圆、水平圆或侧平圆）求解。如过 e'作水平线（纬圆）与圆球正面投影（圆）交于点 $1'$、$2'$，以 $1'2'$为直径在水平投影上作水平圆，则点 E 的水平投影 e 必在该纬圆的水平投影上，再由 e、e'求出 e''。因点 E 位于上半个圆球面上，故 e 为可见，又因点 E 在左半个圆球面上，故 e''也为可见。

(2) 求 f、f''和 g、g''　由于点 F、G 是圆球面上特殊位置的点，故可直接作图求出。由于 f'可见，且在圆球主视转向轮廓线的正面投影（圆）上，故水平投影 f 在水平对称中心线上，侧面投影（f''）在垂直对称中心线上。因点 F 在上半个球面上，故 f 为可见，又因点 F 在右半个球面上，故（f''）为不可见。由于（g'）为不可见，且在垂直对称中心线上，故点 G 在后半个球面的侧视转向轮廓线上，可由（g'）先求出 g''，为可见；再求出 (g)，为不可见。

任务二　曲面立体的截割

本任务主要完成圆柱、圆锥、圆球截交线（如图 4-8 所示）的画法，使学生具备绘制曲面立体截交线的能力。

一、圆柱截交线的画法

1. 了解截交线

同平面立体的截割一样，平面与曲面立体截切后，具有截交线、截平面、截断面等，如图 4-9 所示。

(1) 截交线的性质　曲面立体的截交线同样具有共有性和封闭性，具体详见平面立体。

(2) 截交线的形状　圆柱截割后产生的截交线，因截平面与圆柱轴线的相对位置不同而不同。当截平面平行于圆柱轴线时，截交线是矩形；当截平面垂直于圆柱轴线时，截交线是一个直径等于圆柱直径的圆；当截平面倾斜于圆柱轴线时，截交线是椭圆。椭圆的形状和大小随截平面对圆柱轴线的倾斜程度不同而变化，但短轴总与圆柱直径相等。这三种情况见表 4-1。

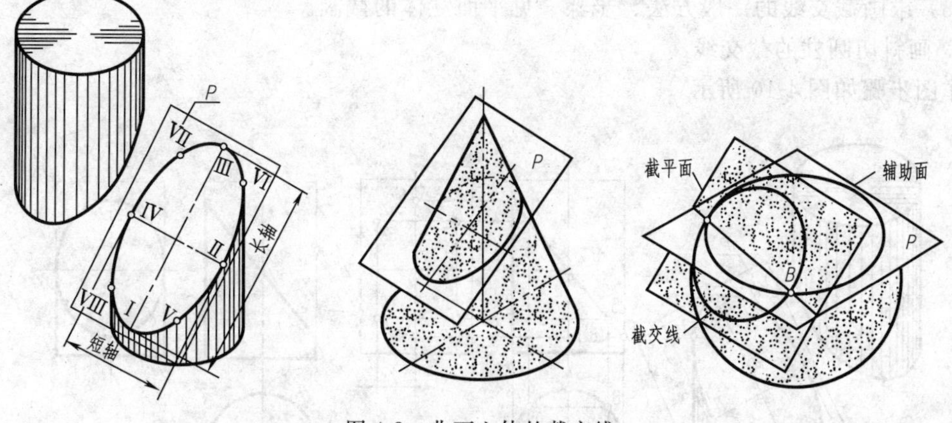

图 4-8 曲面立体的截交线

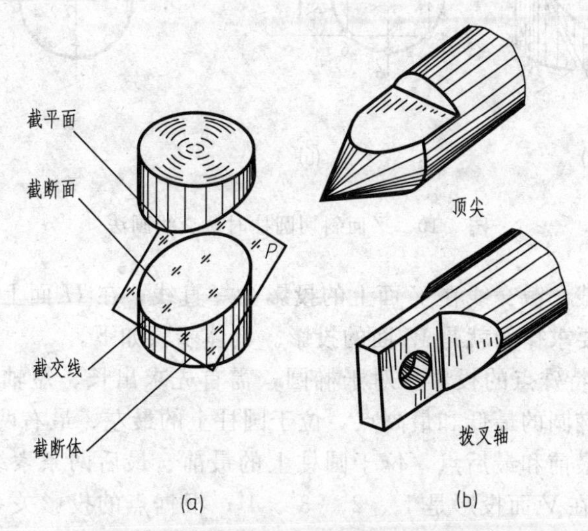

图 4-9 截交线的基本概念及零件示例

表 4-1 平面与圆柱相交的截交线

截平面的位置	平行于轴线	垂直于轴线	倾斜于轴线
截交线的形状	矩 形	圆	椭圆
立体图			
投影图			

(3) 求画截交线的一般方法、步骤　见平面立体的截割。

2. 画斜切圆柱的截交线

作图步骤如图 4-10 所示。

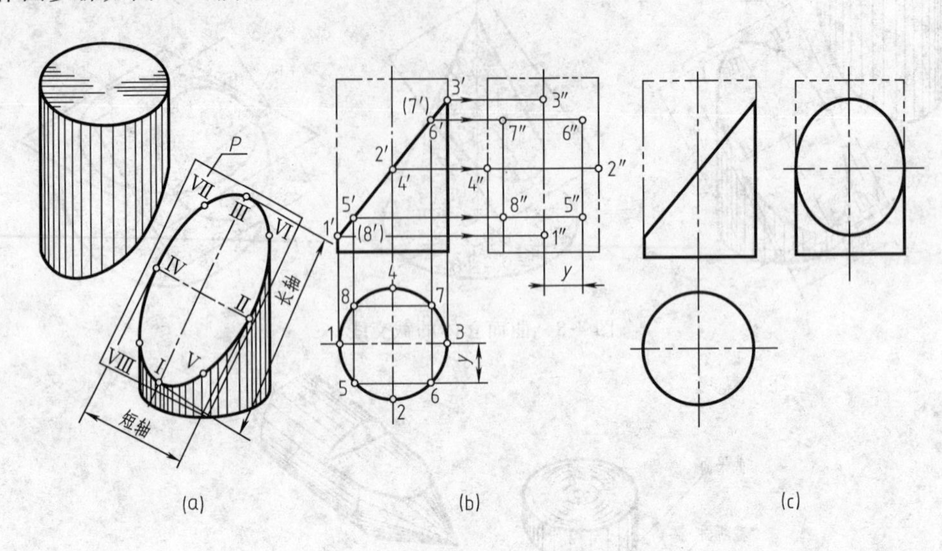

图 4-10　平面斜切圆柱时截交线画法

圆柱被正垂面所截，截交线在 V 面上的投影为一直线；在 H 面上的投影与圆柱面投影同时积聚成一圆；需要求作的就是 W 面的投影。具体步骤如下。

① 找出截交线上特殊点的投影。对于椭圆，需首先求出长、短轴的四个端点投影。长轴的端点Ⅰ、Ⅲ也是椭圆的最低和最高点，位于圆柱上的最左、最右两条素线上；短轴的端点Ⅱ、Ⅳ也是椭圆的最前和最后点，位于圆柱上的最前、最后两条素线上。这四点在 H 面投影是 1、2、3、4；在 V 面投影是 $1'$、$2'$、$3'$、$4'$；根据点的投影关系，可求出在 W 面上的投影 $1''$、$2''$、$3''$、$4''$。这些特殊点确定了椭圆投影的大致范围，如图 4-10（a）、（b）所示。

② 作出适当数量的一般点。如图 4-10（b）中Ⅴ、Ⅵ、Ⅶ、Ⅷ点，它们在 V、H 面上的投影分别为 $5'$、$6'$、$7'$、$8'$和 5、6、7、8。同样根据点的投影规律可求出它们在 W 面上的投影 $5''$、$6''$、$7''$、$8''$（因椭圆的对称性，选点要对称）。

③ 将作出的各点投影依次光滑地连接起来，这就得到 W 面投影的截交线，如图 4-10（c）所示。

3. 画专用垫圈的投影图

(1) 分析　图 4-11 所示专用垫圈是一个带有圆孔和左右两侧被截割的圆柱体。现以左侧缺口进行分析。

左侧被平行于圆柱轴线的 P 平面截割，截交线是一矩形 $ABCD$。截平面 P 平行于 W 面，为一侧平面。则 W 面投影 $a''b''c''d''$ 反映实形；V 面和 H 面投影具有积聚性，其交线在 V 面和 H 面的投影为 $(a')b'c'(d')$、ab(c)(d)。

左侧又被垂直于圆柱轴线的 T 平面截割，其截交线是一弧形 CMD。截平面 T 平行于 H 面，为一水平面。则 H 面投影弧形 cmd 反映实形。其 V 和 W 面投影具有积聚性，分别为 $c'm'(d')$ 和 $c''m''d''$。

(2) 作图步骤　使上下两面平行于 H 面，画出圆柱体的三面投影，然后作出左缺口的

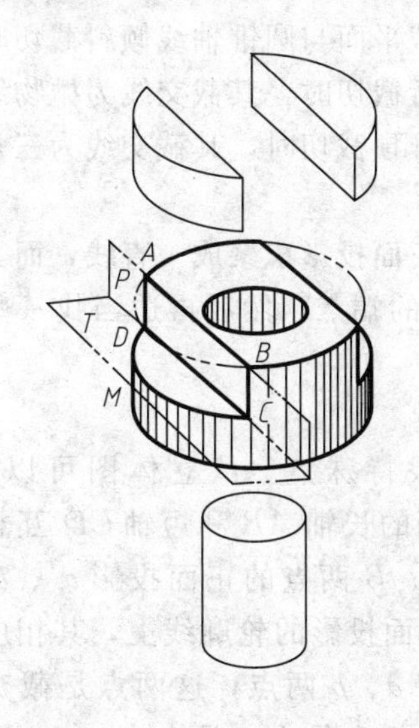

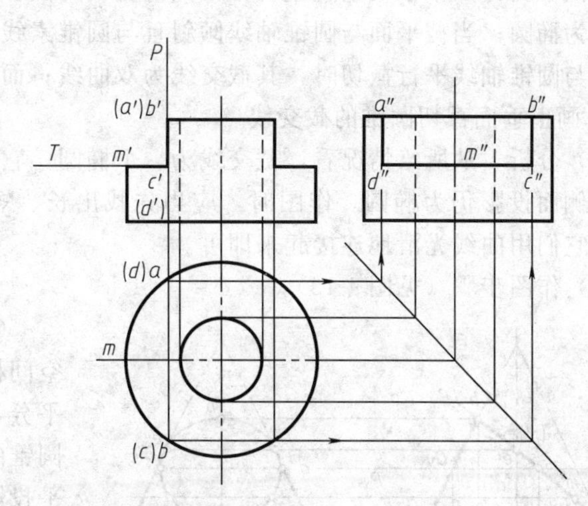

图 4-11 专用垫圈的投影

正面投影 $(a')b'c'(d')$、$c'm'(d')$ 及水平投影 $ab(c)(d)$、$(c)m(d)$，根据投影规律作出缺口的侧面投影 $a''b''c''d''$、$c''m''d''$。右缺口与左缺口对称，其 W 面投影与左缺口重合。最后画出圆孔的投影。

二、圆锥截交线的画法

画出正垂面截切圆锥的截交线，如图 4-12 所示。

1. 截交线的形状

截平面截割圆锥时，根据截平面与圆锥轴线位置的不同，其截交线有五种情形，如表 4-2 所示。

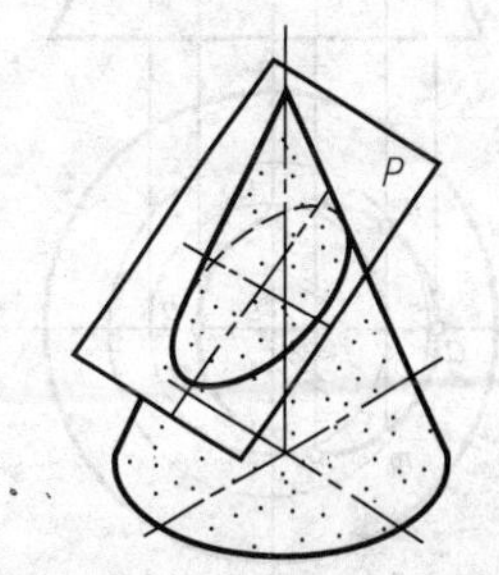

图 4-12 正垂面截切圆锥

表 4-2 平面与圆锥相交

截平面的位置	与轴线垂直	与轴线倾斜	平行于圆锥一素线	平行于圆锥两素线	通过锥顶
截交线名称	圆	椭圆	抛物线	双曲线	三角形（其两边为圆锥素线）
立体图	P	P	P	P	P
投影图	P′	P′	P′	P	P

当截平面与圆锥轴线垂直截切时，其截交线为圆；当截平面与圆锥轴线倾斜截切时，其截交线为椭圆；当截平面与圆锥轴线倾斜且与圆锥素线平行截切时，其截交线为抛物线；当截平面与圆锥轴线平行截切时，其截交线为双曲线；而过锥顶截切时，其截交线为三角形。

2. 画正垂面截切圆锥的截交线

（1）分析　从所给情况看，截交线为一个椭圆，它的正面投影积聚成一直线，而其水平投影和侧面投影仍为椭圆。作图时，应当先找出长、短轴的端点，然后再适当找一些中间点，把它们用曲线光滑地连接起来即可。

（2）作图步骤（见图 4-13）

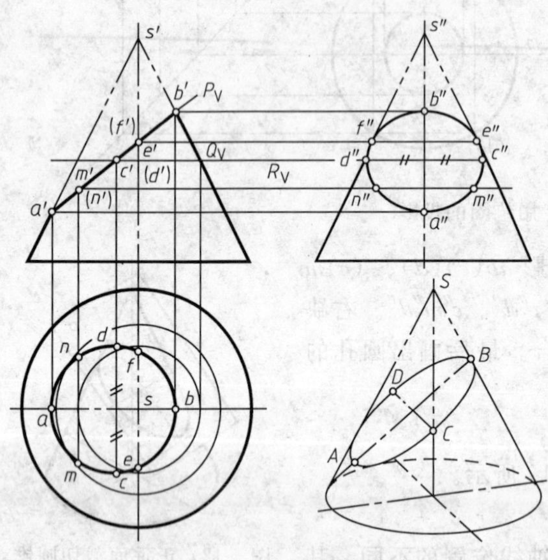

图 4-13　正垂面截切圆锥

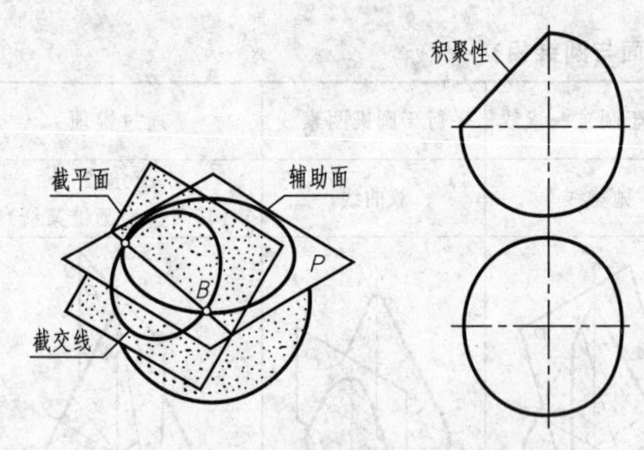

图 4-14　正垂面截切圆球

① 找特殊点。从立体图可以看出，空间椭圆的长轴 AB 和短轴 CD 互相垂直平分，A、B 两点的正面投影 a'、b' 位于圆锥的正面投影的轮廓线上，其相应的水平投影为 a、b 两点，这两点是截交线上最高、最低和最左、最右点，C、D 两点的正面投影位于 $a'b'$ 的中点处，并积聚为一点 $c'(d')$。为了找出它们的水平投影，需要利用在圆锥表面取点的方法，经过点 $c'(d')$ 作一水平面 Q，与圆锥面相交于一个圆，画出这个圆的水平投影，则点 c、d 就在该圆上。该两点是截交线上的最前、最后点，中间点 E 和 F 点是位于圆锥的最前和最后素线上的点，其侧面投影 e''、f'' 是椭圆的侧面投影与圆锥的侧面投影轮廓线的切点。其正面投影为 e'、（f'）。由 e'、f' 和 e''、f'' 可得 e、f。

② 找一般点。因为圆锥的轴线垂直于 H 面，所以求一般点 M、N 可以作水平面 R，其正面投影 R_V 与截交线的正面投影 $a'b'$ 相交于 $m'(n')$，平面 R 与圆锥面相交于一个圆，画出该圆的水平投影，则 m、n 就在此圆上。再由 m'、n' 和 m、n 求得 m''、n''。同样的方法可以求得一系列的一般点。点越多，画出的椭圆就越准确。

③ 依次光滑连接各点即得截交线的水平投影和侧面投影。

三、圆球截交线的画法

求作正垂面截切圆球的截交线，如图 4-14 所示。

1. 截交线的形状

对于圆球来说，用任何方向的截平面截割其截交线均为圆，圆的大小，由截平面与球心之间的距离而定。截平面通过圆心，所得截交线（圆）的直径最大；截交线离球心越远，圆的直径就越小，如表 4-3 所示。

2. 正垂面截切圆球的截交线

(1) 分析　因圆球是被正垂面截割，所以截交线的正面投影积聚为直线，其水平投影和侧面投影均为椭圆。

表 4-3　圆球的截交线

说　明	截平面为正平面	截平面为水平面	截平面为正垂面
轴测图	P	P	P
投影图	P_H	P_V	P_V

(2) 作图步骤

① 找特殊点，即椭圆长、短轴的四个端点。作最低点 A 和最高点 B 的投影，它们同时也是最左点和最右点。由正面投影 a'、b'可求出水平投影 a、b。椭圆的另两个端点 C 和 D 的求法用辅助平面法求解，如图 4-15 (b) 所示。

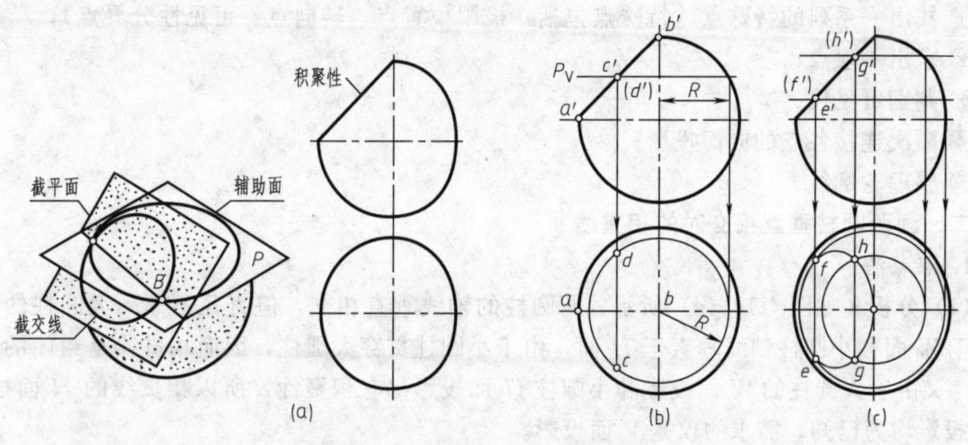

图 4-15　圆球截交线的求画方法

② 找一般点，一般点 E、F、G、H 的求法同样用辅助平面作图，如图 4-15 (c) 所示。

③ 依次光滑连接各点即得截交线的水平投影——椭圆。

任务三　曲面立体表面交线的投影

本任务主要完成两圆柱垂直相交时的相贯线（如图 4-16 所示）画法，使学生具备绘制曲面立体相贯线的能力。

一、了解相贯线

两立体相交，其表面就会产生交线。相交的立体称为相贯体，它们表面的交线称为相贯线。根据相贯体表面几何形状不同，可分为两平面立体相交［见图 4-17（a）］、平面立体与曲面立体相交［见图 4-17（b）］以及两曲面立体相交［见图 4-17（c）］三种情况。

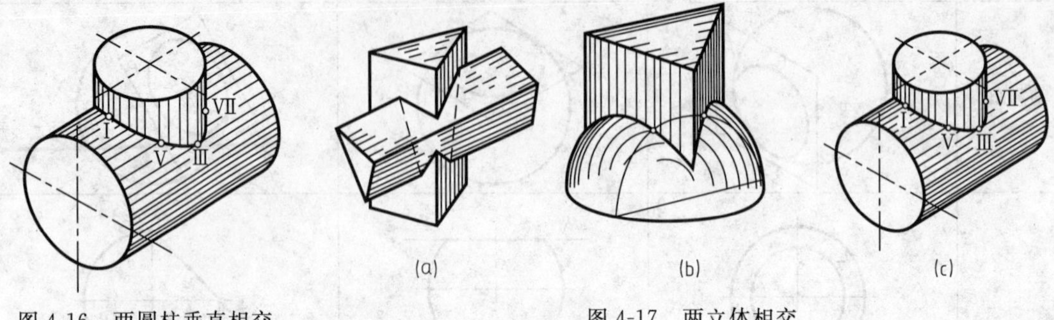

图 4-16　两圆柱垂直相交

图 4-17　两立体相交

本任务只讨论两曲面立体相交。

1. 相贯线的性质

由于组成相贯体的各立体的形状、大小和相对位置的不同，相贯线也表现为不同的形状，但任何两立体表面相交的相贯线都具有下列基本性质。

（1）共有性　相贯线是两相交立体表面的共有线，也是两立体表面的分界线，相贯线上的点一定是两相交立体表面的共有点。

（2）封闭性　由于形体具有一定的空间范围，所以相贯线一般都是封闭的。

2. 求画相贯线的方法、步骤

求画两回转体的相贯线，就是要求出相贯线上一系列的共有点。具体作图步骤为：

① 找出一系列的特殊点（特殊点包括：极限位置点、转向点、可见性分界点）；

② 求出一般点；

③ 判别可见性；

④ 顺次连接各点的同面投影；

⑤ 整理轮廓线。

二、画两圆柱垂直相交时的相贯线

1. 取点法

（1）分析　如图 4-18（a）所示，两圆柱的轴线垂直相交，但直径不等。大圆柱的轴线垂直于 W 面，小圆柱轴线垂直于 H 面，由于小圆柱贯穿大圆柱，因而相贯线是封闭的空间曲线。又由于大圆柱的 W 面投影和小圆柱 H 面投影都有积聚性，所以相贯线的 H 面投影、W 面投影均为已知，需求的仅是 V 面投影。

（2）作图步骤　如图 4-18（b）所示。

① 求特殊点。转向轮廓线上的点都是特殊点。在 V 面投影中，两圆柱转向轮廓线间的交点 $1'$、$2'$是相贯线最高点（也是最左、最右点）的投影。在 W 面投影中，小圆柱的转向轮廓线与大圆柱的交点 $3''$、$4''$是相贯线最低点（也是最前、最后点）的投影，其 V 面投影位于轴线上。

② 求作一般点。一般点可利用圆柱的积聚性直接求出。如取Ⅴ、Ⅵ、Ⅶ、Ⅷ四点，先在 H 面投影中取 5、6、7、8 点，根据投影先求出 W 面投影 $5''$、$6''$、$(7'')$、$(8'')$ 点，最后

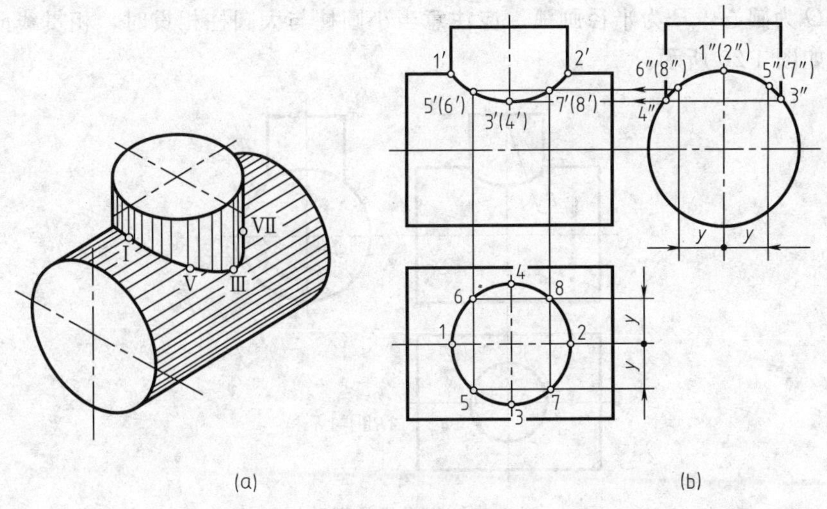

图 4-18 两圆柱轴线正交的相贯线

求出 V 面投影 5′、(6′)、7′、(8′)。

③ 判别可见性并圆滑连接各点。由于立体对称，其相贯线也对称，前、后重合。用粗实线圆滑连接 1′、5′、3′、7′、2′各点，即得相贯线的 V 面投影。

上面叙述是两立体外表面相贯。由于产生相贯线的根本原因是因两曲面立体的表面相交，而且立体又有内表面和外表面之分，所以圆柱正交相贯可分为三种情况：两外表面相贯、外表面和内表面相贯及两内表面相贯，如图 4-19 所示。但是从相贯线的形状与作图方法来看，三者没有任何差别，所以当相交两圆柱的直径大小和轴线的相对位置完全一样时，两立体外表面相贯线的求法，也同样适用于其他两种情况。

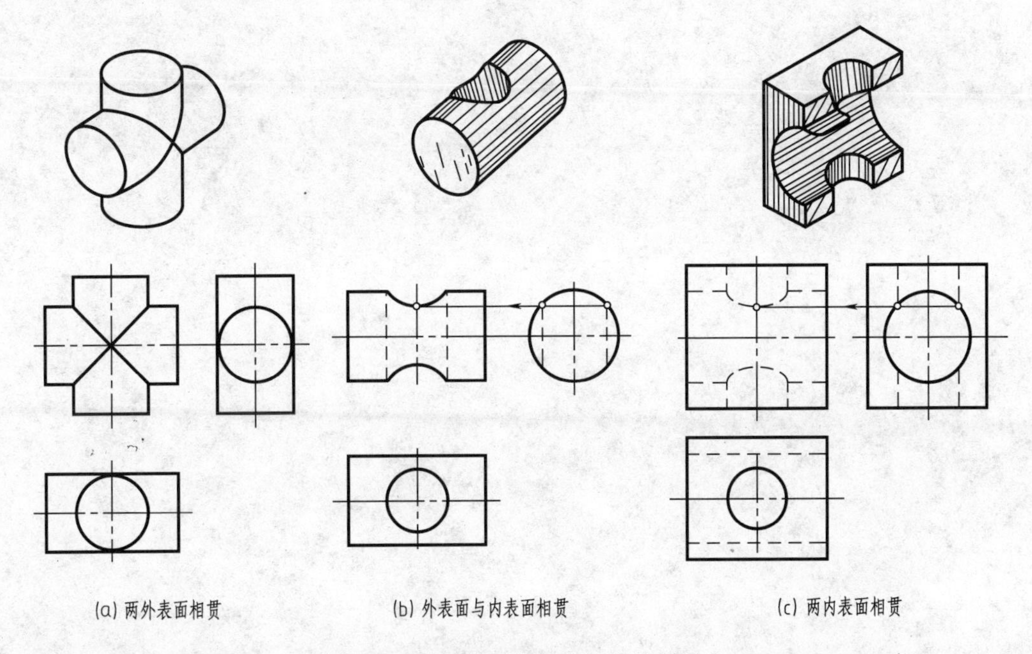

图 4-19 两圆柱面相贯的三种基本形式

2. 直径不等的两圆柱相贯线的简化画法

以大圆柱的半径 R 为半径，以两圆柱转向轮廓线的交点为圆心画弧，交小圆柱轴线于

点 O，再以 O 为圆心，R 为半径画弧。应注意当小圆柱与大圆柱相贯时，相贯线向着大圆柱轴线弯曲。如图 4-20 所示。

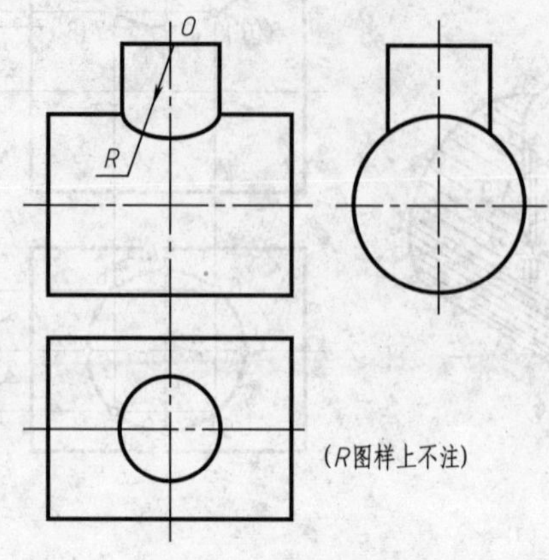

图 4-20　相贯线的画法

项目五　轴测图的画法

本项目主要是介绍轴测图（如图 5-1 所示）的知识，重点掌握正等轴测图和斜二等轴测图的画法。

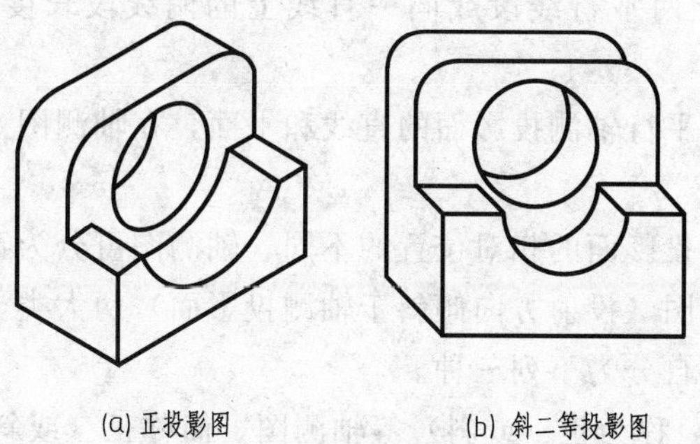

图 5-1　轴测图

通过本项目的学习，使学生具备能够阅读和绘制正等轴测图和斜二等轴测图的能力。

任务一　轴测图的基本知识

本任务主要介绍轴测图的形成、基本性质以及分类。通过该任务的学习，使学生掌握轴测图的基本知识。

一、轴测图的形成

将物体连同其参考直角坐标系，沿不平行于任一坐标面的方向，用平行投影法将其投射在单一投影面上所得的具有立体感的图形称为轴测投影或轴测图，如图 5-2 所示。称该单一投影面为轴测投影面（以 P 表示），称直角坐标轴 OX、OY、OZ 在 P 面上的投影为轴测轴。

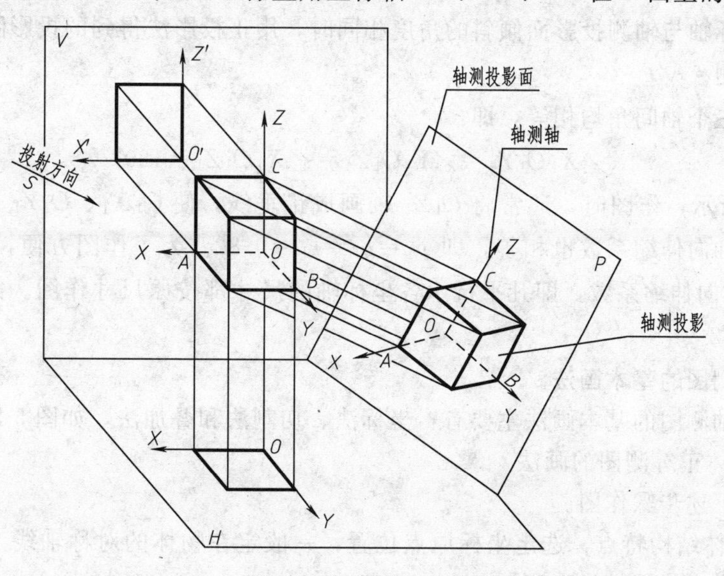

图 5-2　轴测图的形成

两轴测轴之间的夹角即图 5-2 中所示的$\angle XOY$、$\angle XOZ$、$\angle YOZ$ 称为轴间角。轴测轴上的单位长度与相应投影轴上的单位长度的比值称为轴向伸缩系数。OX、OY、OZ 轴上的伸缩系数分别用 p_1、q_1、r_1 表示。

二、轴测图的基本性质

由于轴测图采用的仍然是平行投影法，因此它具有下列三个基本性质。

(1) 平行性　物体上互相平行的线段，在轴测图上仍互相平行。

(2) 定比性　物体上两平行线段或同一直线上的两线段长度之比，在轴测图上保持不变。

(3) 实形性　物体上平行轴测投影面的直线和平面，在轴测图上反映实长和实形。

三、轴测图的分类

根据投射方向对轴测投影面的相对位置的不同，轴测图可分为正轴测图（投射方向垂直于轴测投影面）和斜轴测图（投射方向倾斜于轴测投影面）两大类。再根据轴向伸缩系数的不同，这两类轴测图又各自分为下列三种。

① 当 $p_1=q_1=r_1$ 时，称为正（或斜）等轴测图，简称正（或斜）等测。

② 当 $p_1=r_1$、$q_1=p_1/2(=r_1/2)$ 时，称为正（或斜）二等轴测图，简称正（或斜）二测。

③ 当 $p_1\neq q_1\neq r_1$ 时，称为正（或斜）三等轴测图，简称正（或斜）三测。

由于正（或斜）三测作图较繁，故在实际工作中很少采用，本项目仅介绍正等轴测图和斜二等轴测图的画法。

任务二　正等轴测图的画法

本任务主要介绍正等轴测图的形成及平面立体和曲面立体的正等轴测图的画法。通过本任务的学习，使学生具备绘制组合体正等轴测图的能力。

一、正等轴测图的形成

当三根坐标轴与轴测投影面倾斜的角度相同时，用正投影法得到的投影图称为正等轴测图，简称正等测。

正等测的三个轴间角均相等，即：

$$\angle X_1O_1Y_1=\angle Y_1O_1Z_1=\angle X_1O_1Z_1=120^\circ$$

如图 5-3 所示，作图时，通常将 O_1Z_1 轴画成铅垂线，使 O_1X_1、O_1Y_1 轴与水平成 30°角。正等测的轴向伸缩系数也相等，即 $p_1=q_1=r_1=0.82$。为了作图方便，采用 $p_1=q_1=r_1=1$ 的简化轴向伸缩系数，即凡平行于各坐标轴的尺寸都按原尺寸作图。如图 5-4 中（b）和（c）所示。

二、正等测图的基本画法

绘制正等轴测图的基本画法主要有：坐标法、切割法和叠加法，如图 5-5 所示。

1. 平面立体正等测图的画法

通常可按下述步骤作图。

① 根据形体结构特点，选定坐标原点位置，一般定在物体的对称轴线上，且放在顶面或底面处，这样对作图较为有利。

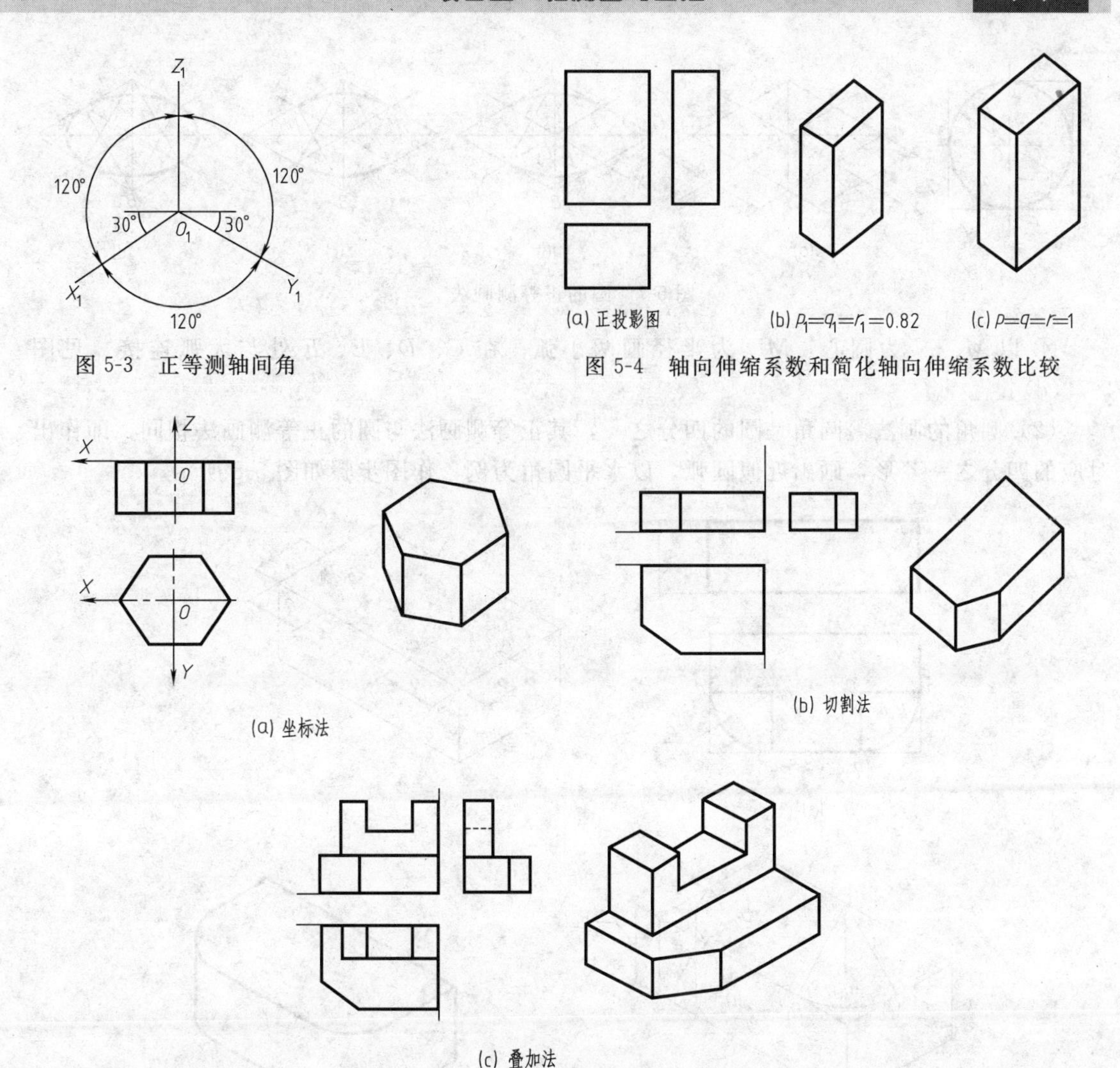

图 5-3　正等测轴间角

图 5-4　轴向伸缩系数和简化轴向伸缩系数比较

图 5-5　绘制正等轴测图的基本画法

② 画轴测轴。

③ 按点的坐标作点、直线的轴测图，一般自上而下，根据轴测投影基本性质，逐步作图，不可见棱线通常不画出。

2. 曲面立体的正等测图的画法

(1) 圆的画法　在正等测中，由于空间各坐标面相对轴测投影面都是倾斜的，而且倾角相等，所以平行于各坐标面且直径相等的圆，正等测投影后椭圆的长、短轴均分别相等，但椭圆长、短轴方向不同，如图 5-6 所示。

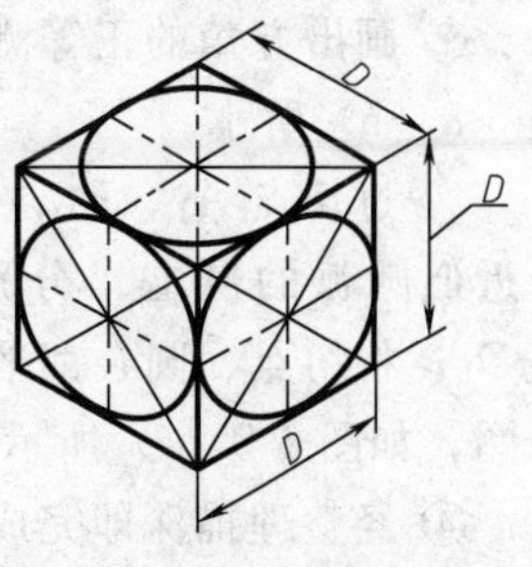

图 5-6　平行坐标面圆的正等轴测

"四心法"画椭圆就是用四段圆弧代替椭圆。下面以平行于 H 面（即 XOY 坐标面）的圆（见图 5-7）为例，说明圆的正等测图的画法。

① 绘出轴测轴，按圆的外切的正方形画出菱形［见图 5-7（a）］。

② 以 A、B 为圆心，AC 为半径画两大弧［见图 5-7（b）］。

③ 连 AC 和 AD 分别交长轴于 M、N 两点［见图 5-7（c）］。

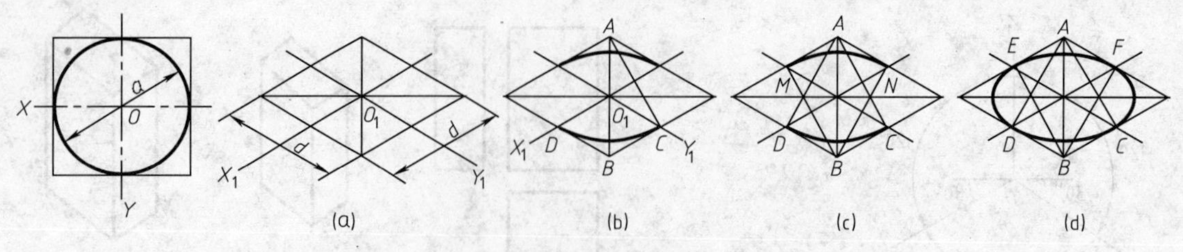

图 5-7 圆的正等测画法

④ 以 M、N 为圆心，MD 为半径画两小弧；在 C、D、E、F 处与大弧连接［见图 5-7（d）］。

（2）圆角的画法　圆角是圆的四分之一，其正等测画法与圆的正等测画法相同，即作出对应的四分之一菱形，画出近似圆弧。以水平圆角为例，作图步骤如图 5-8 所示。

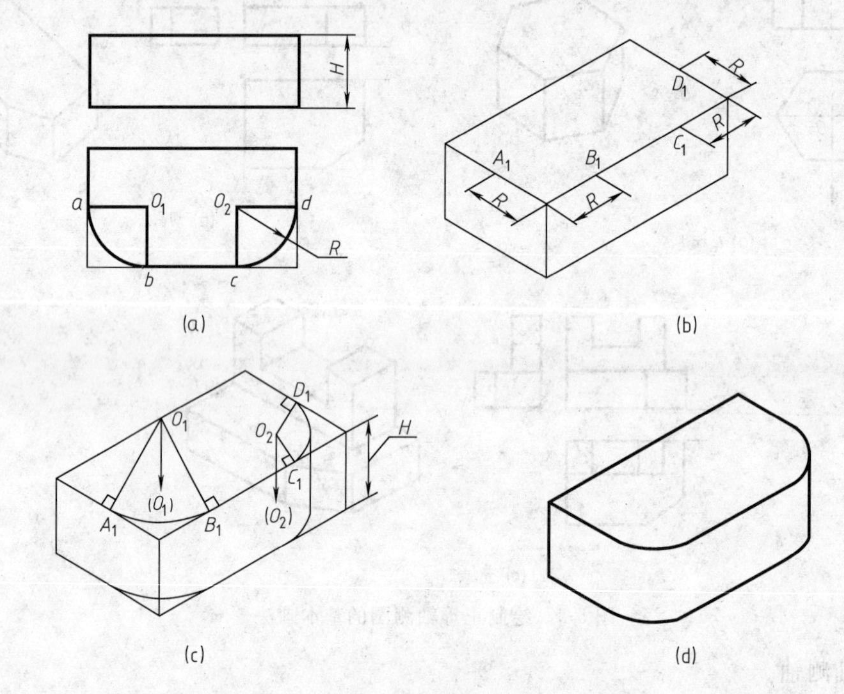

图 5-8 圆角的画法

① 在视图中作切线（即方角），标出切点 a、b、c、d，如图 5-8（a）所示。

② 画出方角的正等测，沿圆角的两边分别截取半径 R，得到切点 A_1、B_1、C_1、D_1，如图 5-8（b）所示。

③ 过切点 A_1、B_1、C_1、D_1 分别作各对应边的垂线，两垂线的交点分别为 O_1、O_2，即为近似圆弧的圆心。分别以各自的圆心到切点的距离 O_1A_1、O_2C_1 为半径画弧 A_1B_1、C_1D_1，将切点、圆心都平行下移一段板厚距离 H，以顶面相同的半径画弧，即完成圆角的作图，如图 5-8（c）所示。

④ 经整理描深即完成作图，如图 5-8（d）所示。

（3）曲面立体正等测图的一般作图步骤

① 分别画出各圆（弧）的原点 O 及其轴测轴。

② 过圆心 O 分别沿 X、Y 轴量取直径 D 作各圆的外切方形的投影（菱形）。

③ 采用四心椭圆法画圆的投影（椭圆）。

④ 画出其余的轮廓线。

⑤ 擦去作图线及不可见轮廓线，加深其余图线。

例 5-1　根据给出的三视图（见图 5-9），作出组合体的正等测轴测图。

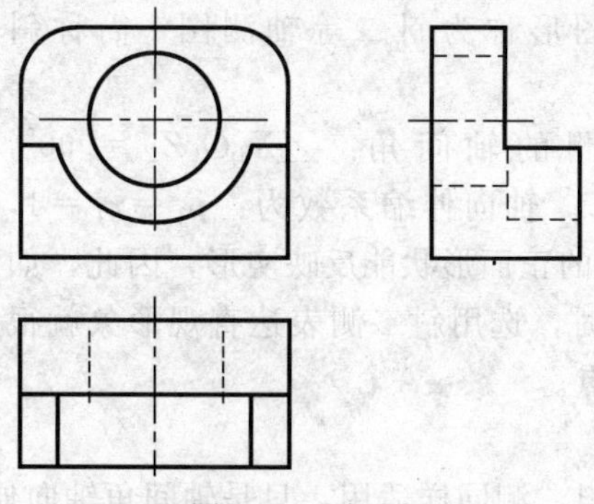

图 5-9　三视图

经分析，题中既有平面立体的正等测图的画法，又有曲面立体的正等测图的画法。在作图时首先要做出平面立体的正等测图，然后再根据组合体的三视图做出曲面立体的正等测图，最后检查加深即可，具体的作图过程如下所示。

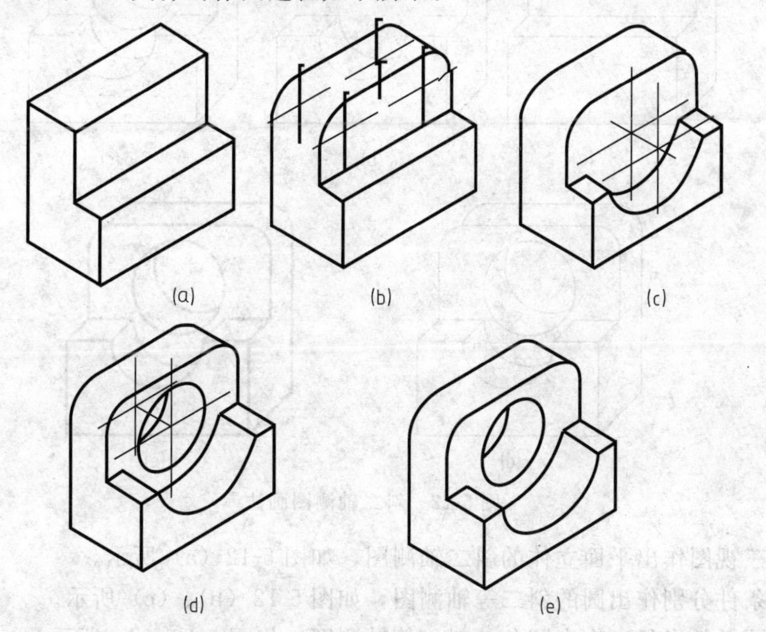

图 5-10　组合体的正等轴测图

① 根据三视图作出平面立体的正等测图，如图 5-10（a）所示。

② 根据圆角的半径，作出圆角的正等轴测图，如图 5-10（b）所示。

③ 依据条件分别作出圆的正等轴测图，如图 5-10（c）、（d）所示。

④ 检查加深，完成作图，如图 5-10（e）所示。

任务三　斜二等轴测图的画法

本任务主要介绍斜二等轴测图的形成及画法。通过本任务的学习，使学生具备绘制组合体斜二等轴测图的能力。

一、斜二等轴测图的形成

在斜轴测投影中，投射方向倾斜于轴测投影面。若将物体的一个坐标面 XOZ 放置成与轴测投影面平行，按一定的投射方向进行投影，则所得的图形称为斜二等轴测图，简称斜二测。

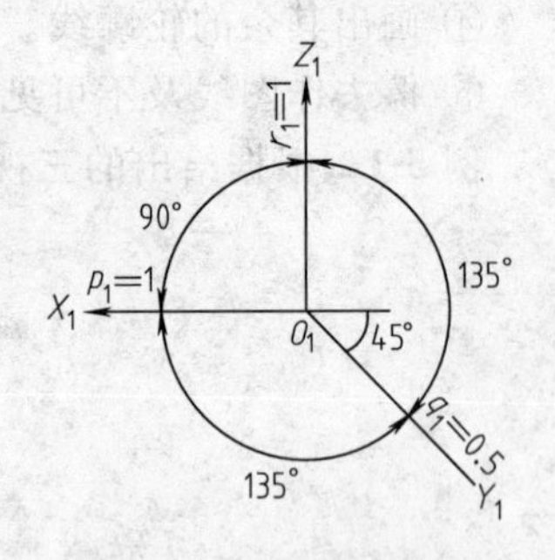

图 5-11 斜二测的轴向间角和轴向伸缩系数

如图 5-11 所示斜二测的轴间角：$\angle X_1O_1Z_1=90°$，$\angle X_1O_1Y_1=\angle Y_1O_1Z_1=135°$。轴向伸缩系数为：$p_1=r_1=1$，$q_1=0.5$。在斜二测中，形体的正面形状能反映实形，因此，如果形体仅在正面有圆或圆弧时，选用斜二测表达直观形象就很方便，这是斜二测的一大优点。

二、斜二轴测图的画法

正等测的作图方法，对斜二测同样适用，只是轴间角轴向伸缩系数不同而已。任务二中的平面立体的斜二轴测图的画法详如图 5-12 所示。

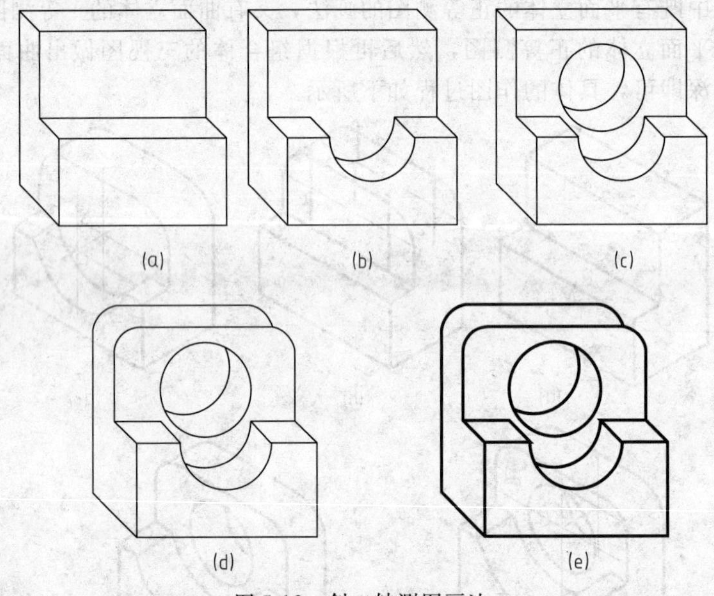

图 5-12 斜二轴测图画法

① 根据三视图作出平面立体的斜二轴测图，如图 5-12（a）所示。

② 依据条件分别作出圆的斜二等轴测图，如图 5-12（b）、（c）所示。

③ 根据圆角的半径，作出圆角的斜二等轴测图，如图 5-12（d）所示。

④ 检查加深，完成作图，如图 5-12（e）所示。

项目六　组合体的三视图

本项目主要介绍组合体视图的画法、读图和尺寸标注问题，重点掌握组合体的绘图步骤和线面分析法读图，会进行尺寸标注，会补视图和补缺线。

通过本项目的学习（与训练），使学生具备绘制组合体视图的能力、识读组合体视图的能力与对视图进行尺寸标注的能力，组合体实例如图 6-1 所示。

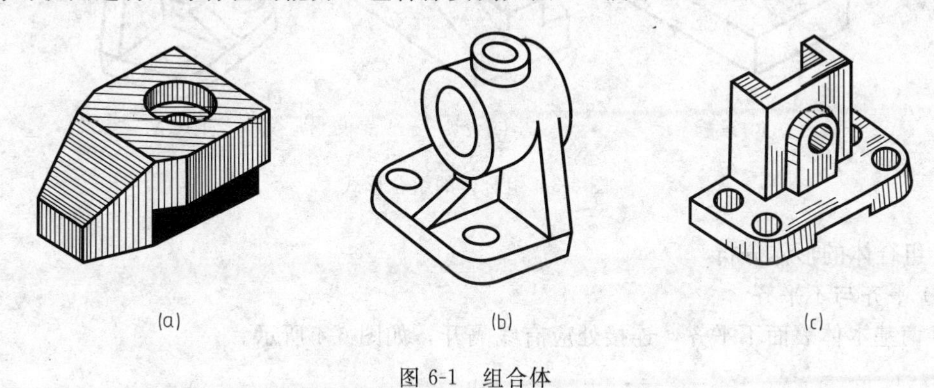

图 6-1　组合体

任务一　组合体三视图的画法

本任务主要完成组合体三视图的绘制，以图 6-1（b）中的轴承座为例，使学生学会组合体三视图的画法，具备绘制组合体视图的能力。

一、认识组合体的组合形式及形体分析

从形体构成的角度来看，任何物体都可以看成是基本立体堆叠或挖切而成，这种由基本几何体组成的物体称为组合体。大多数机器零件均可看作是由一些基本形体组合而成的组合体，这些基本体可以是完整的几何形体，如棱柱、棱锥、圆柱、圆锥等，也可以是不完整的几何体或它们简单的组合，如图 6-2 所示。

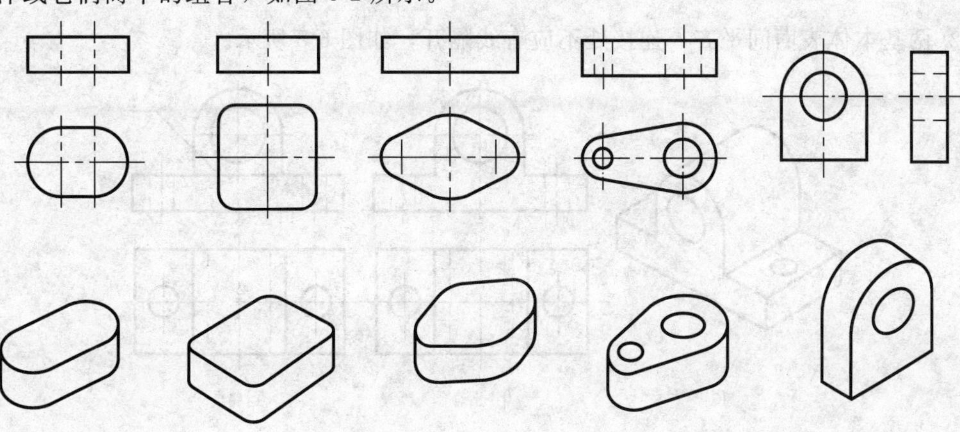

图 6-2　常见的一些基本体

1. 组合体的组合形式

组合体的组合形式可分为堆叠和挖切两种形式，而常见的为两种形式的综合。

① 堆叠：构成组合体的各基本体相互堆积，如图 6-3（a）所示。

② 挖切：从基本形体中切去较小的基本形体，如图 6-3（b）所示。

③ 综合：既有堆叠又有挖切，如图 6-3（c）所示。

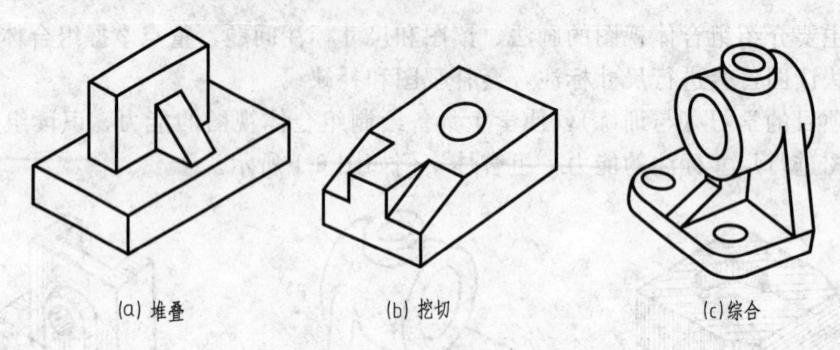

图 6-3　组合体的组合形式

2. 组合体的形体分析

(1) 平齐与不平齐

① 两基本体表面不平齐，连接处应有线隔开，如图 6-4 所示。

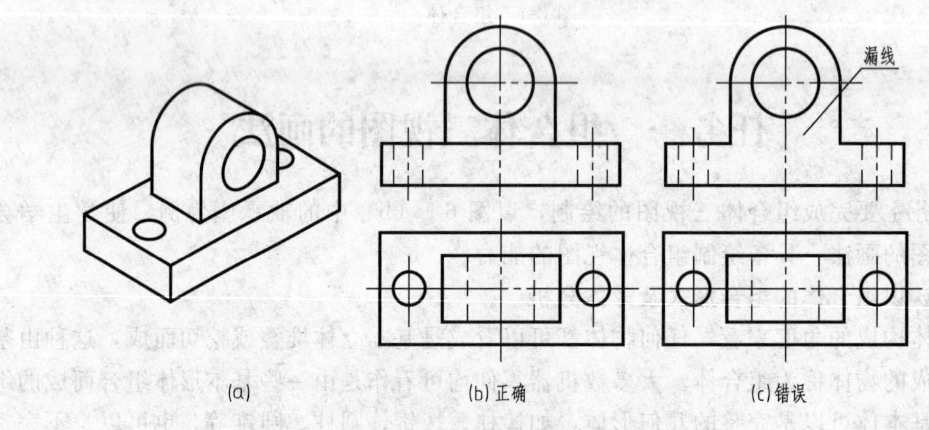

图 6-4　形体间表面不平齐的画法

② 两基本体表面间平齐，连接处不应有线隔开，如图 6-5 所示。

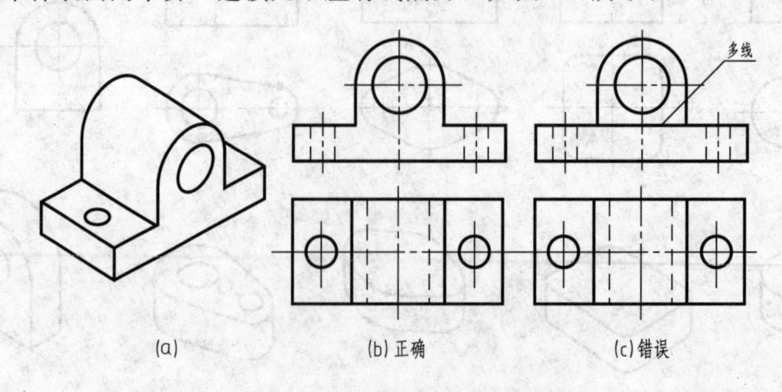

图 6-5　形体间表面平齐的画法

(2) 相交

① 截交：截交处画出截交线，如图 6-6 所示。

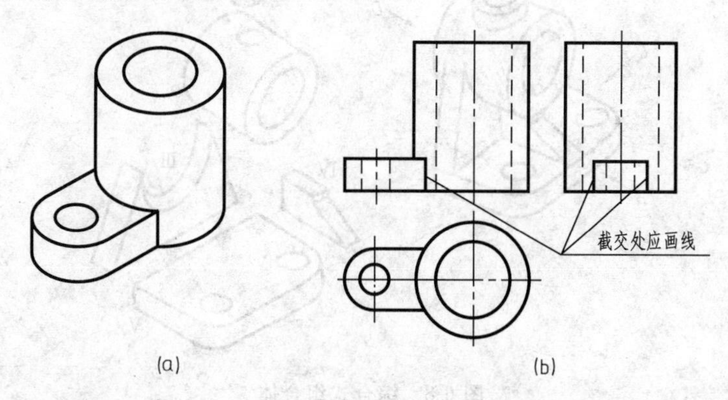

图 6-6　形体间表面截交的画法

② 相贯：相贯处应画出相贯线。相贯线在不影响真实感的情况下，允许简化。具体画法见项目四。

③ 相切：当两基本体表面相切时，其相切处是圆滑过渡，不应画线，如图 6-7 所示，图中底板前端平面与圆弧面相切，其平面上的棱线末端应画至切点为止。切点位置由投影关系确定，相切处无线。

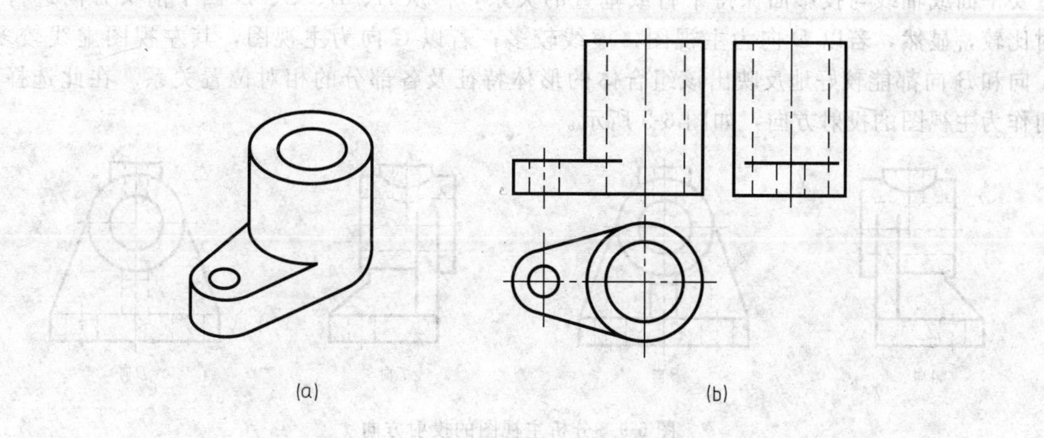

图 6-7　形体间表面相切的画法

二、画组合体（轴承座）的三视图

1. 形体分析

将一个形状复杂的组合体，分解成若干个基本形体，然后分析它们的相互位置和组合形式，这样的思维方法称为“形体分析法”。

用“形体分析法”画图时，须画出各基本形体的三视图，并根据各基本形体的相对位置和组合形式画出表面间的连接关系，即“先分后组合”。

如图 6-8 所示的综合式组合体（轴承座）由凸台Ⅰ、圆筒轴承Ⅱ、支承板Ⅲ、肋板Ⅳ以及底板Ⅴ所组成。其中Ⅰ、Ⅱ是两个轴线正交的空心圆柱体，在其外表面和内孔都有相贯线；Ⅲ、Ⅳ、Ⅴ分别是不同形状的棱柱体，形体Ⅲ的左、右侧面都与形体Ⅱ的外圆柱面相切，形体Ⅳ的左、右侧面与形体Ⅱ的外圆柱面相交，形体Ⅴ的顶面与Ⅲ、Ⅳ形体的底面互相

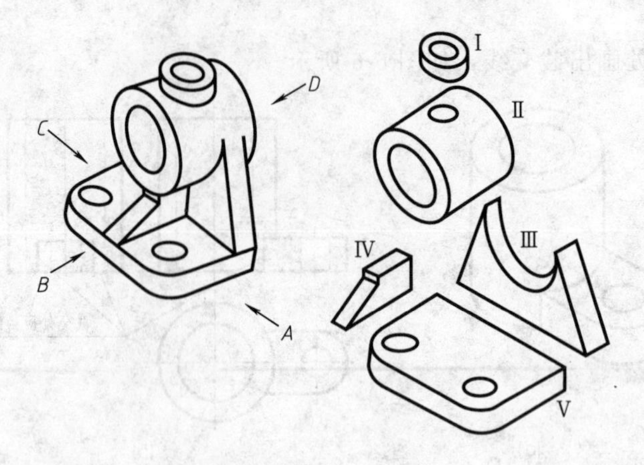

图 6-8　综合式组合体

叠加。通过以上分析，使我们对该组合体的整体结构有了较清楚的认识。

2. 选择主视图

在组合体的三视图中，一般选择反映组合体的形体特征和相对位置最为明显的那个方向作为主视图的投射方向，并考虑视图上的虚线应尽可能较少及合理利用图纸等问题。

具体方法为：先将图 6-8 所示的综合式组合体按自然位置（底板朝下）放置好，并将其主要平面或轴线与投影面保持平行或垂直的关系，再从 A、B、C、D 四个箭头方向进行投射比较，显然，若以 D 向为主视图，虚线较多；若以 C 向为主视图，其左视图虚线较多；A 向和 B 向都能较好地反映出该组合体的形体特征及各部分的相对位置关系。在此选择 B 向作为主视图的投射方向，如图 6-9 所示。

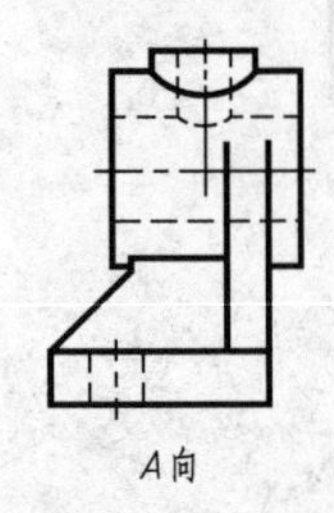

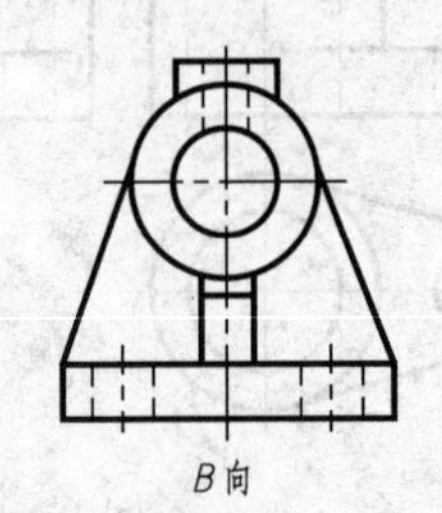

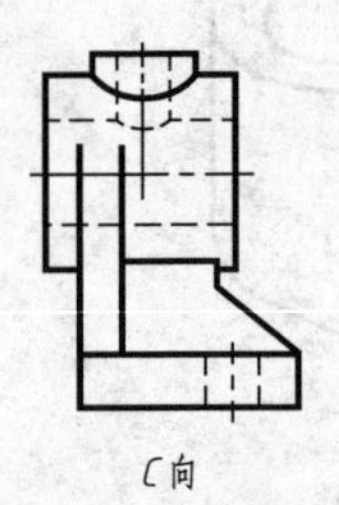

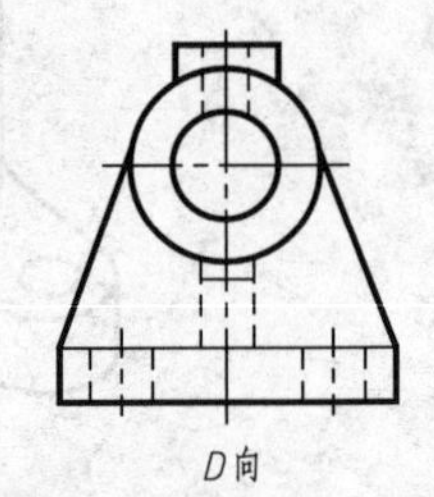

图 6-9　分析主视图的投射方向

3. 选比例，定图幅

图形的比例应按组合体的实际大小和复杂程度而定。图纸的幅面，以视图不拥挤也不太空（一般占图纸幅面的 70%～80%）为原则。图面布局时，根据组合体的总长、总宽、总高，使视图之间、图与边框之间保持等距，并留足标注尺寸的位置。

4. 画底稿

① 先画出各视图的轴线、对称中心线或主要轮廓线，以便确定各视图的具体位置，称这些线为作图基准线，每个视图上至少应有两条或两条以上的作图基准线。

② 运用形体分析法逐个画出各基本形体的视图。必须注意：三个视图应同时画，不能先画完一个视图后再画另一个视图，这样才能既保证投影关系正确，又提高绘图速度。

③ 在画每一基本形体的视图时，应先画反映该形体形状特征的那个视图。

具体作图过程如图 6-10 (a)～(f) 所示。

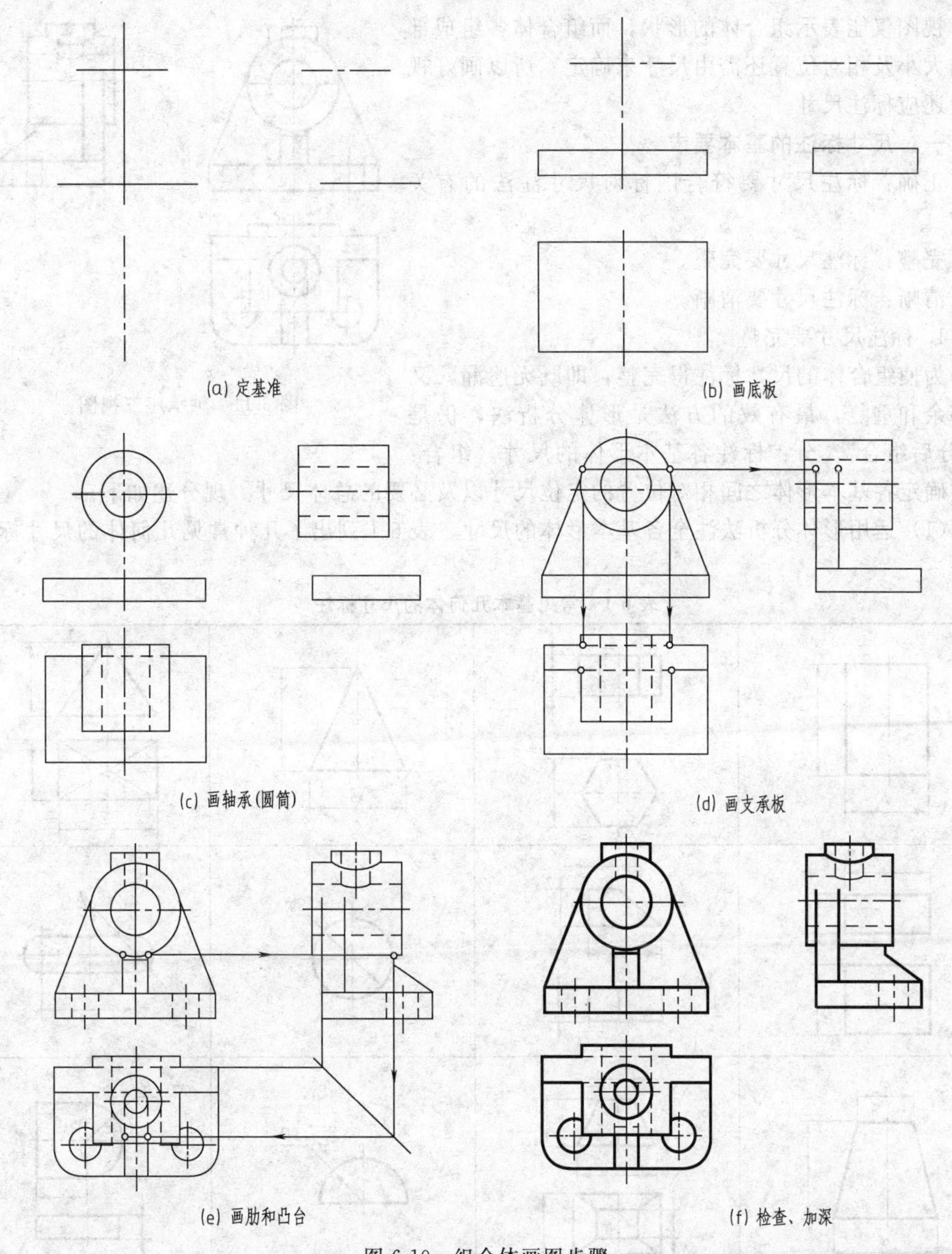

图 6-10　组合体画图步骤

5. 检查加深

画完底稿后，应按各形体的表面连接关系逐个进行检查，纠正错误，擦去多余图线，确认正确无误后，再按标准线型加深图形。

任务二　组合体的尺寸标注

本任务主要完成组合体的尺寸标注［仍以任务一中轴承座（见图 6-11）为例］，使学生学会组合体的尺寸标注方法，具备对视图进行尺寸标注的能力。

视图仅能表示组合体的形状，而组合体各组成部分的大小及相对位置还需由尺寸来确定。所以画好视图后还应标注尺寸。

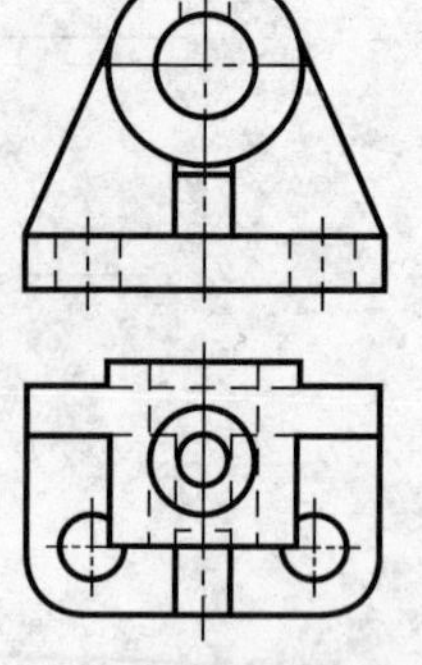
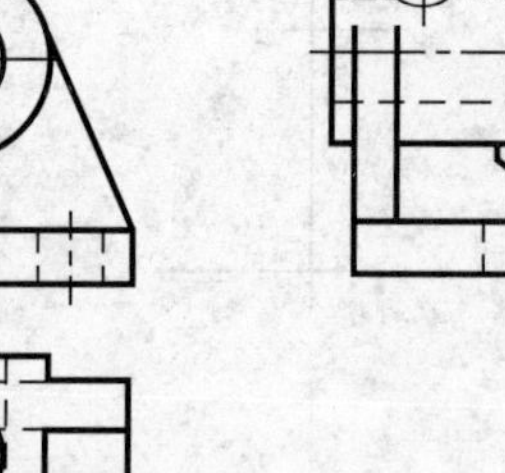

图 6-11　轴承座三视图

一、尺寸标注的基本要求

正确：标注尺寸要符合国标对尺寸注法的有关规定。

完整：标注尺寸要完整。

清晰：标注尺寸要清晰。

1. 标注尺寸要完整

为使组合体的尺寸标注得完整，即既无遗漏，又不多余和重复，最有效的方法是形体分析法，仍是“先分后组合”。分：标注各基本形体的尺寸。组合：标注确定各基本形体之间相对位置的定位尺寸以及必要的总体尺寸。现分述如下。

（1）运用形体分析法注全各基本形体的尺寸　表 6-1 列出了几种常见几何体的尺寸标注方法。

表 6-1　常见基本几何体的尺寸标注

φ		φ	
		Sφ	φ φ
φ φ		SR	R
	φ	φ	φ　φ

（2）选好尺寸基准，注出各基本形体间的定位尺寸

① 尺寸基准。尺寸基准即标注尺寸的起点。在组合体（或基本形体）的长、宽、高三

个方向上都应该有尺寸基准。一般选用对称平面、主要孔的轴线、底面、重要端面等作为某方向的尺寸基准。

② 组合定位尺寸。当各基本形体在长、宽、高三个方向上的尺寸基准与组合体的尺寸基准不一致时，它们之间应有尺寸相联系，这个尺寸称为组合定位尺寸。当两形体在某一方向上处于平齐、对称或同轴、直接叠加时，就可省略这个方向的组合定位尺寸。

（3）根据需要，标注必要的总体尺寸

总体尺寸即组合体的总长、总宽、总高尺寸。有时总体尺寸会被某个基本形体的定形尺寸所代替；有时总体尺寸又以一串尺寸相加的形式出现。所以，在标注总体尺寸时，还需对已标注的尺寸进行适当调整，以免出现多余尺寸（一般在加注一个总体尺寸的同时，就要减去一个同方向的定形尺寸）。对于端部具有圆弧形状的组合体，为了突出圆弧中心或孔的轴线位置，当注出中心的定位尺寸后，一般不再注出该方向的总体尺寸。

表 6-2 所示为一些常见底板、端盖的尺寸标注方法。对于这些形体一般应注出决定其形状特征的平面图形的尺寸以及其高度或厚度尺寸（“□”表示该形体为正方形，标注尺寸时在尺寸数字前加注符号“□”）。

表 6-2　常见底板、端盖的尺寸标注

要注全总体尺寸的图例	4×φ　φ　R □　□　φ　4×φ　R
不必注全总体尺寸的图例	R　φ　2×φ 2×φ　φ　φ　R 2×φ　φ　φ　R 3×φ　R　φ　φ 3×φ　φ　φ　φ φ　φ

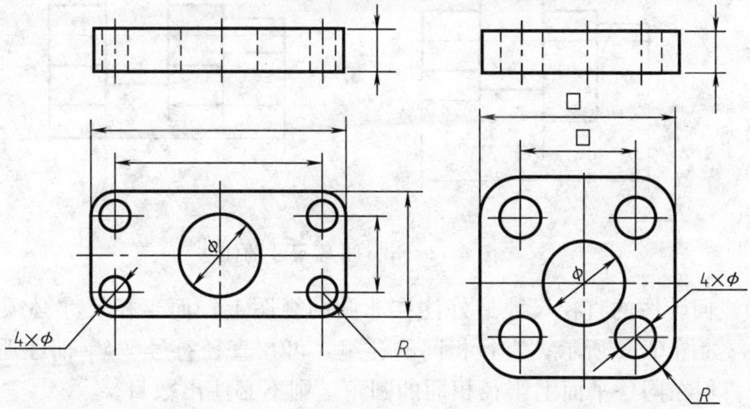

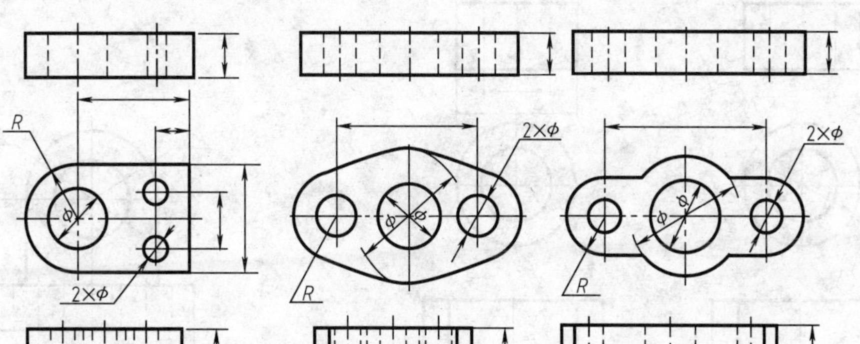

2. 标注尺寸要清晰

为使组合体的尺寸标注得清晰，除了在标注方法上必须遵守国标 GB/T 4458.4—2003 中的有关规定外，还应注意以下几点。

① 用以标明同一形体的尺寸应尽量集中标注在反映该形体特征最明显的那个视图上，如图 6-12 中的底板尺寸集中标注在俯视图上。

② 尺寸应尽量标注在视图的外侧，以保证图形的清晰；与两个视图有关的尺寸，最好标注在两视图的中间，如图 6-12 中的 48；避免在虚线上标注尺寸。

③ 同一方向的串联尺寸应尽量排在一直线上，箭头要互相对齐；同一方向的并联尺寸，小的尺寸放在内，大的尺寸依次向外分布，并保持尺寸线间的距离均匀，一般约为 5～7mm，如图 6-13 所示。

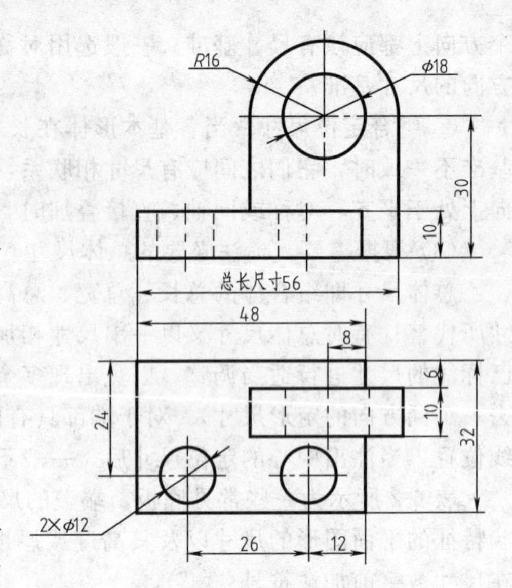

图 6-12　组合体尺寸标注

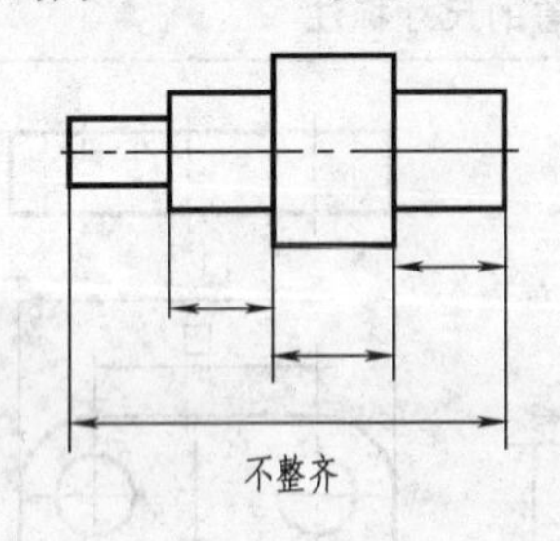

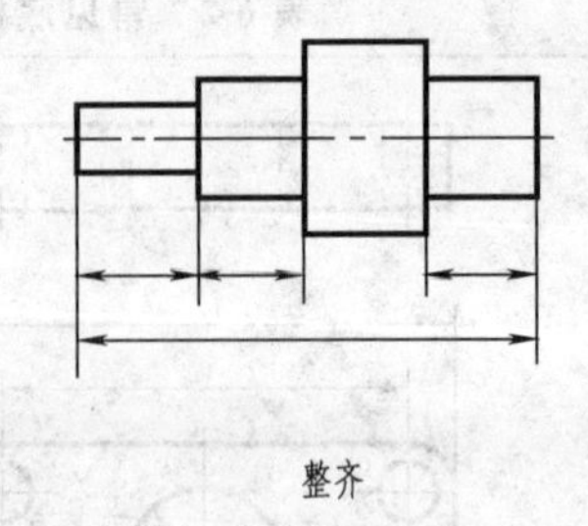

图 6-13　串、并联尺寸的注法

④ 同轴线回转体的直径尺寸最好注在非圆的视图上；而半径尺寸必须注在反映圆弧实形的视图上，如图 6-14 所示；直径相同的孔组，可在直径符号“ϕ”前注明孔数，如图6-15 中的 2×ϕ12；但在同一平面上半径相同的圆角，则不必注出数目。

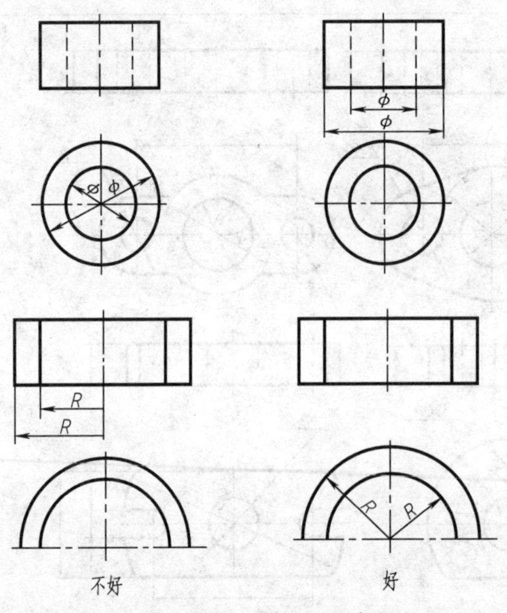

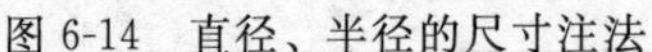

图 6-14　直径、半径的尺寸注法

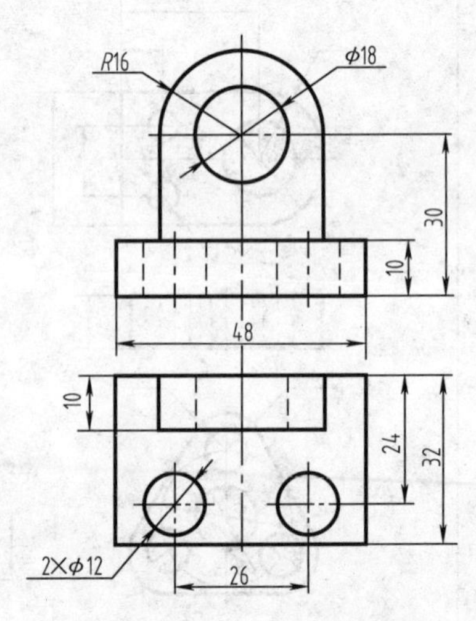

图 6-15　组合定位尺寸

⑤ 由于形体在相交时的交线是自然形成的，故在交线上不应直接标注尺寸。对于截切体，除标出基本形体自身的尺寸外，还需注出确定截平面位置的尺寸。对于两相贯体，除注出各自的尺寸外，还需注出彼此间的相对位置尺寸。表 6-3 列举了截切体和相贯体的尺寸标注方法。

表 6-3　截切体和相贯体的尺寸标注

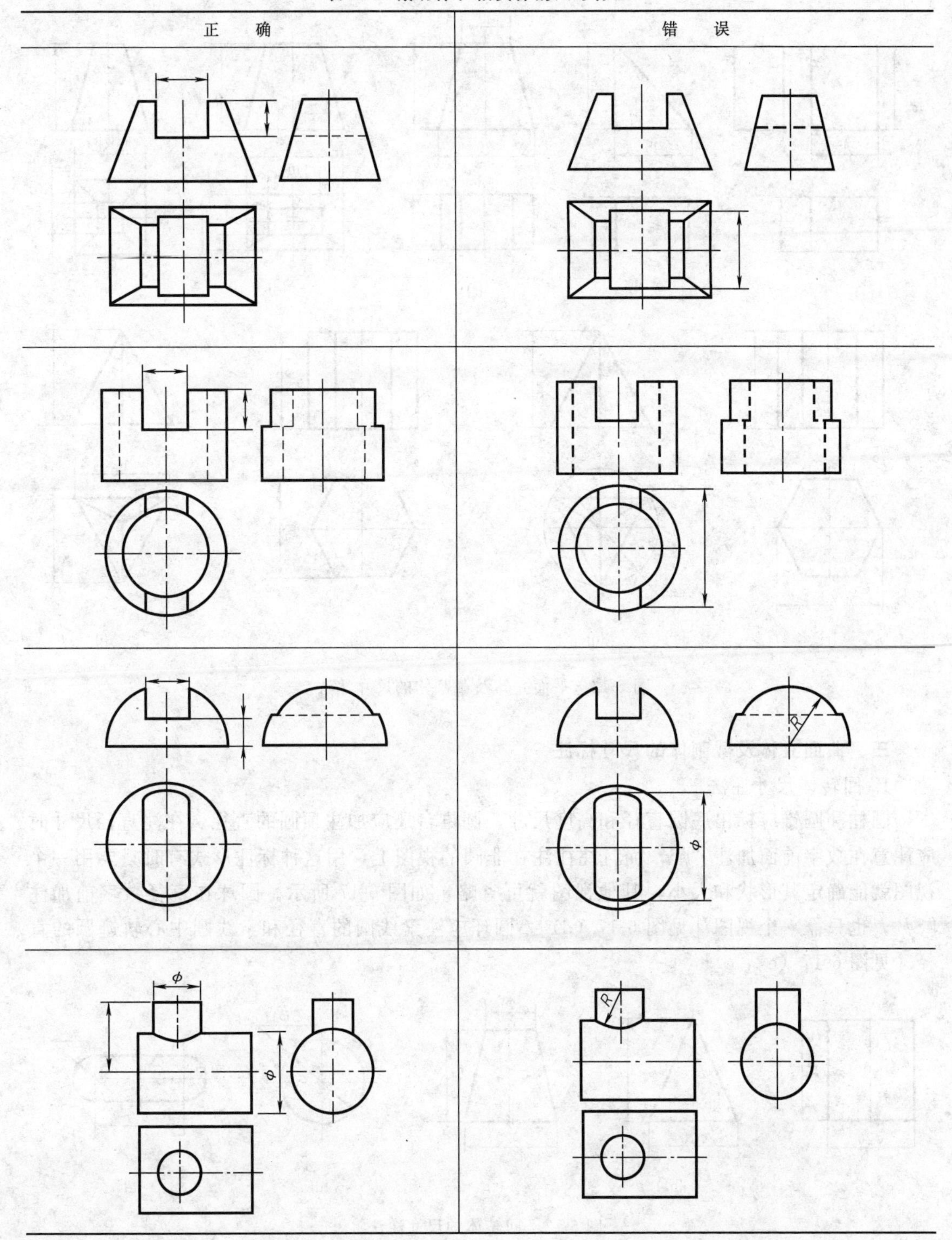

二、平面立体及截割体的尺寸标注

平面立体及截割体一般应注出其长、宽、高三个方向的尺寸，如图 6-16 所示。正方形的尺寸可采用“边长×边长”的形式标出［见图 6-16（e)］。棱柱、棱锥以及棱台的尺寸，除了应标注高度尺寸外，还要标出决定其顶面和底面的形状的尺寸，根据需要可有不同的注法。如图 6-16（f）中标出六边形的对角距，而图 6-16（h）中则标出其对边距。

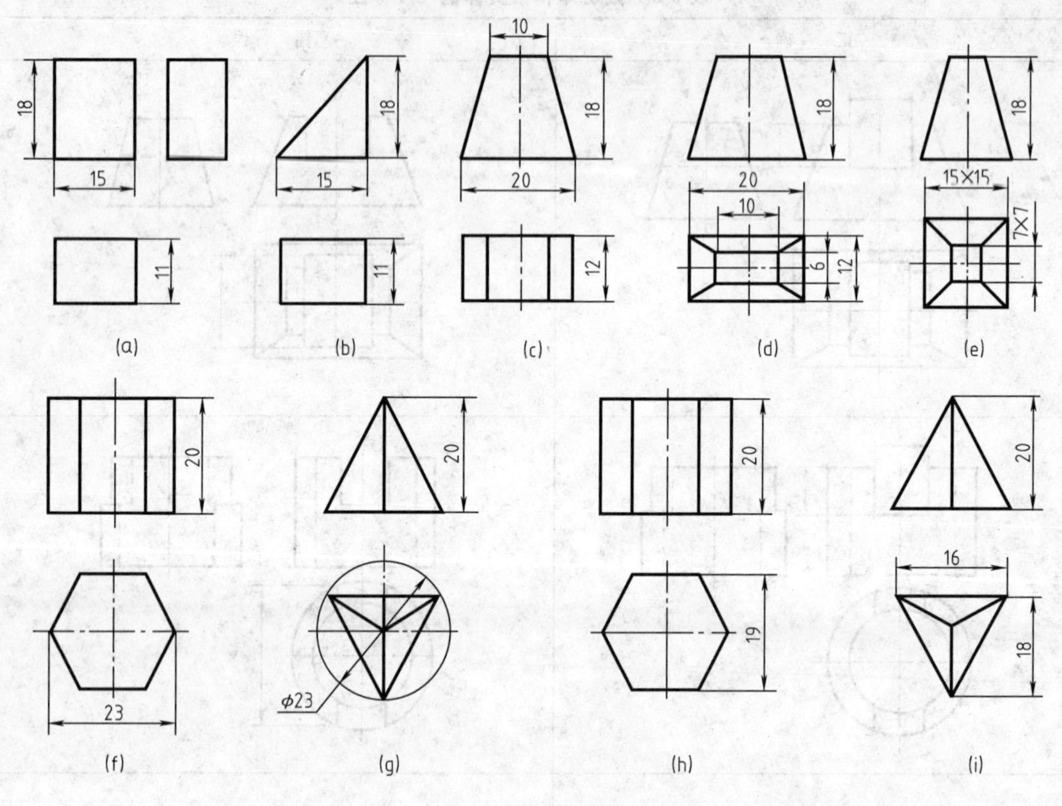

图 6-16 平面立体及截割体的尺寸注法

三、曲面立体及截割体的尺寸标注

1. 回转体尺寸注法

圆柱和圆锥应标出底圆直径和高度尺寸，圆锥台还应加注顶圆的直径。在注直径尺寸时应注意在数字前面加注“ϕ”，而且往往注在非圆的视图上，用这种标注形式有时只要用一个视图就能确定其形状和大小，其他视图就可省略，如图 6-17 所示。圆球在直径数字前加注“Sϕ”，也只需一个视图［见图 6-17（d)］。圆环应注素线圆的直径和素线圆中心轨迹圆的直径［见图 6-17（e)］。

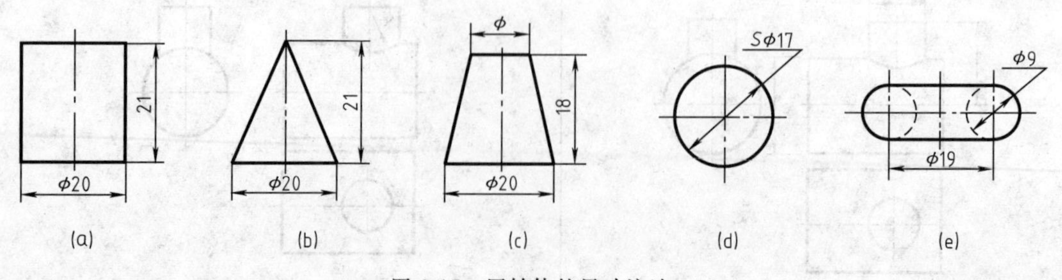

图 6-17 回转体的尺寸注法

2. 截割体和相贯线的尺寸注法

基本形体被截切后的尺寸注法和两基本形体相贯后的尺寸注法如图 6-18 所示。截交线和相贯线上不应直接标注尺寸，因为它们的形状和大小取决于形成交线的平面与立体或立体与立体的形状、大小及其相互位置，即交线是在加工时自然产生的，画图时是按一定的作图方法求得的。故注截交部分的尺寸时，只需标注基本体的定形尺寸和截平面的定位尺寸，如图 6-18（a）、（b）、（c）、（d）、（e）所示；注相贯部分的尺寸时，只需标注参与相贯的各基本形体的定形尺寸及其相互位置的定位尺寸，如图 6-18（f）、（g）、（h）所示。

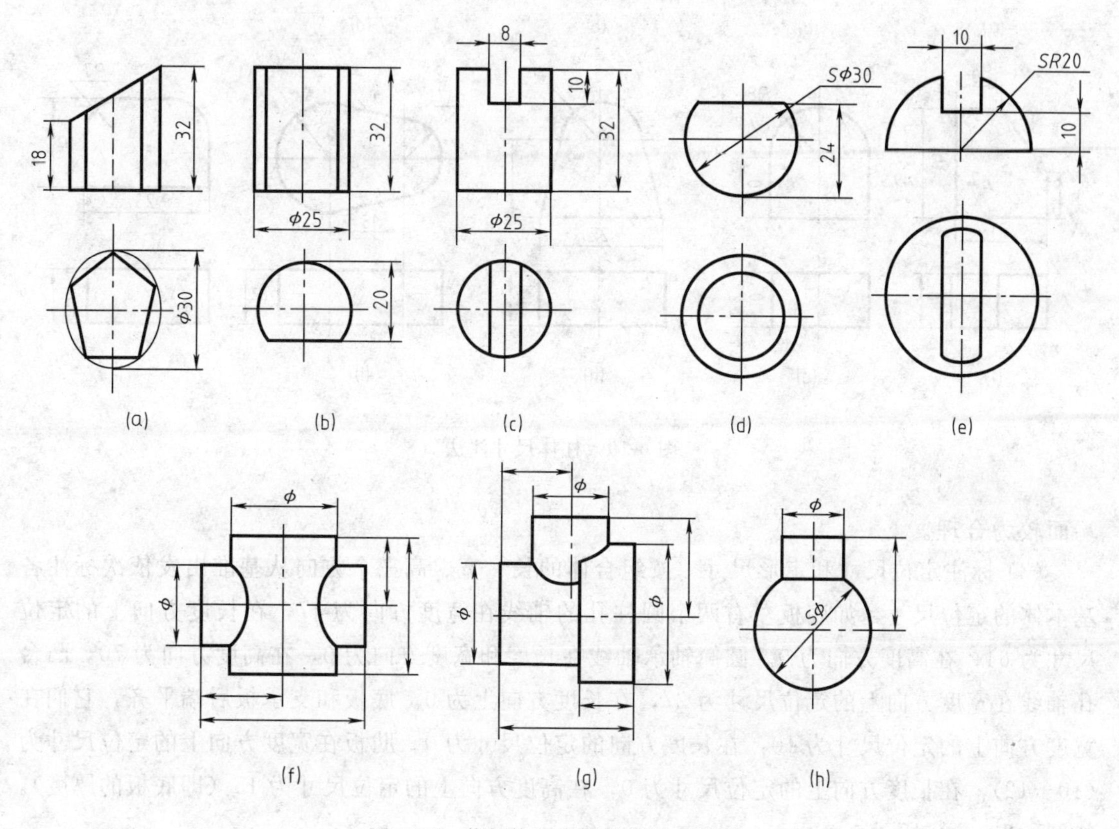

图 6-18　截割体和相贯线的尺寸注法

3. 柱体尺寸注法

在机件中各种各样的柱体最为常见，标注这类柱体的尺寸时，为了读图方便，如图 6-19 所示，常在能反映柱体特征的视图上集中标注两个坐标方向的尺寸，但也可根据需要有不同的注法。

四、组合体的尺寸标注

通过完成任务中轴承座的尺寸标注，来说明标注组合体尺寸的步骤和方法。

（1）形体分析　按形体分析法，分清底板、支承板、肋板、圆筒轴承、凸台这五部分的形状及相对位置。

（2）选定尺寸基准　组合体的长、宽、高三个方向的尺寸基准，常采用组合体的底面、端面、对称面和主要回转体的轴线。对轴承座来说选下底面为高度方向的尺寸基准；由于轴承座左右对称，选对称面为长度方向的尺寸基准；宽度方向的基准应选轴承的后

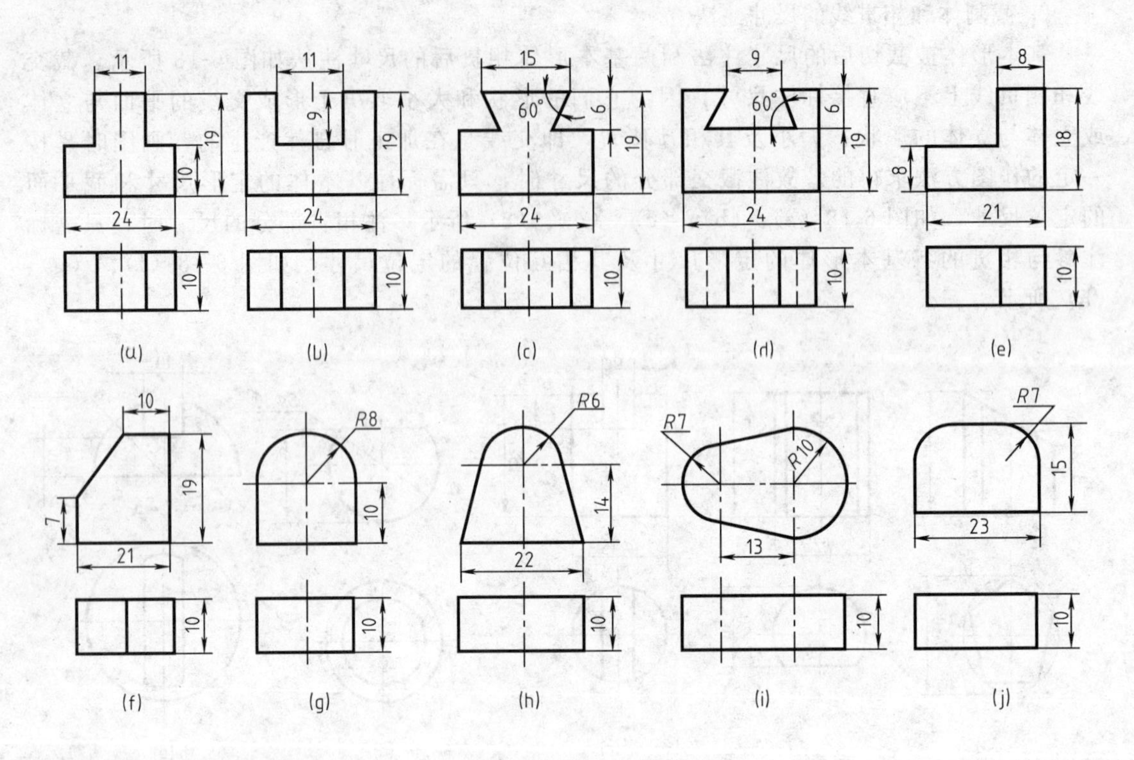

图 6-19　柱体尺寸注法

端面较为合理。

(3) 标注定位尺寸和定形尺寸　按组合体的长、宽、高三个方向从基准出发依次标注各基本体的定位尺寸，如底板左右两个圆柱孔的轴线在宽度方向为 47，在长度方向上的定位尺寸为 64，在高度方向为 0。圆筒轴承轴线在长度和宽度方向为 0，在高度方向为 70。凸台孔轴线在宽度方向上的定位尺寸为 27，在长度方向上为 0。底板和支承板后端平齐，它们在宽度方向上的定位尺寸为 10，在长度方向的定位尺寸为 0。肋板在宽度方向上的定位尺寸为 (10＋12)，在长度方向上的定位尺寸为 0，在高度方向上的定位尺寸为 15（即底板的厚度）。如图 6-20 (a) 所示。

在标注完定位尺寸之后，依次注全各基本形体的定形尺寸。如底板应注出五个定形尺寸 65、100、15、R18、2×ϕ18；支承板的定形尺寸有 12、(100) 和 (ϕ54)；肋板应标出 24、30、12 三个定形尺寸；圆筒轴承应标出四个定形尺寸 ϕ54、ϕ25、(ϕ10)、54；凸台应标注出三个定形尺寸 ϕ10、ϕ20、27，如图 6-20 (b) 所示。

(4) 进行尺寸调整，并标注总体尺寸　因为定位尺寸、定形尺寸和总体尺寸有兼作情况，因而应避免尺寸的重复标注，就必须进行尺寸的调整，并标注出总体尺寸。如底板的长度尺寸为 100 兼作整个组合体的总长度尺寸，同时也是下部的长度尺寸，只能标注一次不能重复。支承板斜面上部与圆筒轴承外圆柱面相切，尺寸自然而定，不需要再注尺寸。凸台高度方向的定位尺寸 70＋35 在标注总高 105 时已包括，必须注出轴承高度尺寸 70，而不注尺寸 35。

调整后的总体尺寸：总长 100，总宽 65＋10，总高 105，如图 6-20 (c) 所示。全部尺寸注完后应再仔细检查以免遗漏。

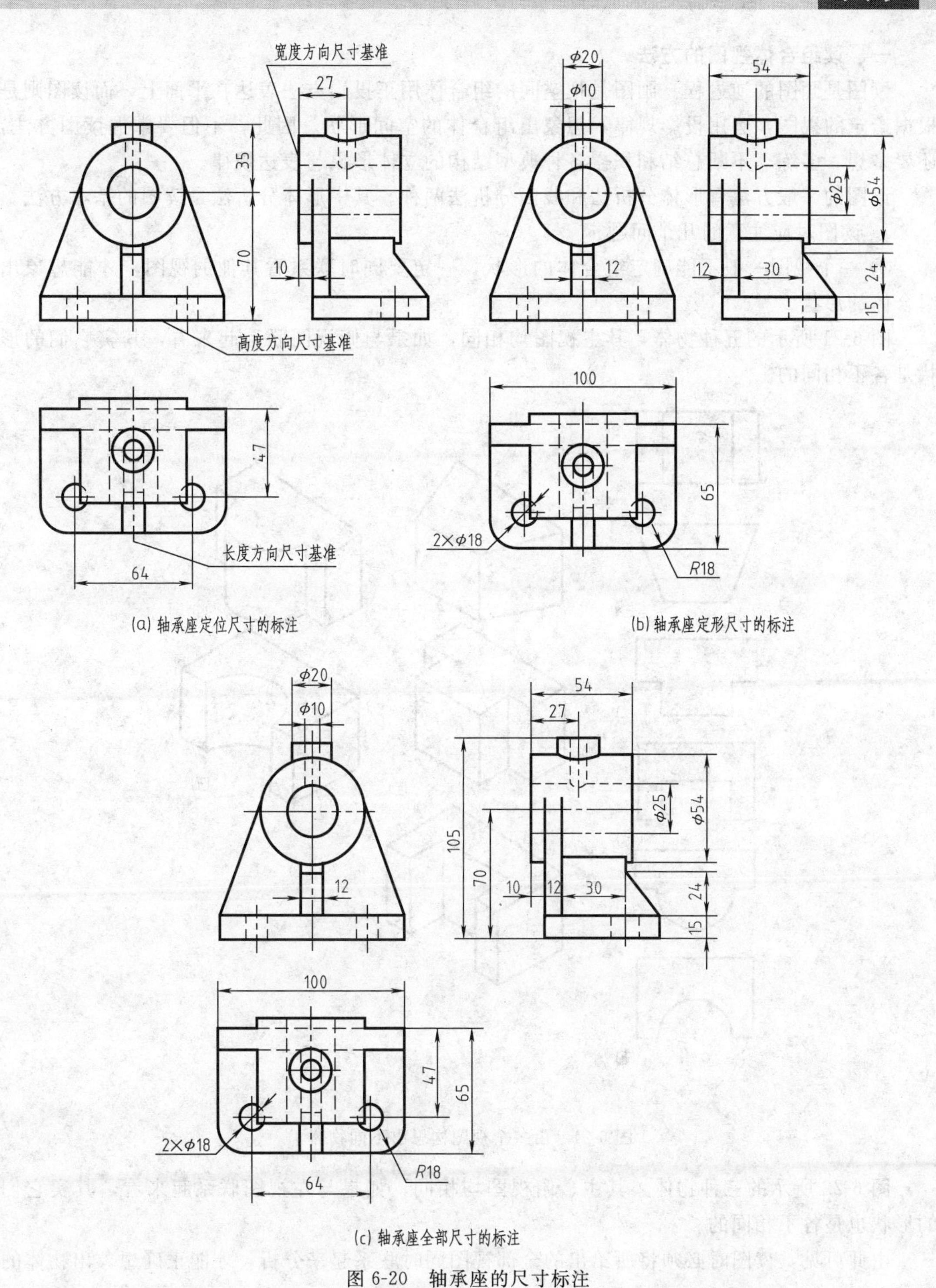

(a) 轴承座定位尺寸的标注

(b) 轴承座定形尺寸的标注

(c) 轴承座全部尺寸的标注

图 6-20　轴承座的尺寸标注

任务三　读组合体的视图

本任务通过读组合体视图，使学生学会组合体视图的读图方法，具备识读组合体视图的能力。

一、读组合体视图的方法

读图是画图的逆过程。画图是把空间的组合体用正投影方法表达在平面上，而读图则是根据给定的视图，运用投影规律，想象出组合体的空间形状。因此，不但要掌握读图方法，还要多想、多练，不断总结和积累各种典型结构的立体形象与表达规律。

读图的一般方法有形体分析法和线面分析法两种。其中形体分析法是读图的基本方法。

1. 读图时应注意的几个问题

① 一个视图一般不能确定组合体的形状，一定要同时联系看其他的视图，才能想象出组合体的形状。

图 6 21 所示的五种物体，其主视图均相同，如果与俯视图联系起来看，其实它们的形状是各不相同的。

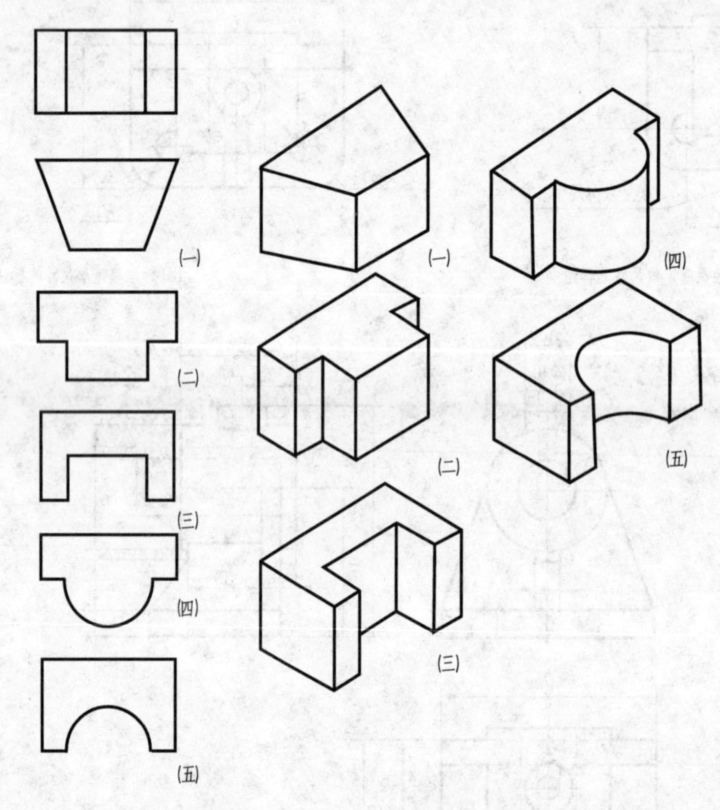

图 6-21　由一个视图构思出不同物体

图 6-22 所示的三种物体，其主、俯视图均相同，如果与左视图联系起来看，其实它们的形状也是各不相同的。

由此可见，读图时必须将所给出的全部视图同时联系起来分析，才能正确想象出物体的形状。

② 从反映物体形状特征最明显的视图入手，再联系其他视图来想象，便能较快地读懂物体。

由于主视图最能反映组合体的形状特征，所以读图时一般先从主视图入手，但有的组合体在主视图中并没有反映其形状特征，此时需找出反映其形状特征的那个视图。如图 6-23 所示的组合体，竖板的形状特征反映在主视图中，而底板的形状特征则反映在俯视图中。所以，应灵活掌握读图的技巧。

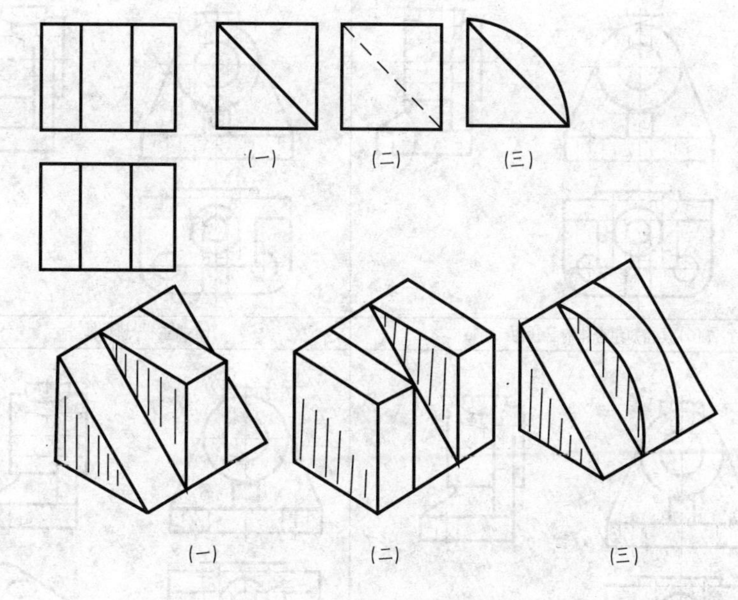

图 6-22　由两个视图可构思出不同物体

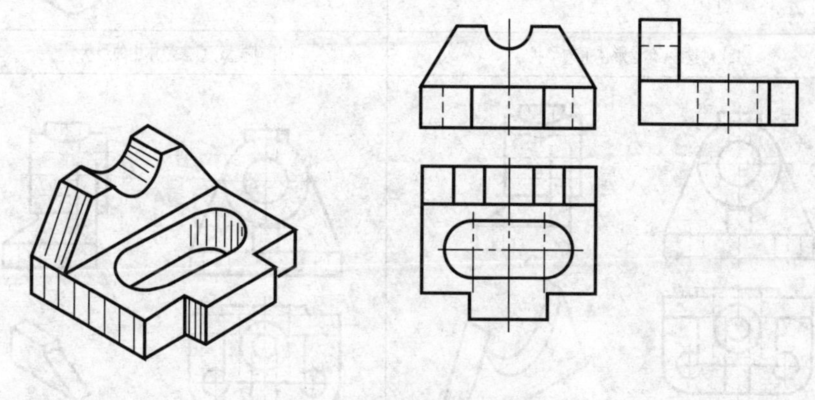

图 6-23　分析形状特征

2. 读图的基本方法

(1) 形体分析法　在主视图上按线框（每一个线框表示物体上一个面的投影）将组合体划分为几个部分，然后利用投影关系，找到各线框在其他视图中的投影，从而分析出各部分的形状以及它们之间的相对位置；最后再综合起来想象组合体的整体形状，这种方法就是前面已介绍过的形体分析法，即“先分后组合”。

现以图 6-24 (a) 所示的轴承座三视图为例，介绍用形体分析法读图的步骤。

① 抓主视，划线框　从主视图入手，将该组合体按线框分成五部分［见图 6-24 (b)］。

② 对投影，想形状　从主视图出发，分别把每个线框所对应的其他投影找出来，就可确定由各线框所表示的简单形体的形状及它们之间的相互位置［见图 6-24 (c)～(g)］。

③ 合起来，想整体　确定了各个形体的形状和相互位置后，就可综合想象出整个组合体的形状［见图 6-24 (h)］。

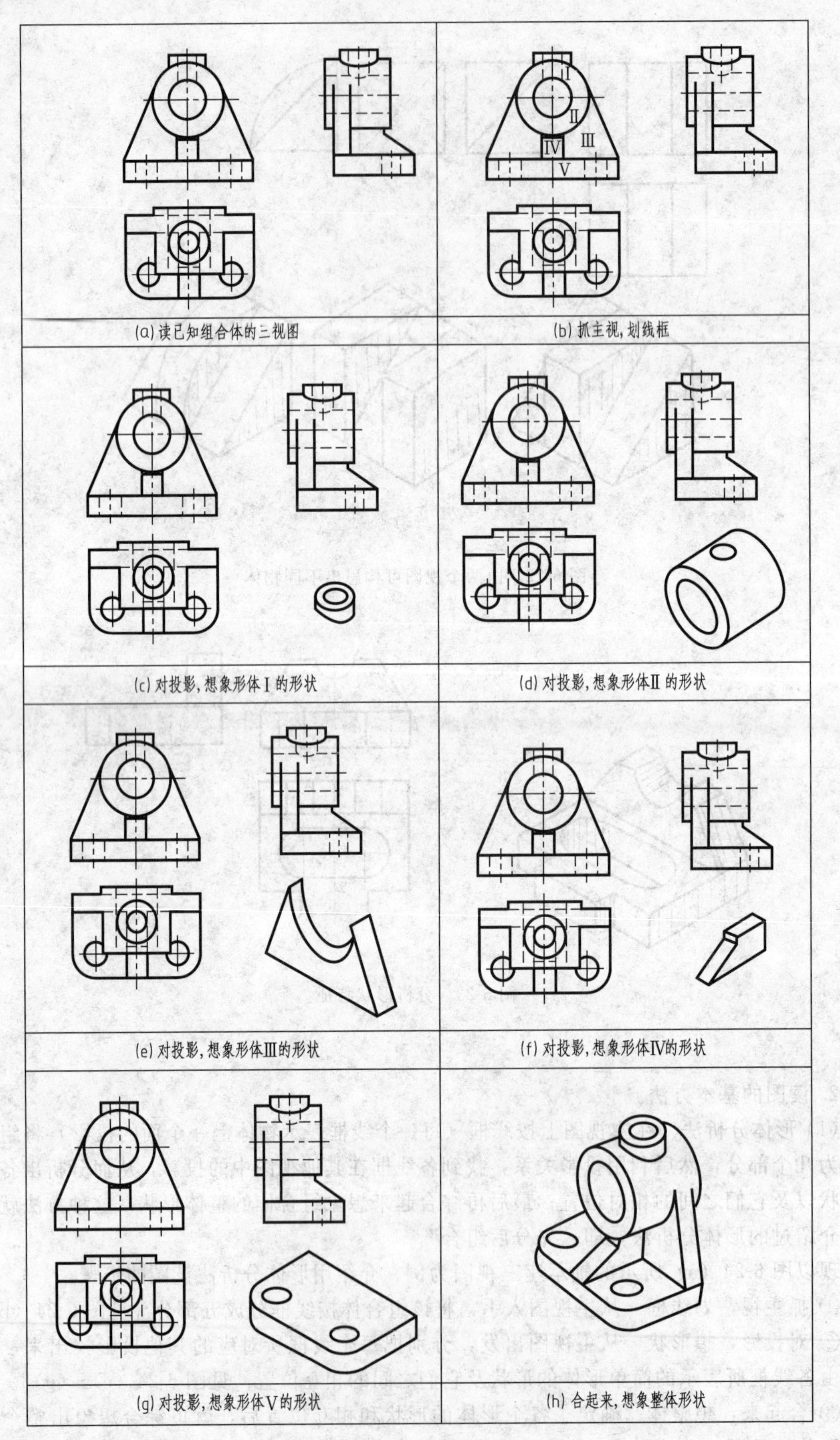

图 6-24　用形体分析法读图

(2) 线面分析法　线面分析法是在形体分析法的基础上，把视图中每一条图线和每一个线框的对应关系找出来，分析物体上各表面的形状和相对位置，从而再想象出物体整体形状的一种方法。对于视图上局部难以读懂的地方，如物体上的斜面，运用线面分析法，利用投影面垂直面或一般位置平面的类似性，来突破读图中的难点，如图 6-25 所示。

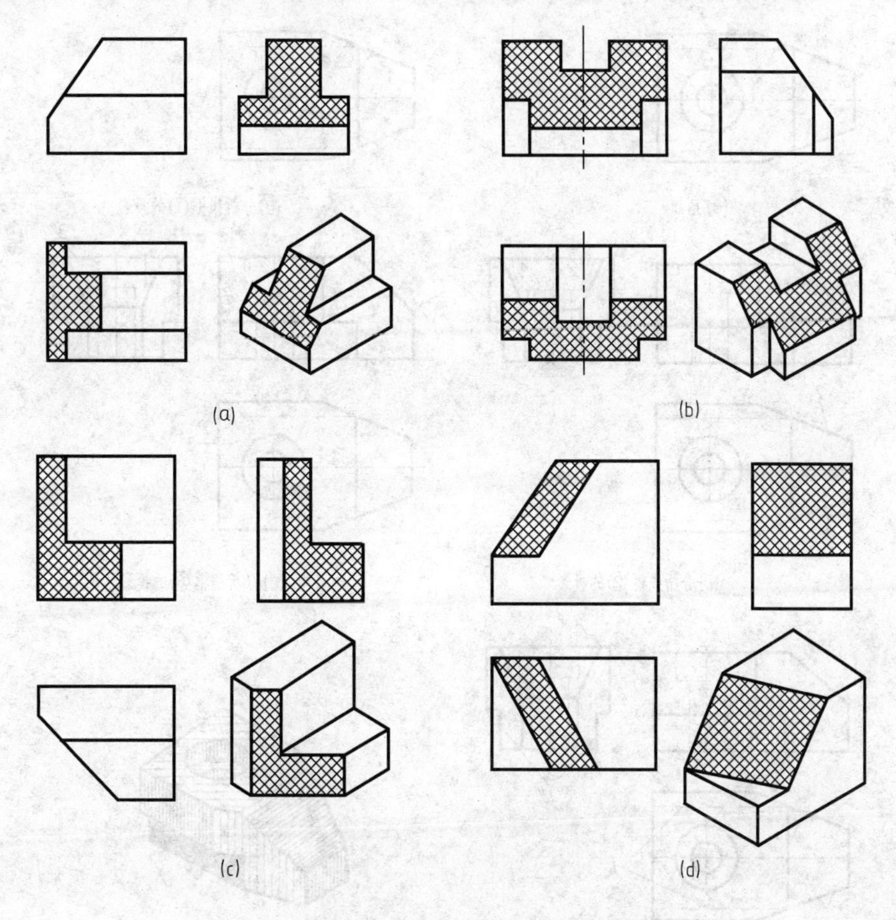

图 6-25　投影面垂直面和一般位置平面的投影特性

现以图 6-26 (a) 所示的组合体为例，分析线面分析法读图的步骤。

① 俯视图中封闭线框①，在主视图中与一斜线对应，在左视图中与一梯形线框对应，可知是一个正垂面的投影 [见图 6-26 (b)]；

② 主视图中封闭线框②，对应结果是一个七边形铅垂面的投影 [见图 6-26 (c)]；

③ 俯视图中封闭线框③，对应结果是一个水平面的投影 [见图 6-26 (d)]；

④ 主视图中封闭线框④，对应结果是一个正平面的投影 [见图 6-26 (e)]；

⑤ 组合体内部还有一个阶梯孔；

⑥ 通过比较相邻两线框的相对位置，逐步构思成组合体 [见图 6-26 (f)]。

二、补视图和补缺线

补视图和补缺线是培养看图、画图能力和检验是否看懂视图的一种有效手段，其基本方法是形体分析法和线面分析法。

1. 补视图

补视图的主要方法是形体分析法。在由两个已知视图补画第三视图时，可根据每一封闭

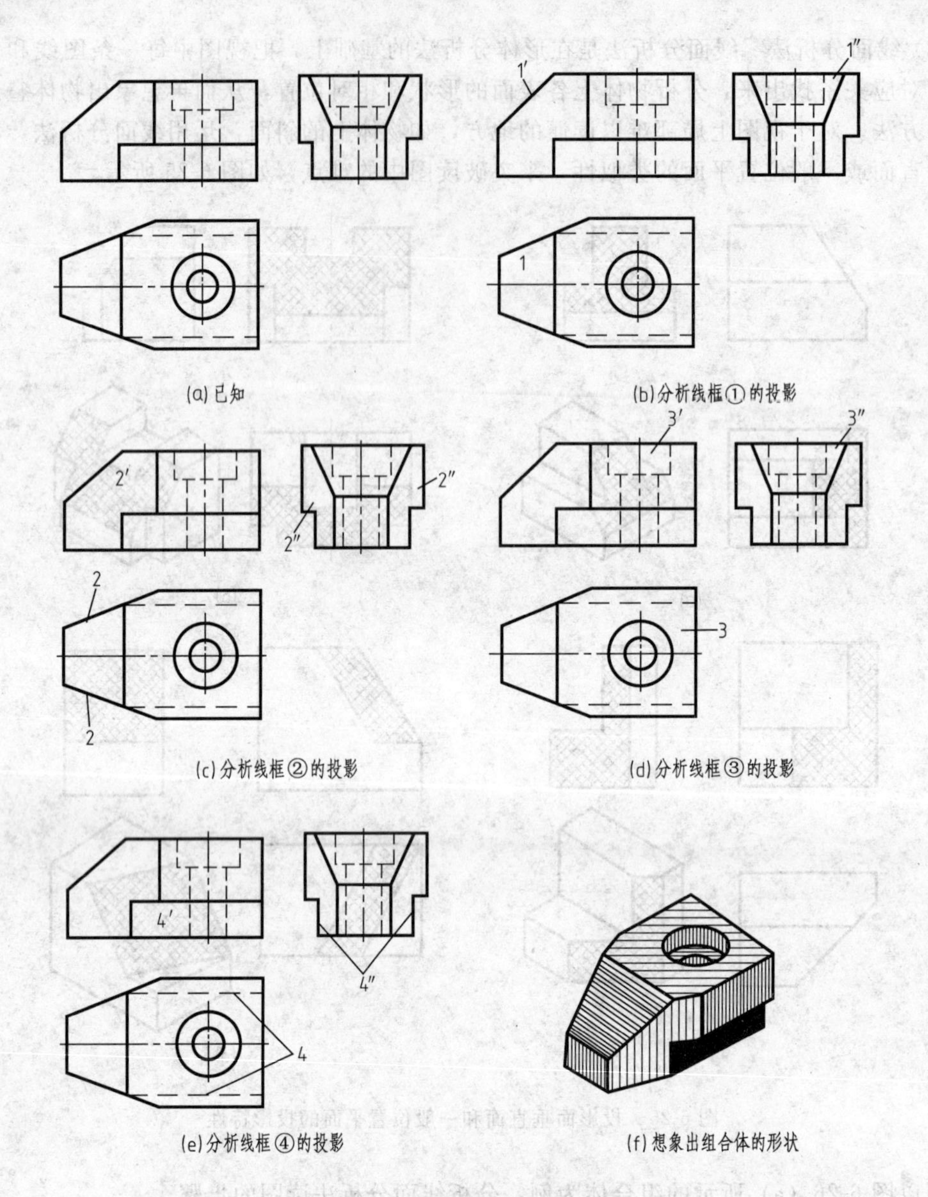

(a) 已知
(b) 分析线框①的投影
(c) 分析线框②的投影
(d) 分析线框③的投影
(e) 分析线框④的投影
(f) 想象出组合体的形状

图 6-26　用线面分析法读图

线框的对应投影，按照基本几何体的投影特性，想出已知线框的空间形体，从而补画出第三投影，对于一时搞不清的问题，可以运用线面分析方法，补出其中的线条或线框，从而达到正确补画第三视图的要求。补图的一般顺序是先画外形，再画内腔；先画叠加部分，再画挖切部分。

下面通过补画图 6-27 所示支座的左视图，来说明补视图的步骤。

(1) 分析　图 6-28 (a) 所示支座的主视图可分成四个封闭线框 1、2、3、4。通过用三角板、分规等工具找出俯视图上与主视图四个封闭线框对应的投影，经过分析后可画出支座的左视图。

(2) 绘图步骤

① 线框 1 是支座的底板。在主、俯视图中都是长方形线框，其形状为长方体，故左视图为长方形［见图 6-28 (b)］。

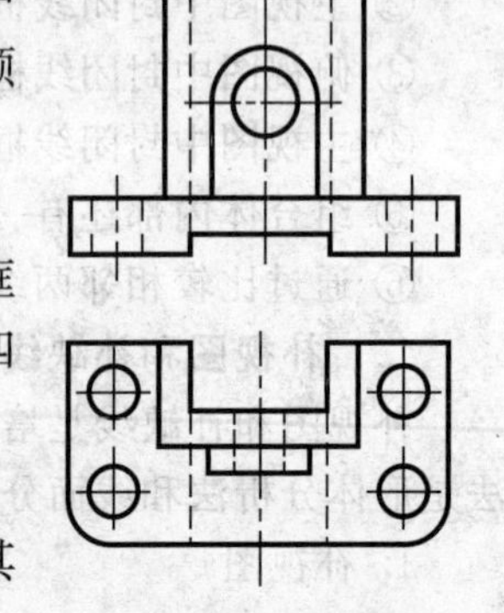
图 6-27　支座的两视图

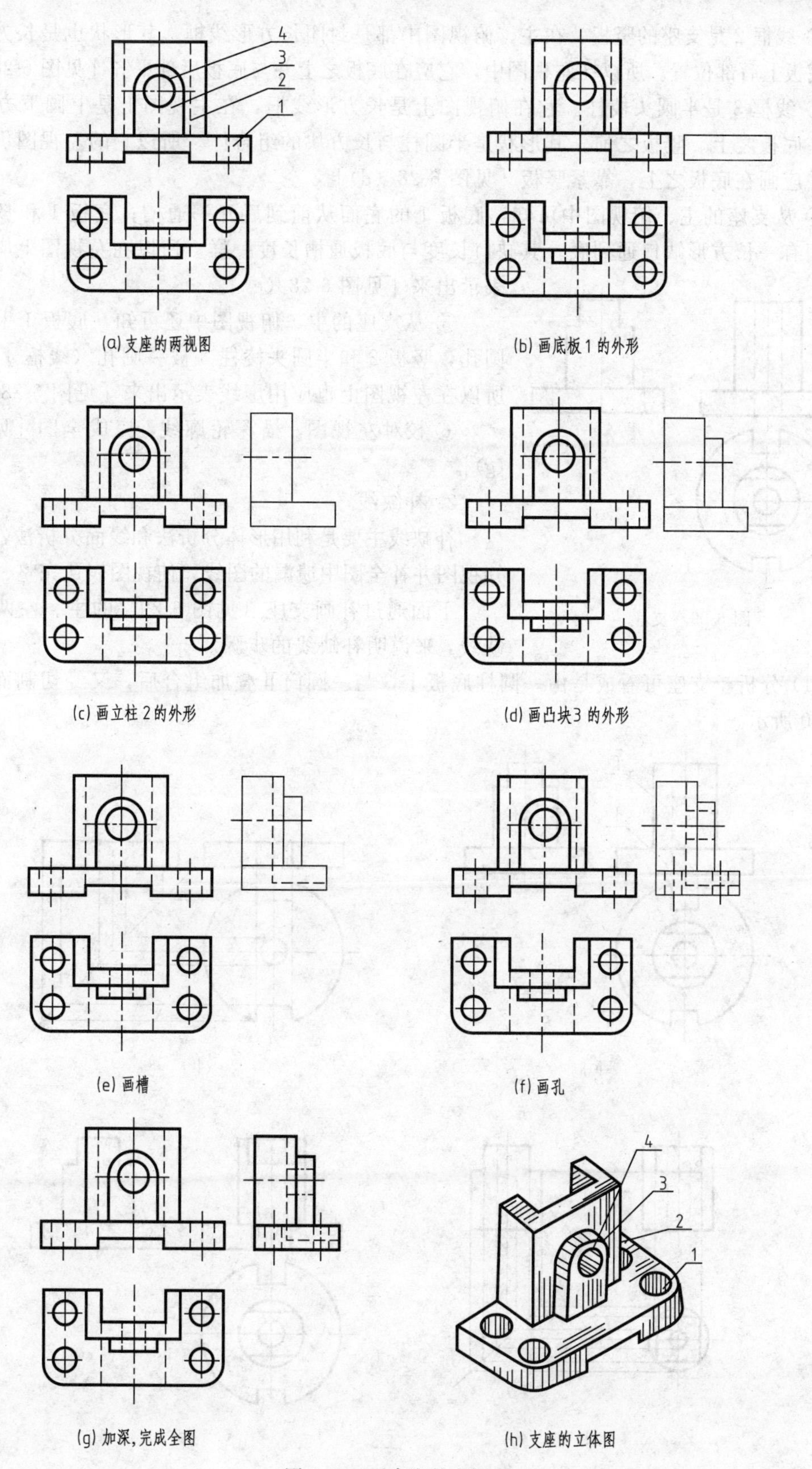

(a) 支座的两视图　(b) 画底板 1 的外形

(c) 画立柱 2 的外形　(d) 画凸块3 的外形

(e) 画槽　(f) 画孔

(g) 加深，完成全图　(h) 支座的立体图

图 6-28　画支座的左视图

② 线框 2 是支座的竖板。在主、俯视图中都是封闭长方形线框，其形状也是长方体，并竖在底板上后部位置。所以在左视图中，它应在底板之上并与底板后部平齐［见图 6-28（c）］。

③ 线框 3 是半圆头棱柱。它在俯视图上是长方形线框，在主视图上是上圆下方的线框并竖在底板之上、竖板之前。其形状是半圆柱与长方块的组合体。所以它的左视图仍然是长方形并应画在底板之上，靠紧竖板［见图 6-28（d）］。

④ 从支座的主、俯视图中可知，底板 1 的底面从前到后开一通槽；底板 1 和竖板 2 的后端面有一长方形缺口通到底，其缺口长度与底板通槽长度一样。所以在左视图上应用虚线表示出来［见图 6-28（e）］。

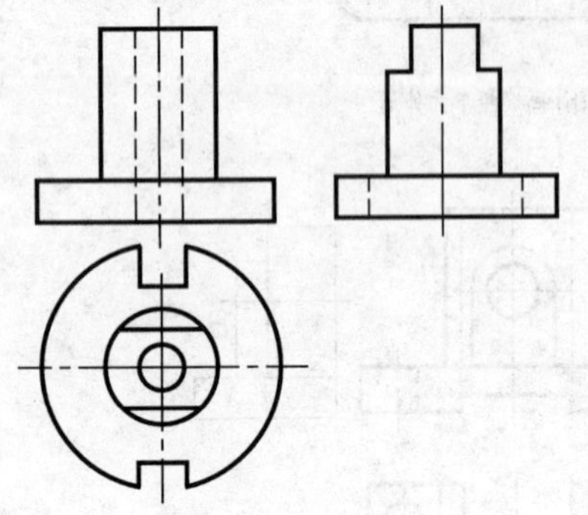

图 6-29　支座

⑤ 从支座的主、俯视图中还可知，底板 1 上有四个圆孔，竖板 2 和半圆头棱柱 3 被一圆孔（线框 4）贯通，所以在左视图上也应用虚线表示出来［见图 6-28（f）］。

⑥ 校对左视图，描深轮廓线，完成全图［见图 6-28（g）］。

2. 补缺线

补缺线主要是利用形体分析法和线面分析法，分析已知视图并补全图中遗漏的图线，使视图表达完整、正确。

下面通过补画支座（见图 6-29）的主、左两图中的缺线，来说明补缺线的步骤。

（1）分析　支座可看成是由一圆柱底板Ⅰ，与一圆筒Ⅱ叠加组合后，又经切割而成，如图 6-30 所示。

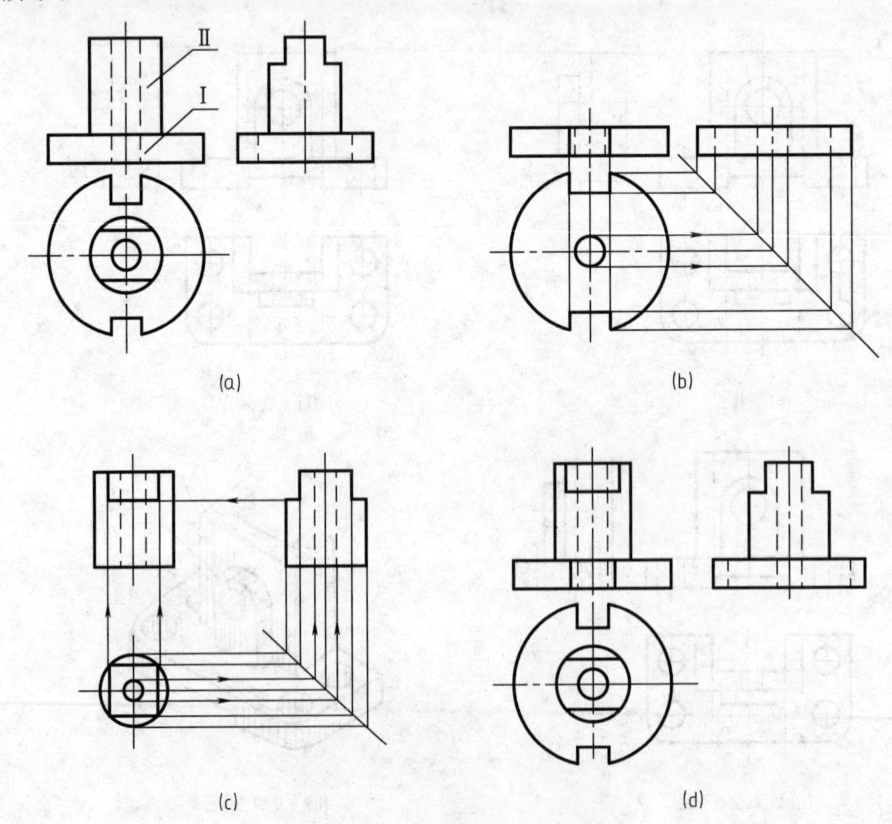

图 6-30　补画支座三视图的所缺图线

(2) 绘图步骤

① 从俯视图中可知，圆柱底板Ⅰ的前后各有一方槽，在俯视图中已表达清楚，须画出主、左视图中应有的缺线，而且底板中间还有一圆孔，须补画出孔在主视图与左视图中应有的图线［见图 6-30 (b)］。

② 从俯、左视图中可知，圆筒Ⅱ前后分别铣切有正平面，故须补全主视图中应有的图线；又由于圆筒Ⅱ有一通孔，所以也须补画出左视图中的圆筒内孔虚线，如图 6-30 (c) 所示。

③ 补齐所缺图线，完成其三视图［见图 6-30 (d)］。

任务四　计算机绘制组合体三视图并标注尺寸

本任务主要以图 6-31 中的组合体为例介绍用计算机绘制组合体三视图的方法和步骤，以及计算机标注尺寸的方法，使学生具备利用计算机绘制组合体三视图和尺寸标注的能力。

一、绘制组合体的三视图

1. 形体分析

从图 6-31 所给出的轴测图中可以看到，该组合体由半圆筒、底板、立板和肋板四部分组成。半圆筒、底板和肋板均位于立板前方，两侧底板分别与立板平齐，肋板位于半圆筒上方。该组合体是左右对称的，所以选左右对称线作为长方向的基准，选择组合体的后端面作为宽方向的基准，另外选择组合体的底面作为高方向的基准。

2. CAD 的绘图分析

在计算机中一般用 1∶1 的比例作图，根据所给轴测图中的尺寸可以选用 4 号图纸，因此，选择项目一中所建立的 A4 样板文件并新建一个名为“组合体”的图形文件，在此图形文件中绘制组合体三视图即可。在绘图时打开“极轴追踪”、“对象捕捉”、“对象追踪”等绘图辅助工具。绘图过程中注意切换图层。

3. 作图步骤

(1) 绘制作图基准线　在绘图区选择当前层为点画线层，用 line 命令绘出三视图的作图基准线，即主、俯视图的左右对称中心线和俯、左视图的后端面轮廓线以及主、左视图的底面轮廓线。如图 6-32 所示。

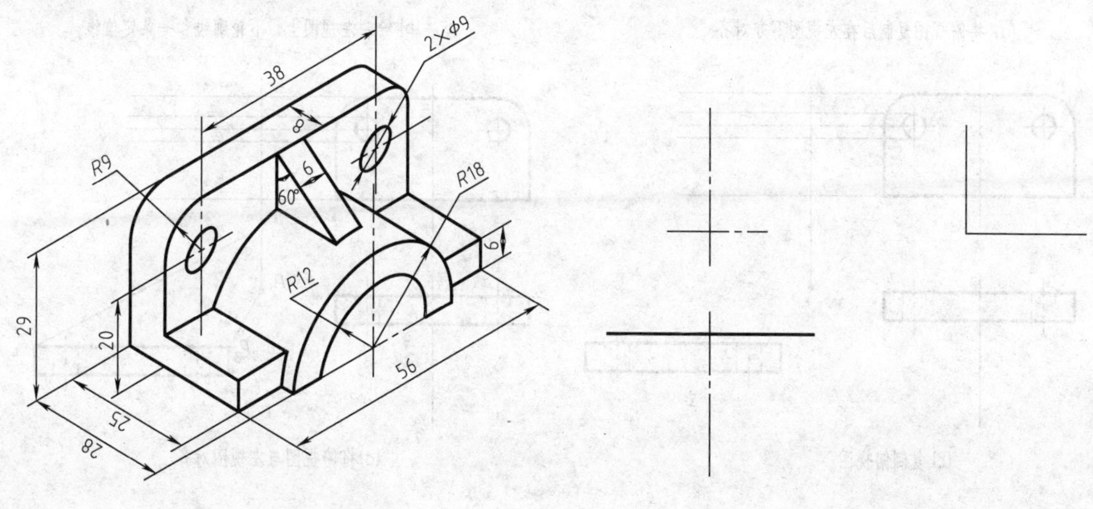

图 6-31　组合体轴测图

图 6-32　画对称中心线和基准线

(2) 绘制立板的三视图　选择当前层为粗实线层，用相应的绘图命令和编辑命令画出所有轮廓。有圆角处先画出直角然后用 Fillet 命令倒圆角。因为图形左右对称，在主视图和俯视图中可以先画出左半个视图。另一半用 Mirror 命令复制。

左视图与主视图的投影关系是“高平齐”；左视图与俯视图的投影关系是“宽相等”。为反映这些投影关系，在主视图与左视图之间可以使用拉高度方向的平行线的方法，而在俯视图与左视图之间可采用对齐、偏移等几种不同的方法做到。下面介绍采用对齐的画法。

对齐命令：用对齐命令将俯视图旋转到左视图下方，以方便使用对象追踪工具，做到“宽相等”。结果如图 6-33 (a) 所示。

功能：将选择的对象进行移动或旋转处理。

命令执行方式：

下拉菜单：修改→三维操作→对齐

命令行：Align (AL)

操作过程：

① 由主视图引辅助线，画出左视图的上、下轮廓线并画出一条定位线。如图 6-33 (b) 所示。

② 复制俯视图，如图 6-33 (c) 所示。

③ 利用“对齐”命令将俯视图改变方向。如图 6-33 (d) 所示。

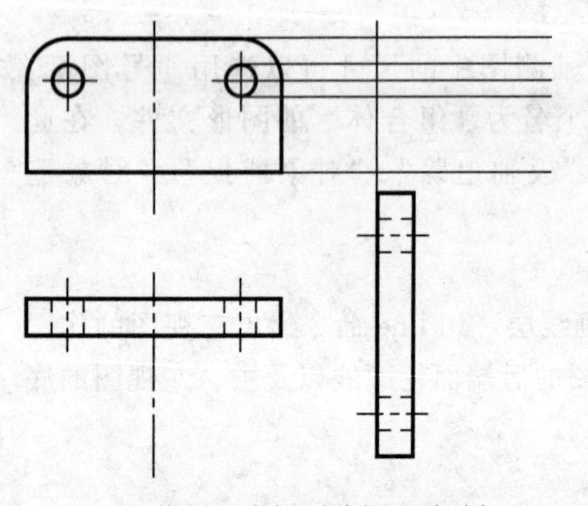

(a) 将俯视图复制后在左视图下方对齐

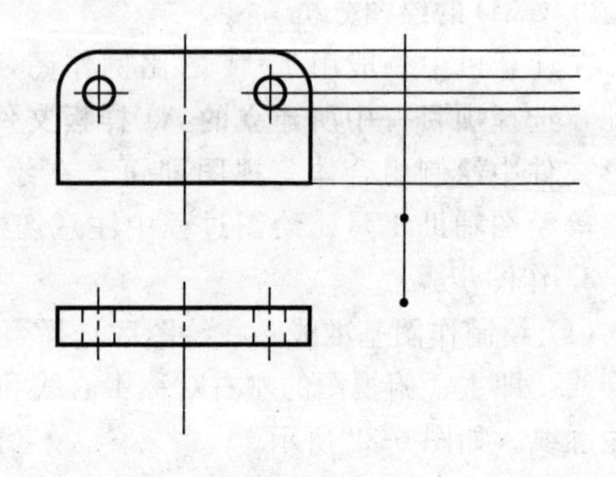

(b) 绘制左视图上、下轮廓线和一条定位线

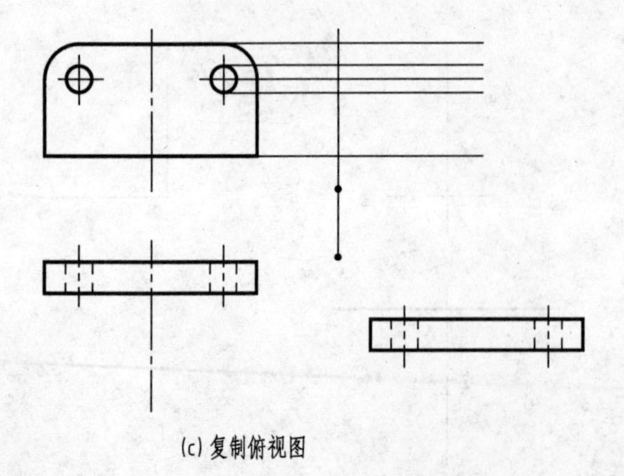

(c) 复制俯视图

P_1 P_2 P_3 P_4

(d)将俯视图与左视图对齐

图 6-33

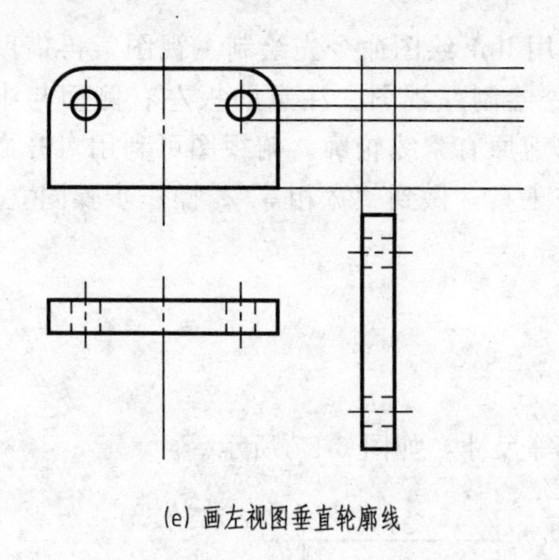
(e) 画左视图垂直轮廓线

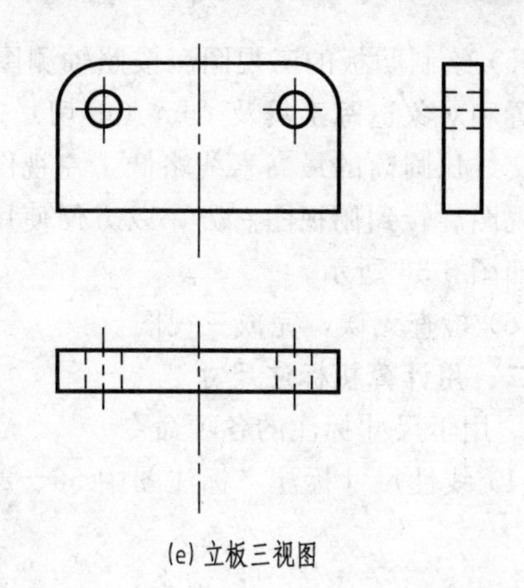
(e) 立板三视图

图 6-33　绘制立板的三视图

命令：ALIGN↙
选择对象：指定对角点：找到 13 个　　　　　（选择俯视图）
选择对象：↙
指定第一个源点：　　　　　　　　　（拾取 p_3 点）
指定第一个目标点：　　　　　　　　（拾取 p_2 点）
指定第二个源点：　　　　　　　　　（拾取 p_4 点）
指定第二个目标点：　　　　　　　　（拾取 p_1 点）
指定第三个源点或〈继续〉：↙
是否基于对齐点缩放对象？[是（Y）/否（N）]〈否〉：↙

④ 由改变方向后的俯视图引出垂直的辅助线，如图 6-33（e）所示。

⑤ 修剪、修改线型，完成作图，如图 6-33（f）所示。

(3) 绘制半圆筒的三视图　用 circle 和 line 等绘图命令以及 trim（剪切）等修改命令绘制出主、俯视图，左视图绘制时采用对齐命令，操作步骤同立板。如图 6-34 所示。

(4) 绘制底板的三视图　用 line 绘图命令借助对象追踪工具及 trim（剪切）等修改命令绘制三视图。可按照轴测图所给尺寸先绘制主、俯视图，左视图绘制时采用对齐命令，操作步骤同立板。注意底板和立板左右两侧平齐，左视图要修剪立板原有轮廓，结果如图 6-35 所示。

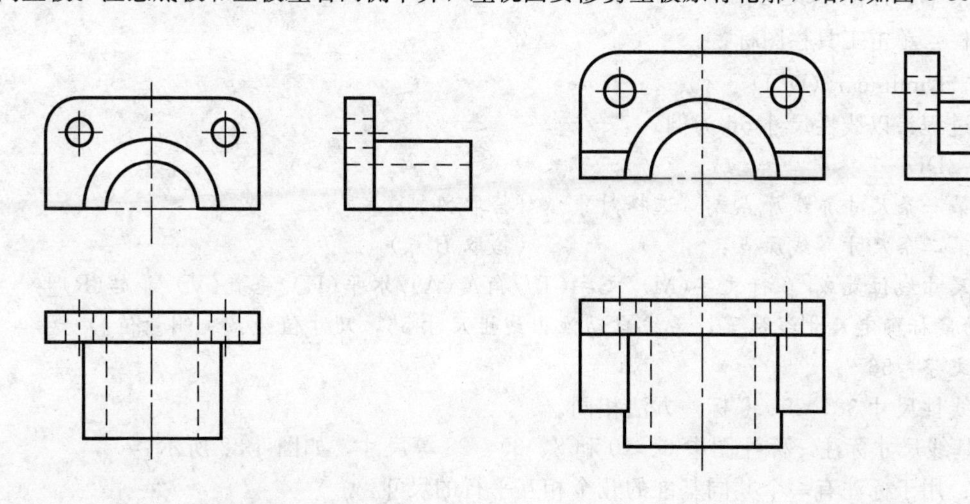
图 6-34　画半圆筒的三视图　　　　　　图 6-35　画底板三视图

(5) 绘制肋板的三视图　按照轴测图所给尺寸用 line 绘图命令先绘制主视图，再借助极轴设置和对象追踪工具及 trim（剪切）等修改命令绘制左视图。注意肋板左右侧面与半圆筒的交线比圆筒的最高素线略低，左视图要注意修剪原有素线轮廓。俯视图可利用对齐命令将左视图旋转到俯视图右方，以方便使用对象追踪工具，做到“宽相等”。操作步骤同立板。结果如图 6-36 所示。

(6) 检查无误，完成三视图。

二、用计算机标注尺寸

1. 用于尺寸标注的各项命令

(1) 线性尺寸标注　标注图中 56、29、38、6 等尺寸，如图 6-37 所示。

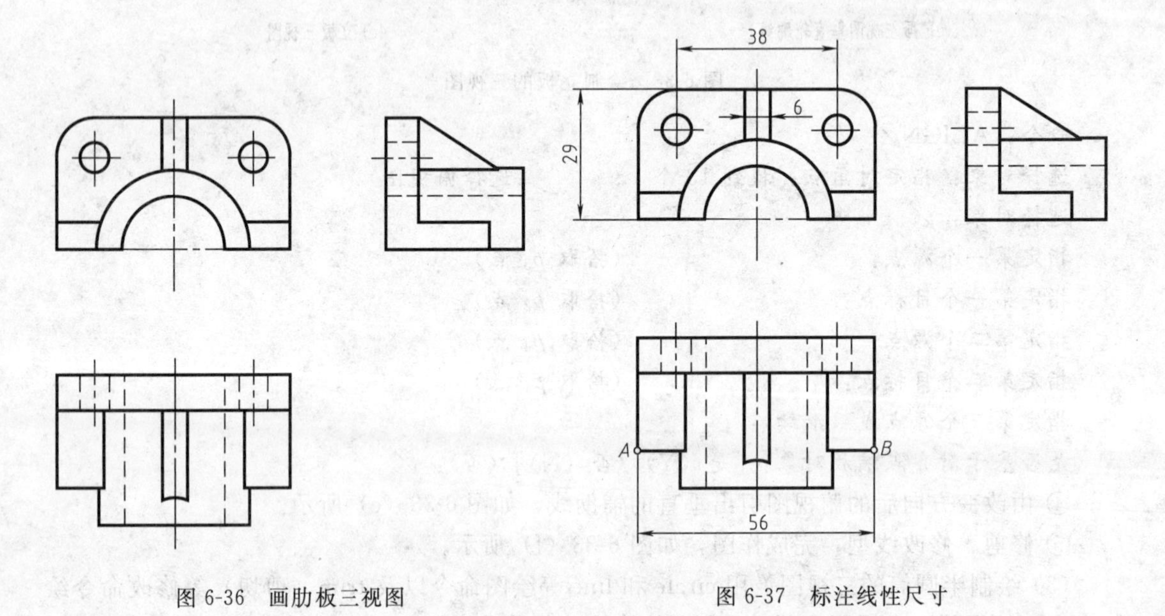

图 6-36　画肋板三视图　　　图 6-37　标注线性尺寸

功能：用于标注水平尺寸、垂直尺寸和指定角度的倾斜尺寸。

命令执行方式：

下拉菜单：标注→线性

工具栏：单击工具栏图标

命令：Dimlinear（DLI）

操作过程：以线性尺寸 56 为例。

命令：DLI

指定第一条尺寸界线原点或〈选择对象〉：（拾取 *A* 点）

指定第二条尺寸界线原点：　　　　　（拾取 *B* 点）

指定尺寸线位置或[多行文字(M)/文字(T)/角度(A)/水平(H)/垂直(V)/旋转(R)]：

（移动鼠标确定尺寸线位置，系统自动注出线性尺寸 56，尺寸值为系统测量值。）

标注文字＝56

其他线性尺寸 38、29、6 标注方法相同。

(2) 基线尺寸标注　标注图中 6、20 和 8、25、28 等尺寸，如图 6-38 所示。

功能：用于标注有一个共同基准的几个相互平行的尺寸。

命令执行方式：

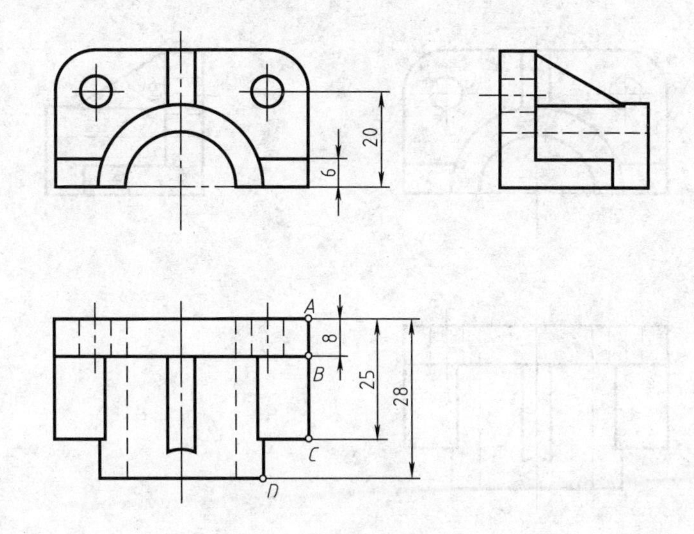

图 6-38 标注基线尺寸

下拉菜单：标注→基线

工具栏：单击工具栏图标

命令：DIMBASELINE 或 DBA

操作过程：以基线尺寸 8、25、28 为例。

命令：DIMLINEAR 或 DLI↙（线性尺寸）

指定第一条尺寸界线原点或〈选择对象〉：（拾取 *A* 点）

指定第二条尺寸界线原点：（拾取 *B* 点）

指定尺寸线位置或[多行文字(M)/文字(T)/角度(A)/水平(H)/垂直(V)/旋转(R)]：

(移动鼠标确定尺寸线位置，系统自动注出基准尺寸 8，尺寸值为系统测量值。)

标注文字＝8

命令：DIMBASELINE 或 DBA↙(基线标注)

指定第二条尺寸界线原点或［放弃(U)/选择(S)］（拾取 *C* 点）

标注文字＝25

指定第二条尺寸界线原点或［放弃(U)/选择(S)］（拾取 *D* 点）

标注文字＝28

指定第二条尺寸界线原点或［放弃(U)/选择(S)］↙

选择基准标注↙

其他基线尺寸 6、20′标注方法相同。

说明：要创建基线标注，先用 DIMLINER（线性尺寸）命令注出一个基准尺寸。AutoCAD 将基准尺寸的第一条尺寸界线作为连续标注的起始点，然后选择第二条基准线的起点在基准标注的上面按一定的偏移距离创建第二个尺寸标注。

(3) 角度尺寸标注　如图 6-39 中 60°尺寸。

功能：用于标注圆、圆弧、两条非平行线段或三个点间的角度，尺寸线为弧线。

命令执行方式：

下拉菜单：标注→角度

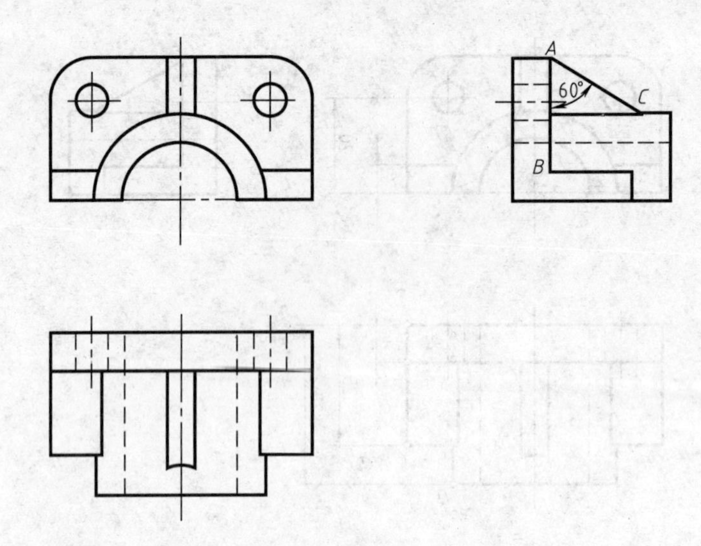

图 6-39　角度尺寸标注

工具栏：单击工具栏图标

命令：Dimangular（DAN）

操作过程：

命令：DAN↙

选择圆弧、圆、直线或〈指定顶点〉：（拾取线段 *AB*）

选择第二条直线：（拾取线段 *AC*）

指定标注弧线位置或［多行文字（M）/文字（T）/角度（A）］：

（移动鼠标确定尺寸线位置，系统自动注出角度尺寸 60°，尺寸值为系统测量值。）

标注文字＝60

在第一个提示中，如果拾取圆弧，则可标注圆弧的中心角，如图 6-40（a）所示；如果拾取圆，则拾取点作为圆弧的一个端点，再拾取圆上第二点，可标出圆上两点间的中心角，如图 6-40（b）所示：直接回车接受默认值，则可指定三点标注角度，第一点为顶点，另两点为两个边上的点，如图 6-40（c）所示。

(4) 直径尺寸标注　如图 6-41 中 2×ϕ7 尺寸。

功能：用于标注圆或圆弧的直径尺寸。

执行命令方式：

下拉菜单：标注→直径

工具栏：单击工具栏图标

命令：Dimdiameter（DDI）

操作过程：

命令：DDI↙

选择圆弧或圆：用鼠标拾取要标注的圆

标注文字＝7

指定尺寸线位置或［多行文字(M)/文字(T)/角度（A)］：T↙

（如果用鼠标直接确定尺寸线位置，系统会自动注出尺寸 ϕ7，尺寸值为系统测量值。如

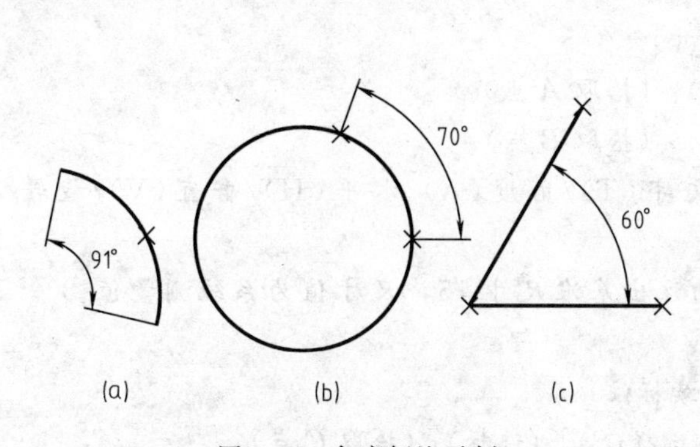

图 6-40　角度标注示例

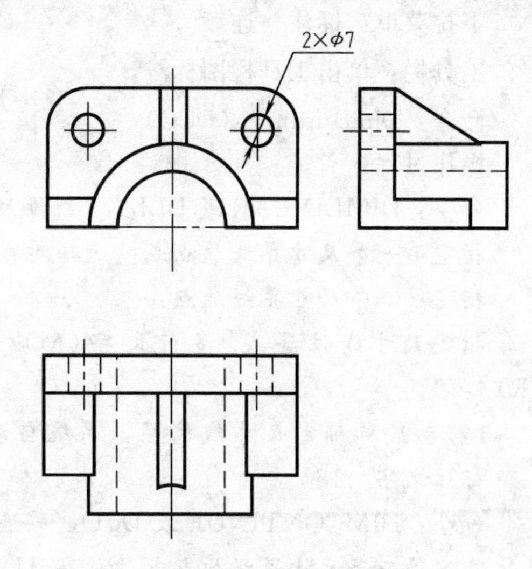

图 6-41　直径尺寸标注

果不用系统测量值，可用 T 或 M 选项输入字符和数值）

输入标注文字〈7〉：2×ϕ7↙

指定尺寸线位置或［多行文字（M）/文字（T）/角度（A）］：用鼠标直接确定尺寸线位置

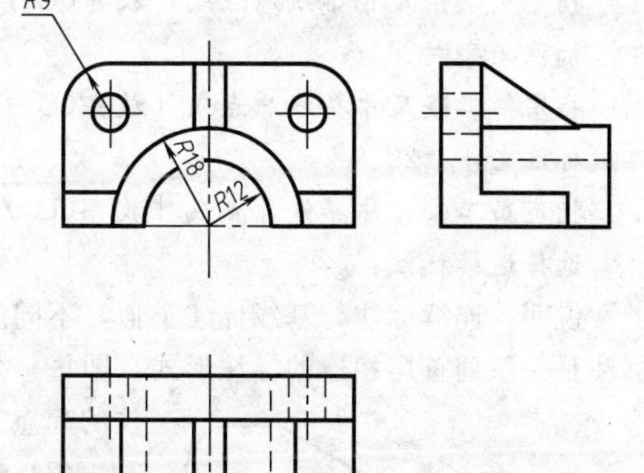

图 6-42　半径尺寸标注

（5）半径尺寸标注　如图 6-42 中 *R*9、*R*12、*R*18 等尺寸。

功能：用于标注圆或圆弧的半径尺寸。

命令执行方式：

下拉菜单：标注→半径

工具栏：单击工具栏图标

命令：Dimradius（DRA）

操作过程：

命令：DRA

选择圆弧或圆：用鼠标拾取半圆筒的内圆弧

标注文字＝12

指定尺寸线位置或［多行文字（M）/文字（T）/角度（A）］：

（用鼠标确定尺寸线和数字位置，系统会自动注出尺寸 *R*12，尺寸值为系统测量值。）

*R*9、*R*18 等尺寸标注方法相同。

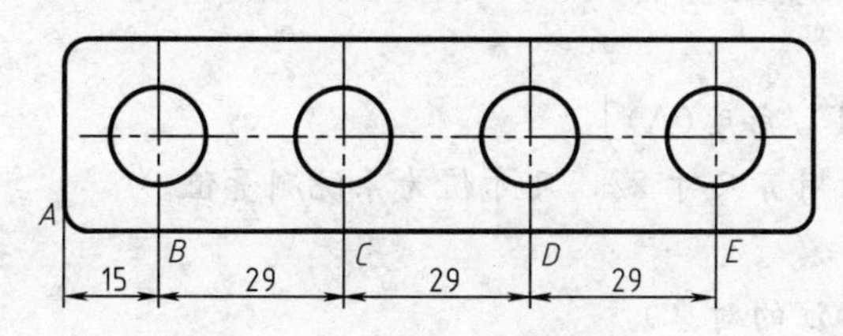

图 6-43　连续尺寸标注

（6）连续尺寸标注　在标注尺寸时还经常会遇到如图 6-43 中 15、29、29、29 等连续尺寸的标注。

功能：用于标注在同一方向上连续的线性尺寸。

命令执行方式：

下拉菜单：标注→连续

工具栏：单击工具栏图标

命令：Dimcontinue（DCO）

操作过程：

命令：DIMLINEAR 或 DLI↙（线性尺寸）

指定第一条尺寸界线原点或〈选择对象〉：（拾取 *A* 点）

指定第二条尺寸界线原点：　　　　　　（拾取 *B* 点）

指定尺寸线位置或[多行文字(M)/文字(T)/角度(A)/水平(H)/垂直(V)/旋转(R)]：

（移动鼠标确定尺寸线位置，系统自动注出基准尺寸 15，尺寸值为系统测量值。）

标注文字＝15

命令：DIMCONTINUE 或 DCO↙（连续标注）

指定第二条尺寸界线原点或［放弃(U)/选择(S)］〈选择〉：（拾取 *C* 点）

标注文字＝29

指定第二条尺寸界线原点或［放弃(U)/选择(S)］〈选择〉：（拾取 *D* 点）

标注文字＝29

指定第二条尺寸界线原点或［放弃(U)/选择(S)］〈选择〉：（拾取 *E* 点）

标注文字＝29

指定第二条尺寸界线原点或［放弃(U)/选择(S)］〈选择〉：↙

选择连续标注：↙

说明：连续标注与基线标注类似，不同的是基线标注是基于相同尺寸标注起点，而连续标注是一系列首尾相连的标注形式，即每一个连续标注的第二条尺寸界线作为下一个连续标注的起点。

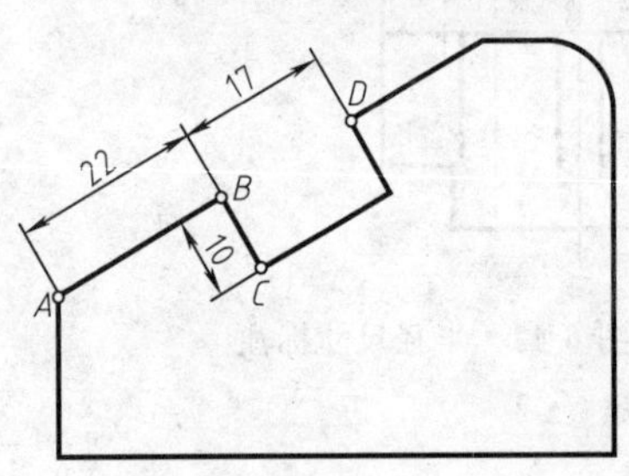

图 6-44　对齐尺寸标注

(7) 对齐尺寸标注　在标注尺寸时也会遇到如图 6-44 中 22、10、17 等对齐尺寸的标注。

功能：标注尺寸线与被注对象平行的线性尺寸，一般标注倾斜线段的尺寸。

命令执行方式：

下拉菜单：标注→对齐

工具栏：单击工具栏图标

命令：Dimaligned（DAL）

操作过程：

命令：DAL↙

指定第一条尺寸界线原点或〈选择对象〉：（拾取 *A* 点）

指定第二条尺寸界线原点：（拾取 *B* 点）

指定尺寸线位置或［多行文字(M)/文字(T)/角度(A)］：

（移动鼠标确定尺寸线位置，系统自动注出对齐尺寸 22，尺寸值为系统测量值。）

标注文字＝22

（与线性标注相同，拾取两个点或选择要标注的对象）

其他对齐尺寸 10、17 标注方法同。

2. 检查无误，完成组合体尺寸标注（见图 6-45）

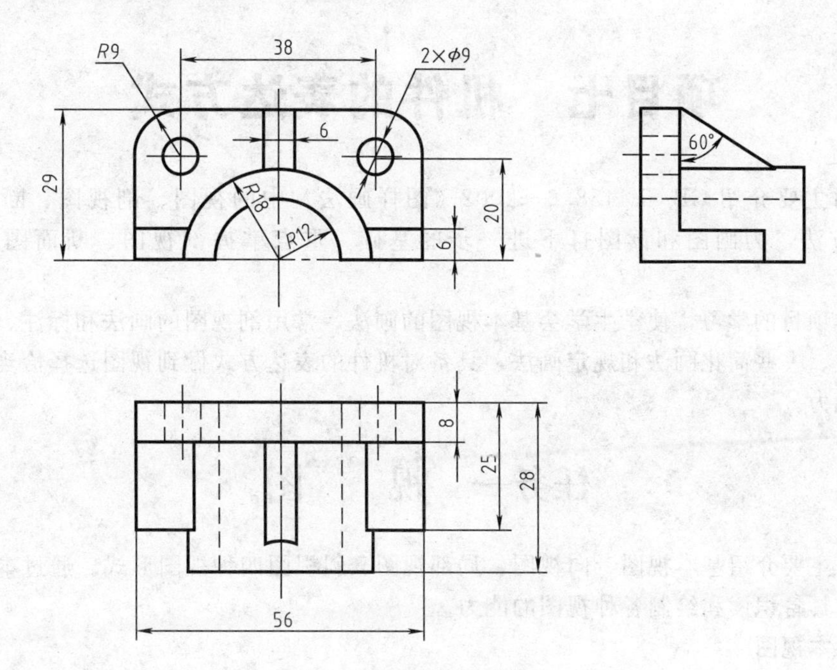

图 6-45　组合体尺寸标注

项目七　机件的表达方式

本项目主要介绍GB/T 4458.6—2002《图样画法》中的视图、剖视图、断面图等常用的表达方法，为画图和读图打下进一步的基础。重点掌握剖视图、断面图的作法和标注。

通过本项目的学习，使学生学会基本视图的画法、常用剖视图的画法和标注、断面图的画法和标注、一些简化画法和规定画法，具备对机件的表达方式做到视图选择恰当，表达合理完整的能力。

任务一　视　　图

本任务主要介绍基本视图、向视图、局部视图、斜视图四种视图形式。通过本任务的学习，使学生具备识读和绘制各种视图的能力。

一、基本视图

表示一个机件，可有六个基本投射方向，相应的有六个基本投影面分别垂直于六个基本投射方向。物体向基本投影面投射所得的视图称为基本视图。

在原有三个投影面的基础上，再增加三个投影面，这六个面在空间构成一个正六面体。以正六面体的六个面作为六个基本投影面，将物体置于其中，分别向六个基本投影面投射，即得到六个基本视图，如图7-1（a）所示。它们的展开方法是：保持正立投影面不动，其余各投影面按图7-1（b）中箭头所指方向旋转，使之与正立投影面共面。

展开后各视图的名称及配置如图7-1（c）所示。除主、俯、左视图外，其他三个视图的名称分别为：右视图（自右向左投射）、仰视图（自下向上投射）、后视图（自后向前投射）。各视图间仍然保持“长对正、高平齐、宽相等”的投影关系。

各视图若画在同一张图纸上，并按图7-1（c）配置时，一律不标注视图的名称。

六面视图的投影对应关系如图7-1（d）所示，其度量关系仍遵循“三等”规律。方位对应关系：除后视图外，靠近主视图的一边是物体的后面，远离主视图的一边是物体的前面。

二、向视图

当基本视图不能按照基本配置位置放置时，允许另选位置放置，但此时该视图不再称为基本视图，而称为向视图，此时应在视图上方注出视图名称“×”，并在相应的视图附近用箭头指明投影方向，并注上同样的字母，如图7-2所示。

选择基本视图和向视图时，可根据机件的复杂程度确定数量，不一定非要六个，以表达清楚、视图最少为宜。

三、局部视图

只将机件的某一部分向基本投影面投射所得到的视图称为局部视图。用于当机件的大部分结构已表达清楚，仅剩局部结构形状需要表达时。

画局部视图时应注意以下几点（见图7-3）。

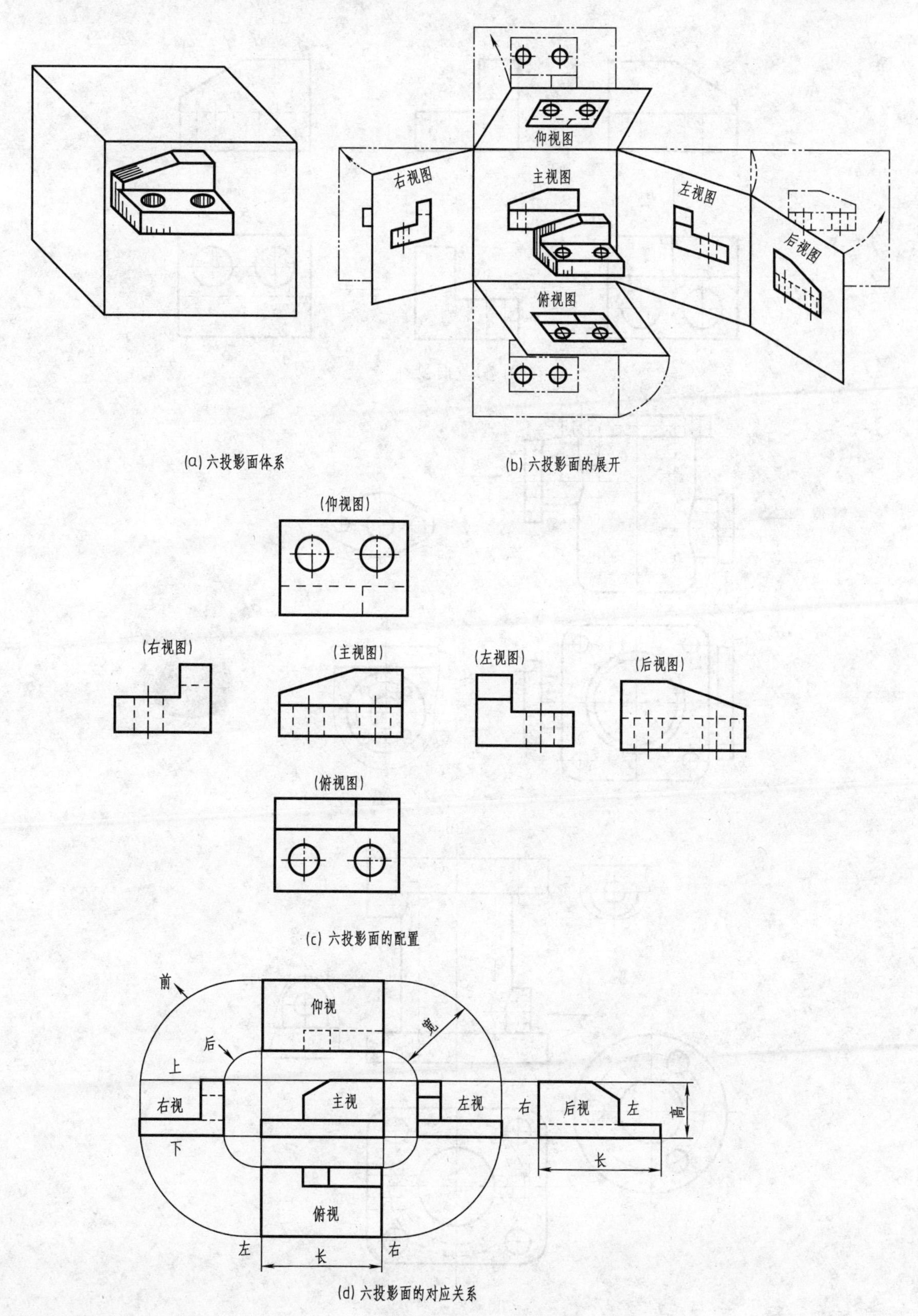

(a) 六投影面体系

(b) 六投影面的展开

(c) 六投影面的配置

(d) 六投影面的对应关系

图 7-1　六个基本视图的形成及其展开、配置

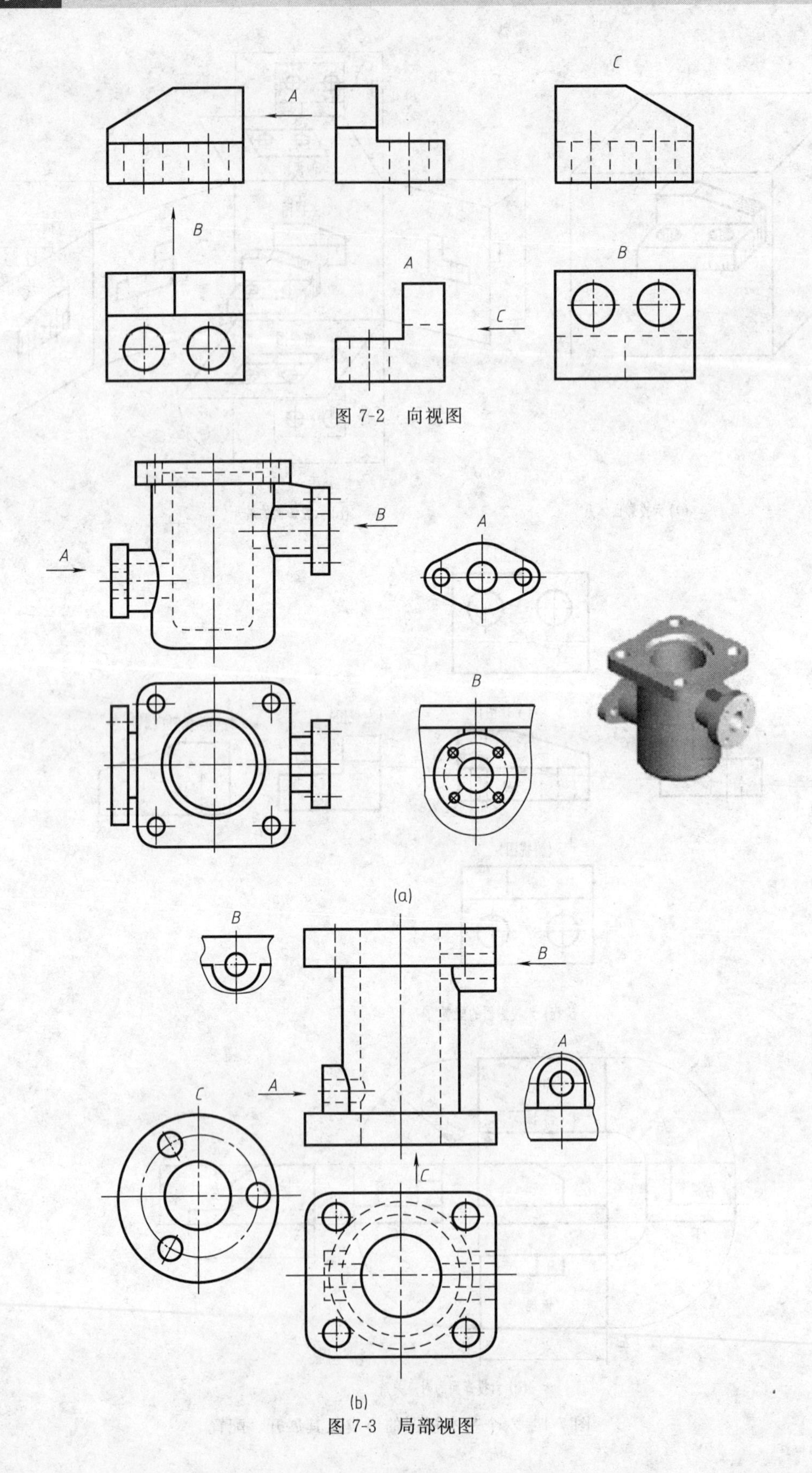

图 7-2 向视图

(a)

(b)

图 7-3 局部视图

① 用带字母的箭头指明要表达的部位和投射方向，并注明视图名称。

② 局部视图的范围用波浪线表示，如 *A* 向、*B* 向局部视图表示的局部。结构是完整的且外轮廓封闭时，波浪线可省略，如 *C* 向局部视图。

③ 局部视图可按基本视图的配置形式配置，也可按向视图的配置形式配置。

四、斜视图

当机件上有倾斜结构时，由于在基本视图上不反映实形，绘图和标注都有困难，看图也不方便，若将机件上的倾斜部分向新的投影面（平行于倾斜部分的平面）投影，便可得到反映这部分实形的视图，这种将机件向不平行于任何基本投影面的平面投射所得的视图称为斜视图。应用于机件上存在不平行于任何基本面的结构。

斜视图的画法（见图 7-4）：

① 斜视图一般按箭头所指的方向，且符合投影关系配置。

② 有时为了合理利用图纸幅面，也可配置在其他适当位置。

③ 斜视图一般只画倾斜部分，若仅是机件的局部结构时，边界用波浪线表示。

④ 斜视图通常按向视图的配置形式配置。允许将斜视图旋转配置，但需在斜视图上方注明。

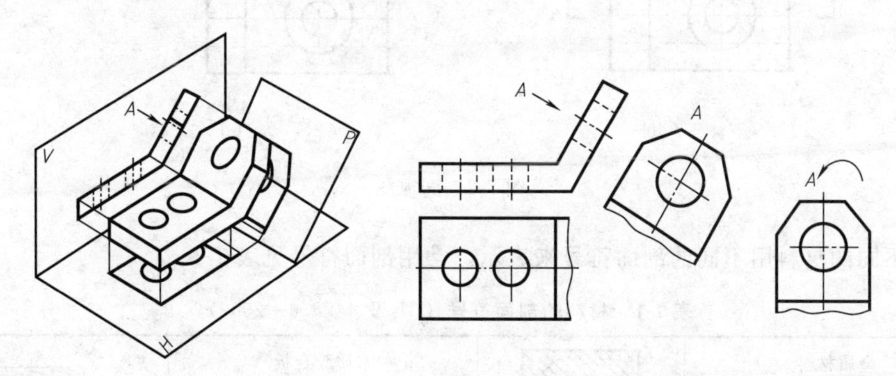

图 7-4　斜视图

任务二　剖　视　图

本任务主要介绍剖视图的基本知识、剖视图的类型和各种剖视图的规定画法及标注。通过本任务的学习，使学生具备识读和绘制各种剖视图的能力。

一、剖视图的概述

1. 剖视图的形成

假想用剖切面剖开机件，将处在观察者与剖切面之间的部分移去，而将其余的部分向投影面投影所得的图形，称为剖视图。

如图 7-5（a）所示，视图中均用虚线表达机件内部的孔和下部的通槽，为了明显地表达这些结构，假想用一个通过各孔轴线和底槽的正面平行面 *A* 作为剖切面将机件剖开，如图 7-5（b）所示，移去剖切面前面的部分，机件的内部形状就完全清楚地显示出来了，然后再向正立面投影，所得的图形就是剖视图，如图 7-5（d）所示。

2. 剖面符号(GB/T 4458.6—2002)

在图样中用剖面符号（剖面线）来表示剖切平面与机件接触的部分（断面），国家标准

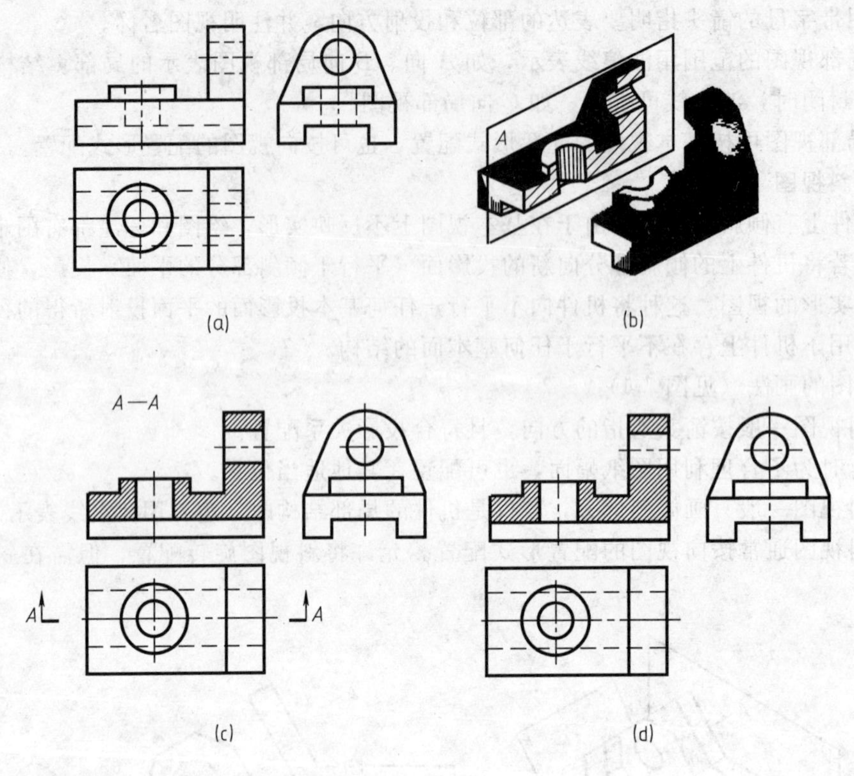

图 7-5 剖视图

中规定不同的材料用不同的剖面符号来表示。常用剖面符号见表 7-1。

表 7-1 材料的剖面符号（GB/T 4458.6—2002）

材料	剖面符号	材料	剖面符号
金属材料 （已有规定剖面符号者除外）		木质胶合板 （不分层数）	
线圈绕组元件		基础周围的泥土	
转子、电枢、变压器和电抗器等的叠钢片		混凝土	
非金属材料 （已有规定剖面符号者除外）		钢筋混凝土	
型砂、填砂、粉末冶金、砂轮、陶瓷刀片、硬质合金刀片等		砖	
玻璃及供观察用的 其他透明材料		格网 （筛网、过滤网等）	
木材 纵剖面		液体	
木材 横剖面			

画剖面符号的注意事项：

① 金属材料的剖面符号为与水平方向成 45°，且互相平行、间隔相等的细实线（通用剖面线）。

② 剖面符号的倾斜方向左右均可，但同一个机件的各个图形中则应方向一致、间隔相等。

③ 如图 7-6 所示当图形的主要轮廓线与水平方向成 45°时，该图形的剖面符号允许画成 30°或 60°的平行线，但方向仍应与同一机件的其他图形一致。

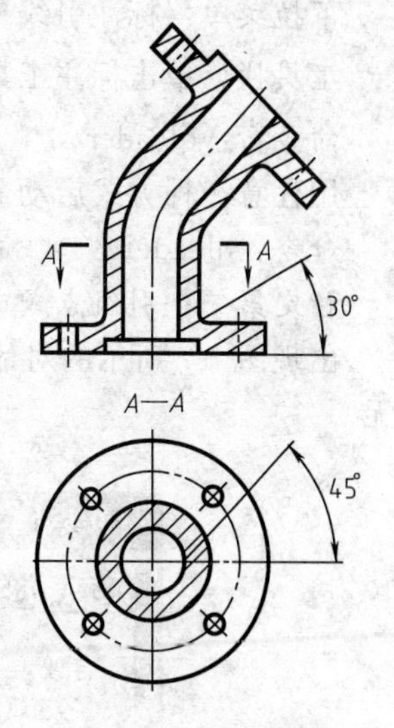

图 7-6　金属材料剖面符号的规定

3. 剖切位置与剖视图的标注

画剖视图时，一般应在剖视图的上方用大写的拉丁字母标注剖视图的名称"×—×"，在相应的视图上用剖切符号（线宽 b～1.5b，长约 5～10mm 的粗实线）表示剖切位置，同时，在剖切符号的外侧画出与它垂直的细实线和箭头表示投射方向，剖切符号不应与图形的轮廓线相交，在它的起、讫或转折处应标注相同的大写拉丁字母，字母一律水平方向书写，如图 7-5（c）所示。

当剖视图按投影关系配置，中间又没有其他图形隔开时，可以只画剖切符号，省略箭头。

当单一剖切平面通过机件的对称平面，或基本对称的平面，且剖视图按投影关系配置，中间又没有其他图形隔开时。可以不加任何标注，如图 7-5（d）所示。

4. AutoCAD 中剖视图的标注

(1) 剖切符号的画法

在文字层中绘制，AutoCAD2012 有两种方法：一是用多段线（Pline）命令，二是在特性工具条中调整线宽。

多段线命令：

功能：绘制不同宽度的直线段

命令执行方式：

下拉菜单：绘图→多段线

工具栏：单击工具栏图标

命令行：Pline

命令执行过程：

用任意一种方式启动命令后，AutoCAD 的文本窗口显示：

命令：Pline↙

　　指定起点↙

　　指定下一个点或［圆弧(A)/半宽(H)/长度(L)/放弃(U)/宽度(W)］：w↙

　　指定起点宽度〈0.0000〉：↙

　　指定端点宽度〈0.0000〉：↙

　　将线宽设为与粗实线相等或 1.5 倍。

在特性工具条中，可直接选取适当的线宽进行剖切符号的绘制。

(2) 箭头的画法：快速引线命令

功能：用于标注时快速创建引线

命令执行方式：

下拉菜单：标注引线

工具栏：单击标注工具栏图标

命令行：qleader

用任意一种方式启动命令后，AutoCAD 的文本窗口显示：

命令：qleader↙

指定第一个引线点或［设置（S）］〈设置〉：s↙

出现图 7-7 所示的对话框：设置箭头的形式如图 7-7（a）所示，在图 7-7（b）中选择："无"。

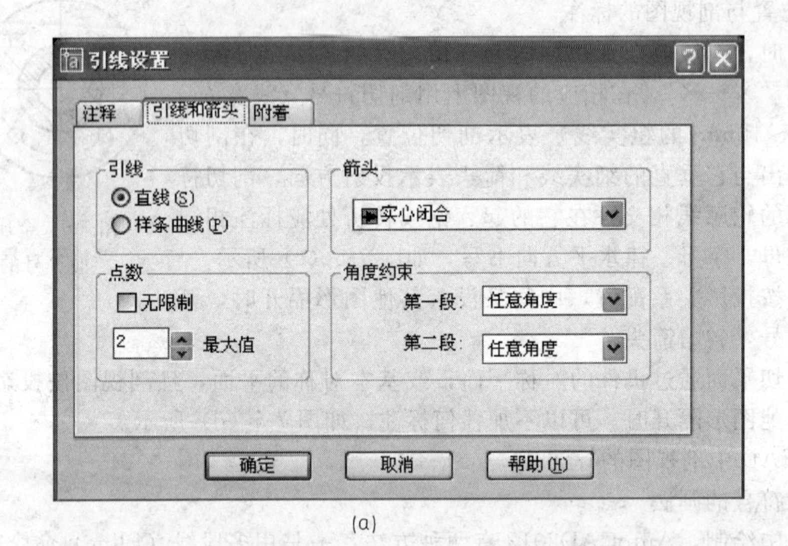

(a)

(b)

图 7-7　快速引线命令

指定第一个引线点或［设置（S）］〈设置〉：↙

指定下一点：↙

根据具体情况完成箭头的画法。

（3）剖切部位名称的标注步骤

① 单行文字注写命令（dtext），在剖切符号的一侧写起始字母“X”。

② 用镜像命令（mirror）标注终止字母，注意将 mirrtext 设为 0。

③ 若需在转折处和剖视图的正上方标注，可用多重复制命令（copy），在需要位置放置。

④ 在剖视图的正上方标注“×—×”，用编辑文字（ddedit）命令或对着文字对象双击鼠标左键，改写文字。

5. 用图案填充命令绘制剖面线

图案填充命令功能：创建关联的或者非关联的图案填充。

命令执行方式：

下拉菜单：绘图→图案填充

工具栏：单击工具栏图标

命令行：Bhatch

用任意一种方式启动命令后，系统弹出如图 7-8 所示的“边界图案填充”对话框快速选项卡。该对话框的主要选项含义如下。

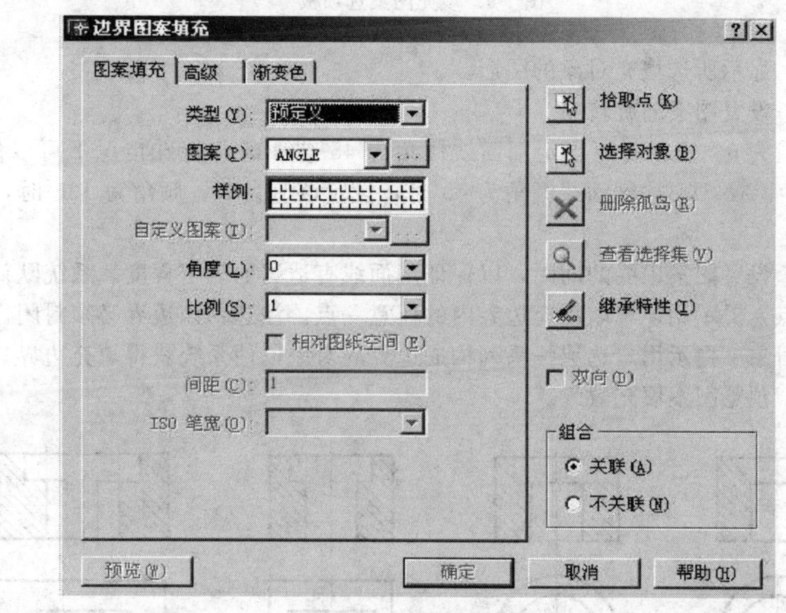

图 7-8 边界图案填充

（1）类型 设置图案类型。

在其下拉列表选项中“预定义”为用 AutoCAD 的标准填充图案文件中的图案进行填充；“用户定义”为用户自己定义的图案进行填充；“自定义”表示选用 ACAD. PAT 图案文件或其他图案中的图案文件。

（2）图案 确定填充图案的样式。

单击下拉箭头，出现填充图案样式名的下拉列表选项供用户选择；单击其右边的对话框按钮图标将出现如图 7-9 所示的“填充图案选项板”对话框，显示系统提供的填充图案。用户在其中选中图案名或者图案图标后，单击“确定”按钮，该图案即设置为系统的默认值。机械制图中常用的剖面线图案为 ANSI31。

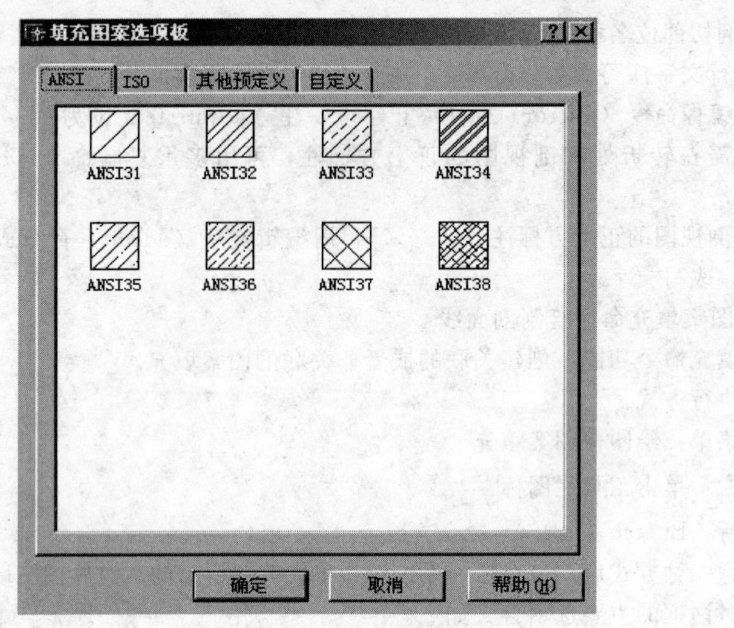

图 7-9 填充图案选项板

(3) 样例 显示所选填充对象的图形。

(4) 角度 设置图案的旋转角。

系统默认值为 0。机械制图规定剖面线倾角为 45°或 135°，特殊情况下可以使用 30°和 60°。若选用图案 ANSI31，剖面线倾角为 45°时，设置该值为 0°；倾角为 135°时，设置该值为 90°。

(5) 比例 设置图案中线的间距，以保证剖面线有适当的疏密程度。系统默认值为 1。

(6) 拾取点 提示用户选取填充边界内的任意一点。注意：该边界必须封闭。

(7) 选择对象 提示用户选取一系列构成边界的对象以使系统获得填充边界。

(8) 预览 预览图案填充效果。

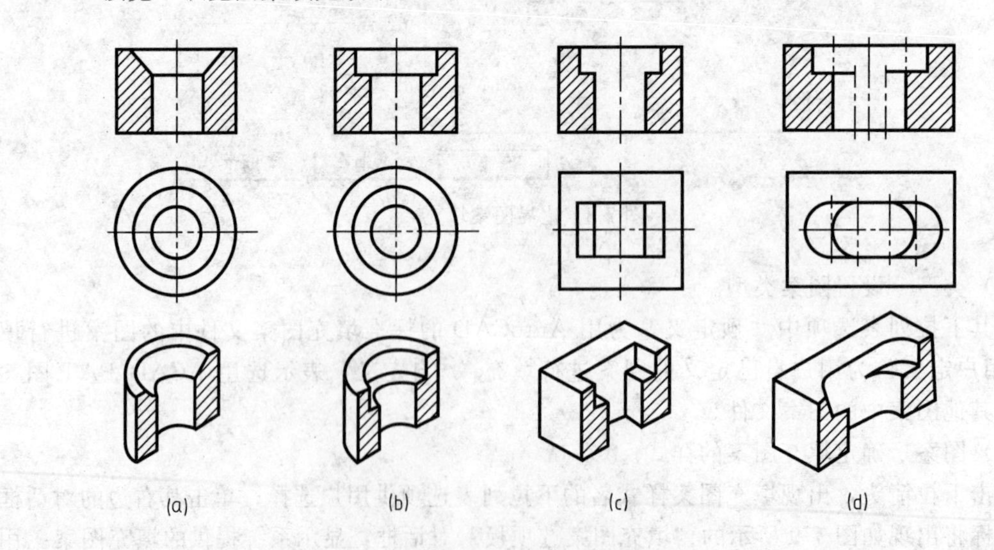

图 7-10 孔的剖视图画法

(9) 确定 结束填充命令操作，并按用户所指定的方式进行图案填充。

6. 画剖视图应注意的问题

① 剖切平面一般应通过机件的对称面或孔、槽的轴线、中心线，以便反映结构的真形。

② 剖切面是假想的，因此，当机件的某一个视图画成剖视图之后，其他视图仍应完整地画出。

③ 剖切面后方的可见轮廓线应全部画出，不得遗漏。图 7-10 所示为几种孔的剖视图画法。

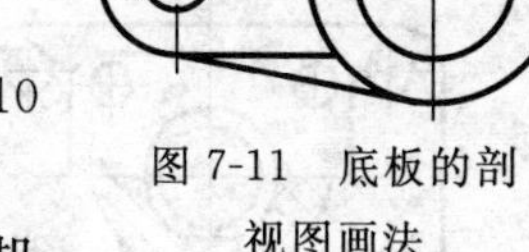

图 7-11 底板的剖视图画法

④ 在剖视图中，一般应省略虚线，只有当不足以表达清楚机件的形状时，为了节省一个视图，才在剖视图上画出虚线。如图 7-11 中，机件底板的厚度是用虚线表示的。

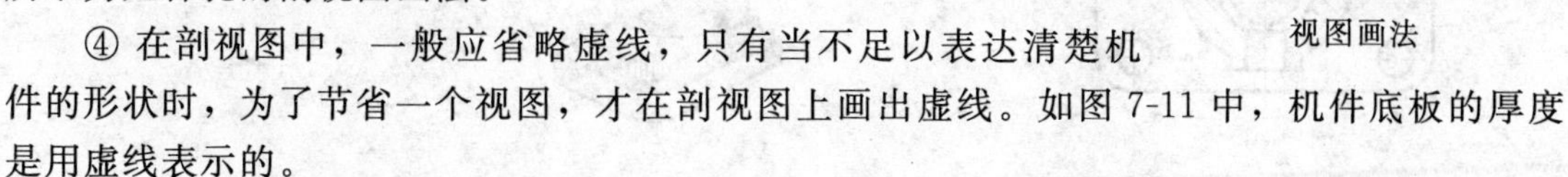

二、剖视图的种类

剖视图分为全剖视图、半剖视图和局部剖视图三种。

1. 全剖视图

用剖切面完全地剖开机件所得的剖视图，称为全剖视图。一般用于外形较简单，而内部结构复杂的机件，如图 7-12 所示。

全剖的表达重点在于表达机件的内部结构，对外形的表达较差。

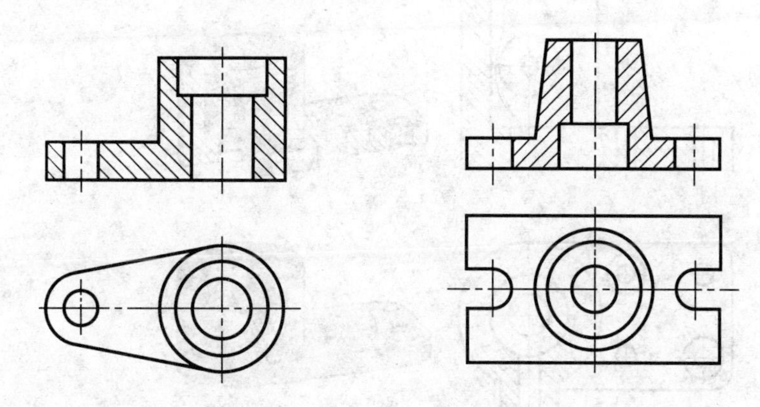

图 7-12 全剖视图

2. 半剖视图

当机件具有对称平面时，在垂直于对称平面的投影面上投影所得的图形，可以对称线为界，一半画成剖视图，另一半画成视图，这种组合成的图形称为半剖视图。半剖视图既可以表达机件的内部结构，又可以表达外部形状。故用于内外形均需要表达的对称机件（对称线处不能有轮廓线投影）。也可用于近似对称的机件。

画半剖视图时要注意：

① 半个视图和半个剖视图的分界线是细点画线，不是粗实线。

② 因为图形对称，内腔的结构形状已在半个剖视图中表达清楚，故在半个视图中省略虚线。

③ 习惯上将左右对称的图形剖开右半边，而将上下对称的图形剖开下半边。

半剖视图的标注如前所述，在图 7-13 的主视图和左视图中，由于剖切平面通过该机件

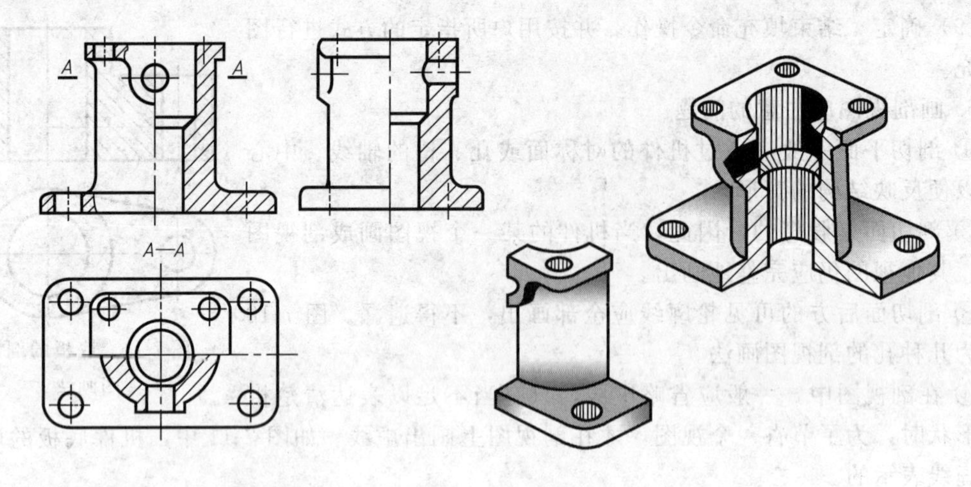

图 7-13 半剖视图

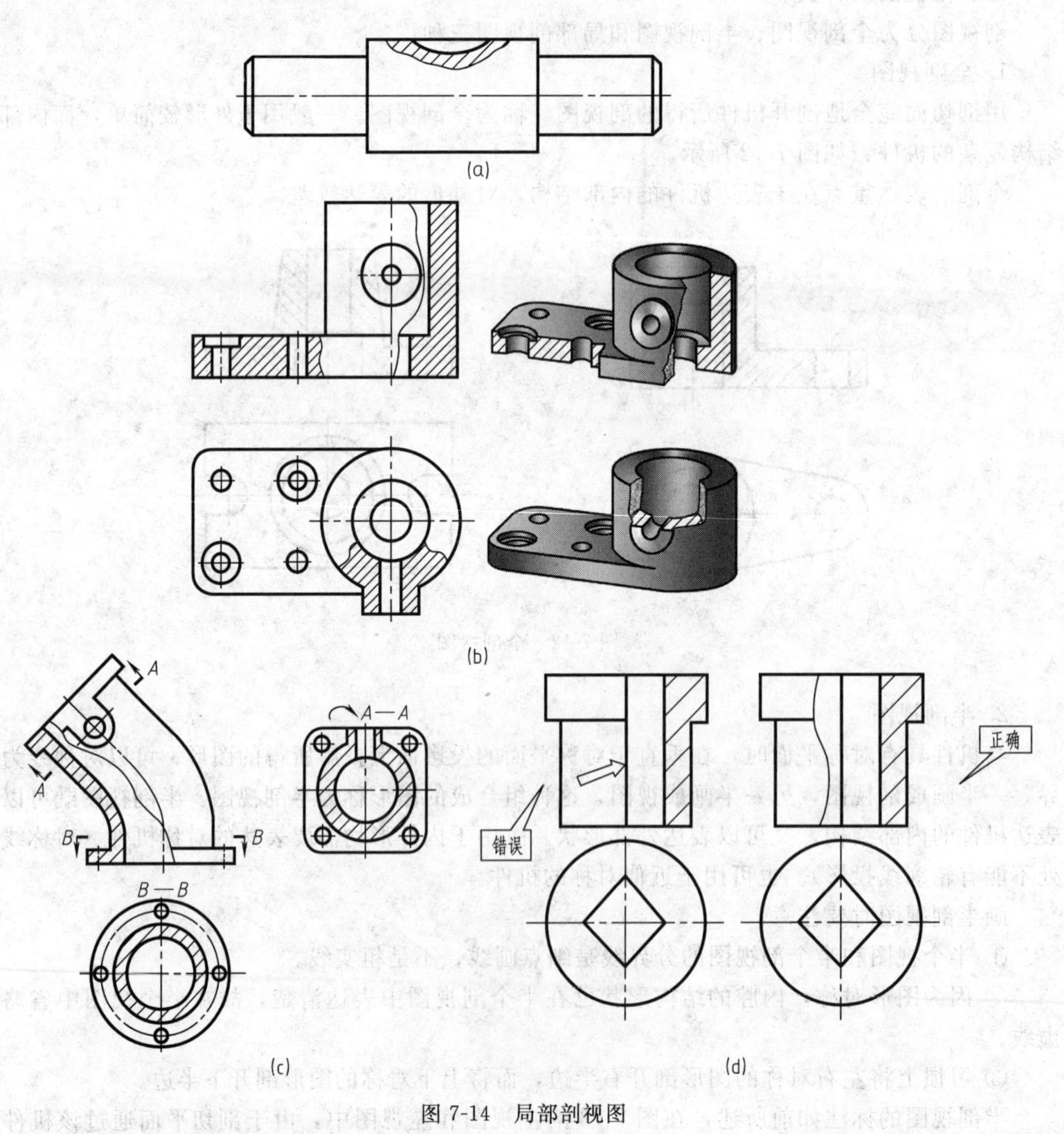

图 7-14 局部剖视图

的对称平面，且剖视图均按投影关系配置，中间又无其他图形隔开，因此均可省略标注。在俯视图中，因为机件没有对称平面，所以必须注出剖视图的名称，并在主视图中画出剖切符号和书写字母。又因主、俯视图按投影关系配置，中间又无其他图形隔开，故可省略箭头。

3. 局部剖视图

用剖切平面局部地剖开机件，所得的剖视图称为局部剖视图。局部剖视图是一种很灵活的表达方法，在同一视图上既可以表达机件的外形，也可将机件某些局部结构剖开来表达，局部剖视图用波浪线作为分界线。

局部剖是一种较灵活的表示方法，适用范围较广。

① 实心杆上有孔、槽时，应采用局部剖，如图 7-14（a）所示。

② 需要同时表达不对称机件的内外形状时，可以采用局部剖，如图 7-14（b）所示。

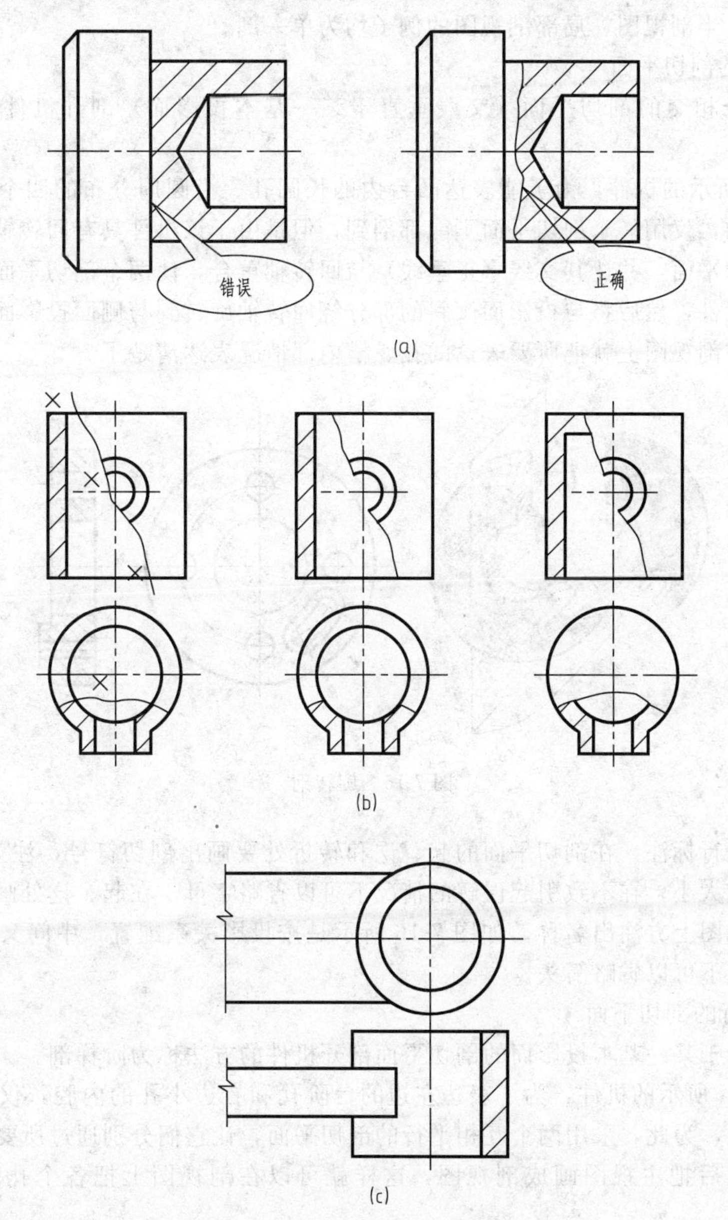

图 7-15　画局部剖时应注意的问题

③ 当机件的内外形都较复杂，而图形又不对称时，可采用图 7-14（c）所示方法。

④ 当对称机件的轮廓线与中心线重合，不宜采用半剖视时，可采用图 7-14（d）所示方法。

画局部剖应注意的问题：

① 波浪线不能与图上的其他图线重合，如图 7-15（a）所示。

② 波浪线不能穿空而过，也不能超出视图的轮廓线，如图 7-15（b）所示。

③ 当被剖结构为回转体时，允许将其中心线作局部剖的分界线，如图 7-15（c）所示。

三、剖切面和剖切方法

1. 单一剖切面

假想用一个剖切面（通常用平面，也可用柱面）剖开机件的方法称为单一剖。前面所介绍的全剖视图、半剖视图、局部剖视图的例子均为单一剖。

2. 两相交的剖切平面

假想用两个相交的剖切平面（交线垂直于某一基本投影面）剖开机件的方法称为旋转剖。

如图 7-16 所示的机件，为了能表达凸台内的长圆孔、沿圆周分布的四个小孔及中间的大孔等内部结构，仅用一个剖切平面不能都剖到，但是由于该机件具有回转轴线，可以采用两个相交的剖切平面，并让其交线（正垂线）与回转轴重合，使两个剖切平面通过所要表达的孔、槽剖开机件，然后将与投影面倾斜的部分绕回转轴旋转到与侧面投影面平行，再进行投影，这样，在剖视图上就把所要表达的孔、槽内部情况表达清楚了。

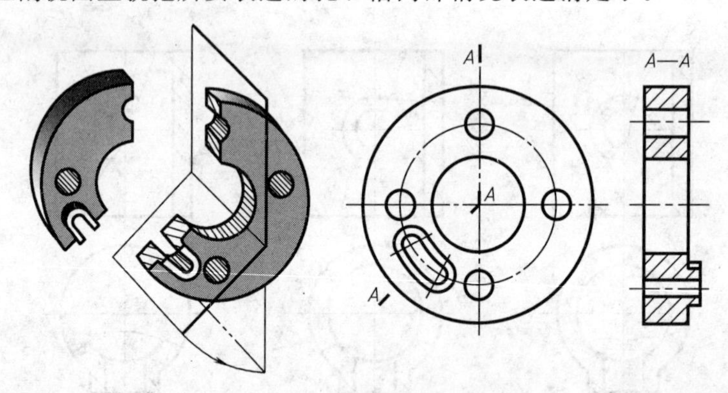

图 7-16　旋转剖

旋转剖要进行标注，在剖切平面的起、讫和转折处要画出剖切符号，注上同样的字母，如果转折处地方太小，在不致引起误解的情况下可以省略字母。在起、讫处画出箭头表示投射方向，在剖视图上方注出名称。如图 7-16 所示是按投影关系配置，中间又没有其他图形隔开，在此情况下可以省略箭头。

3. 几个平行的剖切平面

用几个平行于某一基本投影面的剖切平面剖开机件的方法称为阶梯剖。

图 7-17（a）所示的机件，为了表达左边的台阶孔和右边小孔的内腔，仅用一个剖切平面不能达到目的，为此，采用两个互相平行的剖切平面，让它们分别通过所要表达的孔的轴线剖开机件，然后把主视图画成剖视图，这样就可以在剖视图上把各个孔的内腔表达清楚了。

画阶梯剖视图时要注意：不要画出各个剖切平面间的界线，也不要在剖视图中画出不完整要素。图 7-17（b）的画法是错误的，因为它只画出了左边半个阶梯孔的内腔，出现了不完整要素，同时又画出了剖切平面间的界线。

阶梯剖的剖切位置和剖视图的标注如图 7-17（a）所示。

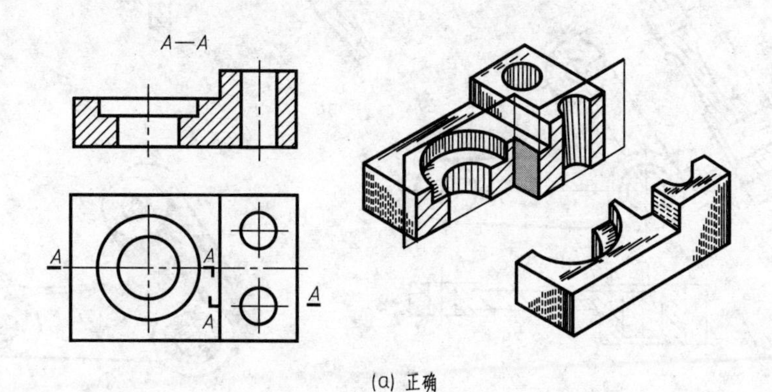

(a) 正确

不完整要素　A—A　不画此线

(b) 错误

图 7-17　阶梯剖

4. 不平行于任何基本投影面的剖切平面

假想用不平行于任何基本投影面的平面剖开机件的方法称为斜剖。

当机件上倾斜部分的内部结构形状需要表达时，可选用一个与倾斜部分平行且垂直于某一基本投影面的剖切平面剖开机件，然后将剖切平面后面的机件向与剖切平面平行的投影面上投影。这种用不平行于任何基本投影面的剖切平面剖开机件的方法，称为斜剖。

图 7-18（a）中的 $B—B$ 即为采用斜剖的方法所得的全剖视图。

斜剖的剖切位置与剖视图的标注形式，如图 7-18（a）所示，注意字母一律水平书写，与倾斜部分的方向无关。

剖视图的位置最好按箭头所指的方向配置，并与基本视图保持投影关系，也可以平移到其他适当位置，如图 7-18（b）所示。在不致引起误解时，允许将图形旋转，如图 7-18（c）所示。

5. 用组合的剖切平面剖切

当机件的内部结构形状较复杂，仅用阶梯剖或旋转剖仍不能表达清楚时，可以用组合的剖切平面剖开机件，这种方法称为复合剖。采用这种剖切方法画剖视图时，可用展开画法，如图 7-19 所示。

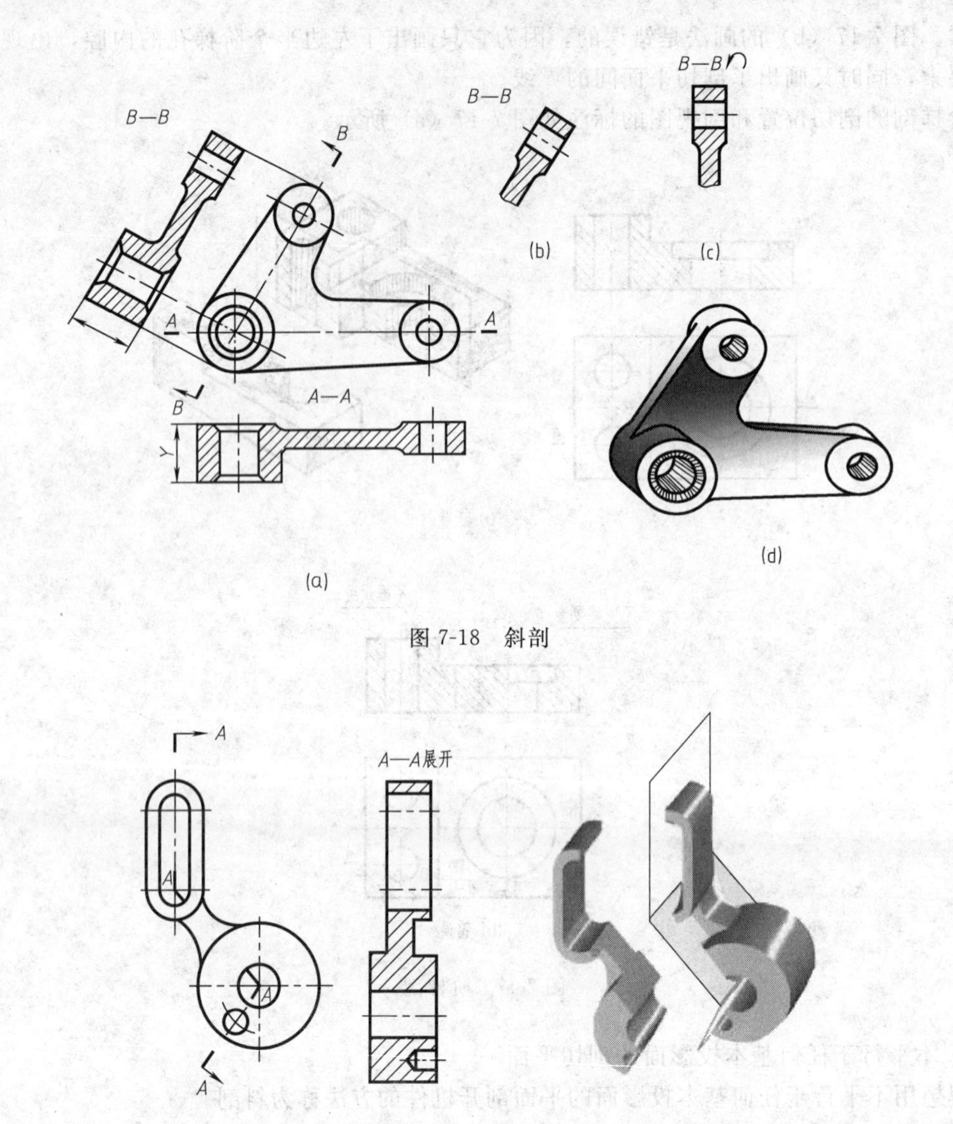

图 7-18　斜剖

图 7-19　复合剖

任务三　断　面　图

本任务主要介绍断面图的基本概念、种类、标注及其作断面图时的一些规定。通过本任务的学习，使学生应具备能够熟练地应用断面图的方法灵活表达机件的能力。

一、基本概念

假想用剖切平面将机件的某处切断，仅画出该剖切平面与机件接触部分的图形，这个图形称为断面图，简称断面。

在图 7-20 中，假想用一个剖切平面 A 垂直于轴线方向将键槽处切断，然后画出断面的实形，就能清楚地表达出断面的形状、键槽的深度。

断面与剖视的区别是：断面仅画出剖切面与机件接触部分的图形，而剖视则是将断面连同它后面的结构投影一起画出，如图 7-20（b）为断面，图 7-20（c）为剖视。

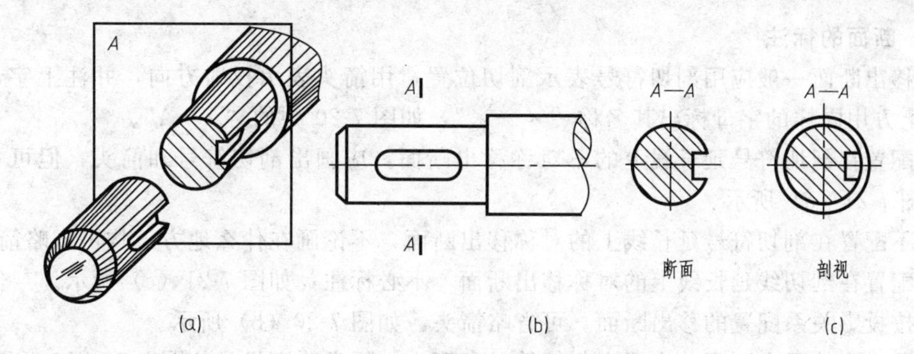

图 7-20　断面的基本概念

二、断面的种类

根据断面图配置的位置，分为移出断面和重合断面两种。

1. 移出断面

画在视图外的断面，称为移出断面。图 7-21 中的三个断面均为移出断面。

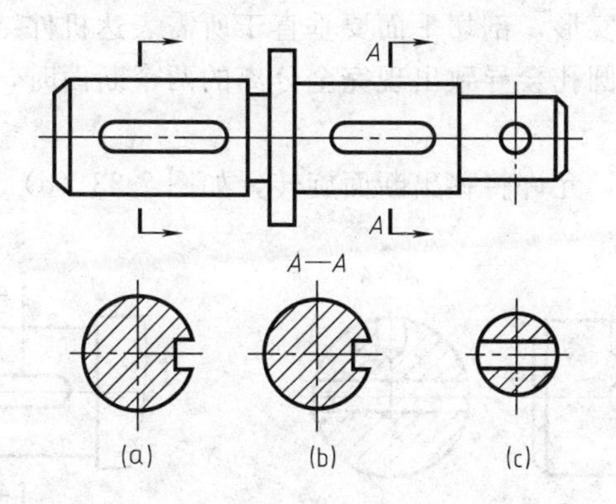

图 7-21　移出断面

移出断面的轮廓线用粗实线画出，并尽量画在剖切符号或剖切线（即剖切平面与投影面的交线，用细点画线表示）的延长线上，如图 7-20（a）、（c）所示。必要时也可将移出断面配置在其他适当位置，如图 7-20（b）所示。

2. 重合断面

画在视图内的断面称为重合断面，如图 7-22 所示。

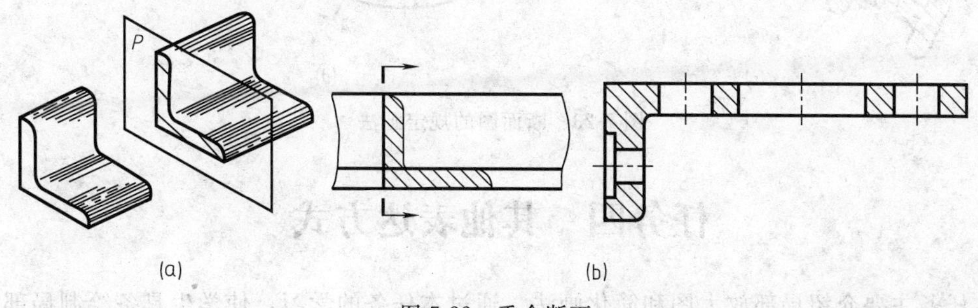

图 7-22　重合断面

画重合断面时，轮廓线是细实线，当视图的轮廓线与重合断面的图形重叠时，视图中的轮廓线仍应连续画出，不可间断。

三、断面的标注

① 移出断面一般应用剖切符号表示剖切位置，用箭头表示投射方向，并注上字母，在断面的上方用同样的字母标出其名称“×—×”，如图 7-20 中的“A—A”。

② 配置在剖切符号延长线上的不对称移出断面，应画出剖切符号和箭头，但可省略字母，如图 7-21（a）所示。

③ 不配置在剖切符号延长线上的对称移出断面，不论画在什么地方，均可省略箭头。

④ 配置在剖切线延长线上的对称移出断面，不必标注，如图 7-21（c）所示。

⑤ 按投影关系配置的移出断面，可省略箭头，如图 7-20（b）所示。

⑥ 不对称的重合断面，应画出剖切符号和箭头，可省略字母，如图 7-22（b）所示。

四、画断面图的一些规定

① 剖切平面通过回转面形成的孔或凹坑的轴线时，这些结构按剖视绘制。如图7-23（a）、（b）所示，这两个断面在圆孔和锥坑通过处，圆周轮廓线画成封闭的。

② 由两个或多个相交平面剖切所得的移出断面，中间一般应断开，如图 7-23（c）所示。

③ 为了正确表达断面实形，剖切平面要垂直于所需表达机件结构的主要轮廓线或轴线。

④ 当剖切平面通过非圆孔会导致出现完全分离的两个断面时，则这些结构按剖视绘制，如图 7-23（d）所示。

⑤ 在不致引起误解时，允许将移出断面旋转，如图 7-23（d）所示。

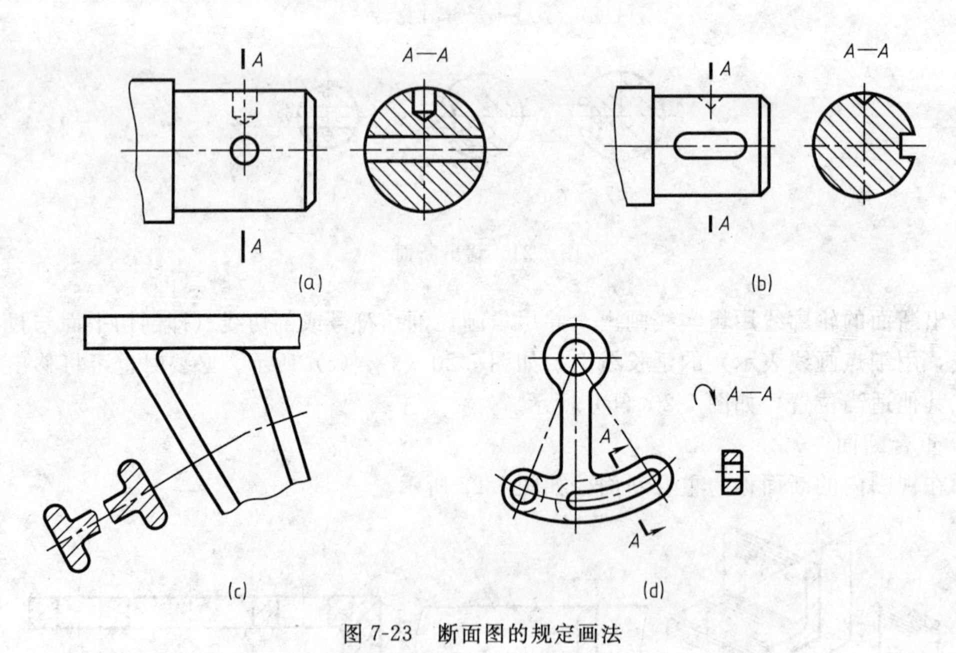

图 7-23　断面图的规定画法

任务四　其他表达方式

本任务主要介绍局部放大图和简化画法。通过本任务的学习，使学生具备绘制局部放大图和应用简化画法等表达方法的能力。

一、局部放大图

当按一定比例画出机件的视图后，如果其中一些微小结构表达不够清晰，又不便标注尺寸时，可以用大于原图形所采用的比例单独画出这些结构，这种图形称为局部放大图，如图 7-24所示。

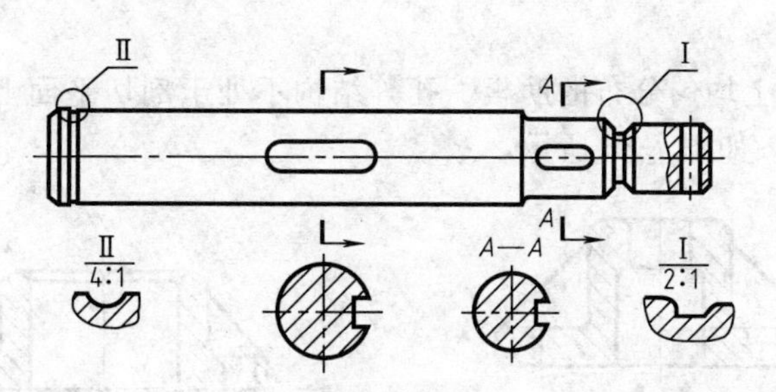

图 7-24 局部放大图

局部放大图可以画成视图、剖视图、断面图。

画局部放大图时，在原图上要把所要放大部分的图形用细实线圈出，并尽量把局部放大图配置在被放大部位附近。当图上有几处放大部位时，要用罗马数字依次标明放大部位，并在局部放大图的上方标注出相应的罗马数字和所采用的比例。若只有一处放大部位时，则只需在放大图的上方注明所采用的比例就可以了。

局部放大图所采用的比例，仍为图样中机件要素的线性尺寸与机件相应要素的线性尺寸之比。

二、简化画法

为了方便制图，国家标准《技术制图》规定了一些简化画法，现将其中最常见的几种情况作一介绍。

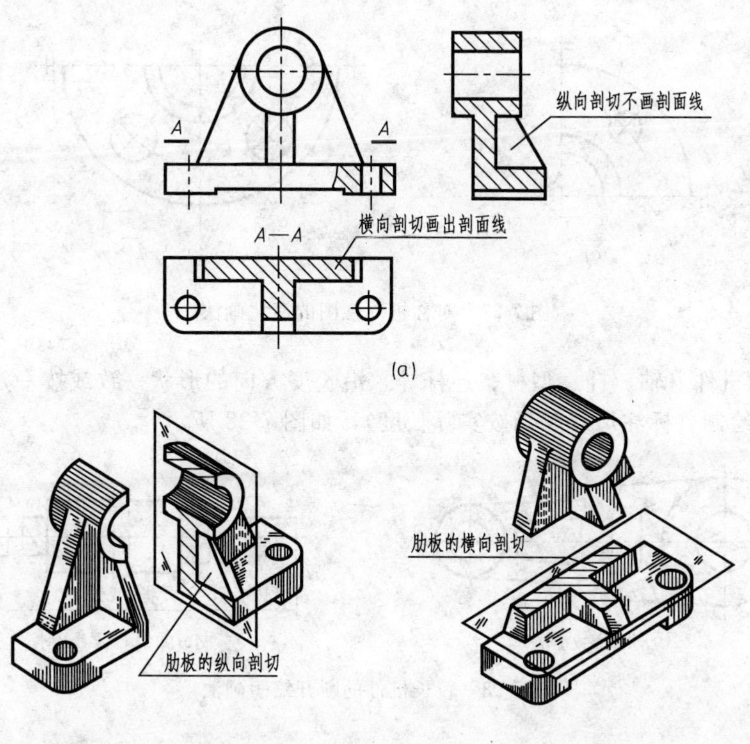

图 7-25 肋的剖视图规定画法

① 对于机件上的肋板、轮辐及薄壁等，如按纵向剖切，这些结构都不画剖面符号，而用粗实线将它与其邻接部分分开。但当这些结构不按纵向剖切时，仍应画出剖面符号，如图7-25所示。

② 当零件回转体上均匀分布的肋板、孔等结构不处于剖切平面上时，可将这些结构旋转到剖切平面上画出，如图7-26所示。

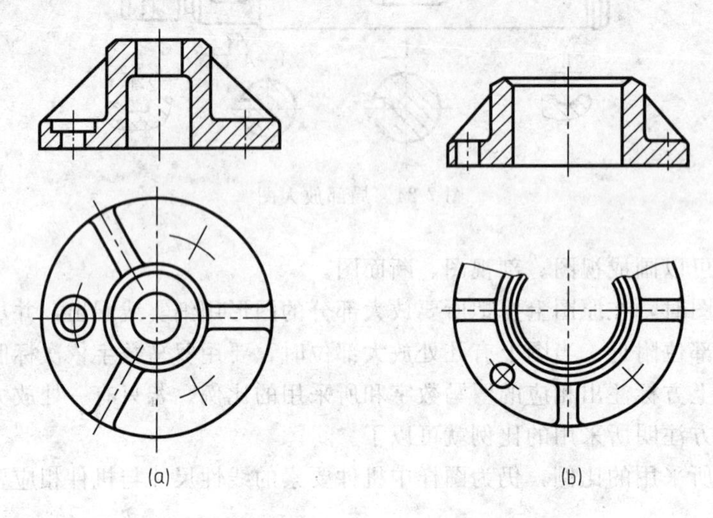

图7-26 均匀分布的肋板与孔的剖视图画法

③ 在不致引起误解时，对于对称机件的视图可只画一半或四分之一，并在对称中心线的两端画出两条与其垂直的平行细实线，如图7-27所示。

图7-27 对称机件视图的简化画法

④ 较长的机件（轴、杆、型材、连杆等）沿长度方向的形状一致或按一定规律变化时，可断开后缩短绘制（标注尺寸时仍按实际长度），如图7-28所示。

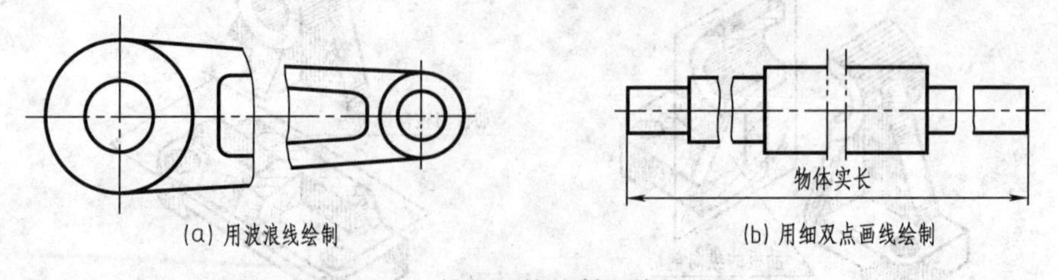

图7-28 较长机件的断开缩短画法

⑤ 当机件具有若干相同结构（齿、槽等），并按一定规律分布时，只需画出几个完整的结构，其余用细实线连接，并注明该结构的总数，如图7-29所示。

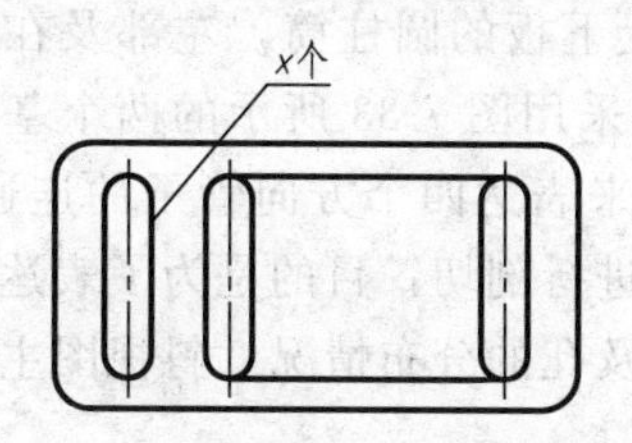

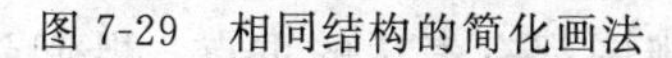
图 7-29　相同结构的简化画法

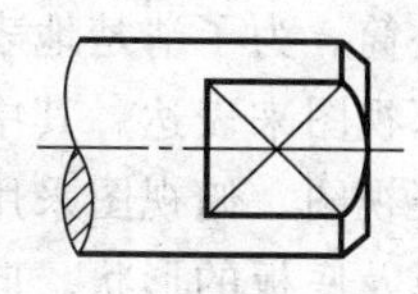
图 7-30　平面的表示方法

⑥ 当图形不能充分表达平面时，可用平面符号（两条相交的细实线）表示，如图7-30所示。

⑦ 零件上对称结构的局部视图，可以按图 7-31 所示的方法绘制。

⑧ 机件上的较小结构，如在一个图形中已表示清楚时，其他图形可以简化。如图7-31中的键槽处截交线的投影简化为与圆柱转向轮廓线平齐，右部小圆孔与圆柱的相贯线简化为直线。

⑨ 在不致引起误解时，零件图中的移出断面，允许省略剖面符号，如图 7-32 所示。

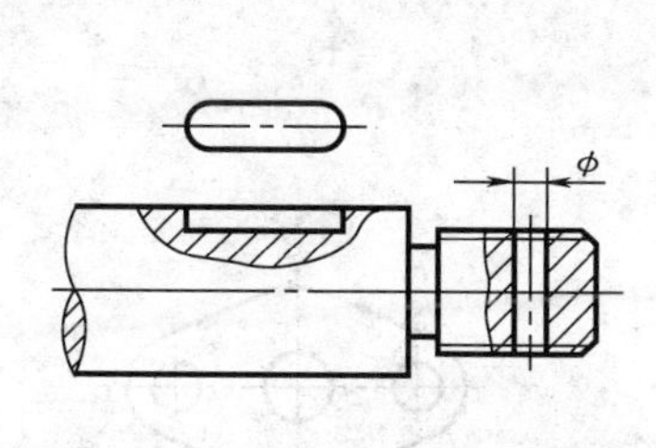

图 7-31　对称结构的局部视图及较小结构的简化画法

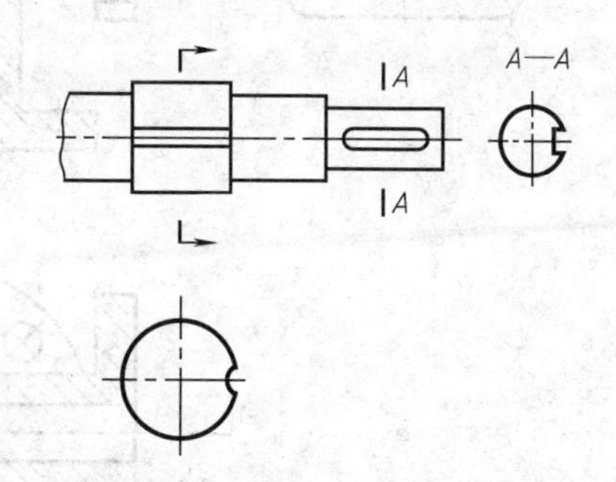

图 7-32　剖面符号的省略

任务五　表达方法的综合应用

本任务主要介绍四通管和轴承支架的表达方法。通过本任务的学习，使学生具备用恰当的表达方法表达机件的结构的能力。

前面介绍了机件的表达方法，在绘制图形时，应根据机件的形状和结构特点，灵活选用表达方法。对于同一机件，可以有多种表达方案，应加以比较，择优选择。选择表达方案的基本要求是：根据机件的结构特点，选取适当的表达方法，首先应当考虑看图的方便，在完整、清晰地表达机件形状的前提下力求制图的方便，要求每一视图有一个表达的重点，各个视图之间应互相补充不重复。

在选择视图时，应把表示机件信息量最多的那个视图作为主视图，主视图通常是机件的工作位置、加工位置。当需要其他视图（包括剖视图、断面图）时，应按下面介绍的原则选取。

① 在明确表示机件的前提下，使视图的数量为最少。

② 尽量避免使用虚线表达机件的轮廓及棱线。

③ 避免不必要的重复。

例 7-1　四通管的表达方案。

图 7-33 所示的四通管有三个主要部分。中间为带有上下板的圆柱筒，左部及在右部为倾斜的圆柱筒。为了清楚地表达四通管的外部结构，可以采用图 7-33 所示的两个基本视图和三个局部视图来表达。其中主视图采用旋转剖，主要用来表达四个方向管子的连通情况，是一个特征视图。俯视图采用了两个相互平行的剖切平面进行剖切，目的是为了表达右部管子的位置以及底板的形状。向视图主要表达上断面的形状及孔的分布情况。斜视图主要用于表达两个管子的出口形状。

图 7-33 所示的几个视图，表达方法搭配恰当，每个视图都有表达的重点，既起到了相互配合和补充的作用，又使视图的数量不是太多。

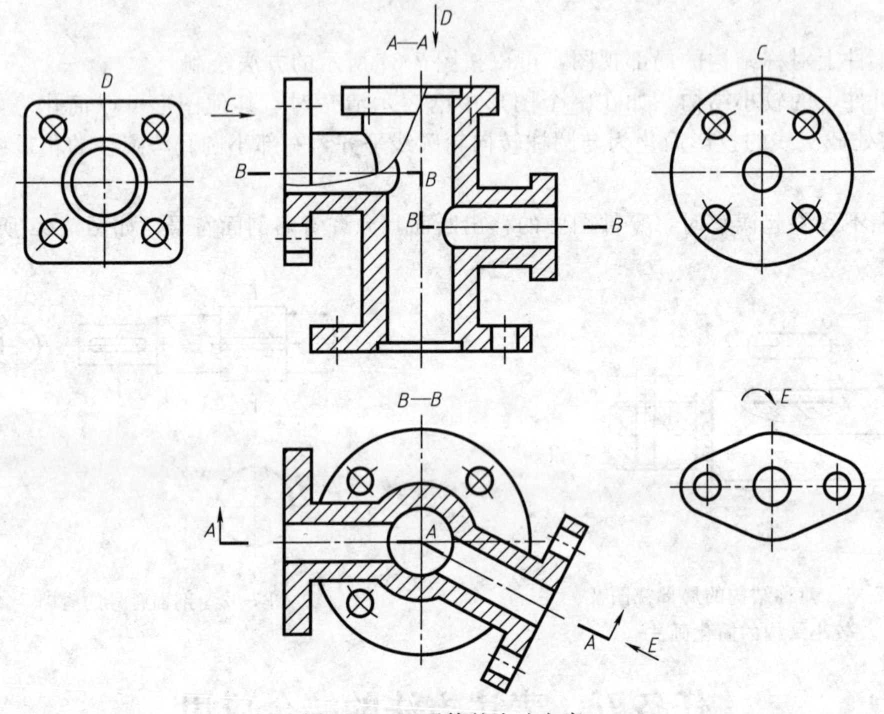

图 7-33 四通管的表达方案

例 7-2 支架的表达方案。

根据图 7-34 所示的支架可以看出，支架共分三个部分：轴承（空心圆柱）、底板、连接

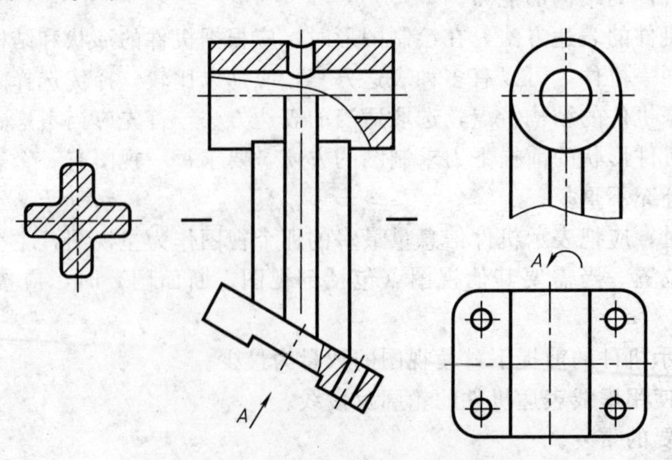

图 7-34 轴承支架的表达方案

轴承与底板的十字肋，支架的结构是前后对称的。

图 7-34 所示的表达方案，主视图采用两处局部剖，既表达了肋板、轴承和底板的外部结构形状及相互的位置关系，又表达了轴承孔、加油孔以及底板四个小孔的形状。左视图为局部视图，表示轴承圆柱与十字肋板的连接关系和相互位置。倾斜的底板采用向斜视图，表示其实形及四个孔的分布位置，移出断面表示十字肋板的断面形状。

项目八　标准件及常用件

在机器或者部件中还广泛应用着另外一类零件，这类零件几乎在所有的机器和部件中都存在，如螺栓、螺母、齿轮、弹簧、滚动轴承、键、销等。由于这些零件是在专用机床上用专用的刀具进行加工，并用专用的量具进行测量。所以，国家标准对这类零件的结构和尺寸进行了标准化，其中对整体结构及尺寸标准化了的零件叫标准件，对部分结构和尺寸标准化了的零件叫常用件。本项目重点介绍标准件及常用件的规定画法和标记。

任务一　螺　　纹

螺纹是零件上常见的一种结构，它被广泛地应用于零件之间的连接，也可以起传递运动和动力的作用。本任务主要介绍国家标准对螺纹的结构、尺寸、画法和标注的规定。

一、螺纹的形成

螺纹是在圆柱（或圆锥）表面上沿螺旋线形成的具有相同剖面形状（三角形、梯形、锯齿形等）的连续凸起或沟槽。许多零件上都有螺纹，加工在外表面上的螺纹称为外螺纹，加工在内表面上的螺纹称为内螺纹，如图 8-1 所示。内、外螺纹旋合在一起，可起到连接或传动等作用。

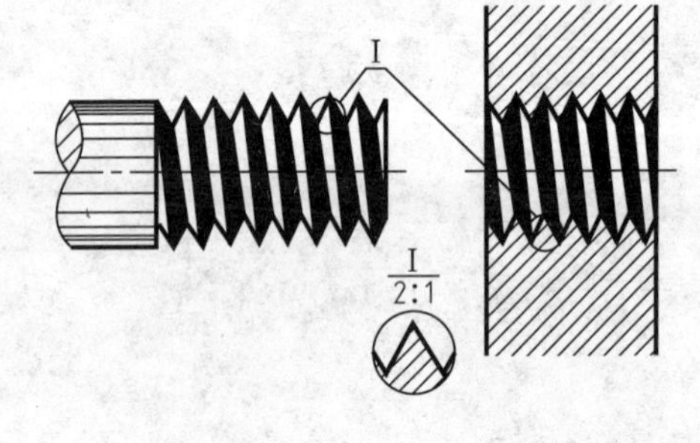

(a) 外螺纹　　(b) 内螺纹

图 8-1　外螺纹和内螺纹

螺纹有各种加工方法，可以在车床上车削螺纹，可以用碾压法挤压加工螺纹，也可以用丝锥或板牙加工，如图 8-2 所示。

二、螺纹的基本要素

螺纹的基本要素有五个，即牙型、直径、螺距（或导程）、线数和旋向。内、外螺纹旋合时，两者的五要素必须相同。

(1) 螺纹牙型　牙型是指在通过螺纹轴线剖开的断面图上螺纹的轮廓形状，常见的螺纹牙型有三角形、梯形和锯齿型等。

(2) 螺纹直径　如图 8-3 所示，螺纹直径分为大径、小径和中径。

大径：与外螺纹牙顶或内螺纹牙底相重合的假想圆柱面的直径，称为螺纹的大径（内、外螺纹的大径分别用 D、d 表示）。除管螺纹外，通常所说的螺纹公称直径即指螺纹大径。

小径：与外螺纹牙底或内螺纹牙顶相重合的假想圆柱面的直径，称为螺纹的小径（内、外螺纹的小径分别用 D_1、d_1 表示）。

中径：中径是一个假想圆柱的直径，该圆柱的母线通过牙型上沟槽和凸起宽度相等的地方，此假想圆柱的直径称为中径（内、外螺纹的中径分别用 D_2、d_2 表示）。

(3) 螺纹的导程（P_h）与螺距（P）　导程是同一螺旋线上相邻两牙在中径线上对应两点间的轴向距离；螺距是相邻两牙在中径线上对应两点间的轴向距离，如图 8-4 所示。

(4) 螺纹的线数（n）　螺纹的线数是指形成螺纹时的螺旋线的条数。螺纹有单线和多线之分。单线螺纹是指沿一条螺旋线形成的螺纹；多线螺纹是指沿两条或两条以上螺旋线所

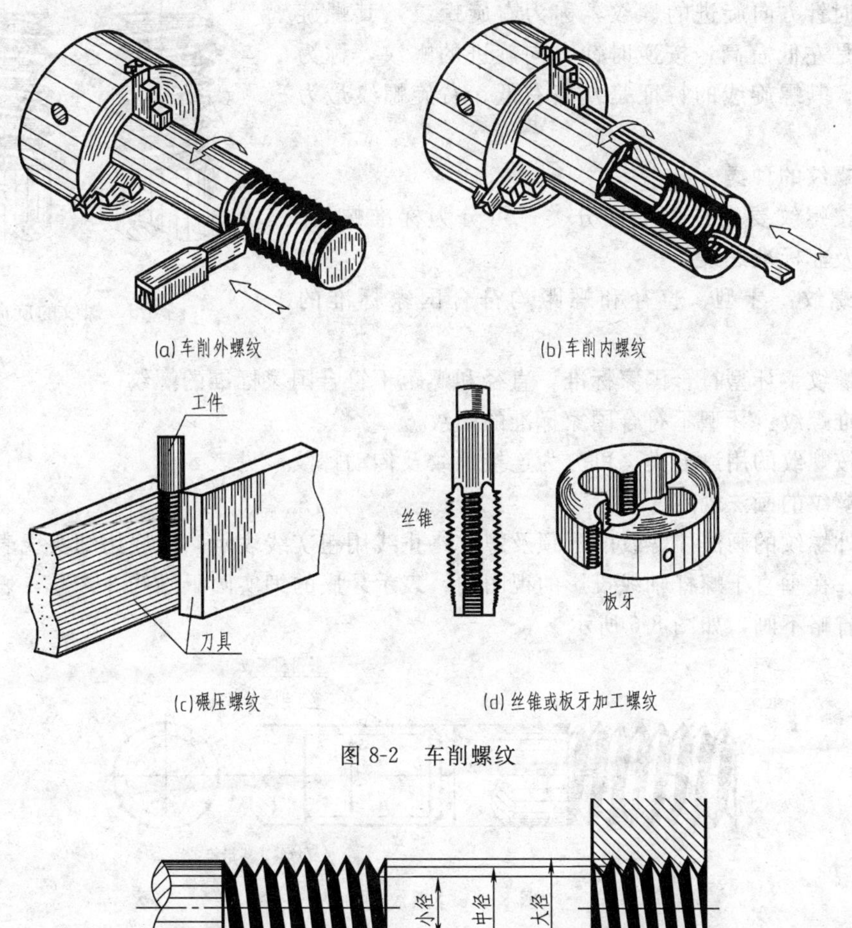

图 8-2 车削螺纹

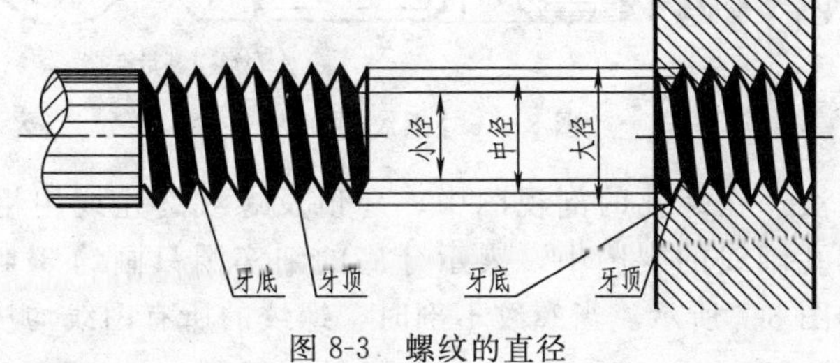

图 8-3 螺纹的直径

形成的螺纹，如图 8-4 所示。

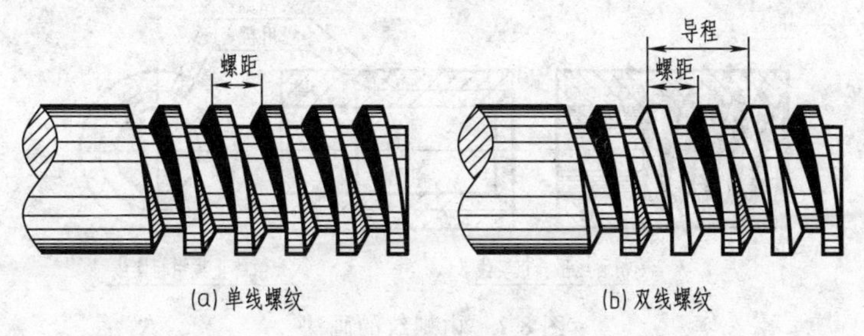

图 8-4 螺纹的线数

由图 8-4 可知，螺距、导程和线数存在以下关系：

螺距＝导程/线数

单线螺纹 $P_h=P$；

多线螺纹 $P_h=nP(n\geqslant 2)$，$n=2$ 时，称为双线螺纹。

(5) 螺纹的旋向 螺纹按旋进的方向不同，可分为右旋螺纹和左旋螺纹，如图 8-5 所示。按顺时针方向旋进的螺纹，称为右旋螺纹，其螺旋线的特征是左低右高；按逆时针方向旋进的螺纹，称为左旋螺纹，其螺旋线的特征是左高右低。右旋螺纹最为常用。

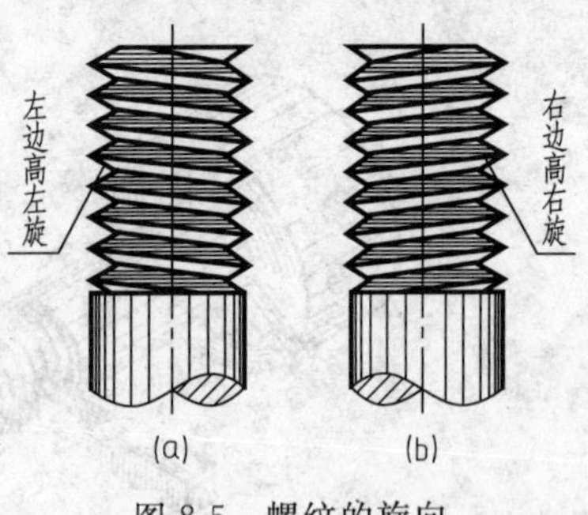

图 8-5 螺纹的旋向

三、螺纹的种类

(1) 按螺纹要素是否标准分类　可分为标准螺纹、特殊螺纹及非标准螺纹。

标准螺纹：牙型、直径和螺距均符合国家标准的螺纹。

特殊螺纹：牙型符合国家标准，直径和螺距不符合国家标准的螺纹。

非标准螺纹：牙型不符合国家标准的螺纹。

(2) 按螺纹的用途分类　可分为连接螺纹及传动螺纹，见表 8-1。

四、螺纹的画法规定

(1) 外螺纹的画法　螺纹的牙顶及螺纹终止线用粗实线表示，牙底用细实线表示，并画到倒角处。在垂直于螺杆轴线投影的视图中，表示牙底的细实圆只画约 3/4 圈，表示倒角的粗实线圆省略不画，如图 8-6 所示。

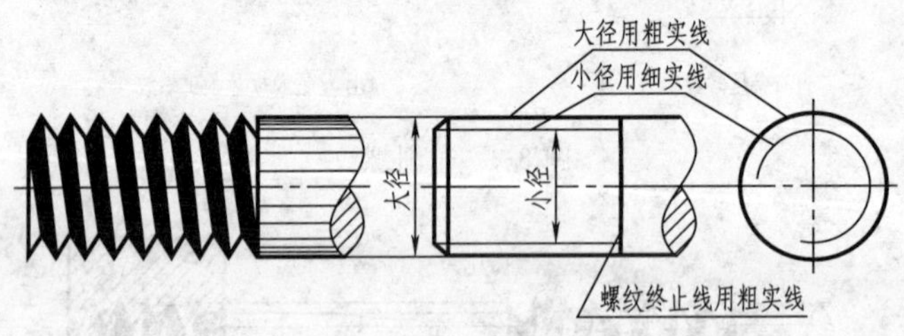

图 8-6 外螺纹的画法

(2) 内螺纹的画法　在螺孔的剖视图中，牙顶及螺纹终止线用粗实线表示，牙底为细实线。在垂直于螺孔轴线的视图中，表示牙底的细实圆只画约 3/4 圈，表示倒角的粗实线圆省略不画，如图 8-7 所示。当螺纹不剖时，螺纹的所有图线均按虚线绘制，如图 8-8 所示。

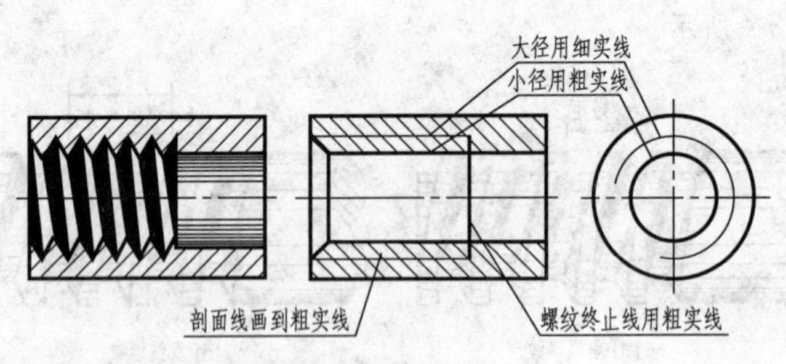

图 8-7 内螺纹的画法

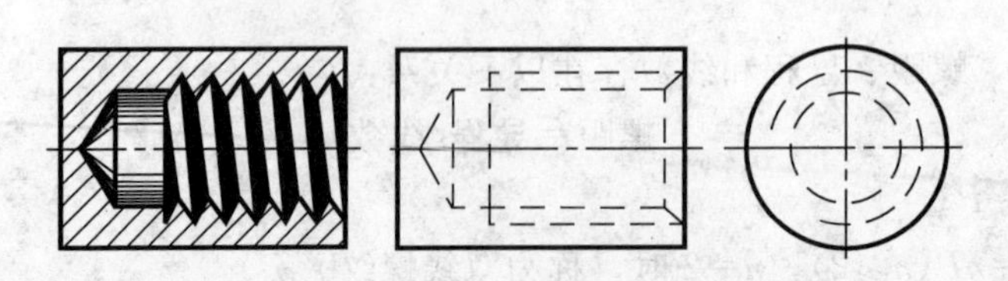
图 8-8 内螺纹未剖时的画法

表 8-1 螺纹按用途的分类

<table>
<tr><th colspan="4">螺纹分类</th><th>牙型及牙型角</th><th>特征代号</th><th>说 明</th></tr>
<tr><td rowspan="6">连接螺纹</td><td rowspan="2">普通螺纹</td><td colspan="2">粗牙普通螺纹</td><td rowspan="2"> 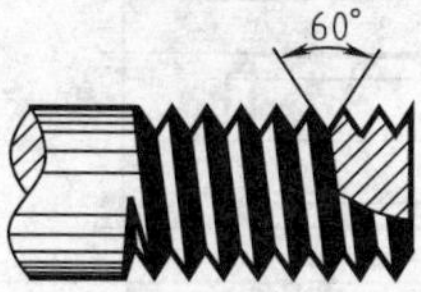60°</td><td rowspan="2">M</td><td>用于一般零件连接</td></tr>
<tr><td colspan="2">细牙普通螺纹</td><td>与粗牙螺纹大径相同时，螺距小，小径大，强度高，多用于精密零件，薄壁零件</td></tr>
<tr><td rowspan="4">管螺纹</td><td colspan="2">非螺纹密封的管螺纹</td><td> 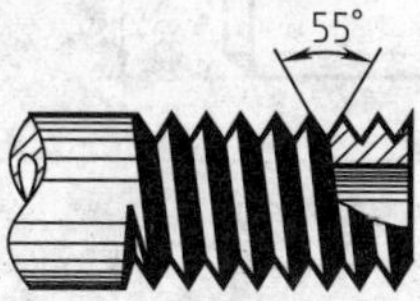55°</td><td>G</td><td>用于非螺纹密封的低压管路的连接</td></tr>
<tr><td rowspan="3">用螺纹密封的管螺纹</td><td>圆锥外螺纹</td><td> 55°</td><td>R</td><td rowspan="3">用于螺纹密封的中、高压管路的连接</td></tr>
<tr><td>圆锥内螺纹</td><td> 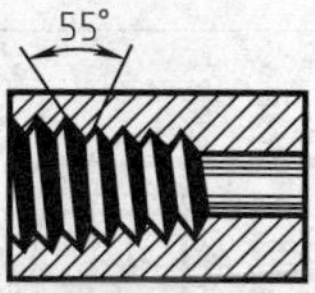55°</td><td>R_c</td></tr>
<tr><td>圆柱内螺纹</td><td> 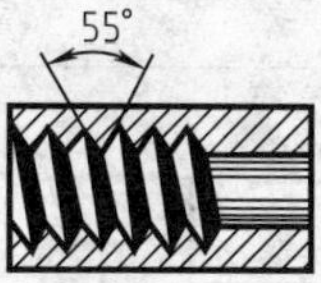55°</td><td>R_p</td></tr>
<tr><td colspan="2" rowspan="2">传动螺纹</td><td colspan="2">梯形螺纹</td><td> 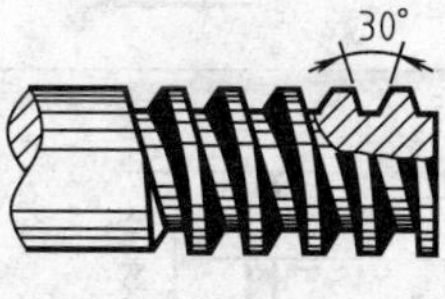30°</td><td>T_r</td><td>可双向传递运动及动力，常用于承受双向力的丝杠传动</td></tr>
<tr><td colspan="2">锯齿形螺纹</td><td> 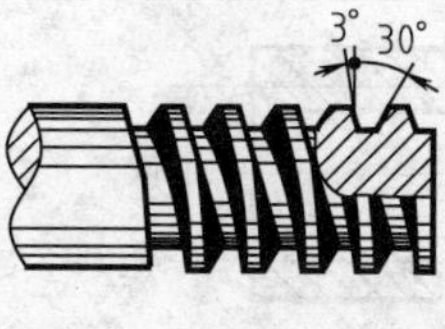3° 30°</td><td>B</td><td>只能传递单向动力</td></tr>
</table>

表 8-2 标准螺纹的标注

螺纹分类			标注示例	特征代号	标注的含义
连接螺纹	普通螺纹	粗牙普通螺纹	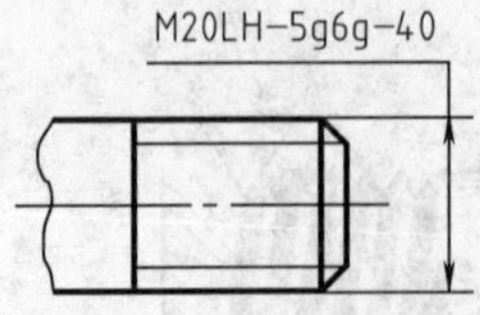 M20LH-5g6g-40	M	粗牙普通螺纹不标注螺距,LH 表示左旋,中径公差带代号 5g,顶径公差带代号 6g,旋合长度 40mm
		细牙普通螺纹	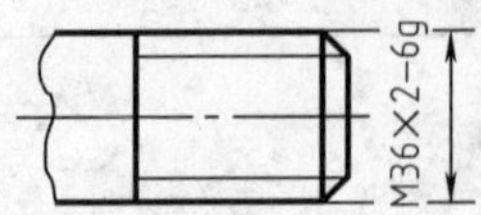 M36×2-6g	M	细牙普通螺纹应标注螺距,中等旋合长度不标注
		细牙普通螺纹	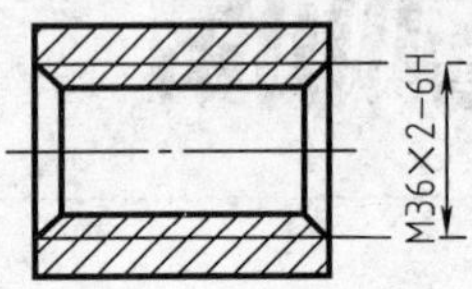 M36×2-6H	M	细牙普通螺纹,内螺纹的基本偏差代号用大写字母表示
		内外螺纹旋合标注	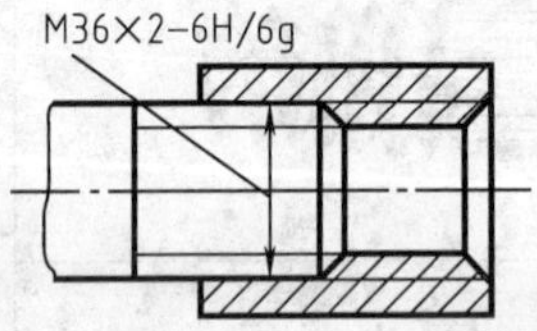 M36×2-6H/6g	M	内外螺纹旋合时,公差带代号用斜线分开
	管螺纹	非螺纹密封的管螺纹	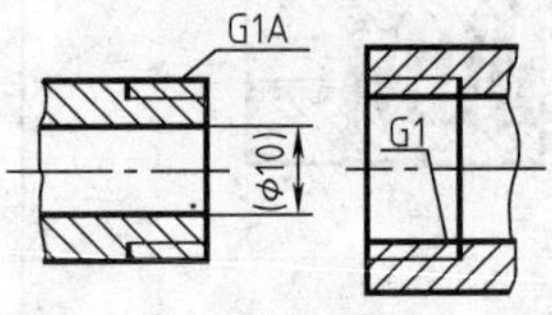 G1A (ϕ10) G1	G	非螺纹密封的管螺纹,尺寸代号 1 表示管口通径,外螺纹公差等级为 A
		用螺纹密封的管螺纹	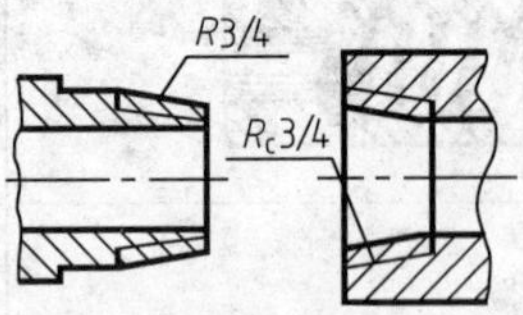 R3/4 $R_c3/4$	R R_c R_p	用螺纹密封的管螺纹,尺寸代号 3/4 表示管口通径,内外螺纹均为圆锥螺纹
传动螺纹		梯形螺纹	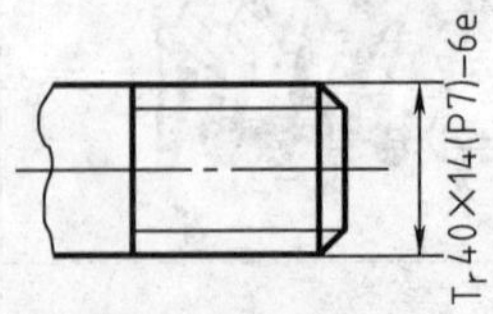 $T_r40×14(P7)-6e$	T_r	梯形螺纹导程 14,螺距 7,线数 2,中径公差带代号同为 6e
		锯齿形螺纹	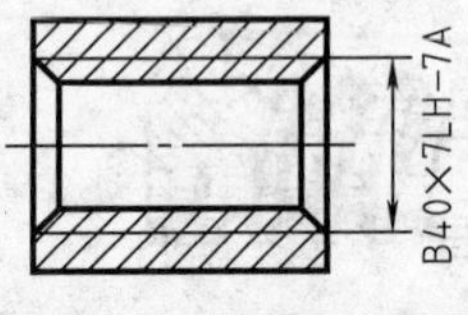 B40×7LH-7A	B	锯齿形螺纹,螺距 7,左旋,中径公差带代号为 7A

（3）内、外螺纹的旋合画法　在用剖视图画法表示内、外螺纹的连接时，其旋合部分按外螺纹的画法绘制，其余部分仍按各自的规定画法绘制，如图 8-9 所示。

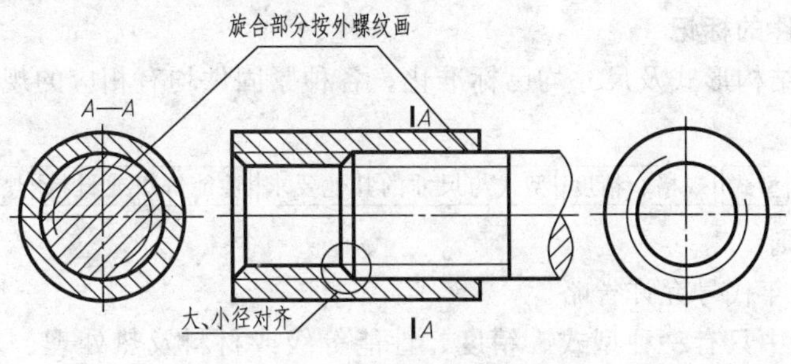

图 8-9　内、外螺纹的旋合画法

五、螺纹的标注规定

（1）常用螺纹的标记　普通螺纹应用最广，它的标记由三部分组成，即螺纹代号，公差带代号和旋合长度代号，每部分用横线隔开；其中螺纹代号又包括特征代号、公称直径、螺距和旋向。标记格式为：

特征代号 公称直径 × 螺距 旋向 - 公差带代号 - 旋合长度代号

例如，标记 M20×2LH-5g6g-S，其含义为：M 为普通螺纹代号，螺纹公称直径为 20mm，螺距为 2mm，左旋螺纹，中径公差带代号为 5g，顶径公差带代号为 6g，短旋合长度。

上述普通螺纹的标记规定中，还需要说明的是粗牙螺纹不注螺距，右旋时不注旋向；中径和顶径公差带代号相同时只注一次（如 6H）；旋合长度共分三组，即长（L）、短（S）和中等（N），中等旋合长度可省略标注 N。

（2）螺纹的标注示例　普通螺纹、管螺纹、梯形螺纹及锯齿形螺纹标注见表 8-2。

任务二　螺纹紧固件及其连接的画法

常用的螺纹紧固件有螺栓、双头螺柱、螺钉、螺母和垫圈等，如图 8-10 所示。它们均

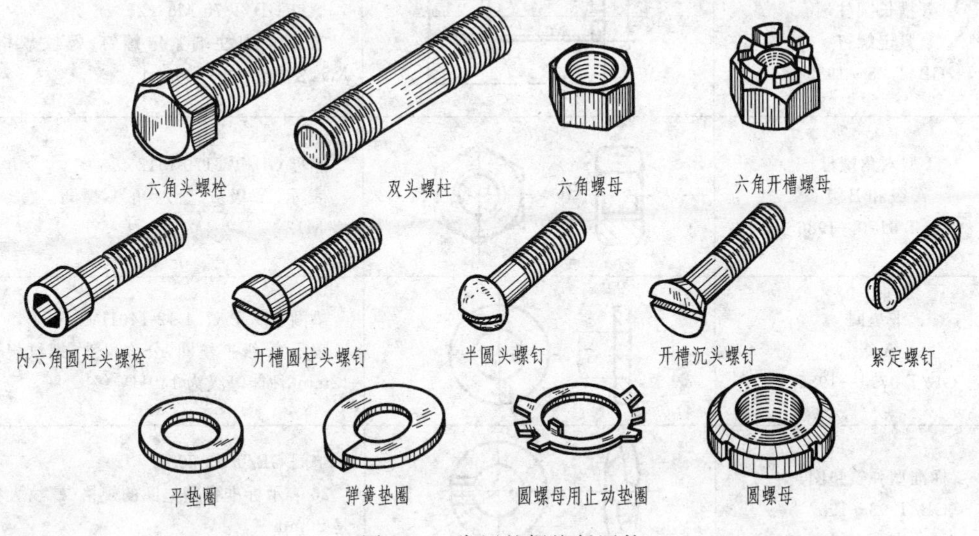

图 8-10　常用的螺纹紧固件

已标准化，并由标准件厂成批生产，根据标记即可在相应的标准中查出有关形状和尺寸。本任务重点介绍螺纹紧固件及其连接的比例画法。

一、螺纹紧固件的标记

螺纹紧固件的结构形式及尺寸均已标准化。各种紧固件均有相应的规定标记，其完整的标记格式为：

名称	标准编号	型式	规格、精度	型式与尺寸的其他要求	性能等级或材料	热处理	表面处理

标记的简化原则：

① 名称和标准年代号允许省略。

② 当产品标准中只有一种型式、精度、性能等级或材料及热处理、表面处理时，允许省略；当产品标准中规定两种以上型式、精度、性能等级或材料及热处理、表面处理时，可省略其中的一种。

紧固件一般采用简化标记。常用螺纹紧固件的图例及标记见表 8-3。

表 8-3 常用螺纹紧固件的图例及标记示例

名称及国标号	图例	标记及说明
六角头螺栓 A级和B级 GB/T 5782—1986	M10 60	螺栓 GB/T 5782 M10×60 表示A级六角头螺栓，螺纹规格 M10，公称长度 l=60mm
双头螺柱 ($b_m=d$) GB/T 897—1988	M10 10 50	螺柱 GB/T 897 M10×50 表示B型双头螺柱，两端均为粗牙普通螺纹，规格是 M10，公称长度 l=50mm
开槽沉头螺钉 GB/T 68—1985	M10 60	螺钉 GB/T 68 M10×60 表示开槽沉头螺钉，螺纹规格是 M10，公称长度 l=60mm
开槽长圆柱端 紧定螺钉 GB/T 75—1985	M5 25	螺钉 GB/T 75 M5×25 表示长圆柱端紧定螺钉，螺纹规格是 M5，公称长度 l=25mm
1型六角螺母 A级和B级 GB/T 6170—1986	M12	螺母 GB/T 6170 M12 表示 A级 1型六角头螺母，螺纹规格 M12
平垫圈 A级 GB/T 97.1—1985	d_1	垫圈 GB/T 97.1 12-140HV 表示A级平垫圈，公称尺寸（螺纹规格）12mm，性能等级为 140HV 级
标准型弹簧垫圈 GB/T 93—1987	d_1	垫圈 GB/T 93 20 20 表示标准弹簧垫圈的规格（螺纹大径）是 20mm

二、螺纹紧固件的画法

（1）查表法　通过查表获得螺纹紧固件的各个参数，按照参数进行画图的方法。

（2）比例法　将螺纹紧固件各部分尺寸用与公称直径（d、D）有关的不同比例画出的方法，螺纹紧固件的比例画法如图 8-11 所示。

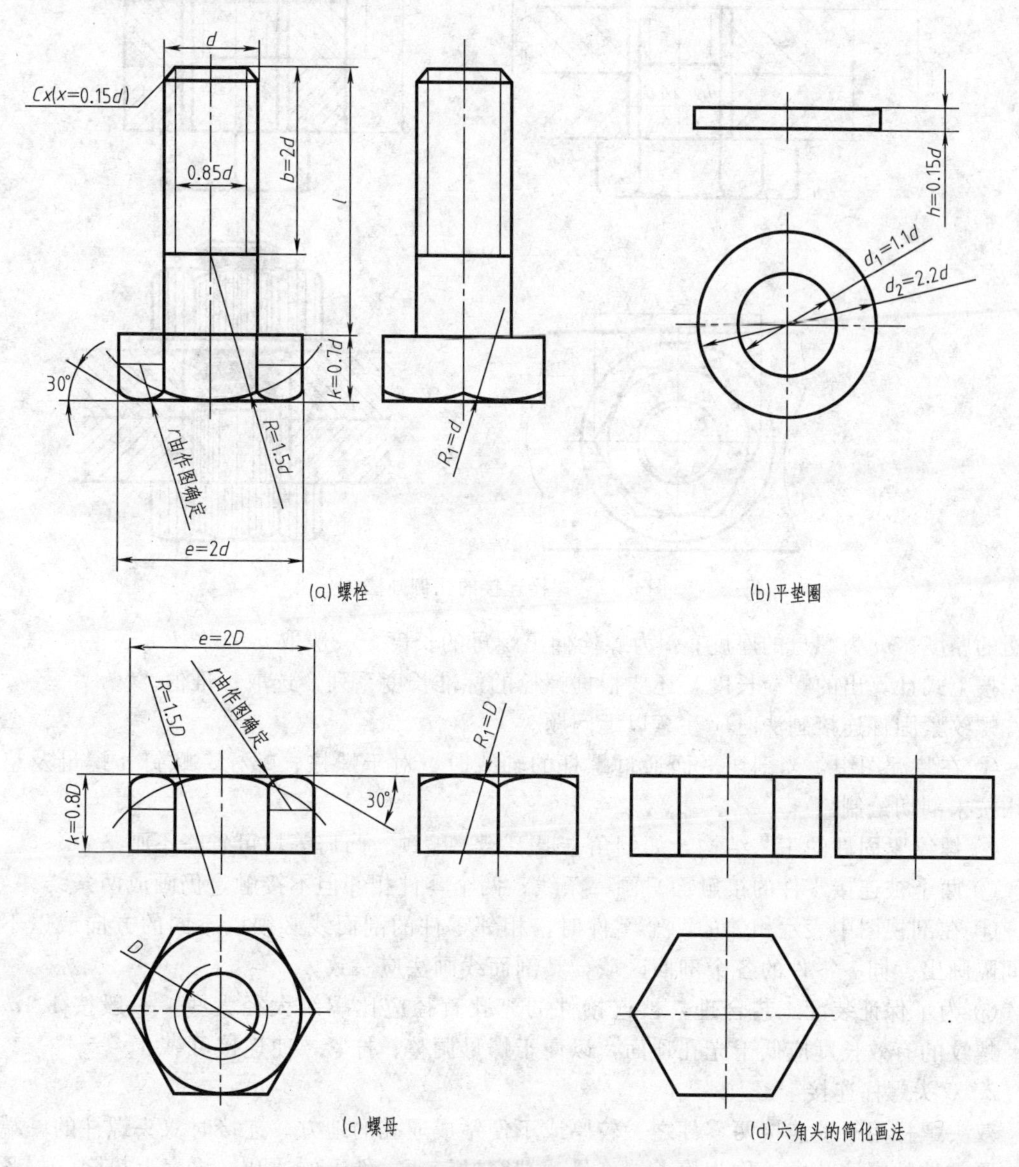

图 8-11　螺纹紧固件的比例画法

三、螺纹紧固件连接的画法

1. 螺栓连接

螺栓连接常用于连接两个厚度不大的零件和需要经常拆卸的场合。被连接零件上的通孔直径稍大于螺纹的公称直径，将螺栓穿入两个零件的光孔，再套上垫圈，然后用螺母拧紧。垫圈的作用是防止损伤零件的表面，并能增加支承面积，使其受力均匀。螺栓连接的比例画法如图 8-12 所示。

螺栓的公称长度 $L \geqslant t_1 + t_2 + h$(或 s)$+ m + a$，其中：t_1、t_2 为被连接件的厚度；h、s 为

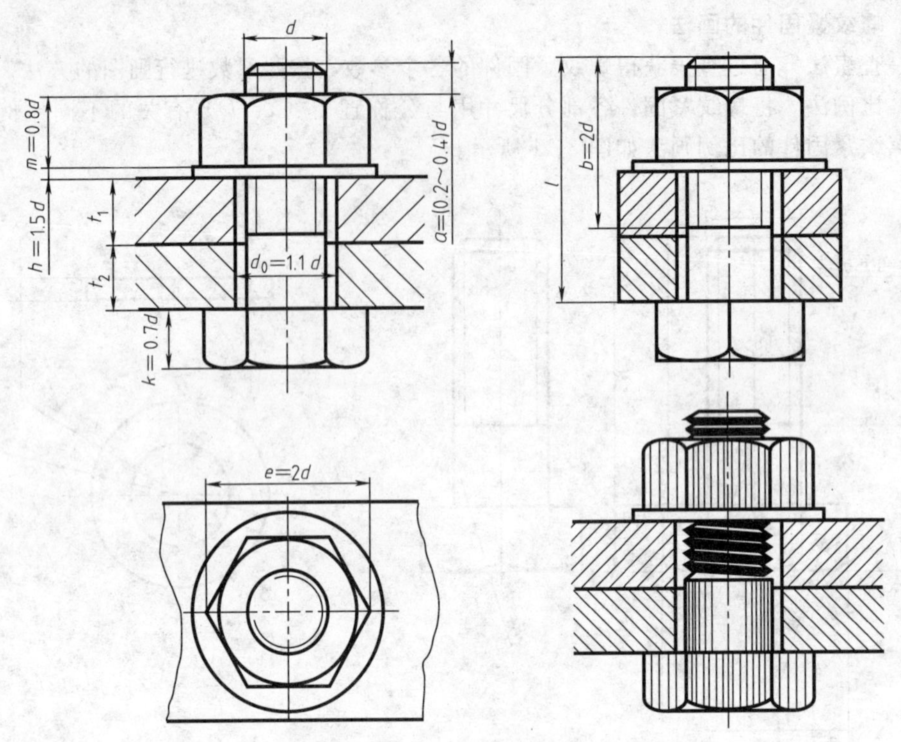

图 8-12 螺栓连接的比例画法

垫圈的厚度；m 为螺母的厚度；a 为螺栓伸出螺母的长度，一般取 $a=0.3d$。

按上式计算出的螺栓长度，还要根据螺栓的标准长度系列，选取标准值。

螺纹紧固件连接画法时应注意以下问题。

① 在装配图中，当剖切平面通过螺杆的轴线时，对于螺柱、螺栓、螺钉、螺母及垫圈等均按未剖切绘制。

② 螺纹紧固件的工艺结构，如倒角、退刀槽、缩颈、凸肩等均可省略不画。

③ 两个被连接零件的接触面只画一条线；两个零件相邻但不接触，仍画成两条线。

④ 在剖视图中表示相邻的两个零件时，相邻零件的剖面线必须以不同的方向或以不同的间隔画出。同一零件的各个剖面区域，其剖面线画法应一致。

⑤ 为了保证装配工艺合理，被连接件的光孔直径应比螺纹大径大些，一般按 $1.1d$ 画出。螺纹的有效长度应低于光孔顶面，以便于螺母调整、拧紧，使连接可靠。

2. 双头螺柱连接

双头螺柱用于被连接两零件之一较厚或不便钻成通孔的地方。连接时双头螺柱的一端旋入较厚零件的螺纹孔中，称为旋入端；另一端穿过较薄零件上的通孔，再套上垫圈，拧紧螺母，紧固另一个被连接件，称为紧固端。其连接画法如图 8-13 所示，绘图时双头螺柱旋入端的长度应根据零件材料的不同而取不同的长度。钢：$b_m=d$；铸铁：$b_m=(1.25\sim1.5)d$；铝合金：$b_m=1.5d$；铝：$b_m=2d$。

双头螺柱的公称长度 $L\geqslant t+h$(或 s)$+m+a$，其中：t 为通孔零件厚度；h、s 为垫圈的厚度；m 为螺母的厚度；a 为螺栓伸出螺母的长度，一般取 $a=0.3d$。

按上式计算出的双头螺柱长度，还要根据螺栓的标准长度系列，选取标准值。

3. 螺钉连接

螺钉连接主要用于受力不大且需要经常拆卸的场合，它仅靠螺钉头部和螺钉与零件上的

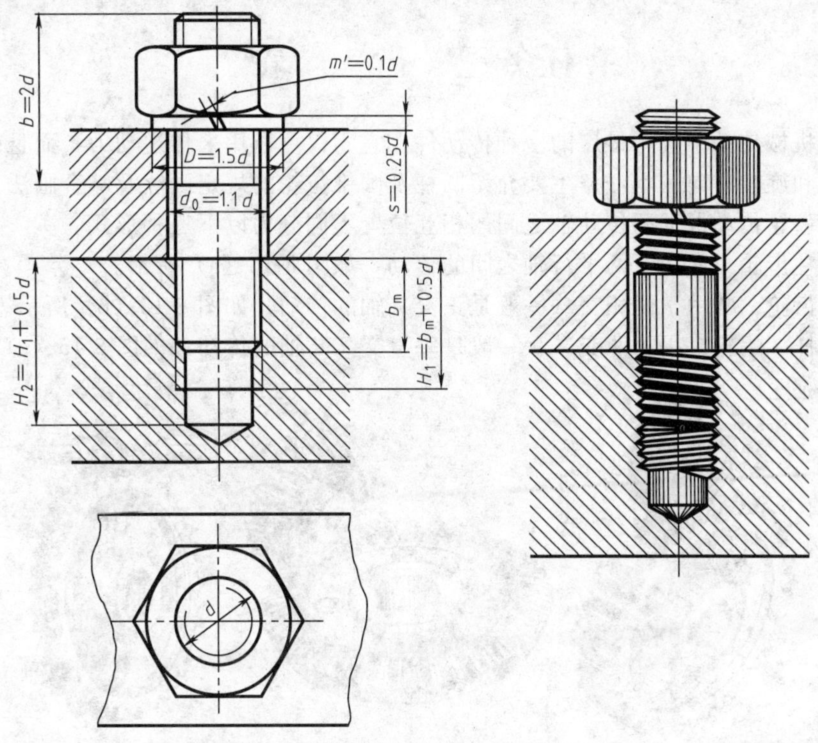

图 8-13 双头螺柱连接的比例画法

螺孔旋紧进行连接，其连接画法如图 8-14 所示。连接时，上面的零件钻成通孔，其直径比螺钉大径略大，另一零件加工成螺纹孔，然后将螺钉拧入，用螺钉头压紧被连接件。螺钉的螺纹部分要有一定的长度，以保证连接的可靠性。

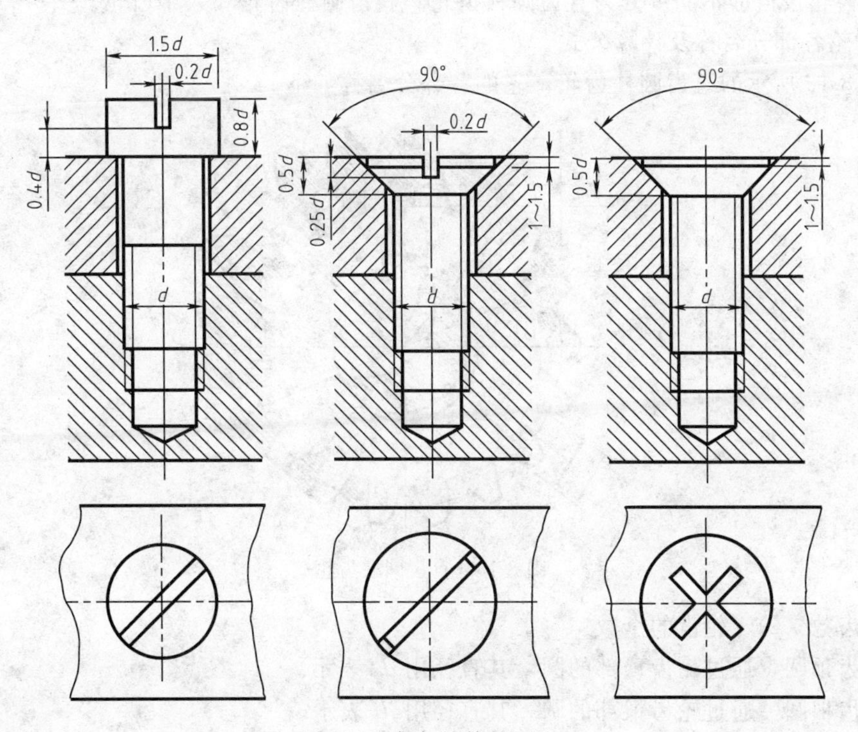

图 8-14 螺钉连接的画法

任务三 齿 轮

齿轮是机械传动中应用最广的一种传动件，它不仅可以用来传递动力，而且可以用来改变轴的转速和旋转方向。本任务主要介绍圆柱及圆锥齿轮的规定画法及啮合画法。

常见的齿轮传动根据两传动轴之间的相互位置不同分为以下三种形式。

(1) 圆柱齿轮　常用于两平行轴之间的传动，如图 8-15（a）所示。

(2) 锥齿轮　常用于两相交（一般是正交）轴的传动，如图 8-15（b）所示。

(3) 蜗杆、蜗轮　用于两交叉（一般是垂直交叉）轴的传动，如图 8-15（c）所示。

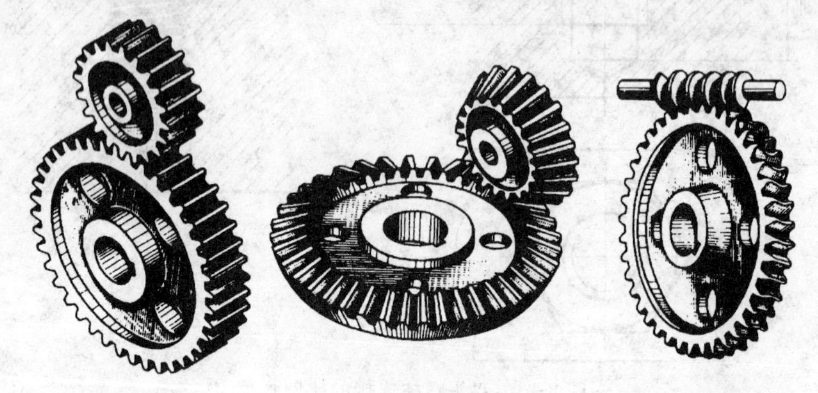

图 8-15　齿轮的传动形式

一、圆柱齿轮

圆柱齿轮按齿形不同可分为直齿圆柱齿轮、斜齿圆柱齿轮和人字齿轮。

1. 齿轮各部分名称及计算公式

如图 8-16 所示的直齿圆柱齿轮，它的各部分名称如下。

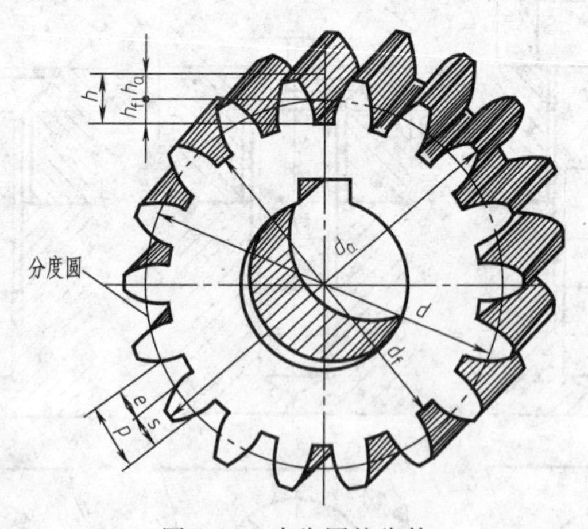

图 8-16　直齿圆柱齿轮

(1) 齿数（z）　轮齿的个数。

(2) 齿顶圆　通过轮齿顶部的圆，其直径用 d_a 表示。

(3) 齿根圆　通过轮齿根部的圆，其直径用 d_f 表示。

(4) 分度圆　在齿顶圆和齿根圆之间，对标准齿轮来说，为齿厚等于齿槽宽处的圆，其

直径用 d 表示。

(5) 齿高 齿顶圆和齿根圆之间的径向距离，用 h 表示。分度圆把轮齿分成两部分，分度圆与齿顶圆之间的径向距离，叫做齿顶高，用 h_a 表示；分度圆与齿根圆之间的径向距离，叫做齿根高，用 h_f 表示。$h=h_a+h_f$。

(6) 齿距、齿厚、齿槽宽 分度圆上相邻两齿对应两点之间的弧长称为齿距，用 p 表示；在分度圆上一个轮齿齿廓间的弧长称为齿厚，用 s 表示；一个齿槽齿廓间的弧长称为齿槽宽，用 e 表示。对于标准齿轮：$s=e$，$p=s+e$。

(7) 模数 如果齿轮有 z 个齿，则分度圆周长 $=\pi d=zp$

所以
$$d=\frac{p}{\pi}z$$

令
$$m=\frac{p}{\pi}$$

则
$$d=mz$$

式中，m 称为模数，单位是 mm。它是齿轮设计、制造的一个重要参数。模数越大，轮齿各部分尺寸也随之成比例增大，轮齿上所能承受的力也越大。为了设计和制造的方便，国家标准对模数的数值作了统一规定，见表 8-4。标准直齿圆柱齿轮的计算公式见表 8-5。

表 8-4 标准模数系列 (GB/T 1357—2008) mm

第一系列	1 1.25 1.5 2 2.5 3 4 5 6 8 10 12 16 20 25 32 40 50
第二系列	1.75 2.25 2.75 (3.25) 3.5 (3.75) 4.5 5.5 (6.5) 7 9 (11) 14 18 22 28 36 45

注：应优先选用第一系列，其次选用第二系列，括号内的模数尽可能不选用，本表未摘录小于 1 的模数。

表 8-5 标准直齿圆柱齿轮的计算公式

基本参数:模数 m,齿数 z			已知:$m=2$,$z=29$
名称	符号	计算公式	计算举例
齿距	p	$p=m\pi$	$p=6.28$
齿顶高	h_a	$h_a=m$	$h_a=2$
齿根高	h_f	$h_f=1.25m$	$h_f=2.5$
齿高	h	$h=2.25m$	$h=4.5$
分度圆直径	d	$d=mz$	$d=58$
齿顶圆直径	d_a	$d_a=m(z+2)$	$d_a=62$
齿根圆直径	d_f	$d_f=m(z-2.5)$	$d_f=53$
中心距	a	$a=m(z_1+z_2)/2$	

注：d_1、d_2 是相啮合的两个齿轮的分度圆直径，z_1、z_2 是两个齿轮的齿数。

2. 单个圆柱齿轮的规定画法

① 单个圆柱齿轮一般用两个视图表达，如图 8-17 所示。或者用一个视图加一个局部视图表示。

② 齿顶圆和齿顶线用粗实线绘制；分度圆和分度线用细点画线绘制。

③ 在视图中齿根圆和齿根线用细实线绘制，也可省略不画；在剖视图中，齿根线用粗实线绘制，如图 8-17 (b)、(c)、(d) 所示。

④ 当非圆视图画成剖视图时，齿顶线与齿根线之间的区域表示轮齿部分，按不剖绘制，不画剖面线。

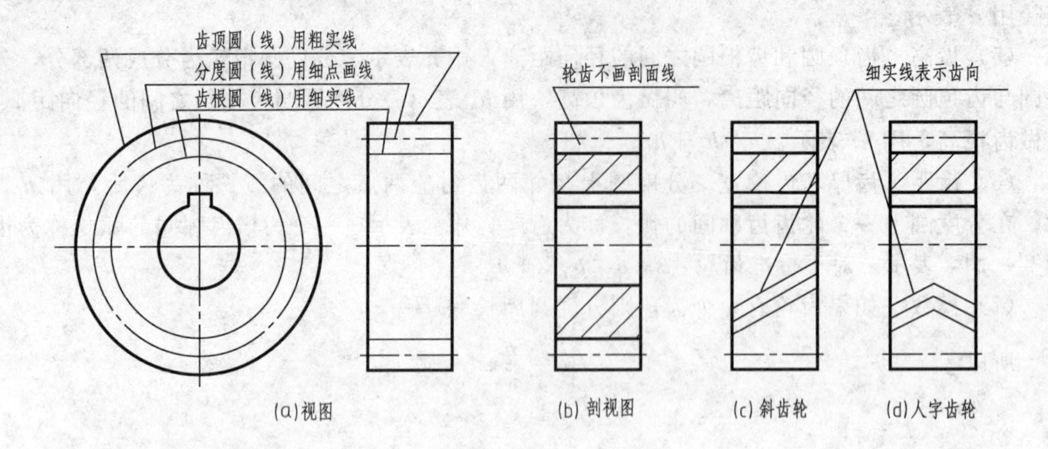

图 8-17　单个圆柱齿轮的画法

⑤ 当需要表示轮齿的形状时，可用三条与齿线方向一致的细实线表示，如图 8-17（c）、（d）所示，直齿则不需表示。

3. 圆柱齿轮啮合的画法

① 表达两啮合齿轮时，一般可采用两个视图，在垂直于齿轮轴线投影面的视图中，啮合区内的齿顶圆均用粗实线画，也可省略不画，如图 8-18（b）所示，节圆（两标准齿轮相互啮合时，分度圆处于相切的位置，此时分度圆又称节圆）相切。

② 在两齿轮啮合的剖视图中，当剖切平面通过两啮合齿轮的轴线时，在啮合区内，将一个齿轮的齿顶线用粗实线绘制，另一个齿轮的齿顶线用虚线绘制，如图 8-18（a）所示；也可省略不画。

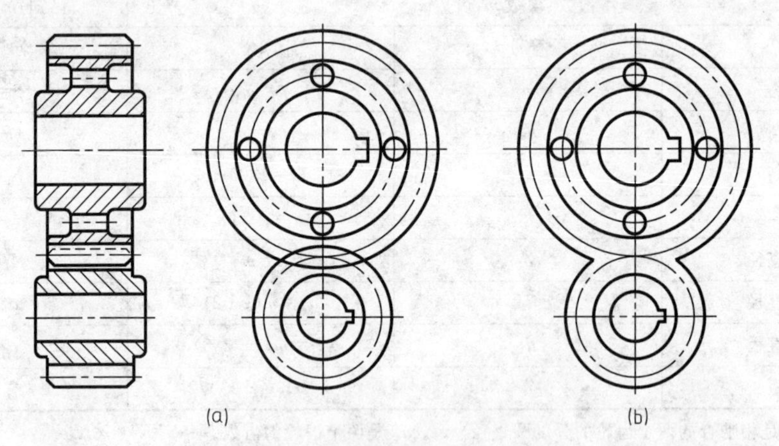

图 8-18　圆柱齿轮啮合的画法

③ 在平行于齿轮轴线的视图中，啮合区的齿顶线和齿根线不必画出，只在节线位置画一条粗实线。如果需要表示轮齿的形状，画法与单个齿轮相同，如图 8-19 所示。

二、直齿锥齿轮

直齿锥齿轮常用于两相交轴之间的传动，常见的是两轴线在同一平面内成直角相交。直齿锥齿轮是在圆锥面上制出轮齿，因而轮齿沿圆锥素线方向一端大、一端小，齿厚、齿槽宽、齿高及模数也随之变化。为了设计与制造的方便，通常规定以大端模数为标准模数，用它来计算和决定齿轮的其他各部分尺寸。直齿锥齿轮的计算公式见表 8-6。

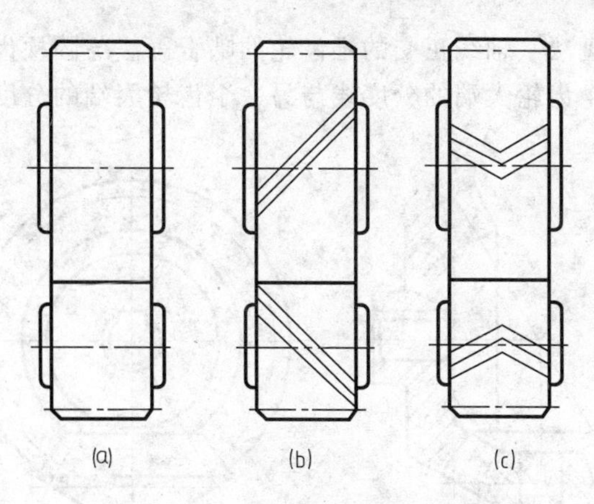

图 8-19　圆柱齿轮啮合的画法

表 8-6　直齿锥齿轮计算公式

基本参数：大端模数 m，齿数 z，分度圆锥角 δ			
序　号	名　称	代　号	计算公式
1	分度圆直径	d_e	$d_e=mz$
2	齿顶高	h_a	$h_a=m$
3	齿根高	h_f	$h_f=1.2m$
4	齿高	h	$h=h_a+h_f=2.2m$
5	齿顶圆直径	d_a	$d_a=m(z+2\cos\delta)$
6	齿根圆直径	d_f	$d_f=m(z-2.4\cos\delta)$
7	外锥距	R	$R_e=\frac{mz}{2\sin\delta}$
8	齿宽	b	$b\leqslant\frac{R_e}{3}$

(1) 直齿锥齿轮各部分名称　直齿锥齿轮各部分名称如图 8-20 所示。

(2) 单个锥齿轮的画法　当剖切平面通过齿轮轴线时，轮齿按不剖处理。在垂直于齿轮轴线的视图上，规定用粗实线画出齿轮大端和小端的齿顶圆，用细点画线画出大端的分度圆，大、小端的齿根圆和小端的分度圆不画，如图 8-21 所示。

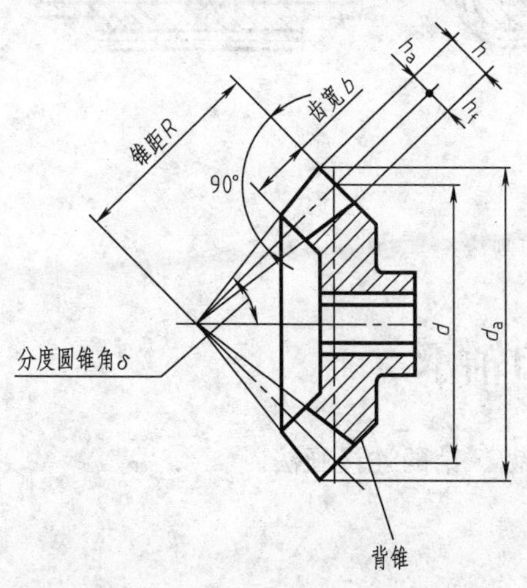

图 8-20　直齿锥齿轮各部分的名称

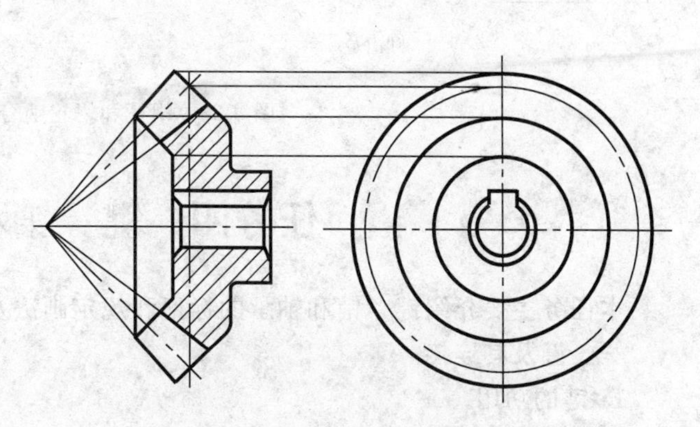

图 8-21　单个锥齿轮的画法

（3）锥齿轮的啮合画法　轴线正交的锥齿轮的啮合画法与圆柱齿轮基本相同，在垂直于齿轮轴线的视图上，一个齿轮大端的分度线与另一个齿轮大端的分度圆相切，具体画法如图8-22所示。

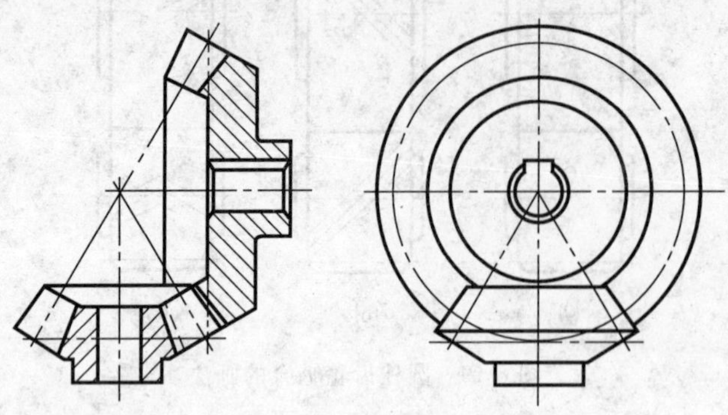

图8-22　锥齿轮的啮合画法

三、蜗杆和蜗轮

蜗杆和蜗轮一般用于垂直交错两轴之间的传动。一般情况下，蜗杆是主动的，蜗轮是从动的。蜗杆的画法规定与圆柱齿轮的画法规定基本相同。蜗轮类似斜齿圆柱齿轮，蜗轮轮齿部分的主要尺寸以垂直于轴线的中间平面为准。

蜗杆和蜗轮啮合的画法如图8-23所示。其中，图8-23（a）采用了两个外形视图；图8-23（b）采用了全剖视图和局部剖视。在全剖视图中，蜗轮在啮合区被遮挡部分的虚线省略不画，局部剖视中啮合区内蜗轮的齿顶圆和蜗杆的齿顶线也可省略不画。

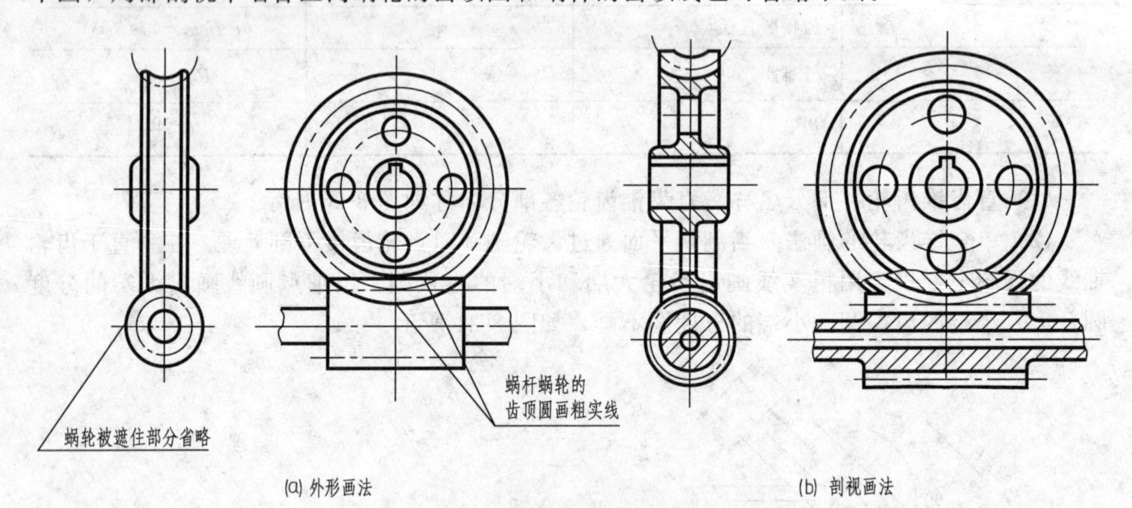

(a) 外形画法　　(b) 剖视画法

图8-23　蜗杆和蜗轮啮合的画法

任务四　键、销和轴承

本任务主要介绍键、销和轴承的标记和规定画法及键、销的连接画法。

一、键及其连接

1. 键的功用

键一般用于连接轴与轴上的传动件（如齿轮、带轮等），以便传递扭矩或完成旋转运动。

2. 键的种类

键是标准件，种类很多。常用的键有普通平键、半圆键、钩头楔键等多种，普通平键又分为A型、B型、C型三种，如图8-24所示。其种类、形式、标记和连接画法见表8-7。

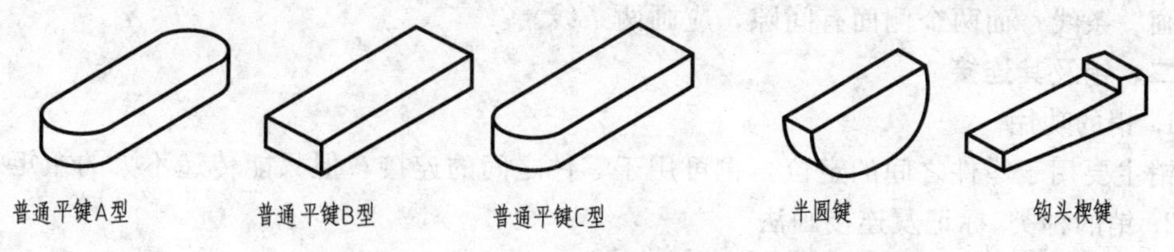

图8-24　键的种类

表8-7　常用键的种类、形式、标记和连接画法

名称及标准	形式、尺寸与标记	连接画法
普通平键A型 GB/T 1096—2003	h　b　L 键 $b\times L$ GB/T 1096—2003	A　A—A　A
半圆键 GB/T 1099—2003	L　d_1　b　h 键 $b\times d_1$ GB/T 1099—2003	A　A—A　A

3. 普通平键及半圆键的连接画法

普通平键及半圆键都是以两侧面为工作面，起传递扭矩作用。在键连接画法中，键的两个侧面与轴和轮毂接触，键的底面与轴上键槽的底面接触，均画一条粗实线，键的顶面为非工作面，与轮毂有一定的间隙量，故画两条线。

键和键槽的尺寸可根据轴的直径在国家标准规定的相应表中查得，其尺寸标注方法如图8-25所示。

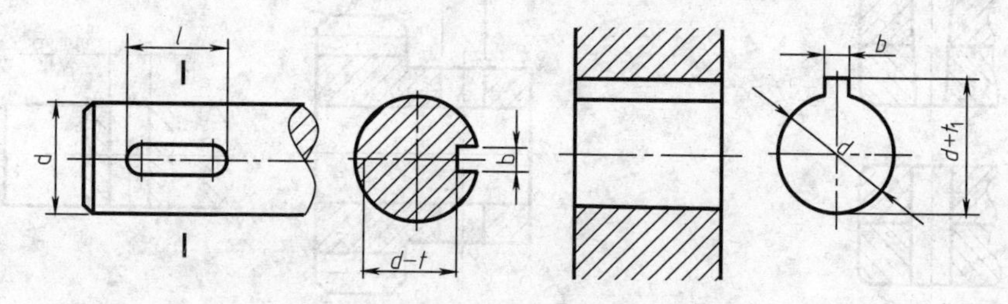

图8-25　轴和轮毂上键槽的尺寸标注

4. 钩头楔键的连接画法

钩头楔键的顶面有 1∶100 的斜面，用于静连接，利用键的顶面与底面使轴上零件固定，同时传递扭矩和承受轴向力。在连接画法中，钩头楔键的顶面与底面分别与轮毂和轴接触，均应画一条线；而两个侧面有间隙，应画两条线。

二、销及其连接

1. 销的功用

销主要用于零件之间的定位，也可用于零件之间的连接，但只能传递不大的扭矩。

2. 销的种类、标记及连接画法

销的种类、标记及连接画法见表 8-8。

表 8-8　销的种类、标记及连接画法

名称及标准	主要尺寸与标记	连接画法
圆柱销 GB/T 119.1—2000	l　d 销 GB/T 119.1 A$d\times l$	
圆锥销 GB/T 117—2000	1:50　d　l 销 GB/T 117 A$d\times l$	
开口销 GB/T 91—1986	l　d 销 GB/T 91 $d\times l$	

3. 销孔标注注意事项

① 由于用销连接的两个零件的销孔通常需一起加工，如图 8-26 所示，因此，在图样中标注销孔尺寸时一般要注写“配作”，如图 8-27、图 8-28 所示。

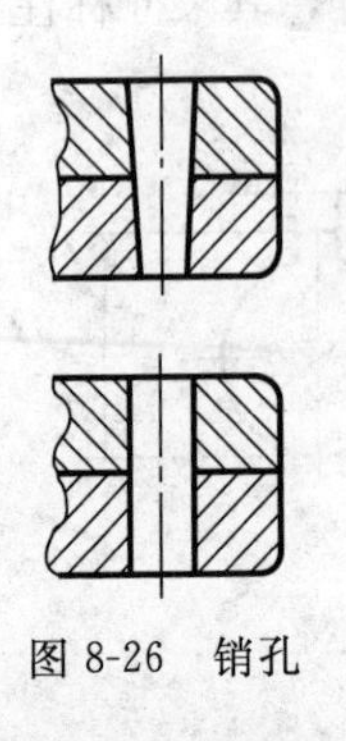

图 8-26　销孔

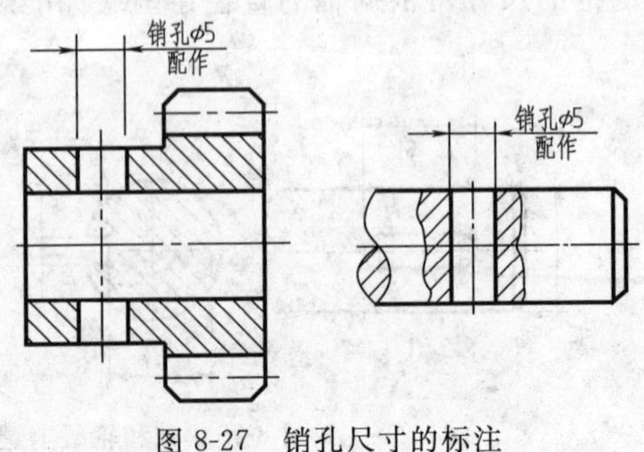

图 8-27　销孔尺寸的标注

② 圆锥销的公称直径是指小端直径，在圆锥销孔上需要用引线标注尺寸，如图 8-28 所示。

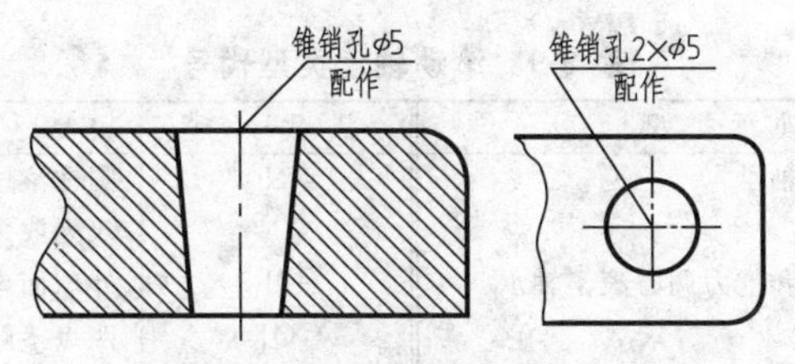

图 8-28　圆锥销孔尺寸的标注

三、滚动轴承

滚动轴承是一种支承转动轴的组件，它具有摩擦小、结构紧凑的优点，已被广泛使用在机器中。

1. 滚动轴承的种类

按可承受载荷的方向，滚动轴承分为三大类。

向心轴承——主要承受径向载荷，如深沟球轴承。

推力轴承——主要承受轴向载荷，如圆锥滚子轴承。

向心推力轴承——同时承受径向载荷和轴向载荷，如平底推力球轴承。

2. 滚动轴承的结构

滚动轴承的种类很多，但结构大体相同，一般由外圈、内圈、滚动体和保持架组成，如图 8-29 所示。

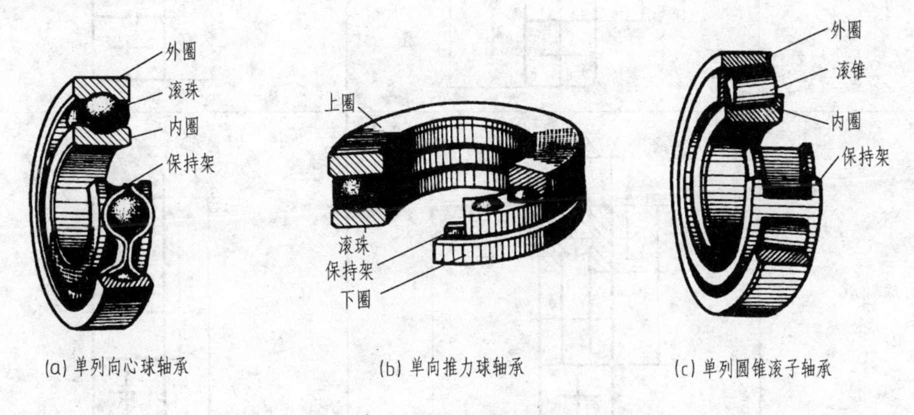

图 8-29　滚动轴承的结构

3. 滚动轴承的代号

滚动轴承的代号由基本代号、前置代号和后置代号构成，其排列如图 8-30 所示。基本代号表示轴承的基本类型、结构和尺寸。前置、后置代号是轴承在结构形状、尺寸、公差、技术要求等有改变时，在其基本代号左右添加的补充代号，一般情况下可不必标注。前置代号用字母表示。后置代号用字母（或加数字）表示。

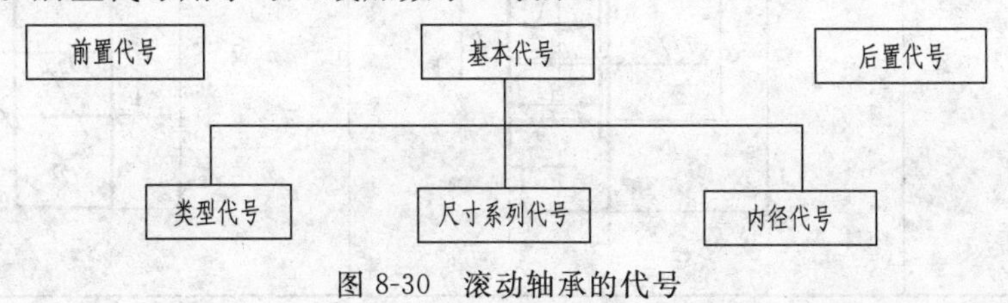

图 8-30　滚动轴承的代号

基本代号是轴承代号的基础，由轴承类型代号、尺寸系列代号和内径代号构成。其中类型代号由字母或数字表示，见表 8-9。

表 8-9 滚动轴承类型代号

代号	轴承类型	代号	轴承类型
0	双列角接触球轴承	N	圆柱滚子轴承
1	调心球轴承		双列或多列用字母 NN 表示
2	调心滚子轴承和推力调心滚子轴承	U	外球面球轴承
3	圆锥滚子轴承	QJ	四点接触球轴承
4	双列深沟球轴承		
5	推力球轴承		
6	深沟球轴承		
7	角接触球轴承		
8	推力圆柱滚子轴承		

注：轴承代号中字母、数字的含义可查阅国标 GB/T 272—93。

表 8-10 常用滚动轴承的规定画法和特征画法

名称	规定画法	特征画法
深沟球轴承	B, B/2, A, A/2, A/2, d, D, 60°	B, B/6, A, 2B/3, D, d
推力球轴承	T/2, 60°, A/2, A, T/2, d, D, T	T, A, 2A/3, A/6, D, d
圆锥滚子轴承	C, A/2, A/4, A, D, d, T/2, 15°, A/2, B, T	B, 30°, A, D, d, 2B/3

4. 滚动轴承的标记

滚动轴承的标记示例如下：

例 1：深沟球轴承 例 2：推力圆柱滚子轴承

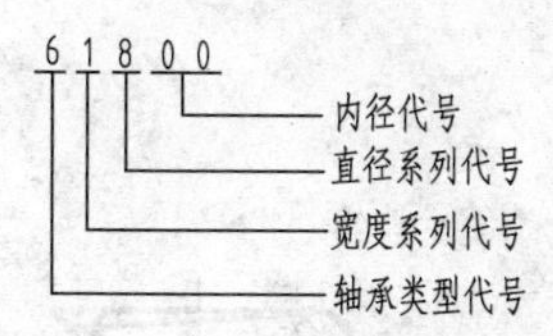

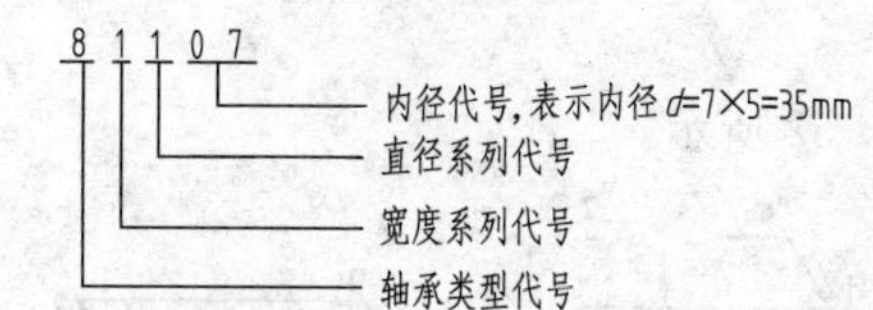

在轴承标记中，表示内径的两位数字从“04”开始用这个数字乘以 5，即为轴承的内径尺寸。表示内径的两位数字在“04”以下时，标准规定：00 表示 $d=10$mm；01 表示 $d=12$mm；02 表示 $d=15$mm；03 表示 $d=17$mm。

5. 滚动轴承的画法

滚动轴承是标准件，画图时按国家标准 GB/T 4459.7—1998 规定，可采用通用画法、特征画法和规定画法，表 8-10 为滚动轴承的规定画法和特征画法。

任务五 弹 簧

弹簧是机器、车辆、仪表、电气中的常用件，它可以起减震、夹紧、储能和测力等作用。具有除去外力后，可立即恢复原状的特点。弹簧的类型很多，本任务主要介绍圆柱螺旋压缩弹簧的画法，其他种类弹簧的画法请查阅国家标准。

一、圆柱螺旋压缩弹簧各部分名称和尺寸关系

图 8-31 所示为圆柱螺旋压缩弹簧各部分尺寸及画法。

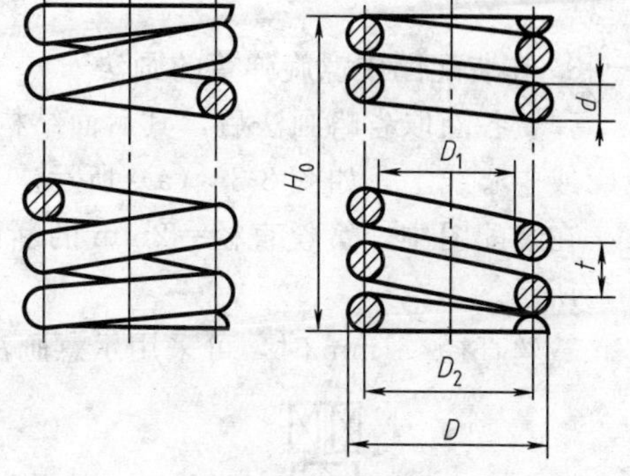

图 8-31 压缩弹簧

d——簧丝直径；

D——弹簧外径，弹簧的最大直径；

D_1——弹簧内径，弹簧的最小直径，$D_1=D-2d$；

D_2——弹簧中径，弹簧的平均直径，$D_2=\dfrac{D+D_1}{2}$；

t——节距，指除弹簧支承圈外，相邻两圈的轴向距离；

H_0——自由高度，弹簧在没有负荷时的高度，即 $H_0=nt+(n_0-0.5)d$；

n_0——支承圈数，弹簧两端起支承作用、不起弹力作用的圈数，一般为 1.5、2、2.5 圈三种，常用 2.5 圈；

n——有效圈数，除支承圈外，保持节距相等的圈数；

n_1——总圈数，支承圈数与有效圈数之和，即 $n_1=n_0+n$；

L——簧丝长度，弹簧钢丝展直后的长度，$L=n_1\sqrt{(\pi D_2)^2+t^2}$。

螺旋弹簧分为左旋和右旋两类。

二、圆柱螺旋压缩弹簧的画法

1. 几项基本规定

在平行于螺旋弹簧轴线投影面的视图中，其各圈的轮廓线应画成直线。左旋弹簧允许画

成右旋，但要加注“左”字。螺旋压缩弹簧如果两端并紧磨平时，不论支承圈多少和末端并紧情况如何，均按支承圈为 2.5 圈的形式画出。四圈以上的弹簧，中间各圈可省略不画，而用通过中径线的点画线连接起来。

2. 单个弹簧的画法

弹簧的作图步骤如图 8-32 所示。

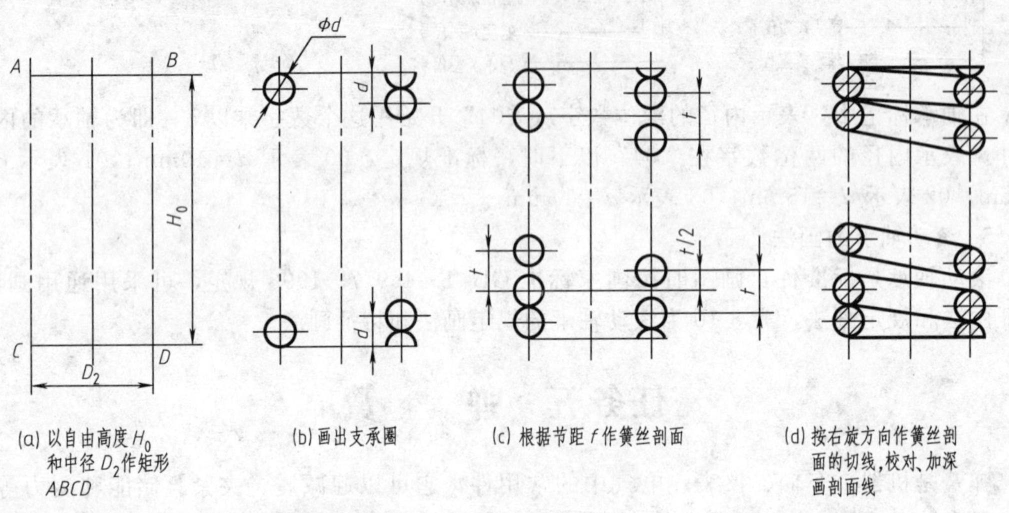

(a) 以自由高度 H_0 和中径 D_2 作矩形 ABCD　(b) 画出支承圈　(c) 根据节距 f 作簧丝剖面　(d) 按右旋方向作簧丝剖面的切线，校对、加深画剖面线

图 8-32　弹簧的画法

3. 在装配图中螺旋弹簧的画法

弹簧各圈取省略画法后，其后面结构按不可见处理。可见轮廓线只画到弹簧钢丝的断面轮廓或中心线上，如图 8-33（a）所示。

在装配图中，簧丝直径＝2mm 的断面可用涂黑表示，且中间的轮廓线不画，如图 8-33（b）所示。

簧丝直径＜1mm 时，可采用示意画法，如图 8-33（c）所示。

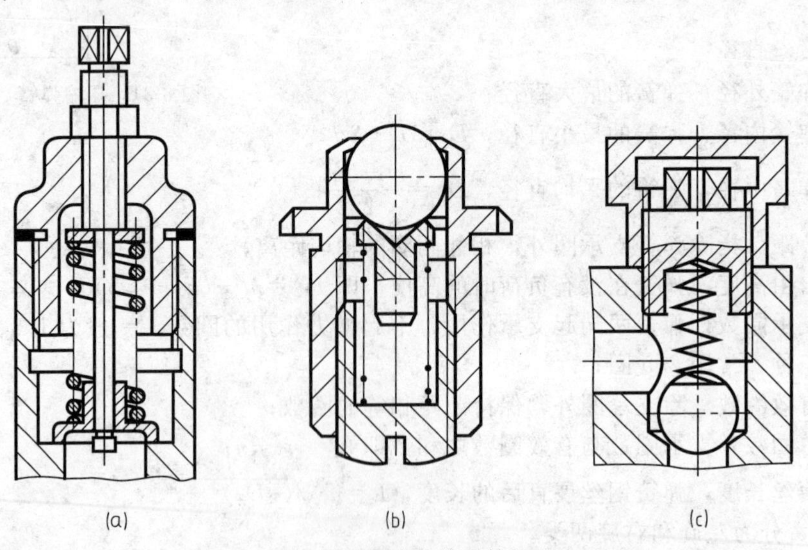

(a)　(b)　(c)

图 8-33　装配图中螺旋弹簧的画法

项目九　零　件　图

本项目主要介绍轴套类、轮盘类、叉架类、箱体类零件的结构特点；表达方法的选择；尺寸的合理标注；技术要求的标注；看零件图的方法和步骤、零件的测绘以及用计算机绘制零件图。重点掌握视图表达方案的选择原则、合理的尺寸标注、技术要求的注法以及读零件图的方法，熟悉用计算机绘制零件图。

通过本项目的学习与实践，初步了解四类零件的结构特点和功用；学会综合运用所学知识正确、清晰、合理地表达零件的结构形状和大小；对于零件的质量指标能够正确标注，并初步看懂；读懂中等复杂程度的零件图，并能用CAD绘制。

任何机器或部件，都是由若干个零件按一定的装配要求装配而成的。组成机器的最小单元称为零件。表达零件的结构、大小与技术要求的图样称为零件图。由图9-1蜗轮轴零件图可知，一张完整的零件图，应包括下列基本内容：

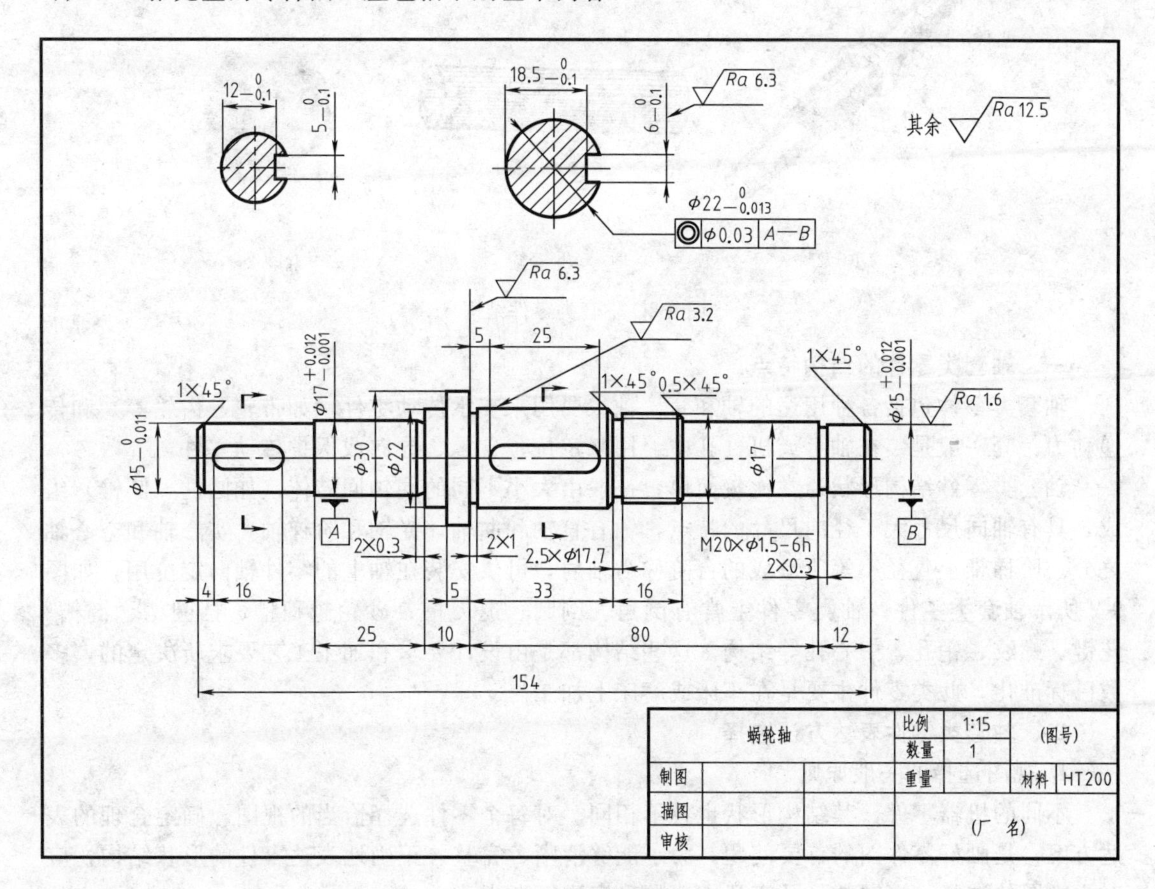

图9-1　蜗轮轴零件图

(1) 一组图形　用必要的视图、剖视、断面图及其他规定画法，完整、清晰地表达零件的结构和形状。

(2) 完整的尺寸　能满足零件制造和检验时所需的正确、完整、清晰、合理的尺寸。

（3）必要的技术要求　用规定的代号、数字和文字简明地表示出在制造和检验时技术上应达到的要求。

（4）标题栏　标题栏中应包括零件的名称、材料、图号和图样的比例以及图样的责任者签字等内容。

零件图是设计部门提交给生产部门的重要技术文件。在生产过程中，根据零件图样和图样的技术要求进行生产准备、加工制造及检验。因此，它又是指导零件生产的重要技术文件。根据零件的作用及其结构的不同，通常分为：轴套类零件、轮盘类零件、叉架类零件、箱体类零件。

任务一　轴套类零件

本任务主要完成轴套类零件（见图 9-2）的视图选择，尺寸合理标注及技术要求的正确标注，使读者具备看、画轴套类零件图的能力。

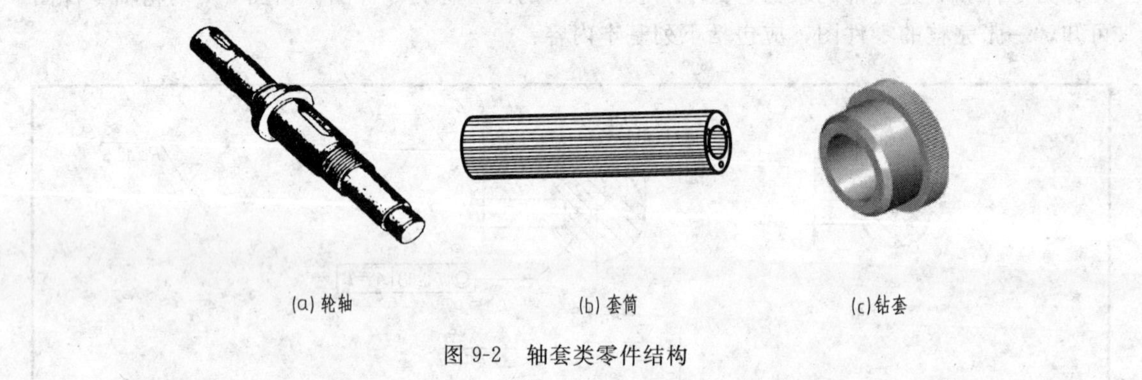

(a) 轮轴　(b) 套筒　(c) 钻套

图 9-2　轴套类零件结构

一、轴套类零件的结构特点

轴套类零件包括各种用途的轴和套。轴主要用来支承传动零件（如带轮、齿轮等）和传递动力。套一般是装在轴上或机件孔中，用来定位、支承、导向或保护传动零件。

轴套类零件结构形状通常比较简单，一般由大小不同的同轴回转体（如圆柱、圆锥）组成，具有轴向尺寸大于径向尺寸的特点，轴有直轴和曲轴，光轴和阶梯轴，实心轴和空心轴之分。阶梯轴上直径不等所形成的台阶称为轴肩，可供安装在轴上的零件轴向定位用，如图 9-2 所示轴套类零件。轴类零件上常有倒角、倒圆、退刀槽、砂轮越程槽、挡圈槽、键槽、花键、螺纹、销孔、中心孔等结构。这些结构都是由设计要求和加工工艺要求所决定的，多数已标准化，此类零件主要是在车床或磨床上加工。

二、轴套类零件表达方法选择

1. 视图选择的一般原则

不同的机器零件，其结构形状也各不相同。对每个零件选择恰当的视图，确定合理的表达方案，是画好零件图的首要问题。为了能够清晰、完整、正确地表达零件的形状结构，应对主视图的选择、视图数量及表达方法的确定进行考虑。

（1）主视图的选择　主视图是一组图形的核心，主视图选择的恰当与否直接影响到其他视图位置和数量的选择，关系到看图、画图是否方便，甚至牵扯到图纸幅面的合理利用等问题，所以主视图的选择一定要慎重。

通常在选择主视图时应遵循以下原则。

① 表达形状特征原则。在选择零件主视方向时，应使主视图反映零件较突出的形状特征。

如图 9-3 所示轴类零件，箭头 A 所示方向的投影（加注直径 ϕ 后），能反映出该轴各段的形状、大小及相互位置，突出表达轴类零件的形状特征，图 9-3（a）应选为主视图；而箭头 B 所示方向的投影图［图 9-3（b）］，只是一些同心圆，显然不能表达轴类零件的形状特征，不适合作主视图。

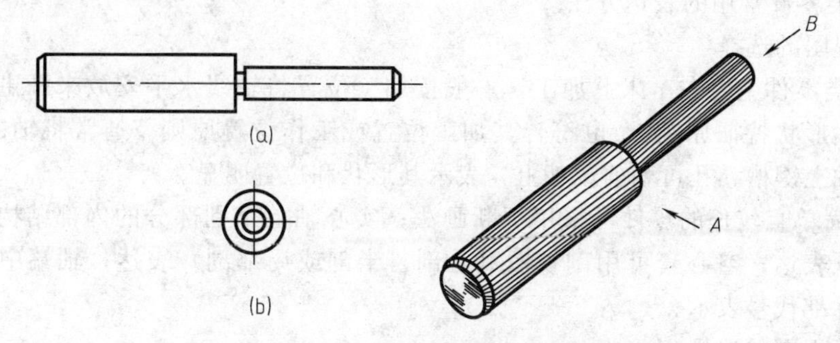

图 9-3 轴类零件的主视图选择

② 符合加工或工作位置原则。在决定零件摆放位置时，应尽量令其符合零件的加工位置和（或）工作位置。

零件的加工制造，常需紧固在一定位置上进行，这叫零件的加工位置（或称装卡位置）。零件主视图位置应尽量与其主要加工工序的位置一致，以便于加工时看图。图 9-3 所示的轴类零件，在车削时轴线处于水平位置，其主视图也将轴线画成水平位置，这就非常便于车削时看图。

每个零件在机器上都有一定的工作位置（即安装位置），选择主视图时，应尽量使其位置与工作位置一致，便于想象零件在工作中的位置和作用。如图 9-4 所示的两种钩类零件，主视图均与其工作位置一致。

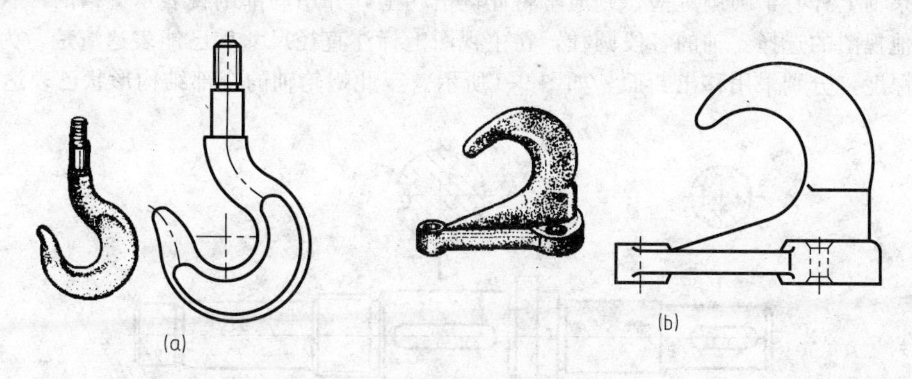

图 9-4 吊钩与拖钩的主视图位置选择

零件的加工位置与工作位置有时是一致的，有时是不一致的；或者因为工序较多，加工位置变化也多。在这种情况下，对轴、套、盘等回转体零件常选择其加工位置；对钩、支架、箱体等零件多选择其工作位置。

（2）其他视图的选择 对于结构复杂的零件，主视图中没有表达清楚的部分，必须选择其他视图，包括视图、剖视图、断面图、局部放大图和简化画法等。选择其他视图时要注意以下几点。

① 所选择的表达方法要恰当，每个视图都有明确的表达目的。对零件的内部形状与外部形状、主体形状与局部形状的表达，每个视图都应有所侧重。

② 所选视图的数量要恰当。在完整、清晰地表达零件内、外结构形状的前提下，尽量减少图形个数，以便于画图和看图。

③ 对于表达同一内容的视图，应拟出几种表达方法进行比较，以确定一种较好的表达方案。

2. 轴套类零件常用的表达方法

(1) 主视图的选择

① 轴套类零件主要在车床上加工，一般按加工位置将轴线水平安放来画主视图。这样既符合“表达形状特征原则”，也符合其加工位置或工作位置原则。通常将轴的大头朝左，小头朝右；轴上键槽、孔可朝前或朝上，表示其形状和位置明显。

② 形状简单且较长的零件可采用折断画法；实心轴上个别部分的内部结构形状，可用局部剖视兼顾表达；空心套可用剖视图（全剖、半剖或局部剖）表达；轴端中心孔不作剖视，用规定标准代号表示。

(2) 其他视图的选择

① 由于轴套类零件的主要结构形状是同轴回转体，在主视图上注出相应的直径符号“ϕ”，即可表示清楚形体特征，故一般不必再选其他基本视图（结构复杂的轴例外）。

② 基本视图尚未表达完整清楚的局部结构形状（如键槽、退刀槽、孔等），可另用断面图、局部视图和局部放大图等补充表达，这样，既清晰又便于标注尺寸。

实例分析：如图 9-5 所示蜗轮轴表达方案的分析。

主视图的选择：轴的基本形体是由直径不同的圆柱体组成。用垂直于轴线的方向作为主视图的投射方向，这样既可把各段圆柱的相对位置和形状大小表示清楚，并且也能反映出轴肩、退刀槽、倒角、圆角等结构。为了符合轴在车削或磨削时的加工位置，将轴线水平横放，并把直径较小的一端放在右面，键槽转向正前方，主视图即能反映平键的键槽形状和位置。如果轴上开有半圆键键槽，则通常将此键槽朝上，并用局部剖视表示键槽的形状。

其他视图的选择：轴的各段圆柱，在主视图上标注直径尺寸后已能表达清楚，为了表示键槽的深度，分别采用移出断面，如图 9-5 所示。至此蜗轮轴的全部结构形状已表达清楚。

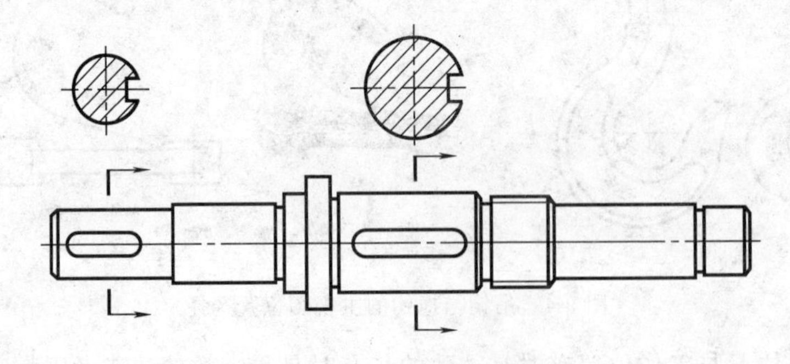

图 9-5　蜗轮轴的视图选择

三、轴套类零件的尺寸标注

1. 零件图中的尺寸标注

零件图中标注的尺寸是加工和检验零件的重要依据。在组合体的尺寸注法中，曾提出标注尺寸要正确、完整、清晰，对于零件图，除了要满足上述要求外，还要考虑怎样把零件的尺寸标注得比较合理。尺寸标注得合理是指所标注的尺寸既要满足设计要求，又要满足加工、测量和检验等制造工艺的要求。要做到标注尺寸合理，需要较多的机械设计和机械制造方面的知识，在这里主要介绍一些合理标注尺寸的基本知识。

(1) 尺寸基准　尺寸基准是指图样中标注尺寸的起点。每个零件都有长、宽、高三个方向，每个方向至少有一个方向基准。

尺寸基准按其来源、重要性和几何形式，有以下分类。

① 设计基准和工艺基准。

设计基准：在设计过程中，根据零件在机器中的位置、作用，为保证其使用性能而确定的基准。

工艺基准：根据零件的加工工艺过程，为方便装卡定位和测量而确定的基准。

② 主要基准和辅助基准。

主要基准：决定零件主要尺寸的基准。

辅助基准：为了便于加工和测量而附加的基准。

③ 面基准、线基准和点基准：由于各种零件的结构形状不同，尺寸的起点不同，尺寸基准有时是零件上的某个平面（如：底面、端面、对称平面等）；有时是零件上的一条线（如：回转轴线、刻线）；有时是一个点（如：球心、顶点等）。

在图 9-6（a）和（b）中有面基准和线基准，在图 9-6（c）中有点基准。

尺寸基准的选择是个十分重要的问题。因为基准选择是否正确，关系到整个零件尺寸标注的合理性。尺寸基准选择不当，零件的设计要求将无法保证，或给零件的加工、测量带来困难。

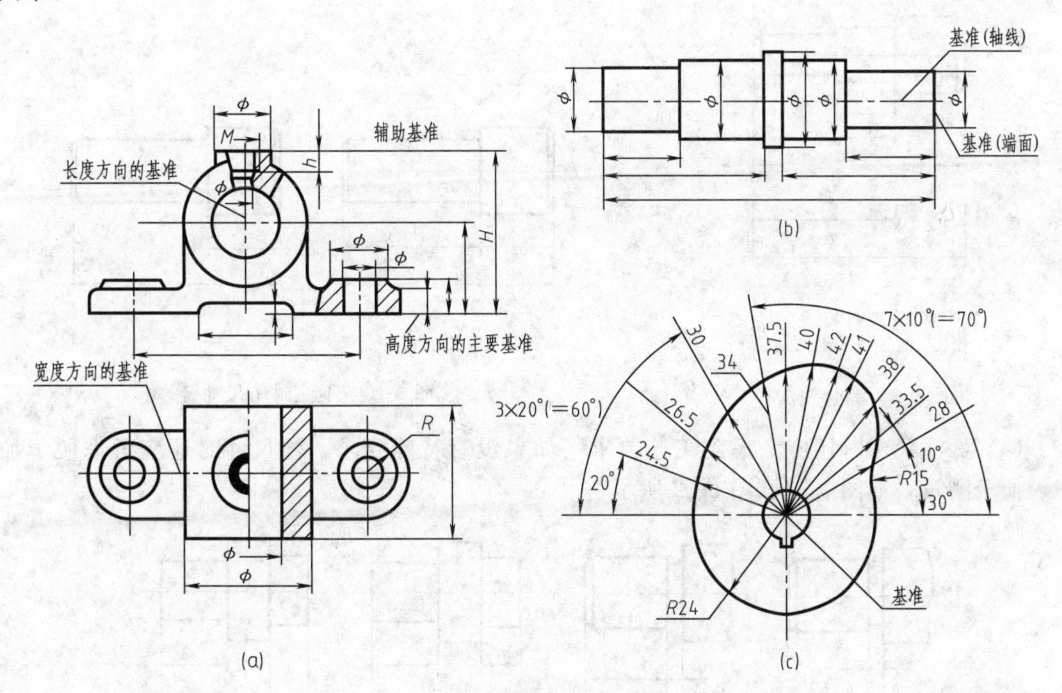

图 9-6　常见的尺寸基准

(2) 零件的重要尺寸要从主要尺寸基准直接注出　零件在加工过程中不可避免地存在着误差，为了使零件的重要尺寸不受其他尺寸误差的影响，应在零件图中把重要尺寸直接标出。

同是一个零件，由于尺寸注法不同，最后加工出来的零件尺寸，就会有不同的结果。

图 9-7 为坐标注法。标注的尺寸从一个基准出发，其轴肩到基准面的尺寸精度，不受其他尺寸影响，这是坐标法的优点。A、B 段的轴长尺寸分别受两个尺寸误差的影响，很明显该两段尺寸应是不重要的尺寸。

图 9-8 为链状注法。标注的尺寸依次成链状，每段轴长的尺寸误差不受其他尺寸影响，这是链状法的优点，但轴的总长受三段轴长误差的影响。

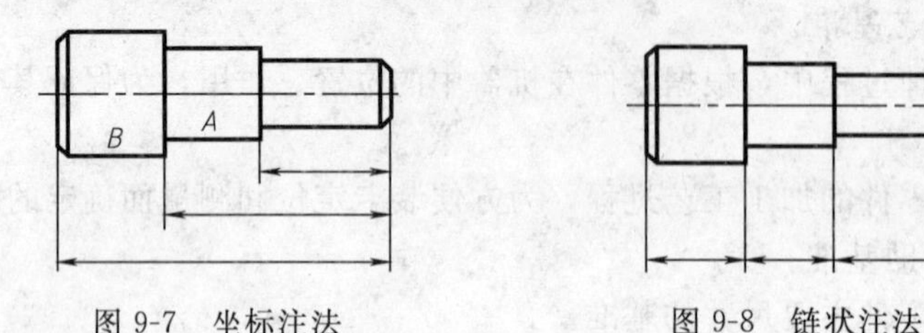

图 9-7　坐标注法　　图 9-8　链状注法

图 9-9 为综合注法。它具有坐标注法和链状注法两种优点，因此零件的尺寸常采用综合注法，并根据零件设计和制造工艺的要求有多种标注形式。

(3) 不能注成封闭的尺寸链　如图 9-10 (a) 所示，尺寸是同一方向串联并头尾相接绕成一整圈的一组尺寸，称为封闭尺寸链。若尺寸 A 比较重要，则尺寸 A 将受到尺寸 B、C 两段的影响而使尺寸精度难以保证，所以不能注成封闭尺寸链。若将不重要的尺寸 B 去掉，这时尺寸 A 也就不受尺寸 C 的影响，A、C 两段尺寸的误差便可积累到不注尺寸的部位上，如图 9-10 (b) 所示。

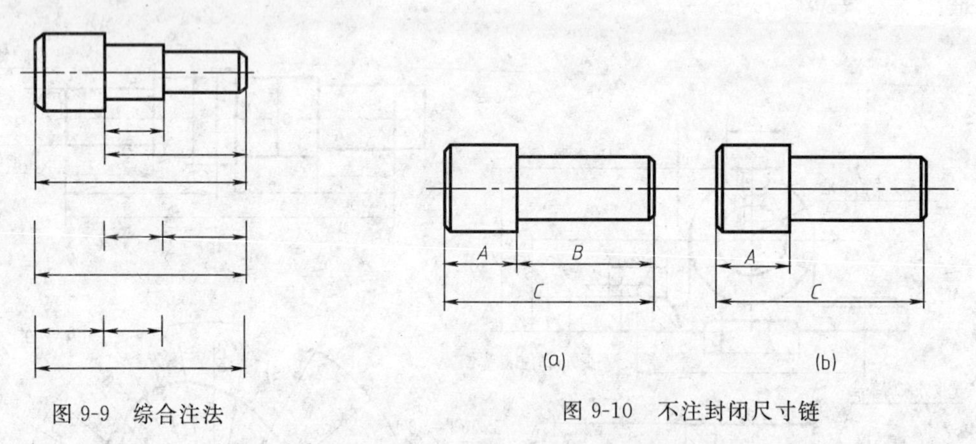

图 9-9　综合注法　　图 9-10　不注封闭尺寸链

(4) 标注尺寸时还应考虑到工艺要求　如果没有特殊要求，注尺寸时还应考虑便于加工、便于测量，如图 9-11、图 9-12 所示。

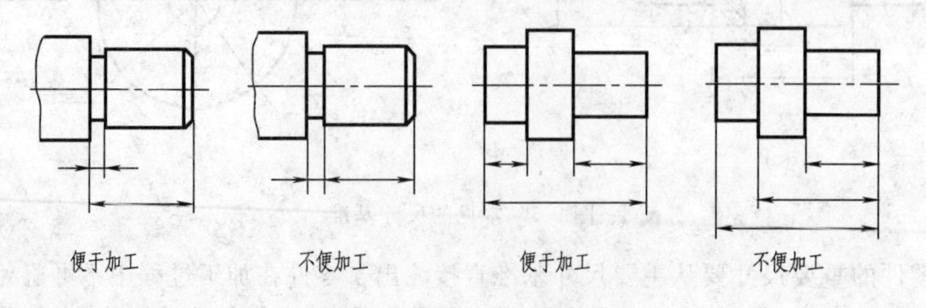

图 9-11　标注尺寸便于加工

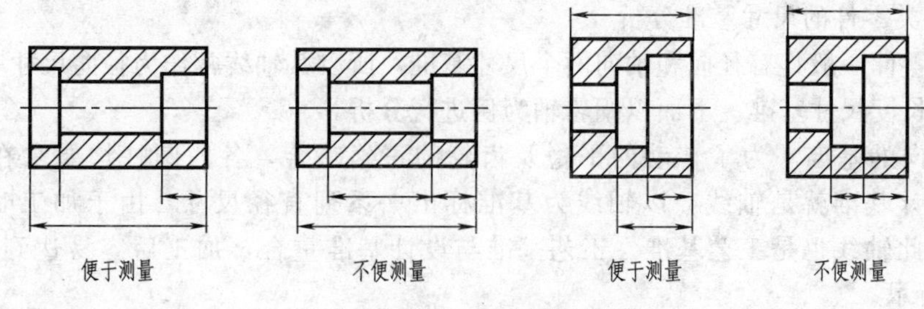

图 9-12 标注尺寸便于测量

(5) 零件图上常见结构的尺寸标注 见表 9-1。

表 9-1 零件图上常见结构的尺寸标注

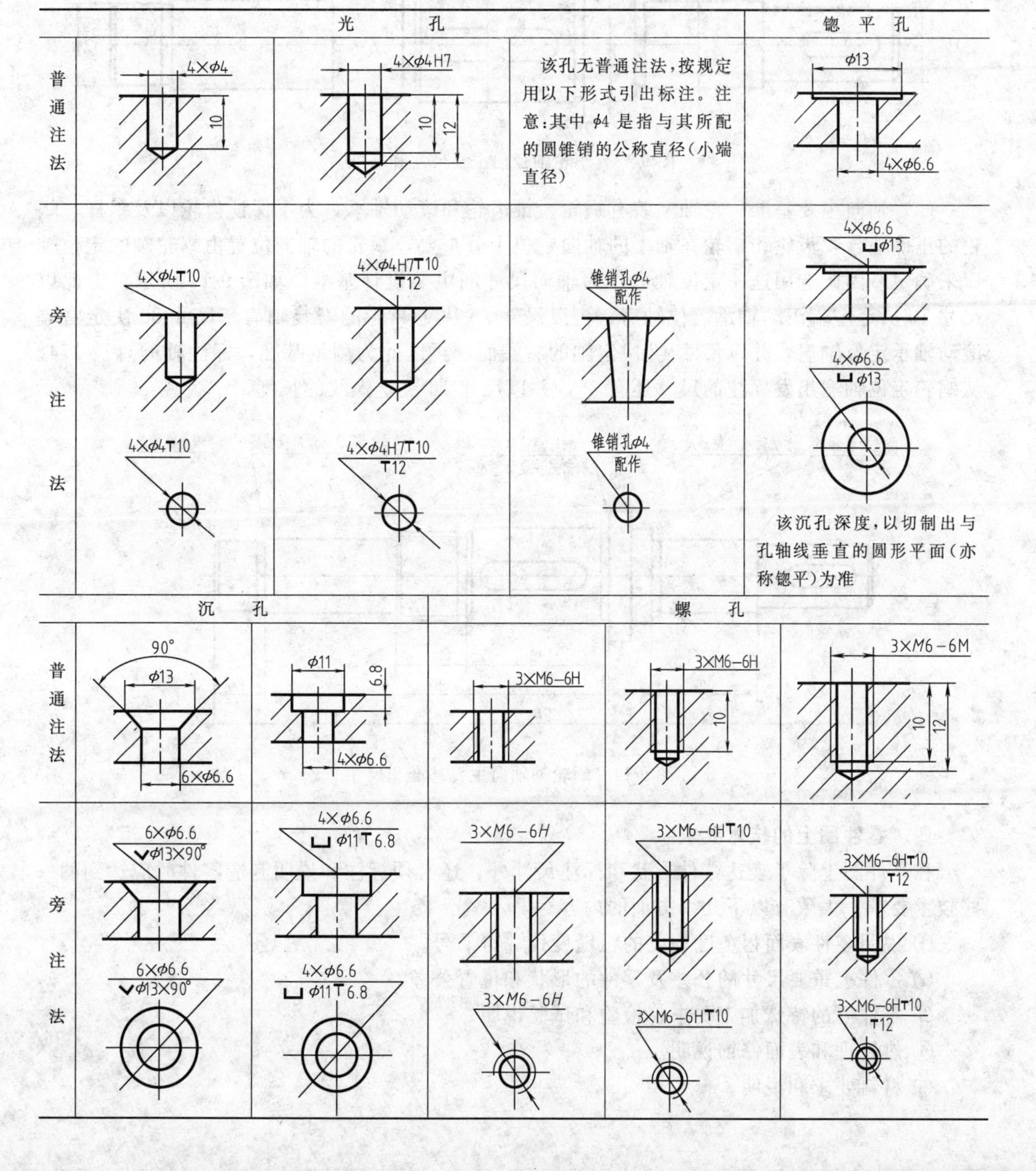

2. 轴套类零件的尺寸基准分析

轴套类零件一般具有径向和轴向两个尺寸基准，所以其轴线常作为径向尺寸基准，以重要的端面作长度尺寸基准。下面以蜗轮轴为例进行分析。

(1) 径向的基准　为了转动的平稳及齿轮的正确啮合，各段圆柱均要求在同一轴线上，因此设计基准就是轴线。以轴线为基准标出一系列直径尺寸。由于加工时两端用顶尖支承，因此轴线也是工艺基准。工艺基准与设计基准重合，加工后容易达到精度要求，如图 9-13 所示。

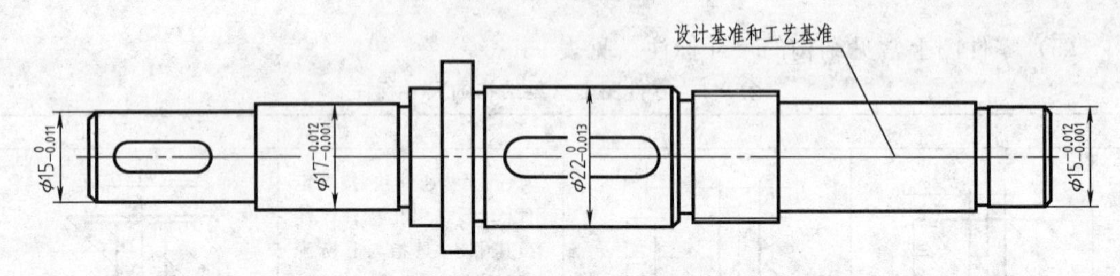

图 9-13　蜗轮轴径向主要尺寸和基准

(2) 轴向主要基准　轮轴上装有蜗轮、锥齿轮和滚动轴承，为了保证齿轮以及蜗杆、蜗轮的正确啮合，齿轮和蜗轮在轴上的轴向定位十分重要，蜗轮的轴向位置由蜗轮轴的定位轴肩来确定，因此选用这一定位轴肩作为轴向尺寸的主要设计基准，如图 9-14 所示。由此以尺寸 10 决定左端滚动轴承定位轴肩，再以尺寸 25 决定凸轮的安装轴肩。尺寸 80 决定右端滚动轴承定位轴肩，并以尺寸 12 决定轴的右端面，再以此为测量基准，标注轴的总长 154。从蜗轮定位轴肩出发标注的尺寸还有 33，并以尺寸 16 决定螺纹的长度。

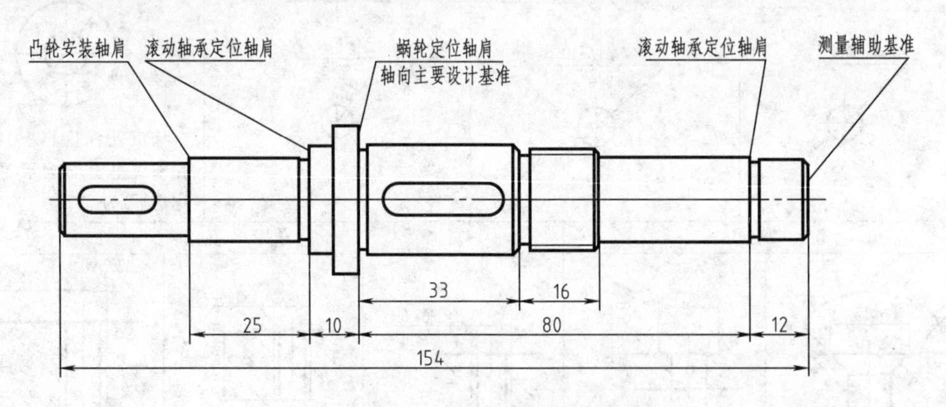

图 9-14　蜗轮轴轴向主要基准和尺寸

四、零件图上的技术要求

在零件图上除了表达零件形状和标注尺寸外，还必须标注和说明制造零件时应达到的一些技术要求。大致有以下几个方面的内容。

① 说明零件表面粗糙度程度的粗糙度代［符］号。

② 零件上重要尺寸的公差及零件的形状和位置公差。

③ 零件上的特殊加工要求、检验和试验说明。

④ 热处理和表面修饰说明。

⑤ 材料要求和说明。

1. 零件的表面结构

（1）零件表面结构的概述 零件的表面结构是指零件表面的微观几何形貌，如图 9-15 所示为零件表面结构的几何意义。

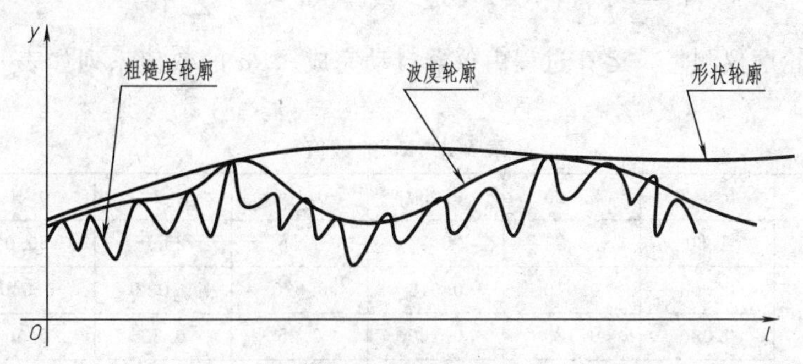

图 9-15 零件的表面结构

图 9-15 中波纹最小的是表面粗糙度轮廓——R 轮廓；包络 R 轮廓的峰形成的轮廓是波度轮廓——W 轮廓；通过短波滤波器 λ_s 后生成的总轮廓是原始轮廓——P 轮廓。

包络 W 轮廓的峰形成的轮廓，该轮廓不属于表面结构指标，这里绘出来仅用于轮廓的比较。

国家标准对这些表面结构都给出了相应的指标评定标准。这些轮廓都能在特定的仪器中观察到，在零件的实际加工中，一般用对照块规来比照鉴定，控制加工精度。

表面结构的三个参数描述意义不同，但标注方式相同，其中表面粗糙度参数使用最为广泛，所以本书重点介绍表面粗糙度。

（2）表面粗糙度

① 表面粗糙度的概念 零件表面上具有较小间距的峰谷所组成的微观几何形状特征称为表面粗糙度，如图 9-16（a）所示。不同的加工方法形成不同的表面粗糙度。

零件在加工过程中，刀具从零件表面上分离材料时的塑性变形、机械振动及刀具与被加工表面的摩擦会产生零件表面微观几何不平整。其危害是降低了零件的耐磨性、抗腐蚀能力，以及零件间的配合质量。不平整程度越大，零件表面性能越差，反之，则表面性能越高，但加工成本也必将随之增加。因此，在满足使用要求的前提下 R 轮廓参数值取大一些为好。

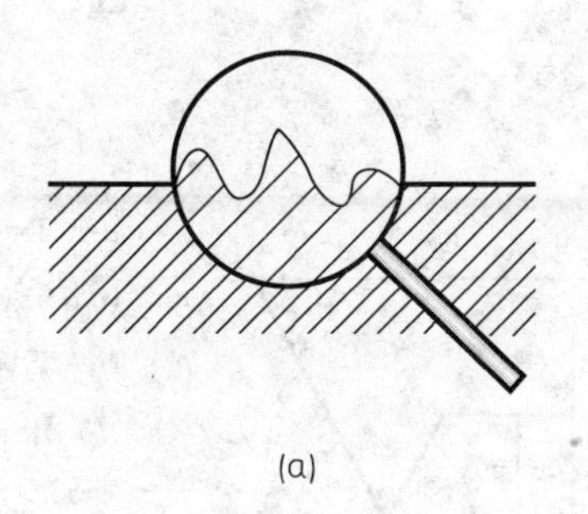

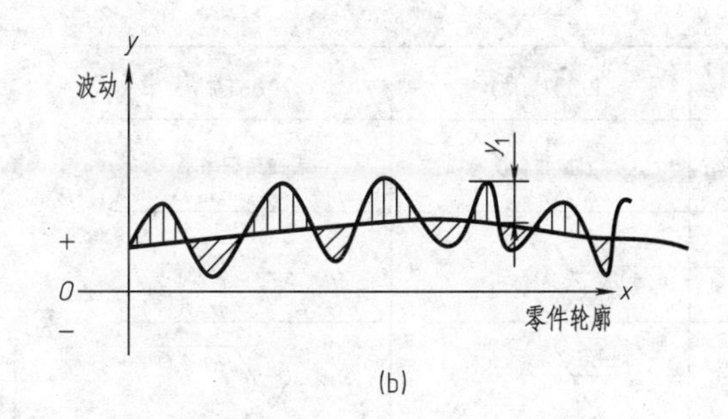

图 9-16 表面粗糙度

② 表面粗糙度的评定参数 评定零件表面质量的 R 轮廓参数有两种：轮廓的算术平均偏差 Ra 和轮廓的最大高度 Rz，目前在生产中主要用到的是轮廓的算术平均偏差 Ra。它是在取样长度 l 内，按一定的滤波传输带获得的轮廓，计算轮廓偏距 y 绝对值的算术平均值，

用 Ra 表示，如图 9-16（b）所示。

用公式可表示为：

$$Ra = \frac{1}{l}\int_0^l |y(x)|\,\mathrm{d}x \quad \text{或} \quad Ra \approx \frac{1}{n}\sum_{i=1}^{n}|y_i|$$

Ra 用电动轮廓仪测量，运算过程由仪器自动完成。Ra 的数值系列如表 9-2 所示，单位为 μm。

表 9-2 Ra 的数值 μm

第一系列	0.012	0.025	0.050	0.100	0.20	0.40	0.80
	1.60	3.2	6.3	12.5	25.0	50.0	100
第二系列	0.008	0.010	0.016	0.020	0.032	0.040	0.063
	0.080	0.125	0.160	0.25	0.32	0.50	0.63
	1.00	1.25	2.00	2.50	4.00	5.00	8.00
	10.00	16.00	20.00	32.00	40.00	63.00	80.00

（3）表面结构要求的标注符号与代号　对产品表面结构要求的几何量技术规范的符号、代号如表 9-3、图 9-17 所示。

表 9-3 表面结构符号及含义（GB/T 131—2006）

符号与代号	含　义
	基本符号，未指定工艺方法的表面，当通过一个注释解释时可单独使用
	扩展图形符号，用去除材料的方法获得的表面；仅当其含义时“被加工表面”时可单独使用
	扩展图形符号，不去除材料的表面；也可用于表示保持上道工序形成的表面，不管这种状况通过去除材料或不去除材料形成的
	完整图形符号，当要求标注表面结构特征的补充信息时，应在上述图形符号的长边上加一段横线
	在上述三个符号上均加一个小圆，表示对投影视图上封闭的轮廓线所表示的各表面有相同的表面粗糙度要求

	1993（旧版）	2006（新版）
名称	表面粗糙度	表面结构要求
符号		
代号	1.6	Ra 1.6

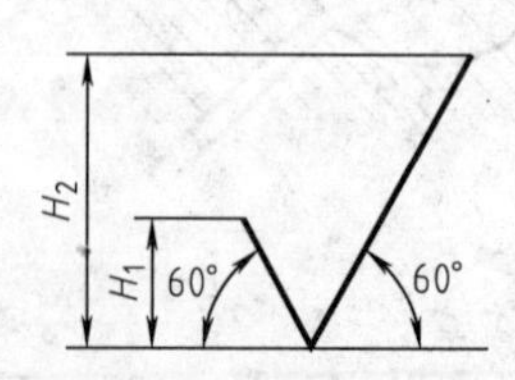

图 9-17　表面结构基本符号

常见的表面粗糙度参数 Ra 值的标注方法及其含义如表 9-4 所示。

（4）表面结构要求在零件图上的标注　表面结构要求大多用表面粗糙度参数来表示，因此在本书中提到的表面结构要求均特指表面粗糙度。

表 9-4 表面粗糙度参数 *Ra* 值的标注与含义

代 号	含 义
√Ra 6.3	表示任意加工方法，单向上限值，默认传输带，R 轮廓，算术平均偏差为 6.3μm，评定长度为 5 个取样长度（默认），“16%规则”（默认）
▽Ra 6.3	表示去除材料，单向上限值，默认传输带，R 轮廓，算术平均偏差为 6.3μm，评定长度为 5 个取样长度（默认），“16%规则”（默认）
◇Ra 6.3	表示不允许去除材料，单向上限值，默认传输带，R 轮廓，算术平均偏差为 6.3μm，评定长度为 5 个取样长度（默认），“16%规则”（默认）
◇U Ra_{max} 6.3 L Ra 1.6	表示不允许去除材料，双向极限值，两个极限值使用默认传输带，R 轮廓，上限值：算术平均偏差为 6.3μm，评定长度为 5 个取样长度（默认），“最大规则”，下限值：算术平均偏差为 1.6μm，评定长度为 5 个取样长度（默认），“16%规则”（默认）

注：1. 表中的传输带是指滤波方式参数。

2. *Ra* 符号两字母底线对齐。

① 标注总则 表面结构要求对每一个表面都需标注，一般只标注一次，并尽可能标注在相应的尺寸及其公差的同一视图上。除非另有说明，所标注的表面结构要求是对完工零件表面的要求。

表面结构标注总的原则是根据 GB/T 4458.4 的规定，使表面结构的注写和读取方向与尺寸的注写和读取方向一致，如图 9-18 所示。

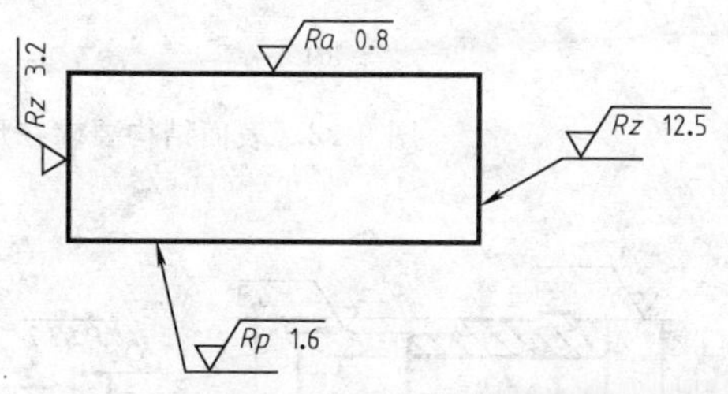

图 9-18 表面结构要求的注写读取方向

② 标注要求 表面结构要求可标注在轮廓线上，其符号应从材料外指向并接触表面。必要时，表面结构符号也可用带箭头或黑点的指引线引出标注，或直接标注在延长线上，如图 9-19、图 9-20 所示。

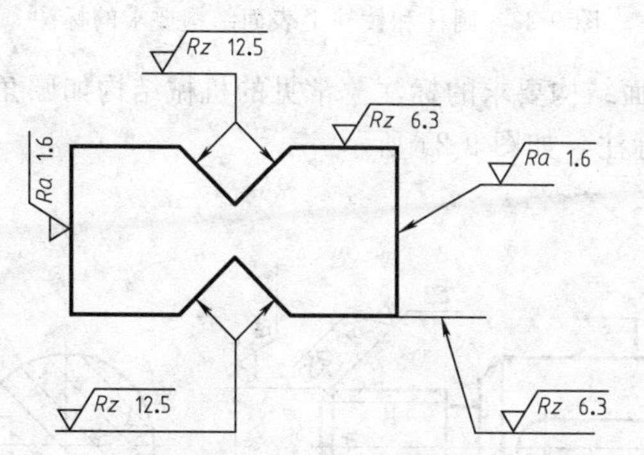

图 9-19 表面结构要求标注在轮廓线、延长线上

在不至于引起误解时，表面结构要求可以标注在指定的尺寸线上，如图 9-21 所示。

③ 在形位公差框格上方的标注 表面结构要求可标注在形位公差框格的上方，如图 9-22 所示。

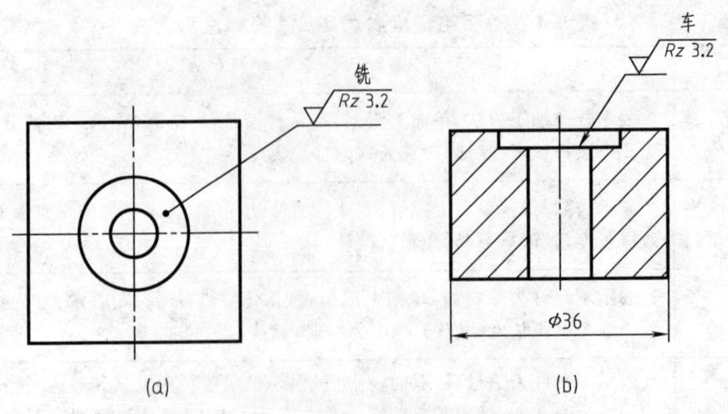

图 9-20　用指引线引出标注表面结构要求

④ 圆柱和棱柱表面不同表面结构要求的标注　圆柱和棱柱表面的表面结构要求只标注一次。如果每个棱柱表面有不同的表面结构要求，则应分别单独标注，如图 9-23 所示。

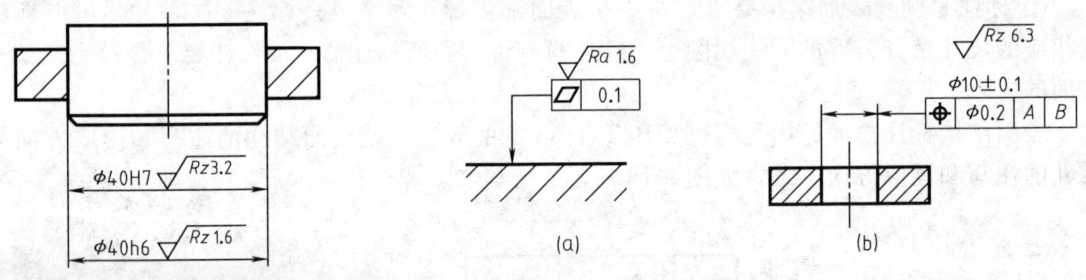

图 9-21　表面结构要求在尺寸线上的标注

图 9-22　表面结构要求在形位公差框格上方的标注

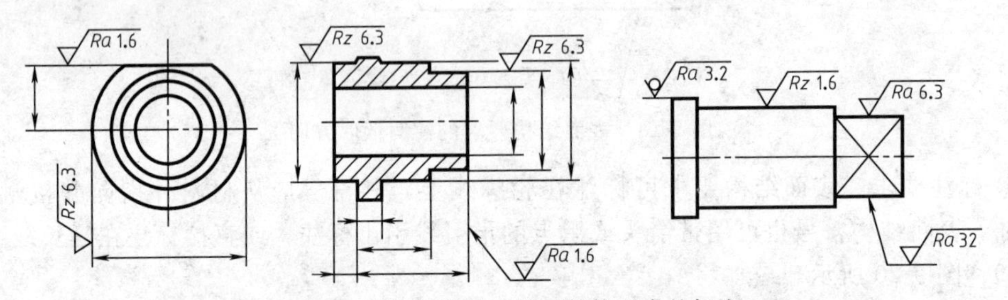

图 9-23　圆柱和棱柱上表面结构要求的标注

⑤ 常见机械结构表面结构要求的标注　常见的机械结构如圆角、倒角、螺纹、退刀槽、键槽的表面结构要求的标注，如图 9-24 所示。

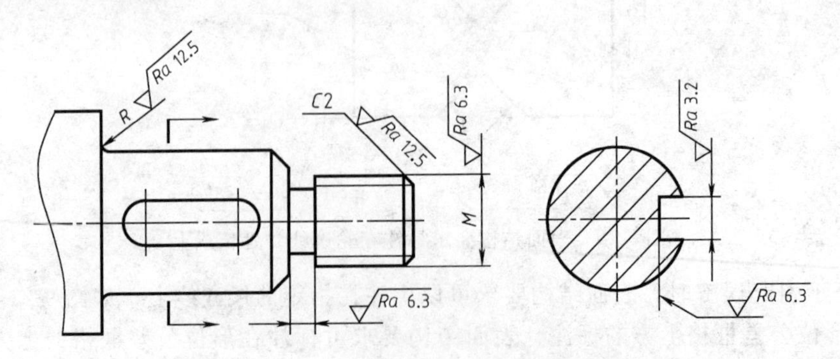

图 9-24　常见的机械结构的表面结构要求的标注

⑥ 简化标注法

a. 如果工件的多数（包括全部）表面有相同的表面结构要求，则其表面结构要求可统一标注在图样的标题栏附近。表面结构要求的符号后面应该有两种情况，如图 9-25 所示为一种简化标注法，但不包括全部表面有相同要求的情况。

b. 当多个表面具有相同的表面结构要求或图纸空间有限时可采用简化标注法，如图 9-26 所示为另一种简化标注法。对有相同表面结构要求的表面进行简化标注，可用带字母的完整符号指向零件表面，或表面结构符号指向零件表面，再以等式的形式在图形或标题栏附近对多个表面相同的表面结构要求进行标注。

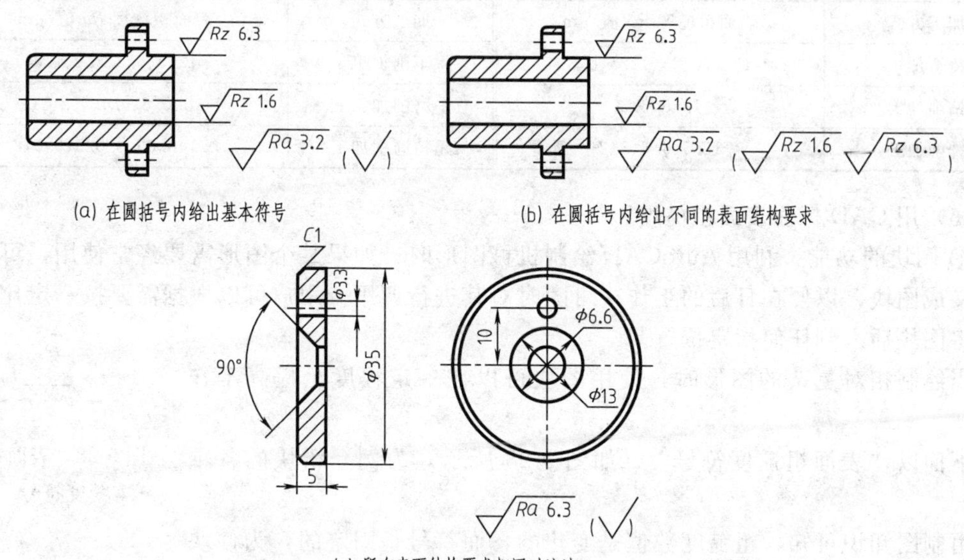

(a) 在圆括号内给出基本符号

(b) 在圆括号内给出不同的表面结构要求

(c) 所有表面结构要求相同时注法

图 9-25　表面结构要求的简化标注法

⑦ 同一表面上不同工艺方法表面结构要求的标注　由几种不同的工艺方法获得的同一表面，当需要明确每种工艺方法的表面结构要求时，可按图 9-27 所示进行标注。

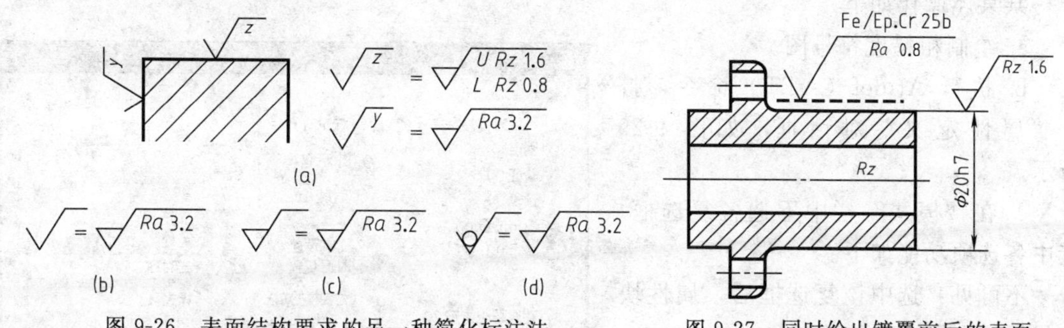

图 9-26　表面结构要求的另一种简化标注法

图 9-27　同时给出镀覆前后的表面结构要求的标注

（5）表面粗糙度参数值的选择　零件表面粗糙度参数值的选用，应该既要满足零件表面的功用要求，又要考虑其经济合理性，选用时要注意以下问题。

① 在满足功用的前提下，尽量选用较大的表面粗糙度数值，以降低生产成本。

② 在一般情况下，零件的接触表面比非接触表面的表面粗糙度参数值要小。

③ 受循环载荷的表面及易引起应力集中的表面，表面粗糙度参数值要小。

④ 配合性质相同，零件尺寸小的比尺寸大的表面粗糙度参数值要小；同一公差等级，小尺寸比大尺寸、轴比孔的表面粗糙度参数值要小。

⑤ 运动速度高、单位压力大的摩擦表面比运动速度低、单位压力小的摩擦表面的表面粗糙度参数值小。

⑥ 要求密封性、耐腐蚀的表面其粗糙度参数值要小。

如表 9-5 所示为表面粗糙度值的常用系列及对应的加工方式（GB/T 6060.1—1997、GB/T 6060.2—2006）。

表 9-5　常用加工方法的表面粗糙度值

加工方式	表面粗糙度 Ra 值/μm	加工方式	表面粗糙度 Ra 值/μm
铸造加工	100、50、25、12.5、6.3	车削加工	12.5、6.3、3.2、1.6
钻削加工	12.5、6.3	磨削加工	0.8、0.4、0.2
铣削加工	12.5、6.3、3.2	超精磨削加工	0.1、0.05、0.025、0.012

（6）用 CAD 标注表面粗糙度

① 图块的功能　利用 AutoCAD 绘制机械图形时，如果某个图形需要经常使用，可以将其定义成图块，以便在日后的工作中可随时对其进行调用。用户可以根据需要按一定比例和角度将图块插入到任何指定位置。

当绘制相对复杂的图形时，使用图块可以在一定程度上提高工作效率。

下面以“表面粗糙度符号”（如图 9-28 所示）为例介绍块的各项操作。

$\sqrt{Ra\ 1.6}$

图 9-28　表面粗糙度符号

由制图知识可知，粗糙度数值是变化的，而符号是固定的，为使块的调用方便，引入属性概念。

② 图块的属性　图块属性是图块中对其进行说明的非图形信息，它用于表达图块的一些文字信息，如机件件号、粗糙度数值等，这些文字信息称为属性值。当将图块与属性一起定义成块后，就可存入当前图形中随时调用，其调用方式与调用一般的图块相同。

其具体操作如下：

a. 绘制粗糙度符号图。

b. 执行 Attdef（ATT）命令，打开“属性定义”对话框，如图 9-29 所示。

c. 在“模式”栏中不选各复选框。其中各选项功能如下。

不可见：选中该复选框后，属性块中的属性在屏幕上将不可见。

固定：选中该复选框后，属性块中的属性值为常量。

验证：选中该复选框后，在插入属性块时，系统将提醒用户核对输入的属性值是否正确。

预设：选中该复选框后，AutoCAD

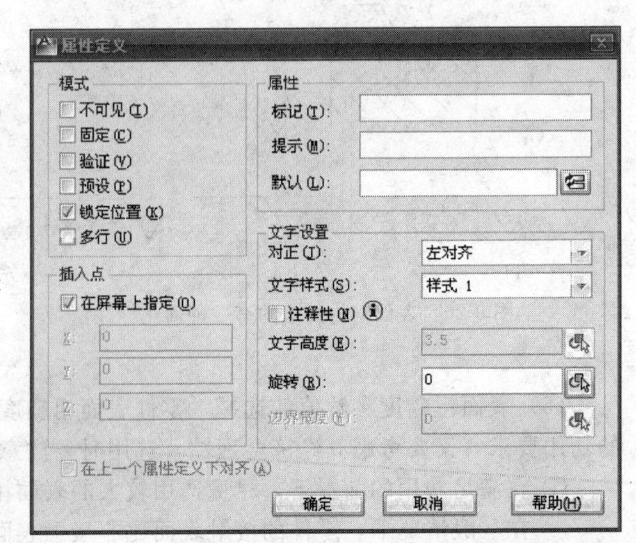

图 9-29　“属性定义”对话框

将用户输入的属性缺省值作为预设值，在以后的属性块插入过程中，不再提示用户输入属性值。

d. 在“属性”栏中输入相应文本信息，如图 9-29 所示。其中各选项功能如下。

标记（T）：输入定义属性的标志 ccd（代表粗糙度）。

提示（M）：输入在插入属性块时将提示的内容，如“输入数值”。

默认（L）：设置属性的缺省值，如“0.0”。

e. 单击［拾取点］按钮，在绘图区指定将要定义的“粗糙度”属性块的插入基点为数值文字的放置起点。

f. 在［文字设置］栏“文字样式”下拉列表框中选择尺寸文字。“文字设置”栏中各选项功能如下。

对正（J）：用于确定输入文本的对齐方式。

文字样式（S）：用于设置文本的字体，可以选择一种文本字体。

文字高度：用于指定文本的高度，也可在右边的文本框中输入高度值 3.5。

旋转：用于在图形屏幕上指定文本的旋转角度，也可在右边的文本框中输入旋转角度值。

g. 单击［确定］结束属性定义。

③ 图块的创建 AutoCAD 中的图块分为内部块和外部块两种类型。

a. 内部块的创建 内部块的创建是使用 Block（B）命令，通过“块定义”对话框完成的。此类图块只能在当前图形文件中调用，而不能在其他图形中调用。

其具体操作如下。

ⅰ. 单击“绘图”工具栏中按钮，打开“块定义”对话框。

ⅱ. 在“名称”下拉列表框中输入将要创建的图块名。这个图块名可任意确定，这里输入“粗糙度”。

ⅲ. 在“基点”区域中指定图块的插入基点，如粗糙度符号的尖端。当在图形中插入图块时，当前光标位置即为图块的插入基点。缺省情况下，图块的插入基点为坐标原点，也可在“X”、“Y”、“Z”文本框中输入其他点的坐标或通过（拾取点）按钮捕捉一点作为基点。

ⅳ. 在“对象区域”指定组成图块的实体，如粗糙度符号的图形与属性，其中各选项功能如下。

选择对象：该按钮用于选取组成块的实体。

保留：选择该单选项，生成块后原选取实体仍保留为独立实体。

转换为块：单击该单选项，则原选取实体将转变成块。

删除：选取该单选项，生成块后原选取实体将被删除。

ⅴ. 不改变其他选项的设置，单击［确定］按钮即可创建一内部块“粗糙度”。

b. 外部块的创建 外部块的创建是使用 WBLOCK（W）命令，通过“写块”对话框完成的。此类图块与其他图形文件并无区别，同样可以打开、编辑，既可以插入当前图形中使用，又可为其他图形作为图块插入。外部块在机械设计中的应用比较广泛，凡是标准零件和常用零件均可将其创建为外部块供绘图使用。

其具体操作如下。

ⅰ. 在命令行执行 WBLOCK 命令，打开“写块”对话框。

ⅱ. 选择外部块定义方式，其中：

块：选择该项可以将当前图中已有的内部块创建为外部块。

整个图形：选择该项可将当前整个图形形成一个块。

对象：要求在图形中选择需要的实体创建图块。

一般通过在当前图形中选择实体对象的方式创建外部块。

ⅲ. 如果选择“对象”方式创建外部块，则需在“基点”、“对象”以及“目标”区域指定相应的参数及信息。

基点：指定在符号尖端。

对象：选择符号图形。

目标：文件名为“粗糙度”或其他容易区别的代号，路径放在图块的文件夹中。

④ 图块的插入　在 AutoCAD 中，当需要使用图块时，可用 INSERT（I）命令在当前图形中插入已定义好的图块，并作适当编辑，使之满足绘图的需要。

其具体操作如下。

a. 调用块插入命令。

b. 在“名称”下拉列表框中选择要插入图形的图块，或单击［浏览］按钮，在“选择图形文件”对话框中选择需要的外部图块，选择“粗糙度”图块。注意这里的文件名与写块的名字一致。

c. 在“插入点”区域确定图块在图形中的插入点，一般在绘图区中直接捕捉图形的被测表面上的点作为插入点。

d. “缩放比例”区域确定插入图块的比例。因为图块一般作等比例缩放，所以可选中统一比例复选框，然后在“x”文本框中输入比例值。或者选中在屏幕上指定复选框在绘图区中指定图块的缩放比例。

e. 在“旋转”区域确定是否旋转图块，如果不旋转，则不用对其进行设置。

f. 如果要将插入的图块炸开成为各部分单独的实体，则可选中分解复选框，否则插入后的图块将是一个整体。

g. 所有的选项设置完成后单击［确定］按钮，在绘图区拾取一点即可插入带属性的“粗糙度”图块。

⑤ 图块属性的编辑

a. 写块前。当用户定义好属性后，有时需要更改属性名、提示内容或缺省值，这时可用 DDEDIT 命令加以修改。但 DDEDIT 命令只对未定义成块的或已分解的属性块起作用。

在命令行执行 DDEDIT 命令后，系统将提示“选择注释对象或［放弃（U)］”，拾取属性名后将打开“编辑属性定义”对话框，用户可在各文本框中修改文本。

b. 调用块后。用图块属性值的编辑命令更改属性内容执行 DDATTE 命令后，通过修改文本框中的内容即可更改属性值。用图块属性的编辑命令 ATTE 更改属性的位置、内容、高度、角度等。

读者可以思考机械制图中应用几种粗糙度符号，并练习将基准符号、剖切符号做成带属性的块或图块。

2. 公差与配合的基本概念及标注方法

(1) 互换性　互换性从日常生活中就可找到例证。例如，自行车或汽车的某零件损坏了，可用同样的新零件换上，就能满足使用要求。这种按规定要求制造的成批、大量零件或部件，在装配时不经挑选，任取一个，就可以互相调换而不经过其他加工或修配，在装配后就能达到使用要求的性质叫互换性。零件具有互换性后，使产品的生产周期缩短，生产效率提高，成本降低，也保证了产品的稳定性，为成批大量生产创造了条件。

在现代化的大量或成批生产中，要求互相装配的零件或部件都要符合互换性原则。例如，从一批规格为 $\phi10$ 的油杯（见图 9-30）中任取一个装入尾架端盖的油杯孔中，都能使油杯顺利装入，并能使它们紧密结合，就两者的顺利结合而言，各具有互换性。

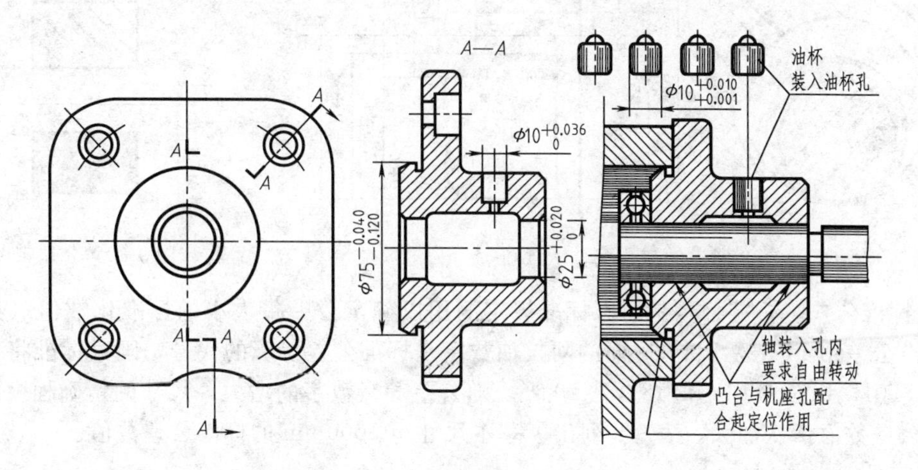

图 9-30　互换性基本概念图例

(2) 公差基本概念

① 尺寸公差的有关术语和定义

基本尺寸：设计给定的尺寸。它是设计人员根据实际使用要求通过计算或类比方法且按直径标准或长度标准规定的数值选取的尺寸（见图 9-30 中的 $\phi75$、$\phi25$ 等）。

实际尺寸：通过测量所得到的尺寸。测得的实际尺寸与图样上标注的极限尺寸相对比，即可判定所制零件的尺寸是否合格。

极限尺寸：允许尺寸变化的两个界限值，它以基本尺寸为基数来确定。这两个界限值之中，数值大的一个尺寸称为最大极限尺寸；数值小的一个尺寸称为最小极限尺寸。如图 9-20 凸台尺寸 $\phi75^{-0.040}_{-0.120}$，该尺寸的最人极限尺寸是 $\phi74.96$；最小极限尺寸是 $\phi74.88$。

尺寸偏差（简称偏差）：某一实际尺寸减去基本尺寸所得的代数差，分别称为上偏差和下偏差。

上偏差为最大极限尺寸减去基本尺寸所得的代数差，孔用 ES 表示，轴用 es 表示。

下偏差为最小极限尺寸减去基本尺寸所得的代数差，孔用 EI 表示，轴用 ei 表示。

尺寸公差（简称公差）：允许尺寸的变动量称为公差。公差值为最大极限尺寸减去最小极限尺寸所得的代数差的绝对值，也等于上偏差减下偏差的代数差的绝对值。公差值没有正、负号，且不能等于零。例如，图 9-30 凸台的尺寸为 $\phi75^{-0.040}_{-0.120}$，其公差为：$|-0.04-(-0.12)|=0.08$。

② 公差带与公差带图　图 9-31 所示为公差与配合的示意图，它表明了上述各术语的关系。在实际工作中，常将示意图抽象简化为公差带图，如图 9-32 所示。公差带图中的零线及公差带的定义如下。

零线：确定偏差的一条基准直线即零偏差线，通常零线表示基本尺寸。零线以上表示极限偏差为正。零线以下表示极限偏差为负。

公差带：由代表上、下偏差的两条直线所限定的一个区域，如图 9-32 所示。为了便于组织生产，对这个区域的大小（公差带宽度）和位置（公差带离开零线的距离）都标准化了，即用标准公差和基本偏差来确定公差带的大小和位置。

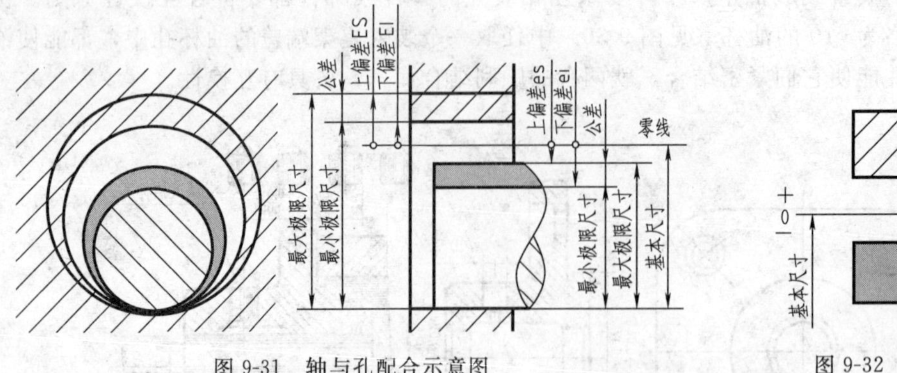

图 9-31　轴与孔配合示意图

图 9-32　公差带图

③ 标准公差　标准公差是国家标准规定的用以确定公差带大小的标准化数值（见表 9-6）。标准公差用 IT 表示，IT 后面的阿拉伯数字是标准公差等级的代号，国家标准将公差等级分为 IT01、IT0、IT1～IT18，共 20 级。随公差等级数字的增大，尺寸的精确程度将依次降低，公差数值依次加大。表 9-6 列出了基本尺寸至 1000mm 的标准公差数值。

表 9-6　标准公差数值表

基本尺寸		公差等级																			
		IT01	IT0	IT1	IT2	IT3	IT4	IT5	IT6	IT7	IT8	IT9	IT10	IT11	IT12	IT13	IT14	IT15	IT16	IT17	IT18
大于	至	μm													mm						
—	3	0.3	0.5	0.8	1.2	2	3	4	6	10	14	25	40	60	0.10	0.14	0.25	0.40	0.60	1.0	1.4
3	6	0.4	0.6	1	1.5	2.5	4	5	8	12	18	30	48	75	0.12	0.18	0.30	0.48	0.75	1.2	1.8
6	10	0.4	0.6	1	1.5	2.5	4	6	9	15	22	36	58	90	0.15	0.22	0.36	0.58	0.9	1.5	2.2
10	18	0.5	0.8	1.2	2	3	5	8	11	18	27	43	70	110	0.18	0.27	0.43	0.70	1.10	1.8	2.7
18	30	0.6	1	1.5	2.5	4	6	9	13	21	33	52	84	130	0.21	0.33	0.52	0.84	1.30	2.1	3.3
30	50	0.6	1	1.5	2.5	4	7	11	16	25	39	62	100	160	0.25	0.39	0.62	1.00	1.60	2.5	3.9
50	80	0.8	1.2	2	3	5	8	13	19	30	46	74	120	190	0.30	0.46	0.74	1.20	1.90	3.0	4.6
80	120	1	1.5	2.5	4	6	10	15	22	35	54	87	140	220	0.35	0.54	0.87	1.40	2.20	3.5	5.4
120	180	1.2	2	3.5	5	8	12	18	25	40	63	100	160	250	0.40	0.63	1.00	1.60	2.50	4.0	6.3
180	250	2	3	4.5	7	10	14	20	29	46	72	115	185	290	0.46	0.72	1.15	1.85	2.90	4.6	7.2
250	315	2.5	4	6	8	12	16	23	32	52	81	130	210	320	0.52	0.81	1.30	2.10	3.20	5.2	8.1
315	400	3	5	7	9	13	18	25	36	57	89	140	230	360	0.57	0.86	1.40	2.30	3.60	5.7	8.9
400	500	4	6	8	10	15	20	27	40	63	97	155	250	400	0.63	0.97	1.55	2.50	4.00	6.3	9.7
500	630	4.5	6	9	11	16	22	30	44	70	110	175	280	440	0.70	1.10	1.75	2.8	4.4	7.0	11.0
630	800	5	7	10	13	18	25	35	50	80	125	200	320	500	0.80	1.25	2.00	3.2	5.0	8.0	12.5
800	1000	5.5	8	11	15	21	29	40	56	90	140	230	360	560	0.90	1.40	2.30	3.6	5.6	9.0	14.0

选用公差等级的原则是，在满足使用要求的前提下，尽可能选用较低的公差等级。在一般机器的配合尺寸中，孔的公差等级在 IT6～IT12 之间选定，轴的公差等级在 IT5～IT12 之间选定。

④ 基本偏差　基本偏差是国家标准（GB 1800—79）规定的用以确定公差带相对于零线位置的上偏差或下偏差，一般是指靠近零线的那个偏差。图 9-33 所示为基本偏差系列。国家标准中对孔、轴规定了 28 个基本偏差，用拉丁字母（1 个或 2 个）及顺序来表示基本偏差系列。大写字母为孔的基本偏差代号；小写字母为轴的基本偏差代号。

⑤ 极限偏差表　基本偏差系列只给出公差带属于基本偏差的那一端，公差带的另一端取决于所选各级标准公差的大小。其计算公式为：

孔　ES＝EI＋IT 或 EI＝ES－IT

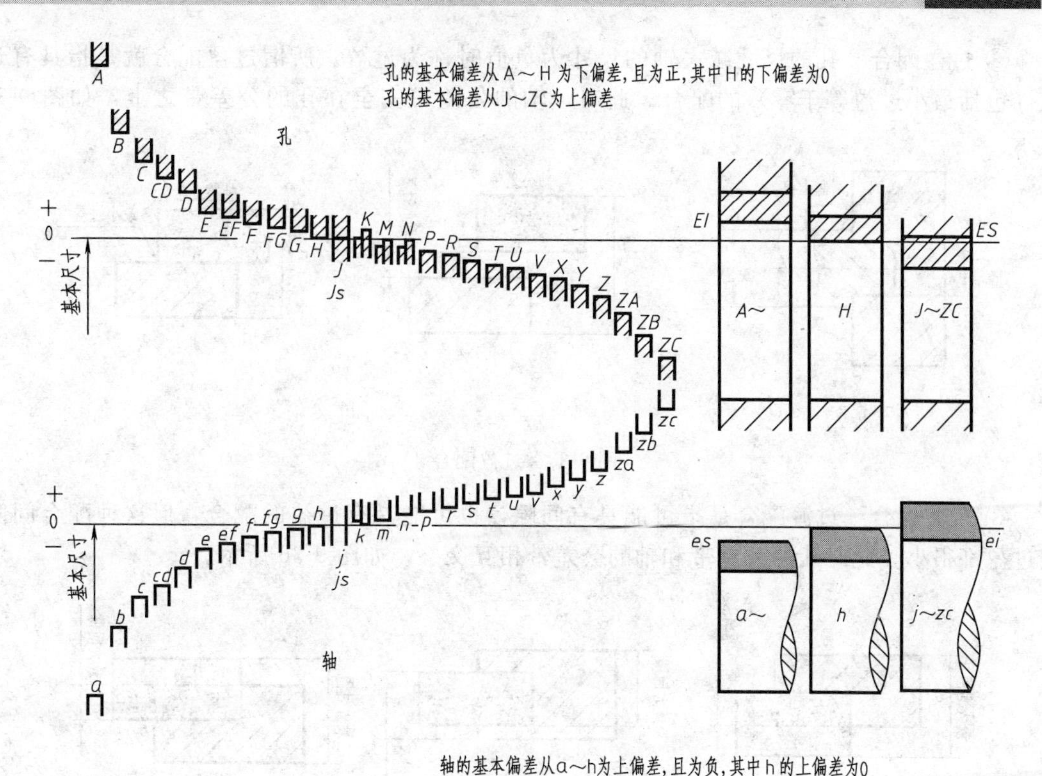

图 9-33 基本偏差系列

轴 es＝ei＋IT 或 ei＝es－IT

为了简化上述计算，国标（GB 1800—79）综合了标准公差和基本偏差这两个因素，对孔、轴的公差带规定了相应的极限偏差值，见附表 7-2 和附表 7-3。表中分别列出了优先、常用的轴和孔的极限偏差值。只要知道了孔与轴的基本尺寸、基本偏差代号及公差等级，就可以从表中查得上偏差、下偏差的数值。

例如，已知孔的尺寸为 ϕ40H7，由附表 7-2 查得：上偏差为＋0.025，下偏差为 0，又如，已知轴的尺寸为 ϕ50f7，由附表 7-3 查得：上偏差为－0.025，下偏差为－0.050。

（3）配合 基本尺寸相同，相互结合的孔与轴公差带之间的关系，称为配合。根据使用的要求不同孔和轴之间的配合有松有紧，国家标准规定配合分为三类：间隙配合、过盈配合、过渡配合。

① 间隙配合 孔与轴配合时，具有间隙（包括最小间隙等于零）的配合，此时孔的公差带完全在轴的公差带之上，如图 9-34 所示。

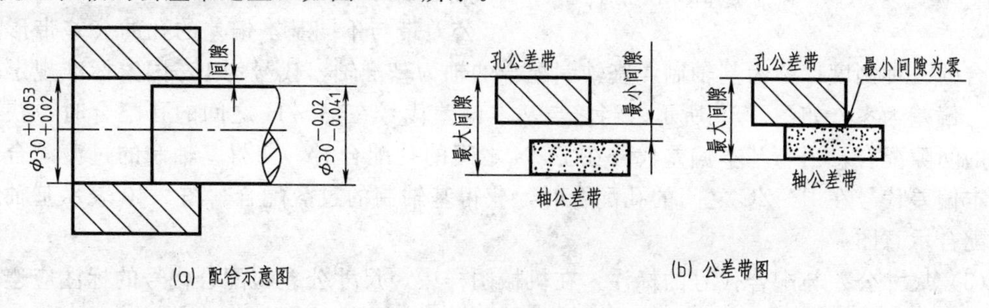

(a) 配合示意图 (b) 公差带图

图 9-34 间隙配合

② 过盈配合　孔的尺寸减去轴的尺寸为负值时称为过盈。所谓过盈配合就是指具有过盈（包括最小过盈等于零）的配合。此时，轴的公差带完全在孔的公差带之上，如图 9-35 所示。

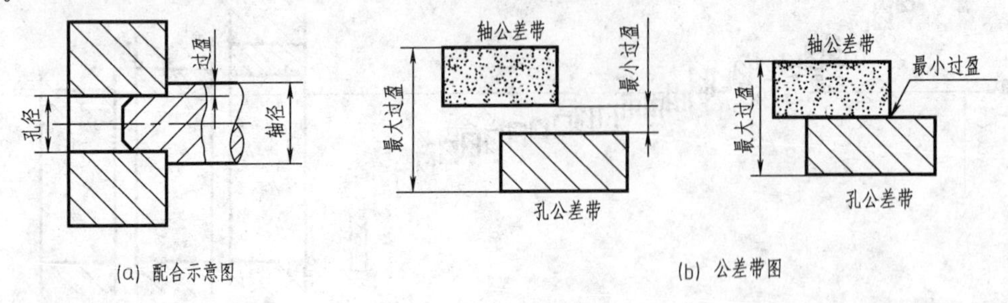

图 9-35　过盈配合

③ 过渡配合　过渡配合是指可能具有间隙，也可能具有过盈的配合，但这种配合间隙或过盈都很小。此时孔的公差带和轴的公差带相互交叠，如图 9-36 所示。

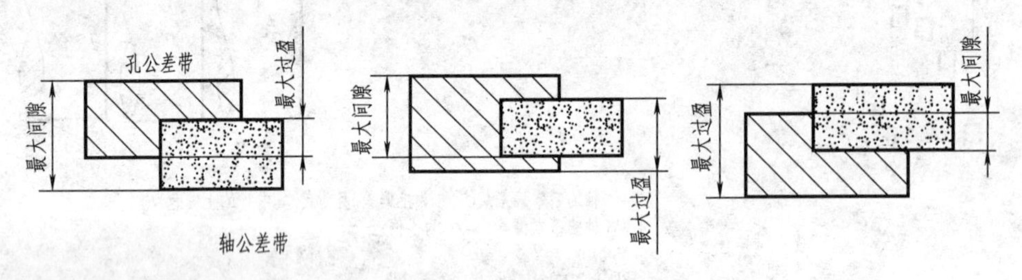

图 9-36　过渡配合

(4) 配合制度　国家标准对配合规定了两种基准制：基孔制和基轴制。

① 基孔制配合　基本偏差为一定的孔的公差带与不同基本偏差的轴的公差带形成各种配合的一种度，称为基孔制。基孔制配合的孔为基准孔，代号为 H，国家标准中规定基准孔的下偏差为零，如图 9-37 所示。当它与基本偏差代号在 a～h 之间的轴配合时，可获得基孔制的间隙配合；当与基本偏差代号在 j～n 之间的轴配合时，可获得基孔制的过渡配合；当与基本偏差代号在 p～zc 之间的轴配合时，可获得基孔制的过盈配合。图 9-38表示基孔制的几种配合示意图。

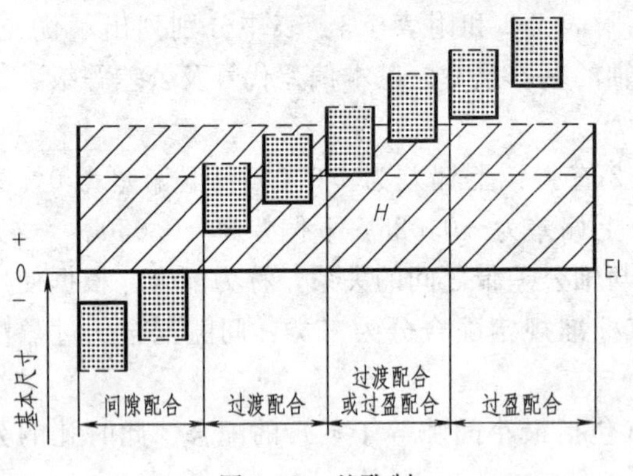

图 9-37　基孔制

② 基轴制配合　基本偏差为一定的轴的公差带与不同基本偏差的孔的公差带形成各种配合的一种制度，称为基轴制。基轴制配合的轴为基准轴，代号为 h，国家标准规定基轴制的上偏差为零，如图 9-39 所示。当它与基本偏差代号在 A～H 之间的孔配合时，获得基轴制的间隙配合；当与基本偏差代号在 J～N 之间的孔配合时，获得基轴制的过渡配合；当与基本偏差代号在 P～ZC 之间的孔配合时，获得基轴制的过盈配合。图 9-40 表示基轴制的几种配合示意图。

(5) 尺寸公差与配合代号的标注　在机械图样中，尺寸公差与配合代号的标注应遵守国家规定。

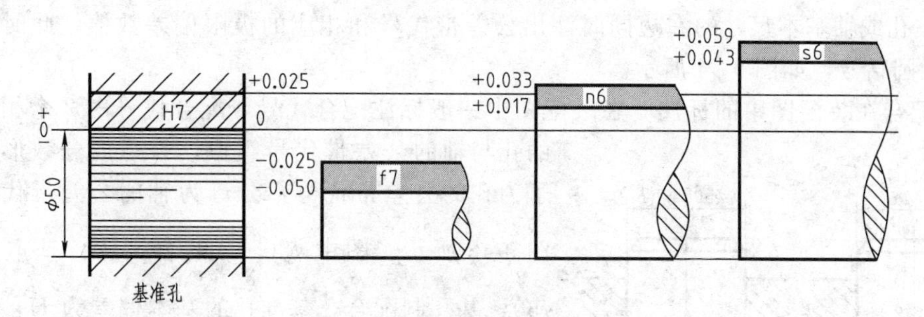

图 9-38　基孔制的几种配合示意图

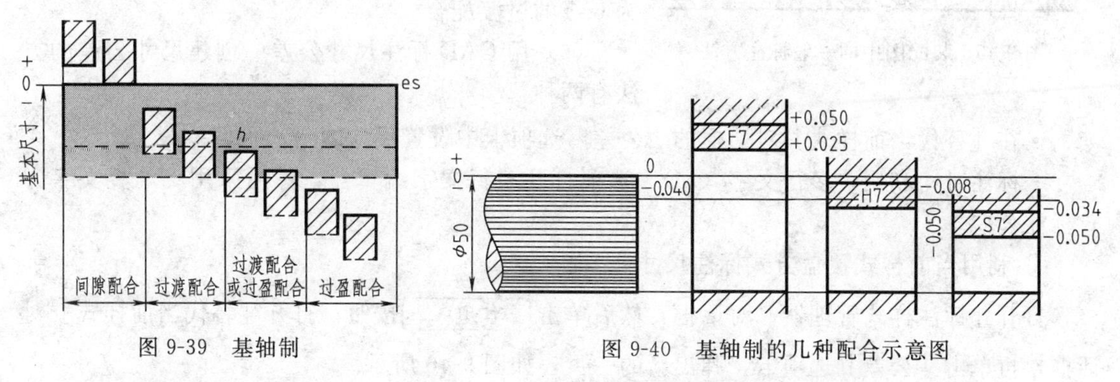

图 9-39　基轴制　　　图 9-40　基轴制的几种配合示意图

① 公差在零件图中的标注　在零件图中标注孔、轴的尺寸公差有下列三种形式。

a. 在孔或轴基本尺寸的右边注出公差带代号，如图 9-41 所示。孔、轴公差带代号由基本偏差代号与公差等级代号组成，如图 9-42 所示。

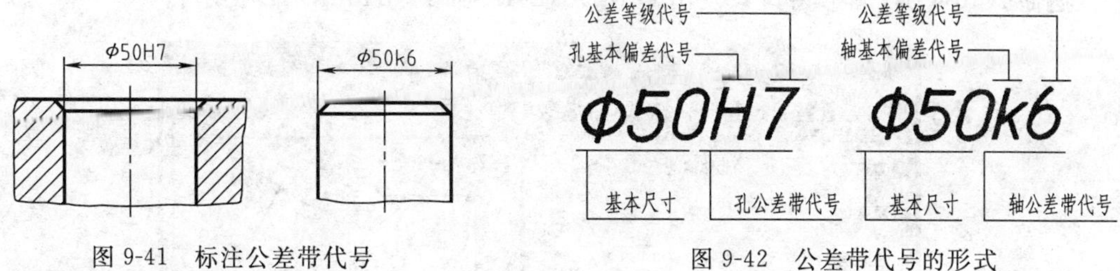

图 9-41　标注公差带代号　　　图 9-42　公差带代号的形式

b. 在孔或轴基本尺寸的右边注出该公差带的极限偏差数值，如图 9-43（b）所示，上、下偏差的小数点必须对齐，小数点后的位数必须相同。当上偏差或下偏差数值为零时，也要标注“0”，并与另一个偏差值小数点前的一位数对齐，如图 9-43（a）所示。

若上、下偏差数值相等，符号相反时，偏差数值只注写一次，并在偏差值与基本尺寸之间注写上符号“±”，且两数字高度相同，如图 9-43（c）所示。

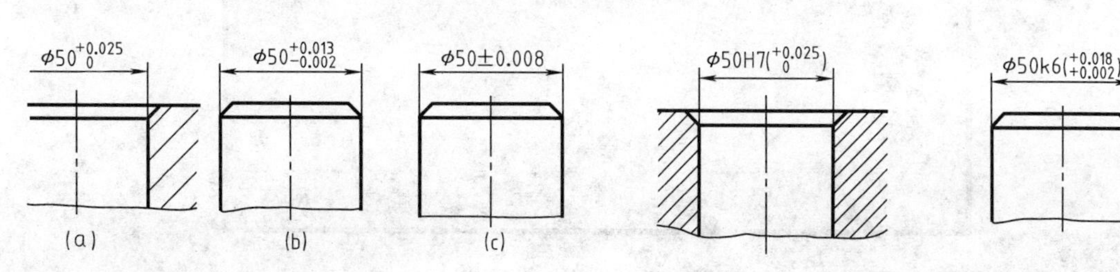

图 9-43　标注极限偏差数值　　　图 9-44　标注公差带代号和极限偏差数值

c. 在孔或轴基本尺寸的右边同时注出公差带代号和相应的极限偏差数值。此时偏差数值应加上圆括号，如图 9-44 所示。

② 配合在装配图中的标注　在装配图中一般标注配合代号，配合代号由 2 个相互结合的孔与轴的公差带代号组成，并写成分数形式，分子为孔的公差带代号，分母为轴的公差带代号，如图 9-45 所示。图中 $\phi50\ \dfrac{H7}{k6}$ 的含义为：基本尺寸为 $\phi50$，基孔制配合，基准孔的基本偏差为 H，公差等级为 7 级；与其配合的轴的基本偏差为 k，公差等级为 6 级的过渡配合。

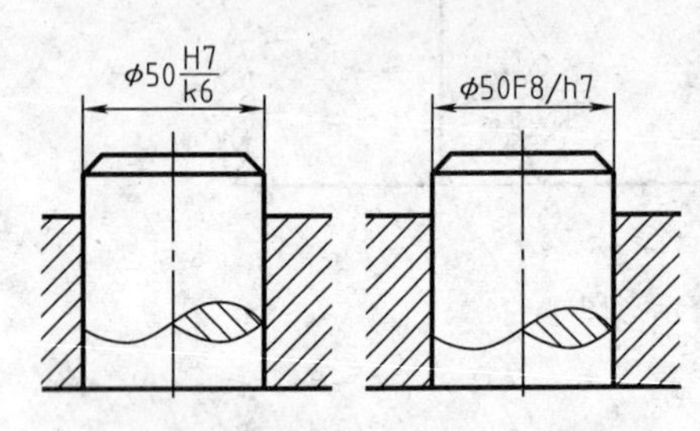

图 9-45　装配图中的一般标注方法

(6) 用 CAD 标注尺寸公差　创建尺寸公差的方法有两种：

• 在［替代当前样式］对话框的“公差”选项卡中设置尺寸的上、下偏差。

• 标注时，利用“多行文字（M）”选项打开多行文字编辑器，然后采用±堆叠文字方式标注公差。

① 利用当前样式覆盖方式标注尺寸公差。

打开［标注样式管理器］对话框，然后单击 替代(O)... 按钮，打开［替代当前样式］对话框，再单击［公差］选项卡，弹出新的一页，如图 9-46 所示。

在“方式”、“精度”和“垂直”下拉列表中分别选择“极限偏差”、“0.000”、“下”，在“上偏差”、“下偏差”和“高度比例”框中分别输入“0.039”、“0.015”、“0.75”，如图 9-36 所示。

返回 AutoCAD 图形窗口，发出 DIMLINEAR 命令，AutoCAD 提示：

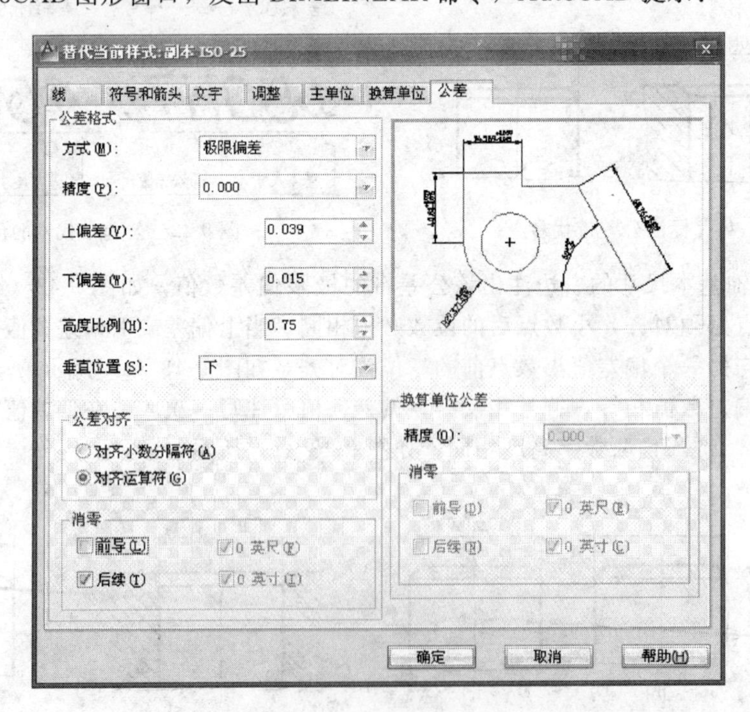

图 9-46　［公差］选项卡

命令：dimlinear

指定第一条尺寸界限起点或〈选择对象〉：　　　　　捕捉交点 A，如图 9-47 所示

指定第二条尺寸界限起点：　　　　　捕捉交点 B

指定尺寸线位置或［多行文字(M)/文字(T)/角度(A)/水平(H)/垂直(V)/旋转(R)］：移动光标指定标注文字的位置

结果如图 9-47 所示。

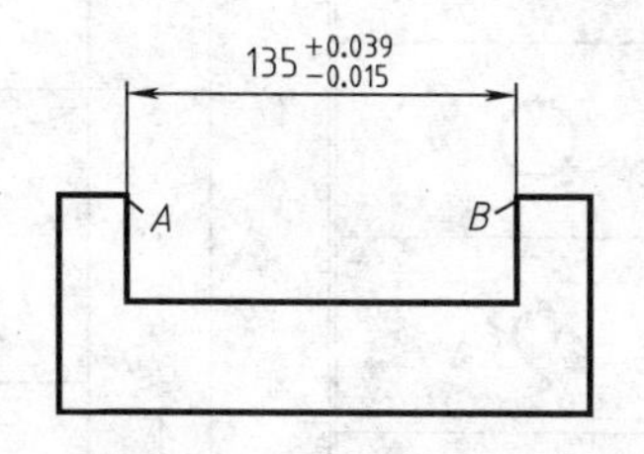

图 9-47　标注尺寸公差

② 通过堆叠文字方式标注尺寸公差。

命令：dimlinear

指定第一条尺寸界限起点或〈选择对象〉：　　　　　捕捉交点 A，如图 9-47 所示

指定第二条尺寸界限起点：　　　　　捕捉交点 B

指定尺寸线位置或［多行文字(M)/文字(T)/角度(A)/水平(H)/垂直(V)/旋转(R)］：m

打开多行文字编辑器，在此编辑器中采用堆叠文字方式输入尺寸公差，如图 9-48 所示。

指定尺寸线位置或［多行文字(M)/文字(T)/角度(A)/水平(H)/垂直(V)/旋转(R)］：

指定标注文字的位置，结果如图 9-47 所示。

图 9-48　多行文字编辑器

3. 形位公差及其标注

形位公差是形状公差和位置公差的简称，是指零件的实际形状和实际位置对理想形状和理想位置的允许变动量。

对一般零件来说，它的形状和位置公差，可由尺寸公差、加上机床的精度等加以保证。而对精度较高的零件，则根据设计要求，需在零件图上注出有关的形状和位置公差。

(1) 形位公差带代号　形位公差带代号主要包括：形位公差项目的符号、形位公差的框格和指引线、形位公差数值和其他有关符号、基准符号。

① 形位公差的项目符号。国家标准规定，形状公差分 6 项；位置公差分定向、定位公差各 3 项、跳动公差 2 项，共 8 项。各项目及符号见表 9-7。

表 9-7 形位公差各项目及符号表

分类	名称	符号	分类		名称	符号
形状公差	直线度	—	位置公差	定向	平行度	//
	平面度	▱			垂直度	⊥
	圆度	○			倾斜度	∠
	圆柱度	⌭		定位跳动	同轴度	◎
	线轮廓度	⌒			对称度	⌯
	面轮廓度	⌓			位置度	⌖
					圆跳动	↗
					全跳动	⌰

② 形位公差代号　形位公差采用框格标注，这是国家标准中所规定的基本形式。框格用细实线绘出，水平或垂直放置，框格可分成两格或多格，框格内从左到右填写形位公差符号、公差数值和有关符号、基准代号的字母和其他符号，如图 9-49 所示。框格高为图样中数字高的两倍（$2h$），框格中的字母和数字高应为 h，框格一端用带箭头的指引线指向公差带的宽度方向或直径方向。

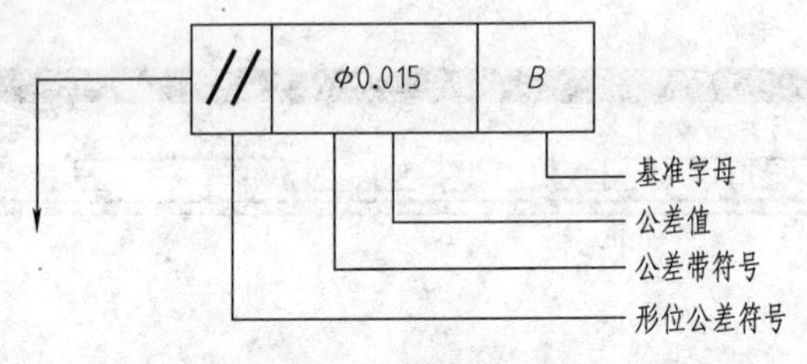

图 9-49　形位公差代号

③ 基准符号　标注位置公差的基准，要用基准符号。基准符号是细实线方框内有大写的字母用细实线与一个涂黑或空白的三角形相连。方框内表示基准的字母高度为字体高度。涂黑或空白的基准三角形含义相同。无论基准符号在图样中的方向如何，方框内的字母都应水平填写，如图 9-50 所示。表示基准的字母也应注在公差框格内，如图 9-50 所示。

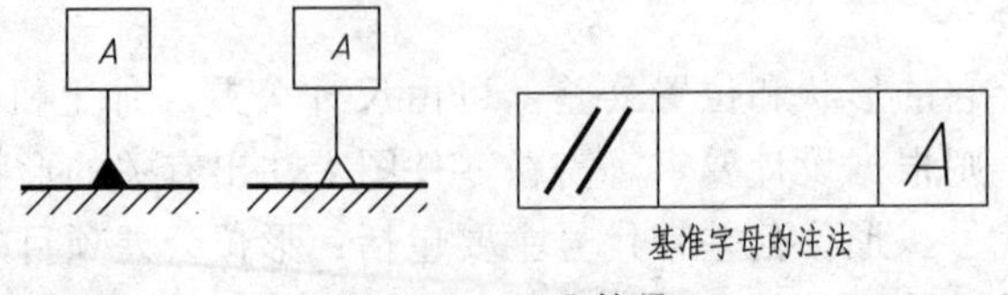

图 9-50　基准符号

（2）形位公差的标注方法

① 当被测要素为表面或线时，指引线的箭头应指在该要素的轮廓线或其延长线上（包

括尺寸界线），并应明显地与尺寸线错开，如图 9-51 所示。

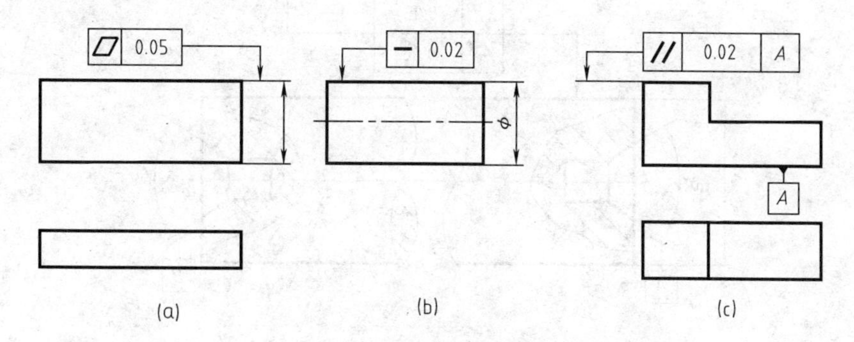

图 9-51 被测要素为表面或线时指引线箭头的指向

② 当被测要素为轴线、中心线或对称平面时，指引线的箭头应与该要素的尺寸线对齐，如图 9-52 所示。

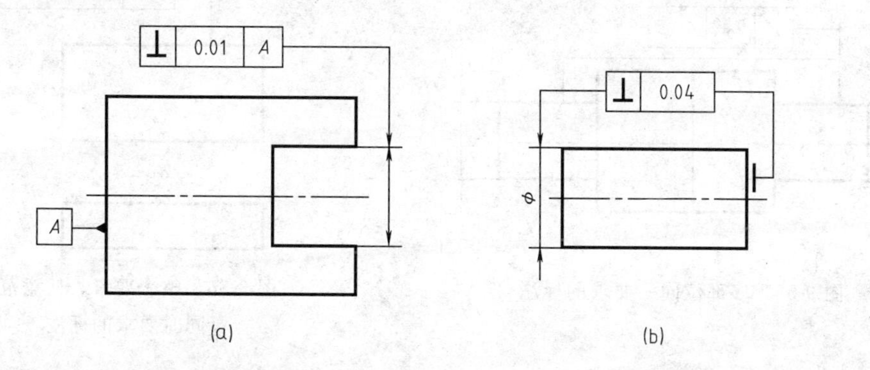

图 9-52 被测要素是轴线、中心线或对称平面时指引线箭头的指向

③ 当基准要素为轴线、中心线或对称平面时，基准代号与该要素的尺寸线对齐，如图 9-53 所示。

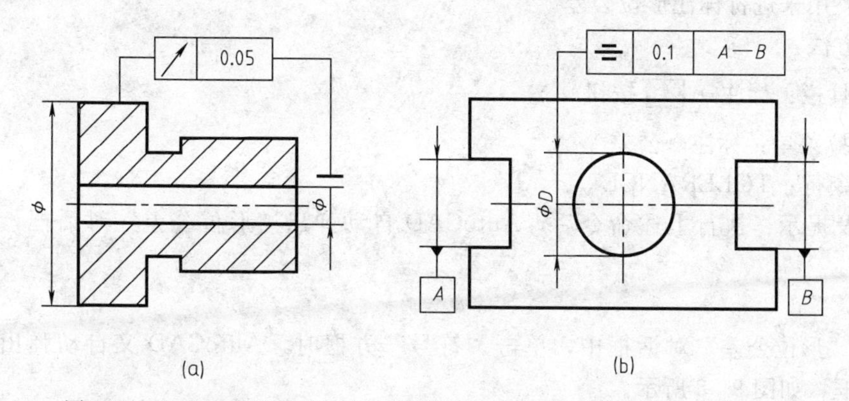

图 9-53 基准要素为轴线、中心线或对称平面时基准代（符）号的标注

④ 当同一被测要素有多项形位公差要求时，可采用框格并列标注，如图 9-54 所示。

⑤ 当多个被测要素有相同的形位公差（单项或多项）要求时，可从框格指引线上绘制出多个箭头，如图 9-55 所示。

⑥ 当被测要素既要求保证全长（整个要素）的公差值，又要求保证任意长度（或范围）的公差值时，公差数值用分数表示，如图 9-56 所示。

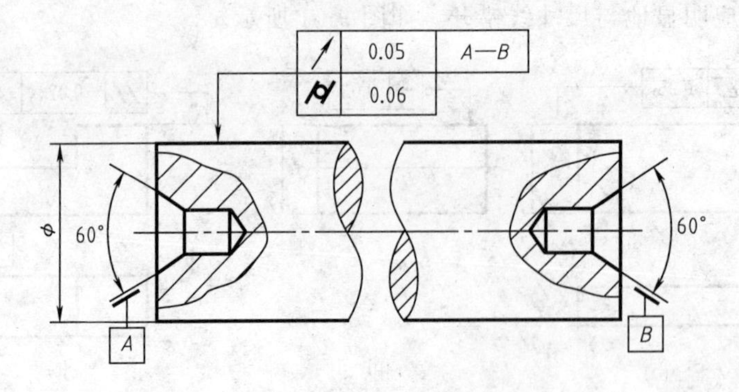

图 9-54 同一部位有多项要求的标注

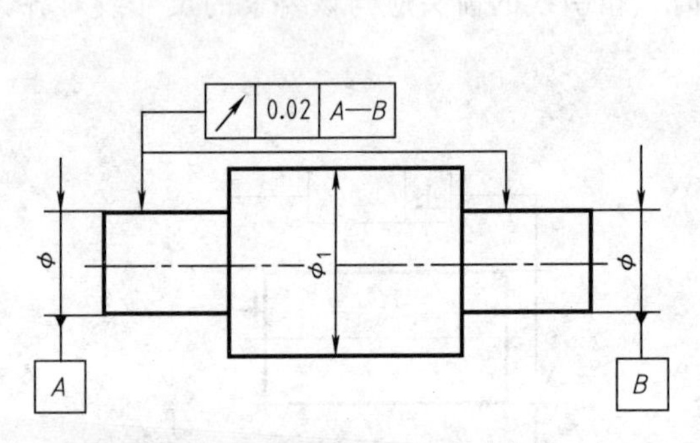

图 9-55 多部位同一要求的标注

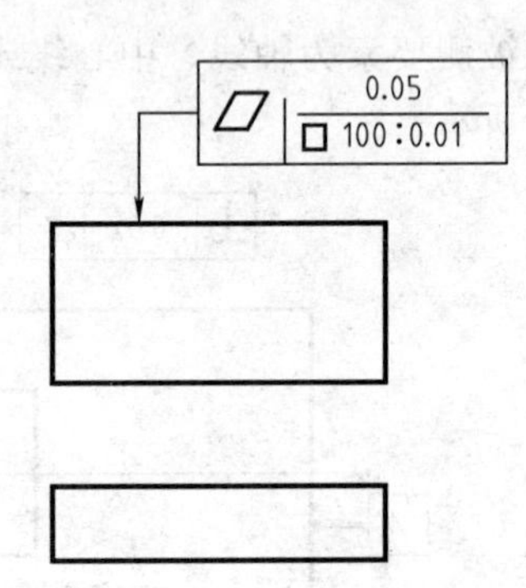

图 9-56 整个要素、任意范围同时要求的标注

(3) 用CAD标注形位公差 标注形位公差可使用 TOLERANCE 及 QLEADER 命令，前者只能产生公差框格，而后者既能形成公差框格又能形成标注指引线。

① 不带指引线的形位公差标注。

功能：用来进行标注形位公差。

输入方法：

a. 工具栏：标注→ 按钮

b. 下拉菜单：标注→公差

c. 命令行：TOLERANCE ↙

命令及提示：执行上述命令后，AutoCAD 自动弹出“形位公差”对话框，如图 9-57 所示。

说明：

a. 在“形位公差”对话框中，单击“符号”方框时，AutoCAD 又自动弹出“特征符号”对话框，如图 9-58 所示。

b. 在“符号”对话框中，用光标点取一个符号，AutoCAD 自动回到“形位公差”对话框。

c. 在“形位公差”对话框中的“公差 1”栏内，可点击出符号（ϕ 或 R）和填写公差值。

d. 在“形位公差”对话框中的“公差 2”栏内，可点击出符号（ϕ 或 R）和填写公差值。

e. 在“形位公差”对话框中的“基准 1”、“基准 2”、“基准 3”栏内，分别填写相应的

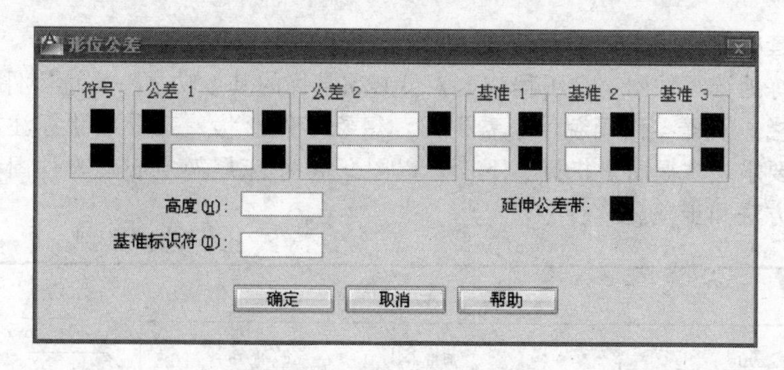

图 9-57 “形位公差”对话框

基准部位符号。

f. 设置完各项参数后，单击“确定”按钮 AutoCAD 提示：

输入公差位置：（拖动形位公差框格到所需位置或输入形位公差标注位置坐标）如图 9-59 所示。

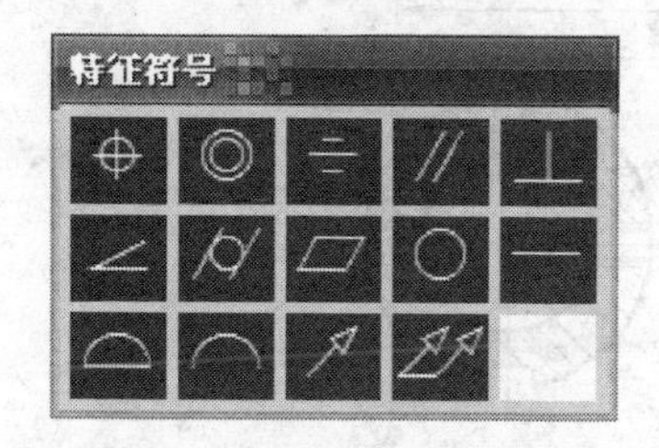

图 9-58 “特征符号”对话框

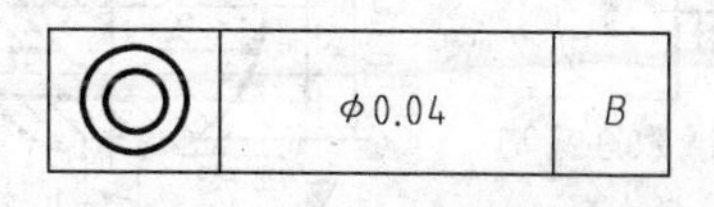

图 9-59 形位公差的标注

② 指引标注形位公差

功能：用来进行指引标注形位公差。

输入方法：

a. 工具栏：标注→ 按钮

b. 下拉菜单：标注→引线

c. 命令行：QLEADER ↙

命令及提示：

命令：QLEADER ↙

提示：指定第一条引线点或［设置（s）］〈设置〉：↙

AutoCAD 自动弹出“引线设置”对话框。

说明：

a. 在“引线设置”对话框中，单击“注释”选项卡。

b. 在“注释”选项卡的“注释类型”选项框中，单击“公差”按钮。

c. 单击“确定”按钮，AutoCAD 自动提示：

指定第一条引线点或［设置（s）］〈设置〉：（拾取一点作为指引线第一点）

指定下一点：（拾取一点作为指引线第二点）

指定下一点：↙

AutoCAD 自动弹出“形位公差”对话框。

“形位公差”对话框中，操作按前面叙述的方法和步骤进行。

五、读轴套类零件图

正确、熟练地读零件图，是工程技术人员必须掌握的基本功之一。读零件图的一般步骤是：一看标题栏，了解零件概貌；二看视图，想象零件形状；三看尺寸标注，明确各部大小；四看技术要求，掌握质量指标。下面，以图 9-60 车床尾架空心套零件图为例说明读轴套类零件图的方法和步骤。

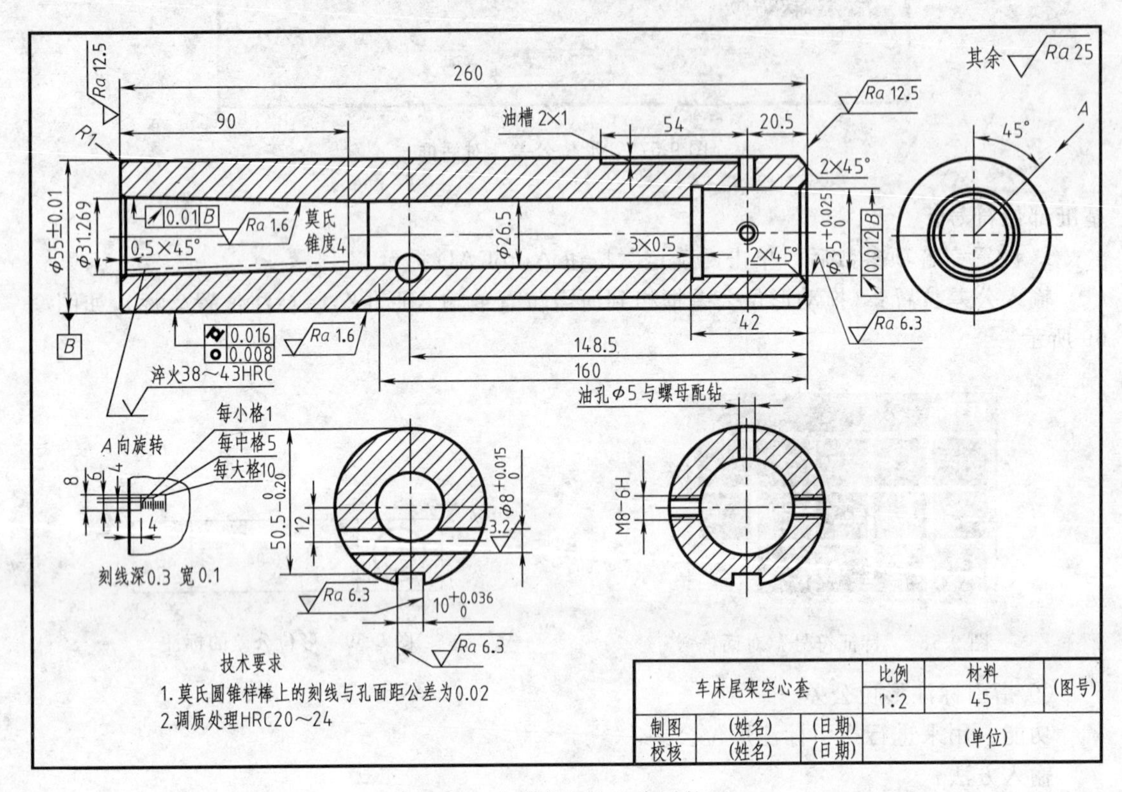

图 9-60 车床尾架空心套零件图

① 看标题栏。可以知道这个零件的名称为车床尾架空心套，材料为 45 钢，比例 1∶2 说明此零件图中的线性尺寸比实物缩小一半。

② 分析图形，想象零件的结构形状。首先要根据视图的排列和有关标注，从中找出主视图，并按投影关系，看清其他视图以及采用的表达方法。图中采用了主、左两个基本视图，两个断面图和一个斜视图。

主视图为单一的全剖视图，表达了空心套的内部基本形状。套筒的外形为一直径 φ55、长 260 的圆柱体，内形是由四号莫氏锥孔和 φ26.5、φ35 圆柱孔组成的全通空套。轴套类零件，主要结构为回转体，所以基本视图一般只需主视图再加以尺寸标注，就可以将其基本形状表达清楚。

此图的左视图只有一个作用，就是为 A 向斜视图表明位置和投影方向。

A 向斜视图是表示空心套前上方处外圆表面上的刻线情况。

在主视图的下方有两个移出断面，都画在剖切位置的延长线上。将断面图与主视图对照，可看清套筒外轴面下方有一宽度为 10 的键槽，距离右端 148.5 处还有一个轴线偏下 12 的 φ8 孔。右下端的断面图，清楚地显示了两个 M8 的螺孔和一个 φ5 的油孔，此油孔与一个宽度为 2、深度为 1 的油槽相通。此外，该零件还有内、外倒角和退刀槽。

③ 分析尺寸标注，了解各部分的大小和相互位置，明确设计基准。轴套类零件，形状一般是同轴回转体，所以其轴线常作为径向基准，以重要的端面作长度基准。如图中 20.5、42、148.5、160 等尺寸，均从右端面标出。这个端面即为这些尺寸的基准。

内孔的中段 ϕ26.5 和左端 4 号莫氏锥孔，图中没有给出长度尺寸，表示这两段的长度可以自然形成。

图中个别尺寸有文字说明。例如："油孔 ϕ5 与螺母配钻"，表示这个孔是在装配时与相配螺母一起加工。

④ 看技术要求，明确加工和测量方法，确保零件质量。有些重要尺寸上标有极限偏差，这些偏差都是采用不同加工方法来得到的。如空心套外圆 $\phi55\pm0.01$，这样的尺寸精度，一般需经磨削才能达到。

空心套上还有形位公差的要求，例如外圆 ϕ55，要求圆度公差值为 0.008，圆柱度公差值为 0.016，两端内孔对轴线的圆跳动也有严格要求。

从图中标注的表面粗糙度可知，此零件所有表面都要经过机械加工，其中外圆面和内锥面要求较高。

图中还有文字说明的技术要求。第一条规定了锥孔加工时检验误差。第二条是热处理要求，表明除左端"90"长的一段锥孔内表面要求淬火，达到硬度 38～43HRC 外，零件整体则需经调质处理，要求硬度为 20～24HRC。

任务二　轮盘类零件

本任务主要完成轮盘类零件（如图 9-61 所示）的视图选择，尺寸合理标注及技术要求的正确标注，使学生具备看、画轮盘类零件图的能力。

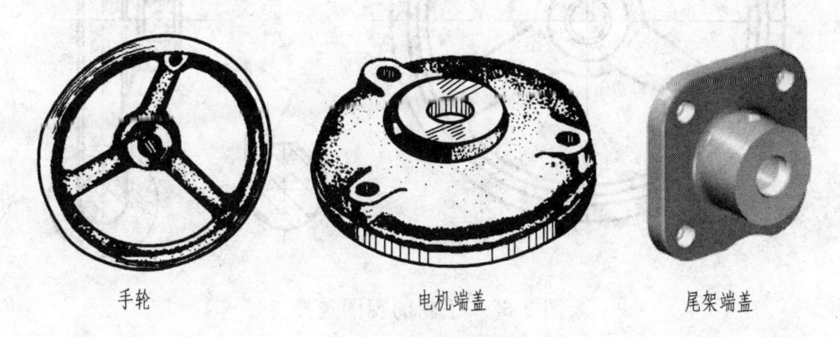

图 9-61　轮盘类零件

一、轮盘类零件的结构特点

轮盘类零件包括各种用途的轮和盘盖零件，其毛坯多为铸件或锻件。轮一般用键、销与轴连接，用以传递扭矩。盘盖可起支承、定位和密封等作用。

轮类零件常见有手轮、带轮、链轮、齿轮、蜗轮、飞轮等，盘盖类零件有圆形、方形各种形状的法兰盘、端盖等，如图 9-51 所示。轮盘类零件主体部分多为回转体，一般径向尺寸大于轴向尺寸。其上常有均布的孔、肋、槽和耳板、齿等结构，盖上常有密封槽。轮一般由轮毂、轮辐和轮缘三部分组成，较小的轮也可制成实体。

二、轮盘类零件表达方法选择

1. 主视图的选择

① 轮盘类零件的主要回转面都在车床上加工，故其主视图的选择与轴套类零件相同，

即也按加工位置将其轴线水平安放画主视图。对有些不以车削加工为主的某些盘类零件，也可按工作位置安放主视图。其主视投射方向的形状特征原则应首先满足。

② 通常选投影非圆的视图作为主视图。其主视图通常侧重反映内部形状，故多用各种剖视。

2. 其他视图的选择

① 轮盘类零件一般需要两个基本视图表达。当基本视图图形对称时，可只画一半或略大于一半；有时也可用局部视图表达。

② 基本视图未能表达的其他结构形状，可用断面图或局部视图表达。如有较小结构，可用局部放大图表达。

实例分析：如图 9-51 的手轮为车床尾座的手轮，它由轮毂、轮辐和轮缘组成，轮毂和轮缘不在同一平面内，三根成 120°夹角均布的轮辐与轮毂和轮缘相连，其中有一根轮辐和轮毂连接处制有通孔用以装配手柄。手轮中心的轴孔和键槽与丝杠相连。这类零件主要在车床上加工，根据加工位置主视图轴线水平横放。表达时通常采用两个基本视图，主视图全剖以表示轮宽和各组呈部分的相对位置，轮辐是呈辐射状均匀分布的结构，按简化画法，不论剖切平面是否通过，都将这些结构旋转到剖切平面的位置上画剖视图。右视图（或采用左视图）表示轮廓形状和轮辐的分布，常用断面图表示轮辐的截面形状。为了表达清楚小的结构和便于标注尺寸，还采用了一个局部放大图，具体表达方法如图 9-62 所示。

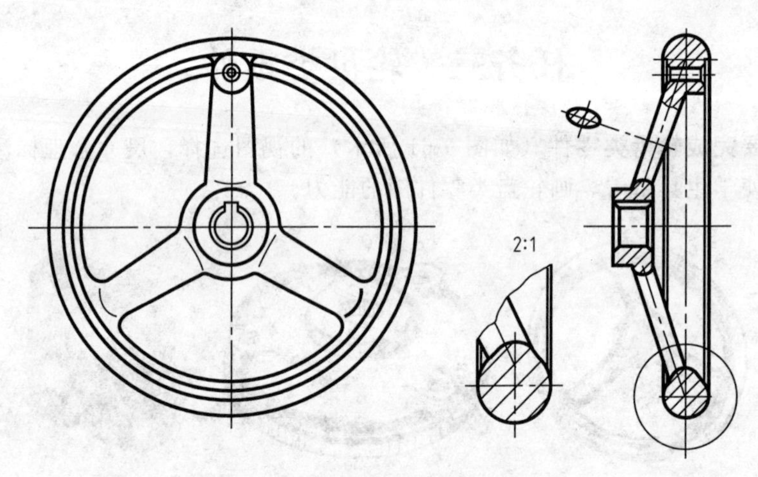

图 9-62　手轮的视图选择

三、轮盘类零件的尺寸标注

轮盘类零件在标注尺寸时，通常选用轴孔的轴线作为径向主要尺寸基准。在标注圆柱体的直径时，一般都注在投影为非圆的视图上。长度方向的主要尺寸基准，常选用主要的端面。轮盘类零件尺寸标注的其他内容同前。

四、读轮盘类零件

读图 9-63 所示法兰盘零件图。

（1）看标题栏　通过标题栏知道该零件的名称叫法兰盘。材料是灰口铸铁，牌号为 HT150，比例为 1∶1，数量为 1 件。

（2）看视图　该零件共用 3 个图形表达，A—A 旋转剖为主视图，左视图表达外形及孔的分布情况，砂轮越程槽采用局部放大图表达。该法兰盘的基本形状结构是：由 3 个同轴短而粗的不等径圆柱体组成；$\phi 130$ 圆柱体前后对称切去 2 个弓形块，实为腰圆形，其上还有 2

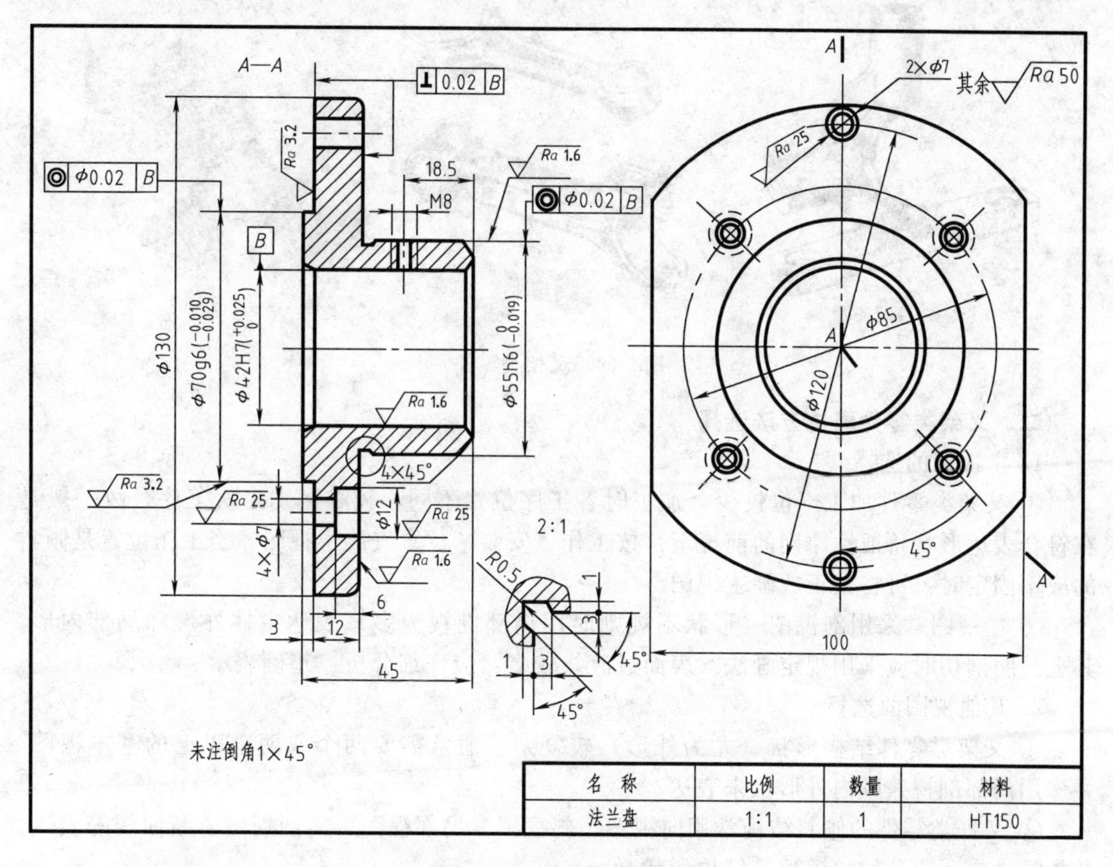

名称	比例	数量	材料
法兰盘	1:1	1	HT150

图 9-63 法兰盘零件图

个直径为 ϕ7 的通孔和 4 个 ϕ7 沉孔；ϕ55 圆柱体上有 1 个距右端 18.5 的 M8 螺孔；法兰盘中心是 1 个 ϕ42 的通孔；此外还有砂轮越程槽．倒角等结构。

(3) 看尺寸 法兰盘上下、前后对称，其高度方向和宽度方向以 ϕ42 轴线为基准；长度方向以左端面为基准。3、18.5、ϕ85、ϕ120、45°为定位尺寸，其余为定形尺寸，未注倒角均为 1×45°。

(4) 看技术要求 法兰盘加工完成后，有表面粗糙度、尺寸公差、形位公差等技术要求，请自行分析。

任务三 叉架类零件

本任务主要完成叉架类零件（如图 9-64 所示）的视图选择，尺寸合理标注及技术要求的正确标注，使学生具备看、画叉架类零件图的能力。

一、叉架类零件的结构特点

叉架类零件包括各种用途的叉杆和支架零件，叉杆类零件多为运动件，通常起传动、连接、调节或制动等作用。支架零件通常起支承、连接等作用。其毛坯多为铸件或锻件。

此类零件有的形状不规则，外形比较复杂。叉杆类零件常有弯曲或倾斜结构，其上常有肋板、轴孔、耳板、底板等结构，局部结构常有油槽、螺孔、沉孔等。具体见图 9-54 叉架类零件。

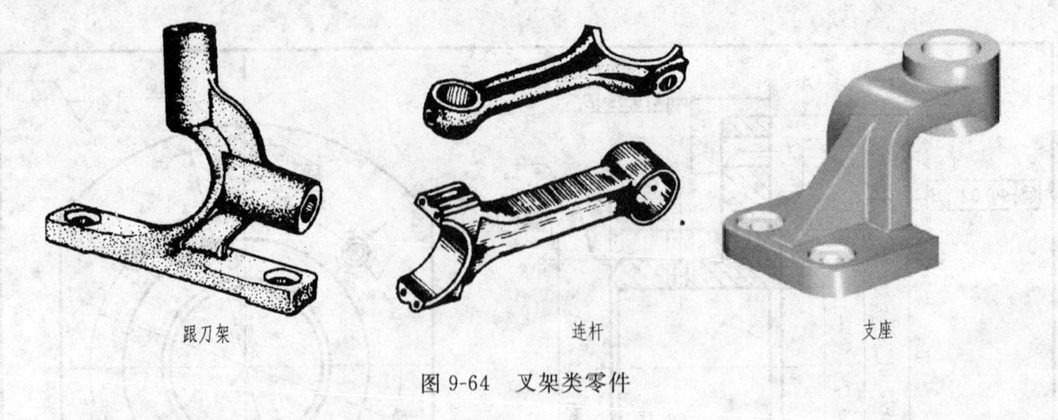

图 9-64 叉架类零件

二、叉架类零件表达方法选择

1. 主视图的选择

① 叉架类零件加工部位较少，加工时各工序位置不同，较难区别主次工序，故一般是在符合表达形状特征性原则的前提下，按工作（安装）位置安放主视图。当工作位置是倾斜的或不固定时，可将其正放画主视图。

② 主视图常采用剖视图（形状不规则时用局部剖视为多）表达主体外形和局部内形。其上的肋剖切时应采用规定画法。表面过渡线较多，应仔细分析，正确表示。

2. 其他视图的选择

① 叉架类零件结构形状（尤为外形）较复杂，通常需要两个或两个以上的基本视图，并多用局部剖视兼顾内外形状来表达。

② 叉杆类零件的倾斜结构常用向视图、斜视图、局部视图、斜剖视图、断面图等表达。此类零件应适当分散地表达其结构形状。

实例分析：请读者结合图 9-65 自行分析。

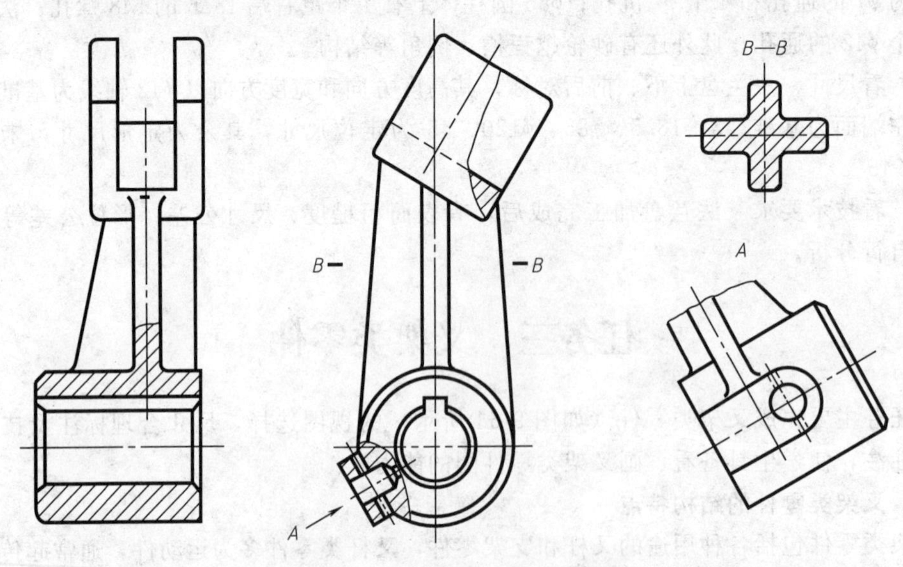

图 9-65 叉架类零件的视图选择

三、叉架类零件的尺寸标注

在标注叉架类零件的尺寸时，通常用安装基准面或零件的对称面作为尺寸基准。一般长、宽、高三个方向都应有一个主要尺寸基准，根据零件的复杂程度某些方向还可能有一定辅助基准。为了保证零件的加工精度和满足零件的使用性能，重要的尺寸一定要从主要尺寸基准标出。叉架类零件尺寸标注的其他内容同前。

四、读叉架类零件图

读图 9-66 所示支架的零件图。

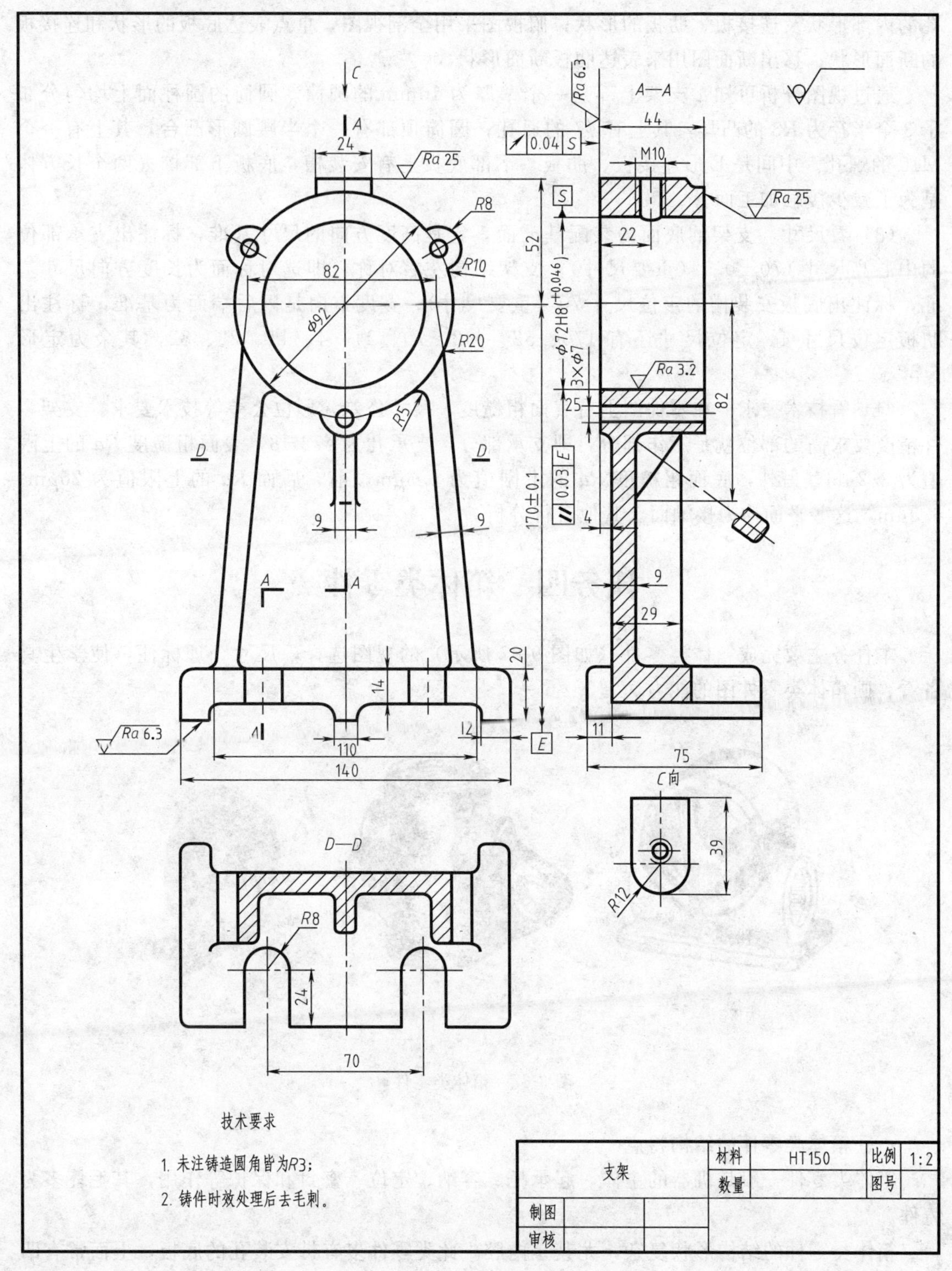

图 9-66　支架零件图

（1）看标题栏　通过标题栏可知，该零件的名称叫支架，材料为灰口铸铁，比例1∶2，数量2。

（2）看视图　该零件用了五个图形表达。主视图用来表达零件各组成部分的形状和相对位置；左视图采用阶梯剖全剖视图，以表达顶部的M10螺孔，正面圆周上3个直径为$\phi 7$圆孔的内部形状及连接板、肋板的形状；俯视图采用全剖视图，重点表达底板的形状和连接板的断面形状；移出断面图用来表达肋板断面形状。

通过视图分析可知：支架上部是一个壁厚为10mm的圆筒。圆筒的圆柱面上均匀分布了3个半径为$R8$的凸耳，其上有$\phi 7$的通孔；圆筒顶部有一个半腰圆形凸台，其上有一个M10的螺孔。中间是E形连接板、肋板。下部底板上有安装槽，底板下部挖去两个长方体是为了减少接触加工面。

（3）看尺寸　支架的底面为装配基准面，它是高度方向的尺寸基准，标注出支承部位的中心高尺寸170 ± 0.1（重要尺寸）；支架结构左右对称，即选对称面为长度方向尺寸基准，标注出底板安装槽的定位尺寸70（重要尺寸）；宽度方向是以后端面为基准，标注出肋板定位尺寸4。定位尺寸还有170、52、$\phi 92$、70、24、4、11、22、82，其余为定形尺寸。

（4）看技术要求　在零件图上有表面粗糙度、尺寸公差、形位公差等技术要求。支架零件精度要求高的部位就是工作部分，即支承部分，支承孔为$\phi 72H8$，表面粗糙度Ra的上限值为3.2μm。另外，底面粗糙度Ra的上限值为6.3μm，前、后面Ra的上限值为25μm、6.3μm，这些平面均为接触面。其他自行分析。

任务四　箱体类零件

本任务主要完成箱体类零件（如图9-67所示）的视图选择，尺寸合理标注，使学生具备看、画箱体类零件图的能力。

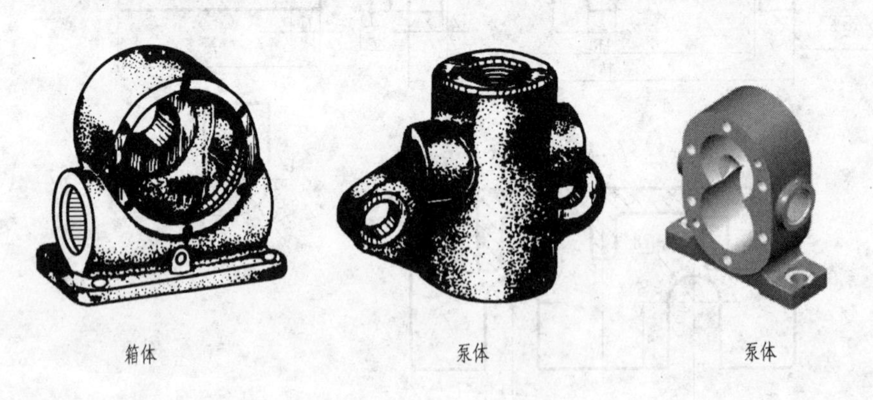

图9-67　箱体类零件

一、箱体类零件的结构特点

箱体类零件一般是机器的主体，起承托、容纳、定位、密封和保护等作用，其毛坯多为铸件。

箱体类零件的结构形状复杂，尤其是内腔。此类零件多有带安装孔的底板，上面常有凹坑或凸台结构。支承孔处常设有加厚凸台或加强肋，表面过渡线较多。具体如图9-67所示。

二、箱体类零件表达方法选择

1. 主视图的选择

① 箱体类零件加工部位多，加工工序也较多（如需车、刨、铣、钻、镗、磨等），各工序加工位置不同，较难区分主次工序，因此这类零件的主视图在其投射方向应在符合形状特征性原则的前提下，都按工作位置安放。

② 主视图常采用各种剖视图表达主要内部结构形状。

2. 其他视图的选择

① 箱体类零件内外结构形状都很复杂，常需三个或三个以上的基本视图，并以适当的剖视表达主体内部的结构。

② 基本视图尚未表达清楚的局部结构可用局部视图、断面图等表达；对加工表面的截交线、相贯线和非加工表面的过渡线应认真分析，正确图示。

实例分析：请读者结合图 9-68 自行分析。

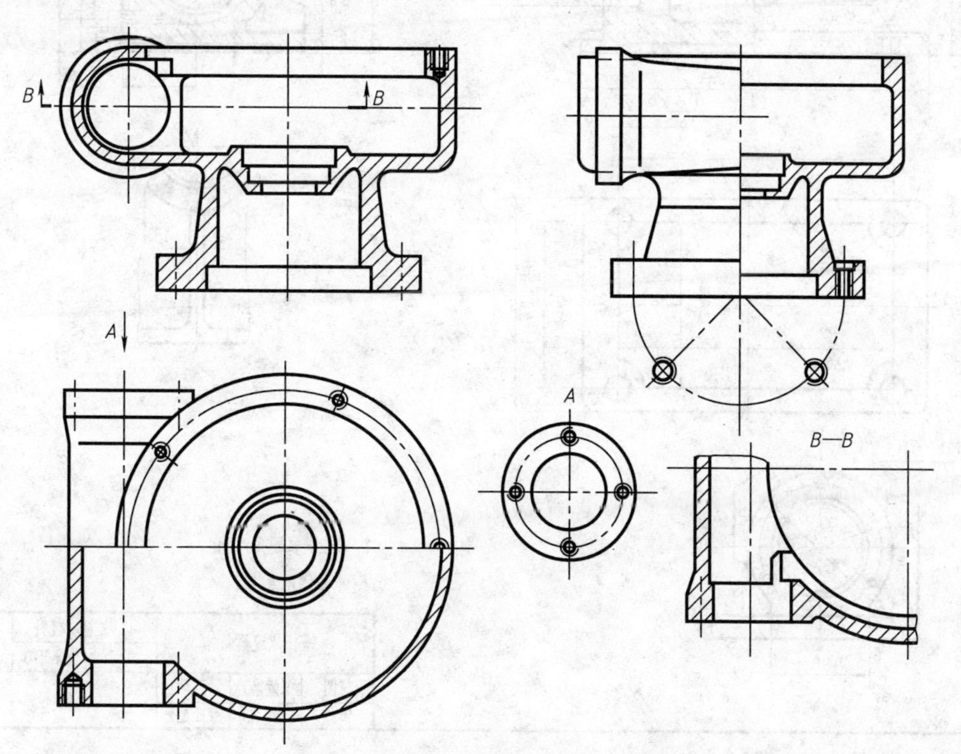

图 9-68 箱体类零件的视图选择举例

三、箱体类零件的尺寸标注

箱体类零件是四类零件中最复杂的一类，所以在确定基准时，常选用设计轴线、对称面、重要端面和重要安装面作为尺寸基准。重要的尺寸一定要从主要尺寸基准标出或直接标出，以减少加工和测量误差，保证加工精度。对于箱体上需要加工的部分，应尽可能按便于加工和检验的要求标注尺寸。

四、读箱体类零件图

读图 9-69 所示蜗杆减速器箱体的零件图。

(1) 看标题栏 通过标题栏可知，该零件的名称叫蜗杆减速器箱体，材料为灰口铸铁 HT150，比例 1∶1。

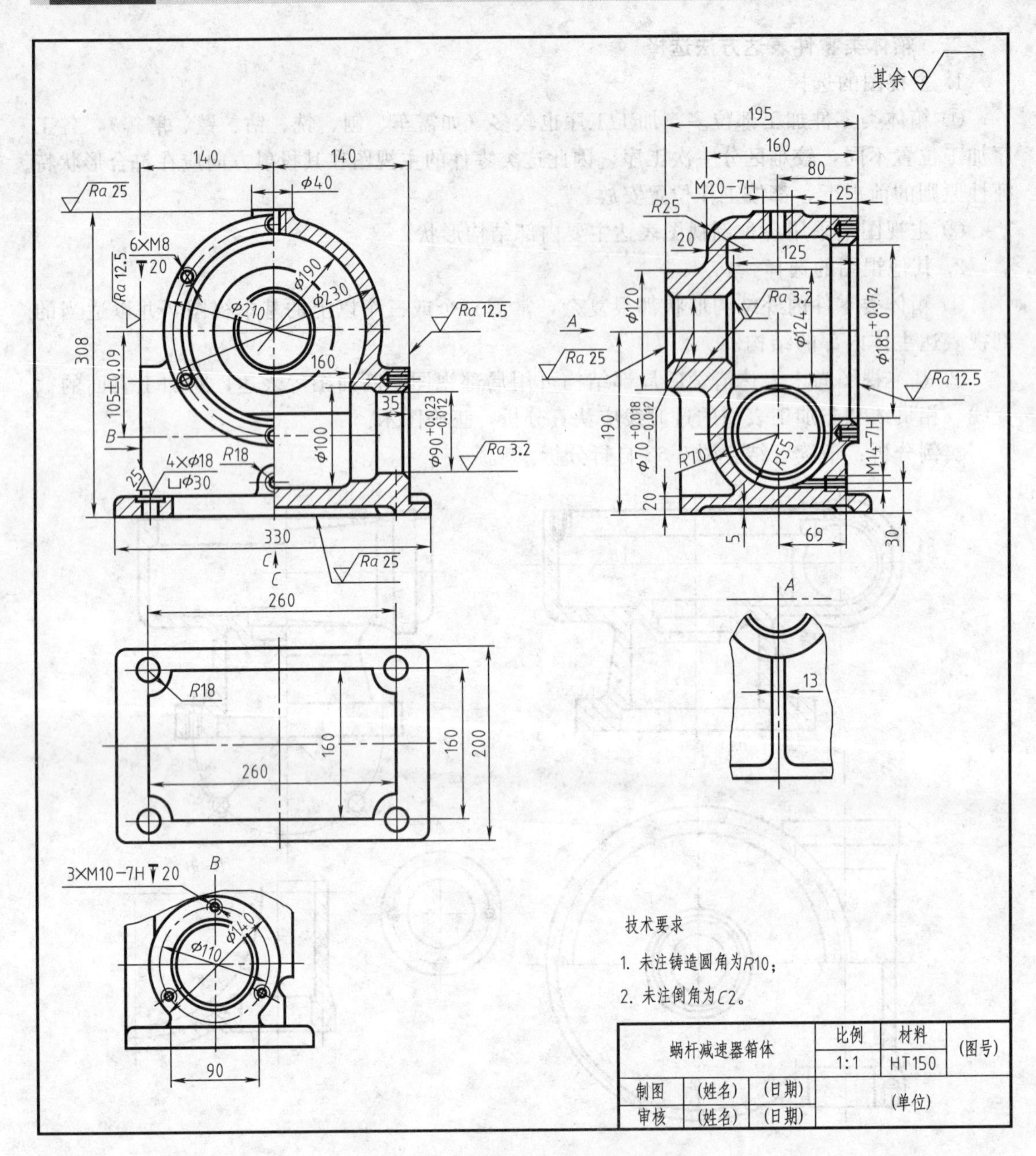

图 9-69　蜗杆减速器箱体零件图

(2) 看视图　由图 9-69 可见，箱体按工作位置放置，采用了两个基本视图和三个局部视图。主视图和左视图基本表达了整个箱体的内外形状。其外形大致可分为三部分，即上下两个轴线互相垂直交叉相贯的两圆柱体和最下部的矩形底板。进一步分析主、左视图中的剖视，就可以看清两个互相垂直交叉的圆柱部分的内腔形状。这个内腔就是用来容纳蜗轮和蜗杆。为了支承并保证蜗轮与蜗杆的啮合关系，箱体后面、左右两侧都有相应的轴孔，如图 9-69 所示。

从图中主视图未剖部分和左视图中，可以看出大圆腔前部边缘有六个螺纹孔。从主视图的剖视部分和 B 向局部视图，可以看出小圆腔两端面各有三个螺纹孔，这些螺纹孔是用来安装箱盖和轴承盖的。上下两个螺孔是用来注油、放油和安装螺塞的。

C向局部视图，表达了底板下面的形状和四个安装孔的位置。A向局部视图，表达了箱体后部加强肋的厚度及圆角。

蜗杆减速器箱体轴测图如图 9-70 所示。

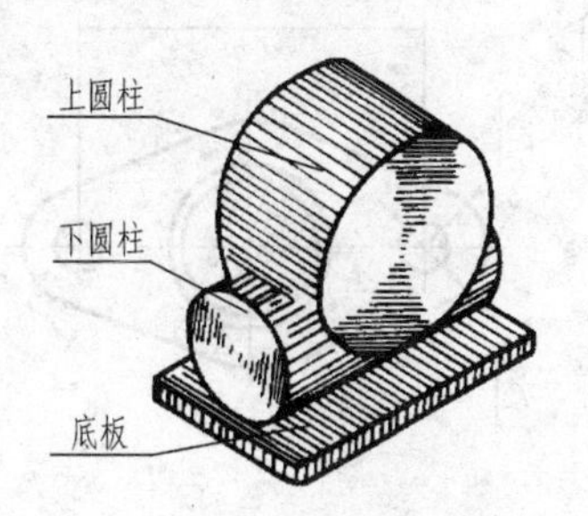

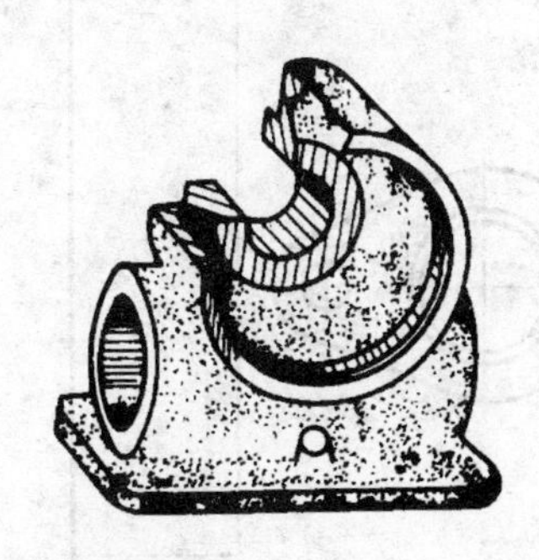

图 9-70 蜗杆减速器箱体轴测图

(3) 看尺寸 由图 9-69 可知，高度方向尺寸基准为底平面，孔 $\phi70^{+0.018}_{-0.012}$、$\phi185^{+0.072}_{0}$ 的高度方向的定位尺寸为 190，而孔 $\phi90^{+0.023}_{-0.012}$的定位尺寸为 105±0.09。底平面既是箱体的安装面，又是加工时的测量基准面，既是设计基准，又是工艺基准。高度方向许多尺寸都是从底面注起的，如 308、30、20、5 等。长度方向的尺寸基准为蜗轮的中心面，宽度方向尺寸基准为蜗杆中心面。箱体底板安装孔中心距为 260、160；轴承配合孔的基本尺寸应与轴承外圈尺寸一致，如 $\phi70^{+0.018}_{-0.012}$、$\phi90^{+0.023}_{-0.012}$；安装箱盖螺孔的位置尺寸应与盖上螺孔的位置尺寸一致等。

(4) 看技术要求 箱体类零件的技术要求，主要是支承传动轴的轴孔部分，其轴孔的尺寸精度、表面粗糙度和形位公差，都将直接影响减速器的装配质量和使用性能。如尺寸 $\phi70^{+0.018}_{-0.012}$、$\phi90^{+0.023}_{-0.012}$、$\phi185^{+0.072}_{0}$；表面粗糙度 Ra 的上限值分别为 3.2μm、12.5μm、25μm 等。此外，也有些重要尺寸，如 105±0.09 尺寸，将直接影响蜗轮蜗杆的啮合关系。因此，尺寸精度必须严格要求。

任务五 零 件 测 绘

本任务主要介绍零件测绘的一般方法和步骤，使学生具备画零件草图和零件工作图的能力。

根据已有的机器零件绘制零件草图，然后根据整理的零件草图绘制零件图的全过程，称为零件测绘。在仿制、维修或对机器进行技术改造时，常常要进行零件测绘。

一、零件的测绘方法和步骤

1. 了解和分析零件

为了搞好零件测绘工作，首先要分析了解零件在机器或部件中的位置，与其他零件的关系、作用，然后分析其结构形状和特点以及零件的名称、用途、材料等。

2. 确定零件表达方案

首先要根据零件的结构形状特征、工作位置及加工位置等情况选择主视图；然后选择其他视图、剖视、断面等，要以完整，清晰地表达零件结构形状为原则。以图 9-71 所示压盖为例，选择

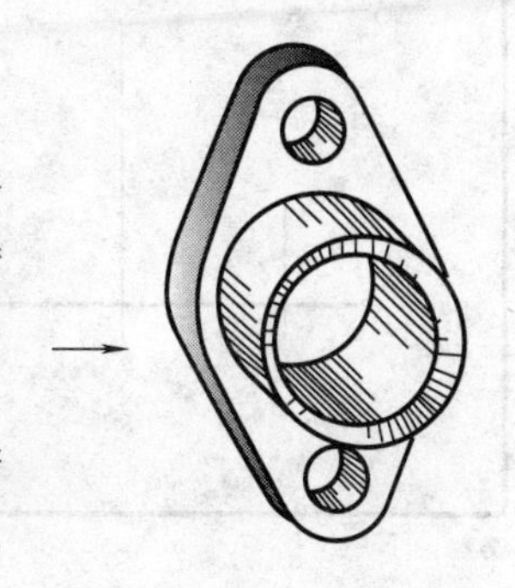

图 9-71 压盖立体图

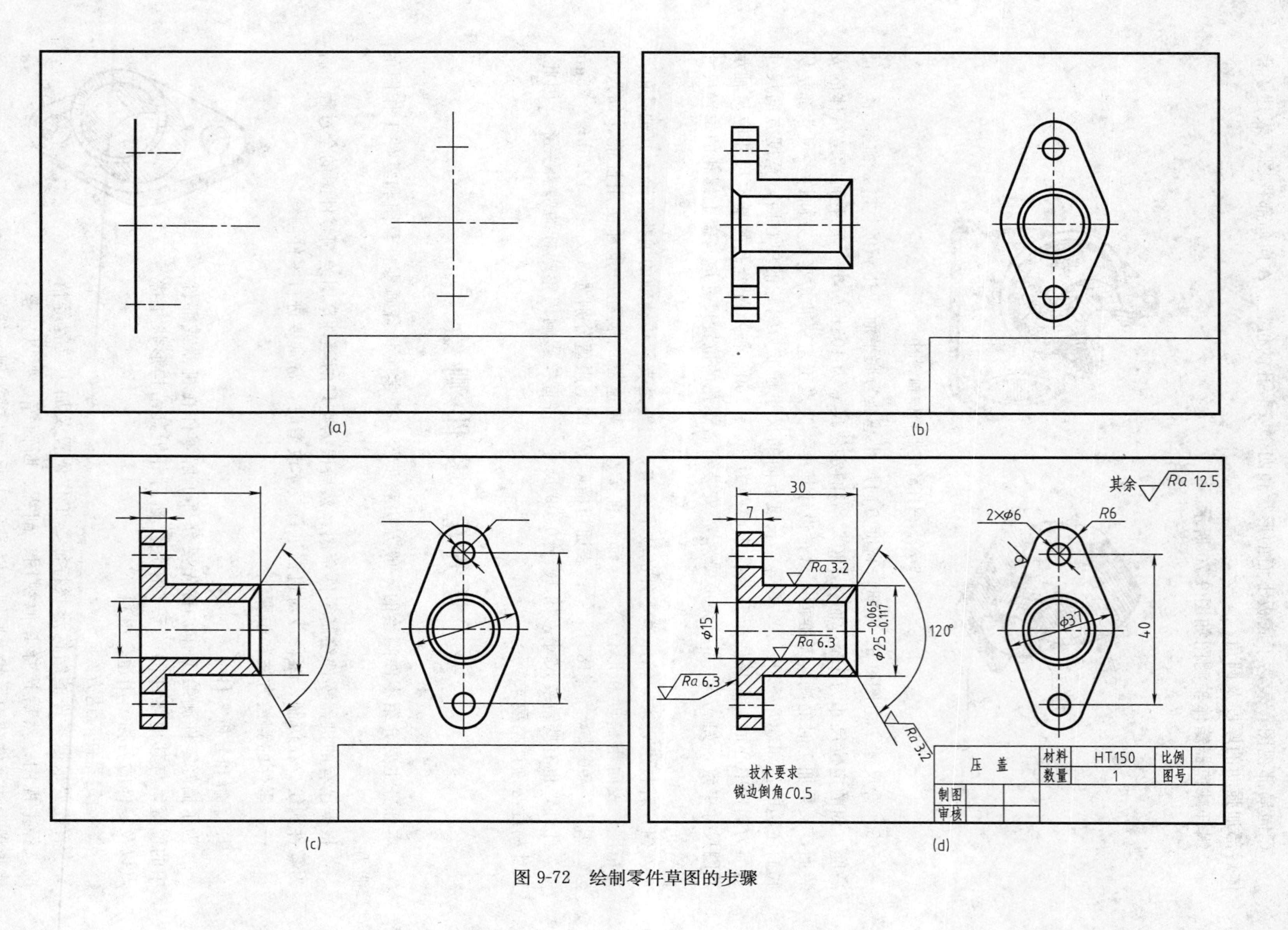

图 9-72 绘制零件草图的步骤

其加工位置方向作为主视图的投影方向，并作全剖视图，它表达了压盖轴向板厚、圆筒长度、三个通孔等内外结构形状。选择左视图，表达压盖的菱形结构和三个孔的相对位置。

3. 绘制零件草图

零件测绘工作一般多在生产现场进行。因此不便于用绘图工具和仪器画图，多以草图形式绘图。以目测估计图形与实物的比例，按一定画法要求徒手（或部分使用绘图仪器）绘制的图，称为草图。零件草图是绘制零件图的依据，必要时还可以直接用于生产。因此它必须包括零件图的全部内容。草图绝没有潦草之意。

4. 绘制零件草图的步骤

① 布置视图，画主视图、左视图的定位线。布置视图时要考虑标注尺寸的位置，如图9-72（a）所示。

② 目测比例、徒手画图。从主视图入手按投影关系完成各视图、剖视图，如图9-72（b）所示。

③ 画剖面线，选择尺寸基准，画出尺寸界线、尺寸线和箭头，如图9-72（c）所示。

④ 量注尺寸，标注技术要求。根据压盖各表面的工作情况，标注表面粗糙度代号、确定尺寸公差；注写技术要求和标题栏，如图9-72（d）所示。

5. 根据零件草图绘制零件工作图

画零件工作图的方法和步骤如下。

（1）对零件草图进行审查校对　检查草图方案是否正确、完整、清晰、精练；零件尺寸是否正确、齐全、清晰、合理；技术要求规定是否得当。必要时，应参阅有关资料，查阅有关标准，参考类似零件图样或其他技术资料，进行认真的计算和分析，使零件草图进一步完善。

（2）画零件工作图

① 选择比例和图幅。根据零件表达方案，确定适当比例，选定图幅。

② 布置图面，完成底稿。根据表达方案和比例，用硬铅笔在图纸上轻轻画出各视图基准线，并逐一画出各图形底稿。

③ 检查底稿，标注尺寸和技术要求后描深图形。

④ 填写标题栏。

二、零件尺寸的测量方法

测量尺寸是零件测绘过程中的重要步骤，并应集中进行，这样既可提高工作效率，又可避免错误和遗漏。常用的基本量具有钢尺、内外卡钳、游标卡尺和螺纹规等。其测量方法见表9-8。

三、注意事项

① 不要忽略零件上的工艺结构，如铸造圆角、倒角、倒圆、退刀槽、凸台、凹坑等。零件的制造缺陷，如缩孔、砂眼、加工刀痕以及使用中的磨损等，都不应画出。

② 有配合关系的尺寸，可测量出基本尺寸，其偏差值应经分析选用合理的配合关系查表得出。对于非配合尺寸或不重要的尺寸，应将测量尺寸进行圆整。

③ 对于螺纹、键槽、沉头孔、螺孔深度、齿轮等已标准化的结构，在测得主要尺寸后，应查表采用标准结构尺寸。

表 9-8　零件尺寸常用的测量方法示例

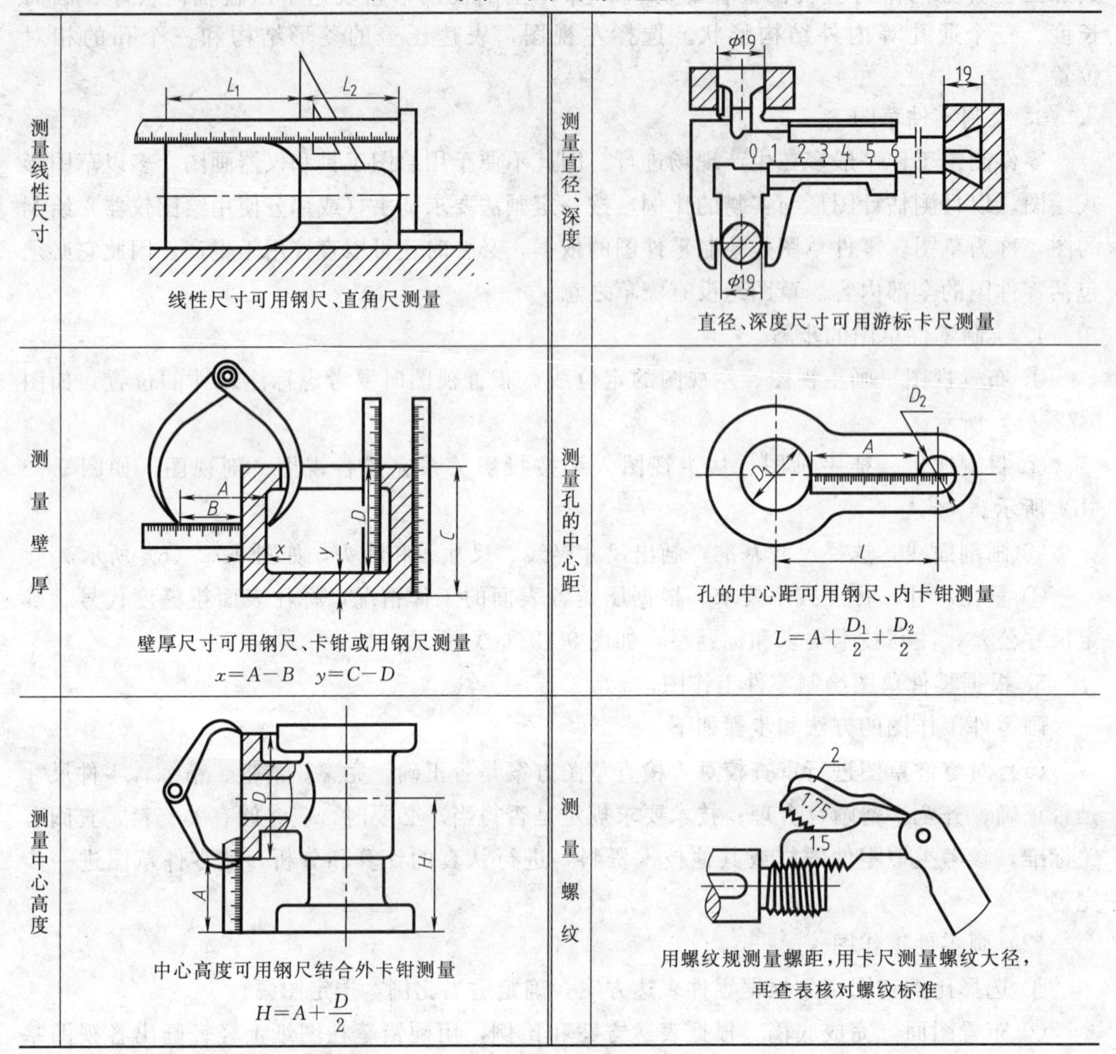

测量项目	测量方法	测量项目	测量方法
测量线性尺寸	线性尺寸可用钢尺、直角尺测量	测量直径、深度	直径、深度尺寸可用游标卡尺测量
测量壁厚	壁厚尺寸可用钢尺、卡钳或用钢尺测量 $x=A-B$　$y=C-D$	测量孔的中心距	孔的中心距可用钢尺、内卡钳测量 $L=A+\frac{D_1}{2}+\frac{D_2}{2}$
测量中心高度	中心高度可用钢尺结合外卡钳测量 $H=A+\frac{D}{2}$	测量螺纹	用螺纹规测量螺距，用卡尺测量螺纹大径，再查表核对螺纹标准

任务六　计算机绘制零件图

本任务主要是在前述所学 CAD 绘图基础上，使学生具备用 CAD 绘制零件图的能力。

与通常的手工绘图不同，在 AutoCAD 中，零件图既可作为一个独立的零件图，也可在此基础之上加上几个零件成为一张装配图，要做到两张图兼用互不影响，就要用到图层操作技巧（LAYER 命令）。其基本原理是把零件图与装配图中互不相容的尺寸等图形实体分别画在不同的层上，利用图层的性质，打开（on）或解冻（thaw）所有关于零件图的图层，关闭（off）或冻结（freeze）所有与零件图相斥的图层即可显示或输出零件图；同样，打开或解冻所有关于装配图的图层，关闭或冻结所有与装配图相斥的图层，即可显示或输出装配图。当然对于复杂的图形，最好利用图块操作，利用建图块的方法，把零件图和装配图分开。这样既能建立零件图和装配图各自独立的图形，又能减少很多不必要的重复工作。

本节以轴类零件为例介绍零件图的绘制过程，如图 9-73 所示。

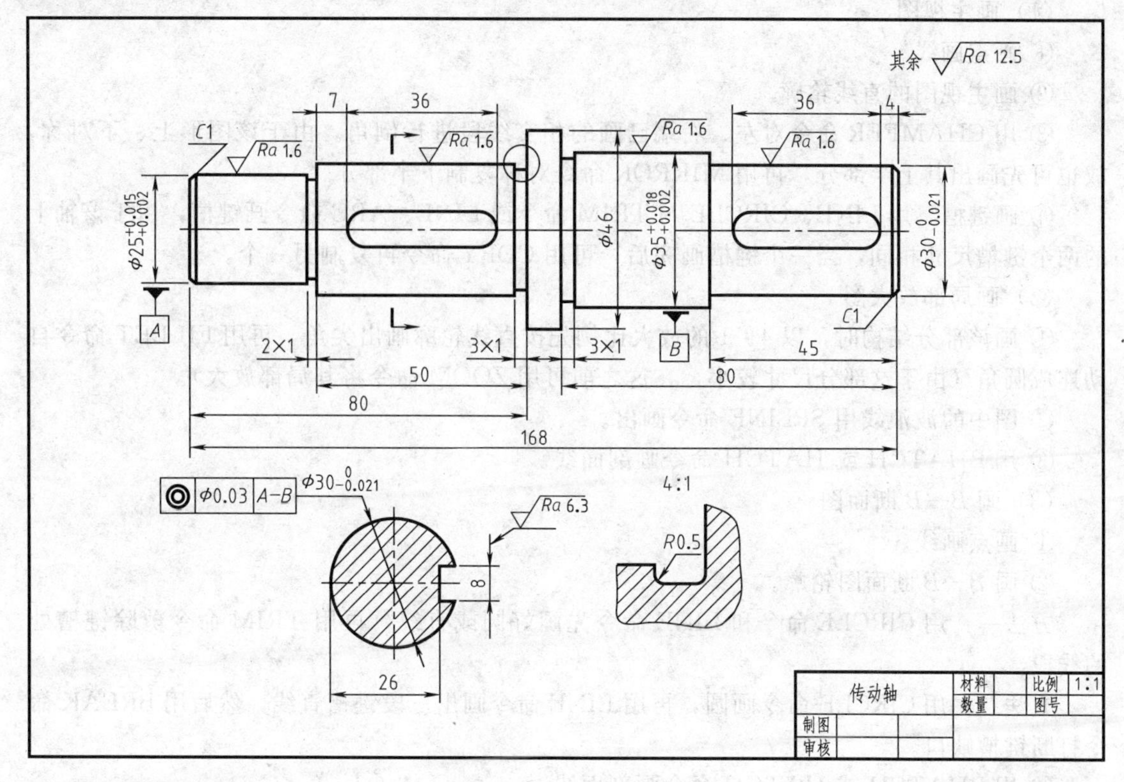

图 9-73 传动轴零件图

该图的主要作图步骤为：

① 调用样板文件；

② 画视图部分；

③ 尺寸标注；

④ 标注技术要求、剖切符号；

⑤ 填写标题栏等。

其作图过程简介如下。

1. 建立样板文件

每张零件图都有固定的系统绘图环境及图框、标题栏，因此为避免重复劳动，可以利用样板文件，即将零件图中上述固定部分做成样板，如根据图框规格，可建立 A0～A4 共 5 个样板文件，在绘图时可直接调用。建立步骤如下。

① 设置图形边界（LIMITS)、缩放（ZOOM)、单位（UNITS)，打开状态行中的极轴、对象捕捉、对象追踪。

② 图层的设置与安排：前面讲过，不再赘述。

③ 设置线型比例（LTSCALE 命令)：机械制图一般设为 1∶1。

④ 设置文字样式：按第一章所述设置。

⑤ 设置尺寸变量：按第一章所述设置。

⑥ 按制图规定画边框、标题栏等。

2. 画视图部分

画图时，应注意不同的线型画在不同的图层上。

（1）画主视图

① 画点画线。

② 画主视图的直线轮廓。

③ 用 CHAMFER 命令对左、右端已画的相交线段进行倒角。由于该图形上、下对称，故也可先画出其上半部分，再用 MIRROR 命令对称复制下半部分。

④ 画键槽。用 LINE、CIRCLE 与 TRIM 命令或 LINE、ARC 命令画键槽，由于该轴上的两个键槽尺寸相同，当一个键槽画完后，可用 COPY 命令再复制另一个。

（2）画局部放大图

① 画该部分结构时，以 4∶1 的放大比例先按直线轮廓画出尖角，再用 FILLET 命令自动连成圆角（由于这部分尺寸较小，在这之前可用 ZOOM 命令将其局部放大）。

② 图中的波浪线用 SPLINE 命令画出。

③ 用 BHATCH 或 HATCH 命令画剖面线。

（3）画 *B*—*B* 断面图

① 画点画线。

② 画 *B*—*B* 断面图轮廓。

方法一：用 CIRCLE 命令和 LINE 命令先画好圆或直线，再用 TRIM 命令剪除键槽处的线段。

方法二：用 CIRCLE 命令画圆，再用 LINE 命令画出三段键槽直线，然后用 BREAK 命令打断键槽缺口。

③ 用 BHATCH 或 HATCH 命令画剖面线。

3. 标注尺寸

① 进入 DIM 层。

② 调用相关尺寸标注命令。

4. 标注技术要求、剖切符号、形位公差

技术要求用 MTEXT 命令注写，剖切符号插图块完成，形位公差用 QLEADER 命令标注，具体调整如下：注释项选择公差，引线与箭头中箭头选择“→”。

5. 用 ddedit 命令修改标题栏中的相关内容

项目十　装　配　图

本项目主要介绍识读装配图和绘制装配图的方法，如图 10-1 是滑动轴承的装配图。重点掌握装配图的表达方法、尺寸标注、明细栏及技术要求；掌握计算机绘制装配图的方法。

通过本项目的学习与训练，使学生具备熟练识读装配图，计算机绘制装配图和手工绘制装配图能力。

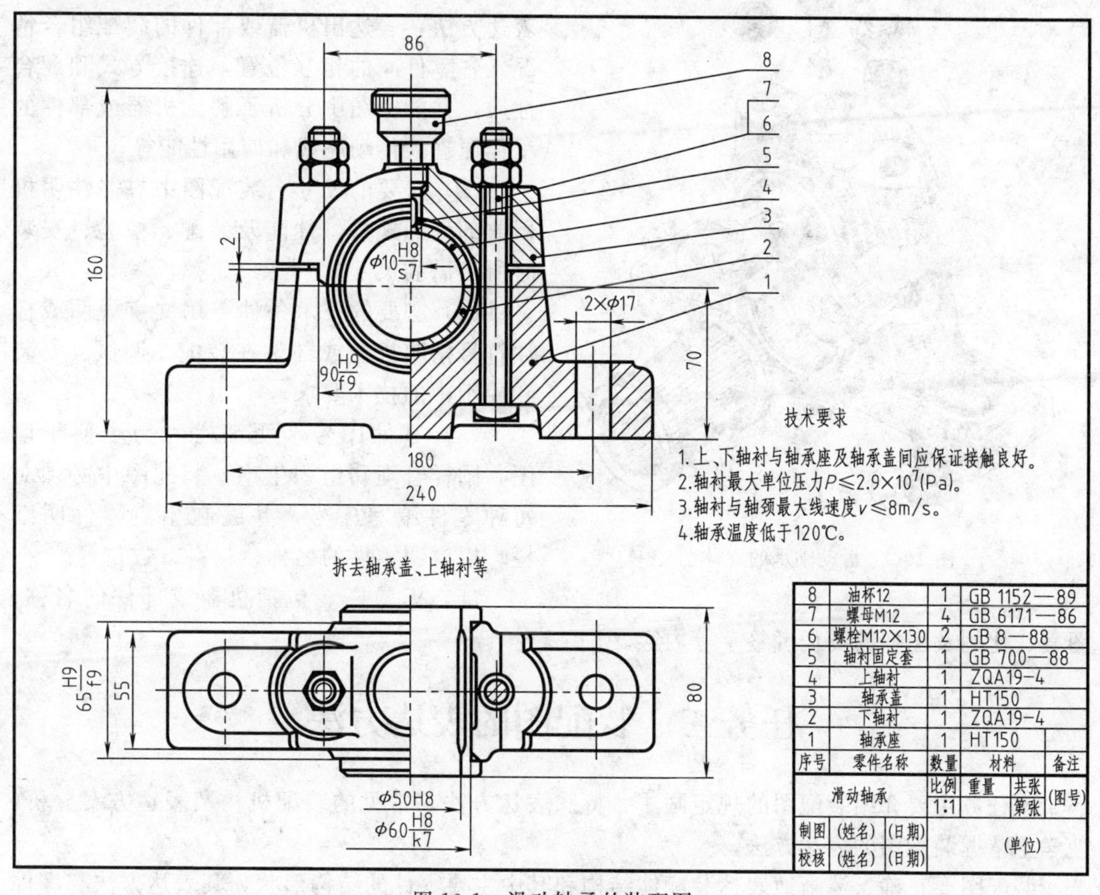

8	油杯12	1	GB 1152—89	
7	螺母M12	4	GB 6171—86	
6	螺栓M12×130	2	GB 8—88	
5	轴衬固定套	1	GB 700—88	
4	上轴衬	1	ZQA19-4	
3	轴承盖	1	HT150	
2	下轴衬	1	ZQA19-4	
1	轴承座	1	HT150	
序号	零件名称	数量	材料	备注

滑动轴承		比例	重量	共张	(图号)
		1:1		第张	
制图	(姓名)	(日期)	(单位)		
校核	(姓名)	(日期)			

图 10-1　滑动轴承的装配图

任务一　了解装配图

本任务主要介绍装配图的作用、分类与内容，使学生初步了解装配图。

装配图是表达装配体（指机器或部件）的图样。用于反映设计者的意图，表达装配体工作原理，性能要求，各零件间的装配关系和零件的主要结构形状，以及在装配、检验、安装时所需的尺寸数据和技术要求。

一、装配图的作用

在产品制造中，一般是先根据零件图生产出合格零件，再根据装配图进行装配、检验。

此外在安装、维修机器时，也要通过装配图了解装配体的结构和性能。

由此可见，装配图是生产中重要的技术文件之一。

二、装配图的分类

(1) 部件装配图　表示一个部件的装配图，如滑动轴承部件。

(2) 总装配图　表示一台完整机器的图样，如齿轮油泵。

三、装配图的内容

图 10-1、图 10-2 是滑动轴承的装配图和立体图。从装配图中可以看出，一张完整的装配图应包括下列基本内容。

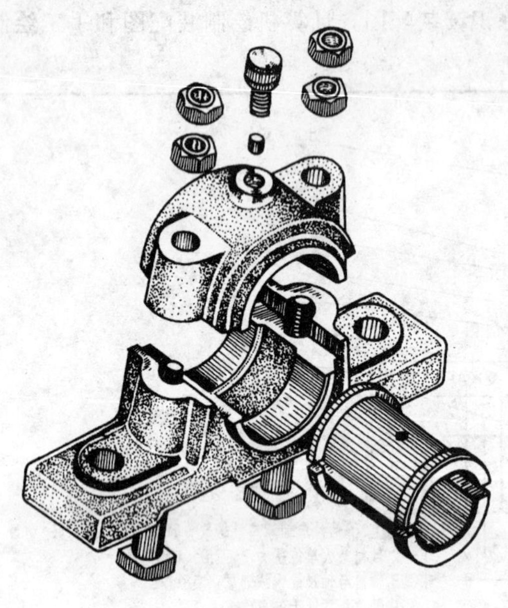

图 10-2　滑动轴承的立体图

(1) 一组图形　运用必要的视图和各种表达方法，表达出机器或部件的装配组合情况，各零件间的相互位置，连接方式和配合性质，并能由图中分析了解到机器或部件的工作原理、传动路线和使用性能等。

(2) 必要的尺寸　装配图中只需注明机器或部件的规格、性能及装配、检验、安装时所必需的尺寸。

(3) 必要的技术条件　用文字说明或标注符号指明机器或部件在装配、调试、安装和使用中的技术要求。

(4) 零件序号和明细栏　为了便于读图，图样管理和组织生产，装配图中必须对每种零件编写序号，并编制相应零件明细栏，以说明零件的名称、材料、数量等。

(5) 标题栏　包括机器或部件的名称、图号、比例及图样的责任者签字等内容。

任务二　装配图的表达方法

本任务主要介绍装配图的规定画法、特殊表达方法，常见的装配机构及表达方案分析，使学生掌握装配图的表达方法。

装配图要正确、清晰地表达装配体结构和其中主要零件的结构形状，其表达方法与零件图的表达方法基本相同。但由于装配图表达的是装配体的总体情况而不只是单个零件的结构形状，因此，国家标准《机械制图》，对装配图表达方法又做了一些其他规定。

一、装配图的规定画法

① 相邻两零件的接触面和配合面间只画一条线，而当相邻两零件有关部分基本尺寸不同时，即使间隙很小，也必须画两条线。

如图 10-1 中，在主视图中轴承座 1 与轴承盖 3 的接触面之间，俯视图中下轴衬 2 与轴承座 1 的配合面之间，都只画一条线。而主视图中螺栓 6 与轴承座 1，轴承盖 3 上的螺栓孔之间为非接触面，必须画两条线。

② 装配图中剖面线画法。同一零件在不同视图中，剖面线的方向和间隔应保持一致；相邻零件的剖面线，应有明显区别，或倾斜方向相反或间隔不等，以便在装配图内区分不同零件。

如图 10-1 中，轴承座 1 与轴承盖 3 采用倾斜方向相反的剖面线。

③ 装配图中，对于螺栓等紧固件及实心件（如：杆、球、销等），若按纵向剖切，且剖切平面通过其对称平面或轴线时，则这些零件均按未剖绘制。

如图 10-1 主视图中的螺栓 6 和螺母 7 均按未剖画出。而当剖切平面垂直这些零件的轴线时，则应按剖开绘制，如图 10-1 俯视图中的螺栓剖面。

二、装配图的特殊表达方法

1. 沿零件结合面剖切和拆卸画法

装配图中常有零件间相互重叠现象，即某些零件遮住了需要表达的结构或装配关系。此时可假想将某些零件拆去后，再画出某一视图，或沿零件间结合面进行剖切（相当于拆去剖切平面一侧的零件），此时结合面上不画剖面线。采用这种画法时，应注明"拆去××"。

如图 10-1 的俯视图，就是沿结合面剖切，拆去轴承盖 3 和上轴衬 4 以上右半部零件而画出的半剖视图，其上标明了"拆去轴承盖、上轴衬等"字样。

2. 假想画法

① 在装配图中，当需要表示某些零件运动范围和极限位置时，可用双点画线画出该零件的极限位置图。如图 10-3 所示，当三星齿轮板在位置Ⅰ时，齿轮 2、3 都不与齿轮 4 啮合；当处于位置Ⅱ时，传动路线为齿轮 1—2—4；当处于位置Ⅲ时，传动路线为齿轮 1—2—

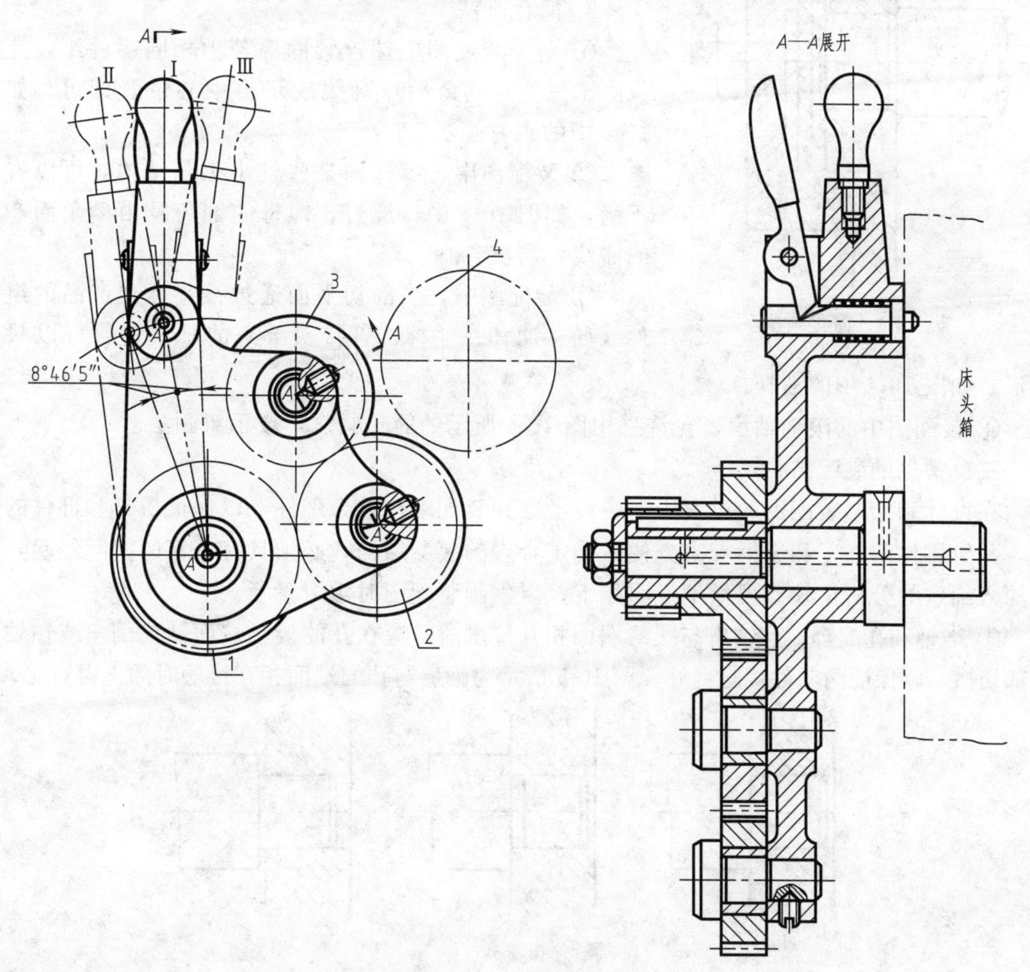

图 10-3　三星齿轮传动机构展开图

3—4。这样，改变齿轮板的位置，就可使齿轮 4 得到两种相反的转向和转速。极限位置Ⅱ、Ⅲ，都是采用双点画线假想画出的。

② 在装配图中，当需要表达本部件与相邻部件间的装配关系时，可用双点画线假想画出相邻部件的轮廓线。如图 10-3 中的床头箱及齿轮 4 均用双点画线画出。

3. 展开画法

为了展示传动机构的传动路线和装配关系，可假想按传动顺序沿轴线剖切，然后依次将弯折的剖切面伸直，展开到与选定投影面平行的位置，再画出其剖视图，这种画法称为展开画法。如图 10-3 所示三星齿轮传动机构 *A—A* 展开图。

应用展开画法时，必须在相关视图上用剖切符号和字母表示各剖切面的位置和关系，用箭头表示投影方向，在展开图上方注明"×—×展开"。

4. 夸大画法

装配图中，当图形上孔的直径或薄片的厚度等于或小于 2mm 以及需要表达的间隙、斜度和锥度较小时，均允许将该部分不按原比例而夸大画出。

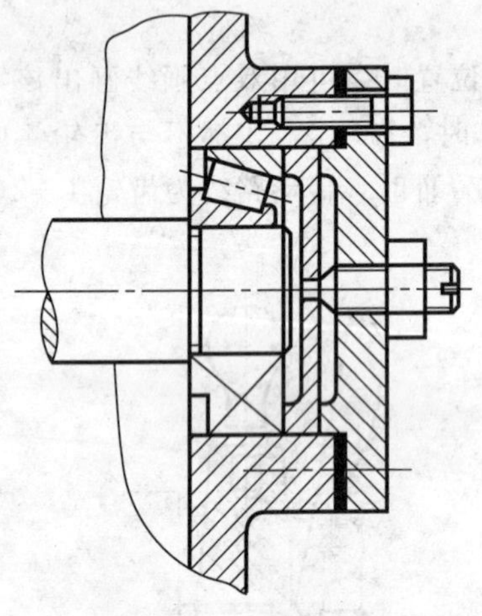

图 10-4　简化画法

如图 10-4 中的垫片就是按夸大厚度画出的。其剖面符号，也因轮廓狭小而采用完全涂黑的简化画法。

5. 简化画法

① 对于装配图中螺栓紧固等若干相同零件组，允许只画出一组，其余用点画线表示出中心位置即可。如图 10-4 中的螺钉画法。

② 装配图中，零件的某些较小工艺结构，可以省略不画，如图 10-4 中，螺钉、螺母的倒角及由倒角而产生的曲线，均被省略。

③ 装配图中，当剖切平面通过某些标准产品的组合件（如：油杯、油标、管接头等）的轴线时，可以只画外形。如图 10-4 中的油杯。

④ 装配图中的滚动轴承，允许采用图 10-4 所示的简化画法，或示意画法。

三、常见的装配结构

在设计和绘制装配图的过程中，应该考虑到装配结构的合理性，以保证机器和部件的性能，并给零件的加工和装拆带来方便。确定合理的装配结构，必须具有丰富的实际经验，并作深入细致的分析比较。现举例说明如下，以供画装配图时学习参考。

① 当轴和孔配合，且轴肩与孔的端面相互接触时，应在孔的接触端面制成倒角或在轴肩根部切槽，以保证两零件接触良好。图 10-5 所示为轴肩与孔的端面相互接触时的正误对比。

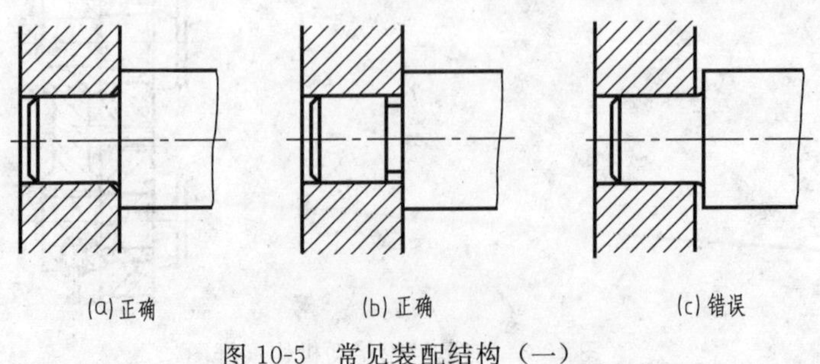

图 10-5　常见装配结构（一）

② 当两个零件接触时，在同一方向上的接触面，最好只有一个，这样既可满足装配要求，制造也较方便。图 10-6 所示为平面接触的正误对比。

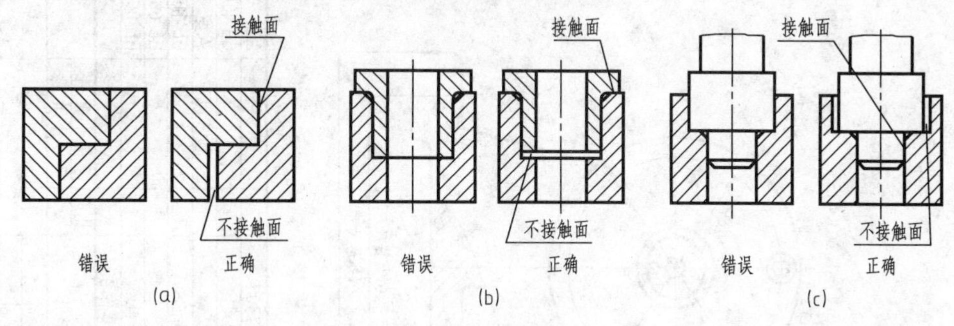

图 10-6 常见装配结构（二）

③ 为保证两零件在装拆前后不致降低装配精度，通常用圆柱销或圆锥销将两零件定位，如图 10-7（a）所示。为加工和装拆方便，最好将销孔做成通孔，如图 10-7（b）所示。

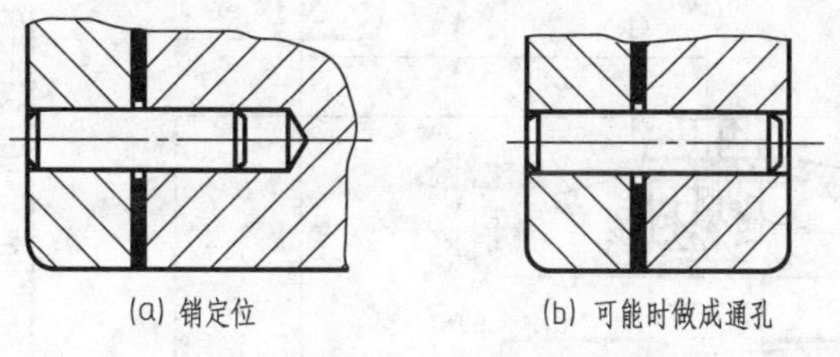

图 10-7 常见装配结构（三）

四、装配图表达方案分析

合理的装配图表达方案应力求将装配体结构及相互关系比较正确、完整、简练、清晰地表达出来。现以铣刀头为例说明装配体表达方案的一般选择方法。

图 10-8 所示为专用铣床上的铣刀头立体图。由图可见，铣刀装在铣刀盘上，铣刀盘通过键 13 与轴 7 连接。当动力通过带轮 4 经键 5 传递到轴 7 时，即可带动刀盘旋转，从而对零件进行铣削加工。

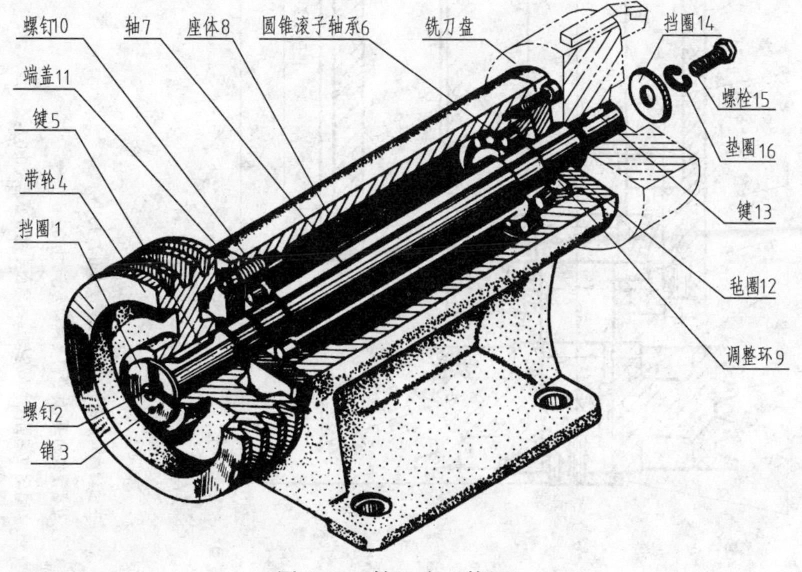

图 10-8 铣刀头立体图

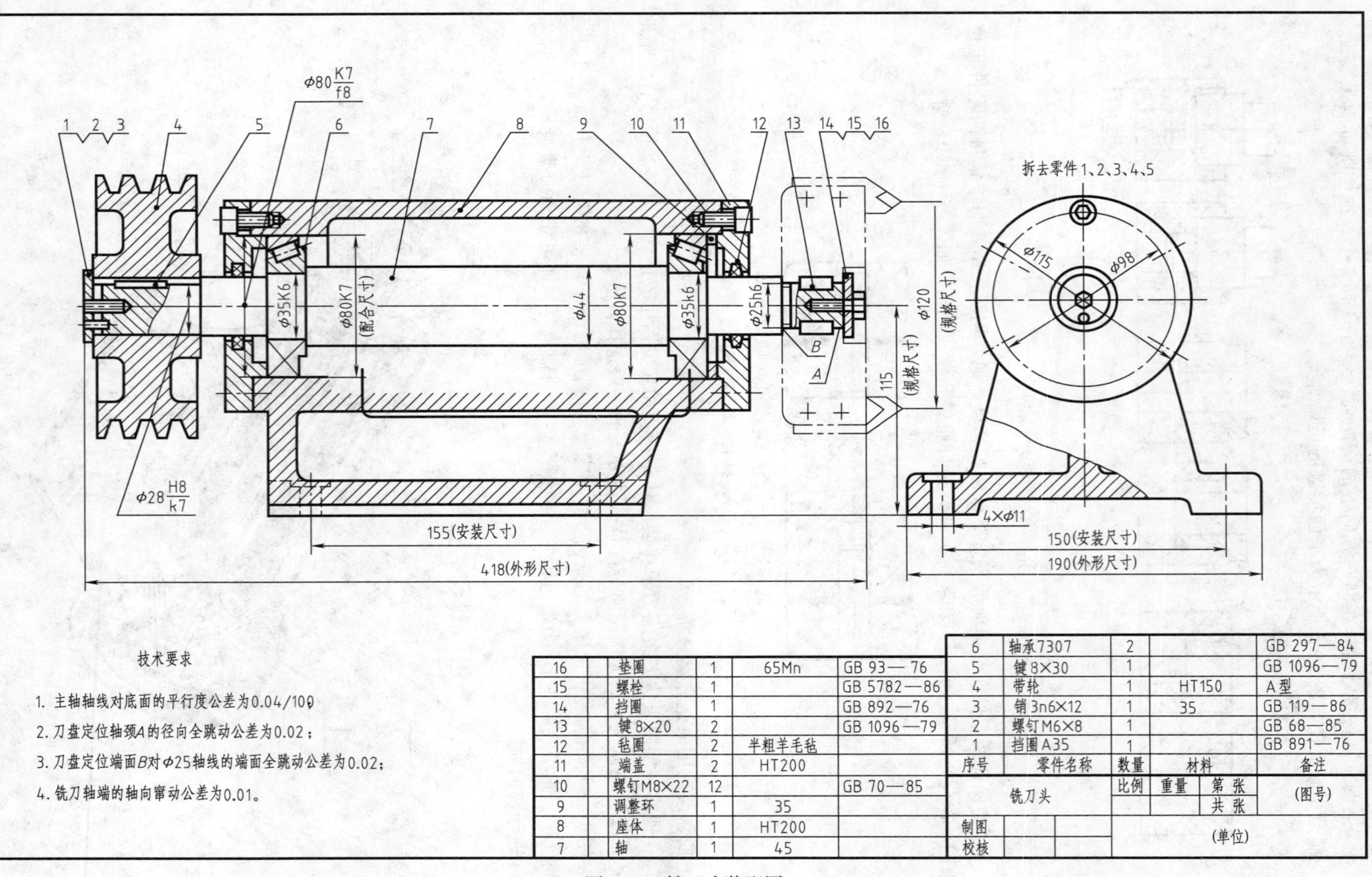

技术要求

1. 主轴轴线对底面的平行度公差为0.04/100
2. 刀盘定位轴颈A的径向全跳动公差为0.02；
3. 刀盘定位端面B对φ25轴线的端面全跳动公差为0.02；
4. 铣刀轴端的轴向窜动公差为0.01。

16	垫圈	1	65Mn	GB 93—76
15	螺栓	1		GB 5782—86
14	挡圈	1		GB 892—76
13	键 8×20	2		GB 1096—79
12	毡圈	2	半粗羊毛毡	
11	端盖	2	HT200	
10	螺钉M8×22	12		GB 70—85
9	调整环	1	35	
8	座体	1	HT200	
7	轴	1	45	

6	轴承7307	2			GB 297—84
5	键 8×30	1			GB 1096—79
4	带轮	1	HT150		A型
3	销 3n6×12	1	35		GB 119—86
2	螺钉M6×8	1			GB 68—85
1	挡圈A35	1			GB 891—76
序号	零件名称	数量	材料		备注
铣刀头		比例	重量	第 张 / 共 张	(图号)
制图					(单位)
校核					

图 10-9 铣刀头装配图

轴 7 由两圆锥滚子轴承 6 及座体 8 支承，用两端盖 11 及调整环 9 调节轴承的松紧及轴 7 的轴向位置。

两端盖用螺钉 10 与座体 8 连接在一起，端盖内装入起密封作用的毡圈 12。

带轮 4 的轴向固定，是由挡圈 1 及螺钉 2、销 3 来实现的。挡圈 14、垫圈 16 及螺栓 15 是用于轴向固定铣刀盘的。

为清晰表达上述关系，装配图中（见图 10-9）选用了沿部件前后对称平面剖切铣刀头而得到的全剖视图作为主视图。主视图中已将上述传动关系及各零件间的关系正确、完整、简练、清晰地表达出来了，为补充说明螺钉 10 的分布情况及主要件座体的大致形状结构，又补画了采用拆卸画法及局部剖视画法的左视图。

通过上例分析可看出，绘制装配图也是首先应选好主视图。主视图是确定装配图表达方案的核心，为使主视图能够反映装配体的大部分形状结构及主要装配关系，一般应选择符合工作位置的方位，选取能够反映主要或较多装配关系的投影方向。当主视图确定后，再根据需要合理选择其他视图，采用各种表达方法，使表达方案趋于完善。

任务三 装配图的尺寸标注、明细栏及技术要求

由装配图的内容可知，装配图除图形外，还有尺寸标注、明细栏及技术要求三个组成部分，任务二就视图的表达进行学习，本任务就其他三个方面进行学习，使学生掌握装配图的尺寸标注、明细栏及技术要求。

一、装配图的尺寸标注

装配图的作用与零件图不同，所以在装配图中标注尺寸时，不必把制造零件时所需的尺寸都标注出来，只需注出以下几类尺寸即可。

（1）规格、性能尺寸　表示该产品规格大小或工作性能的尺寸。这类尺寸是设计产品的依据。

例如图 10-1 滑动轴承装配图中的 ϕ50H8，表明该轴承只能用于支承轴颈基本尺寸为 ϕ50 的轴；又如图 10-9 铣刀头装配图中的中心高 115 及铣刀盘直径 ϕ120，表明此铣刀头所能加工零件的范围。

（2）装配尺寸　表示机器或部件中各零件间装配关系的尺寸。装配尺寸包括配合尺寸和主要零件间的相对位置尺寸。

如图 10-1 中轴承座与轴承盖间的 90H9/f9；下轴衬与轴承座间的 ϕ60H8/k7，又如图 10-9中轴承内外圆上所注的 ϕ80K7，ϕ35K6 等，都属于配合尺寸。而图 10-1 中轴承盖与轴承座接触面间的距离 2 即为相对位置尺寸。

（3）安装尺寸　表示部件安装在机器上或机器安装在基础上所需要的尺寸。

如图 10-1 中轴承座的安装孔直径 ϕ17 和两孔中心距 180。又如图 10-9 中的安装孔直径 ϕ11 及其定位尺寸 155、150 等。

（4）外形尺寸　表示机器或部件的总长、总宽和总高的尺寸。它反映装配体外形大小，供包装、运输和安装时考虑所占空间。

如图 10-1 中轴承座总长 240、总宽 80、总高 160 即是外形尺寸。

（5）其他重要尺寸　根据装配体结构特点和需要，必须标注的尺寸。如运动件的极限位置尺寸、重要零件间的定位尺寸等。

在装配图上标注尺寸，要根据情况具体分析，上述各类尺寸并不是每张装配图上都必须全部标出，而且有时同一个尺寸就具有几方面的作用。

二、装配图的技术要求

装配图上的技术要求，主要包括装配的方法与质量要求，检验、调试中的特殊要求及安装、使用中的注意事项等内容。应根据装配体的结构特点和使用性能适当填写。在零件图中已经注明的技术要求不应再重复。技术要求一般填写在图纸下方空白处。如图 10-1 和图 10-9中的技术要求。

三、装配图的零件序号和明细栏

为便于读图、管理图样和组织生产，装配图中必须对每种零件进行编号，此编号叫零件序号，并根据序号编制相应零件明细栏。

1. 零件序号的编排与标注

① 装配图中所有零件，应按顺序编排并标明序号。

每一种零件（无论件数多少）只编一个序号，一般标注一次。其字号比尺寸数字大一号或两号。

② 零件序号应标注在视图周围，按水平或垂直方向排列整齐。

编号顺序应按顺时针或逆时针方向顺次排列，在整个图上无法连续时，可只在每个水平或垂直方向顺序排列。

③ 零件序号和所指零件之间用指引线连接［见图 10-10（a)］。

指引线的指引端，应在零件的可见轮廓内并画一圆点。当零件很薄或剖面涂黑时，线端用箭头从轮廓外指向轮廓线以代替圆点［见图 10-10（b)］。指引线外端用细实线画横线或圆圈，以填写序号。有时亦可省略横线或圆圈，而在指引线外端附近注写序号。

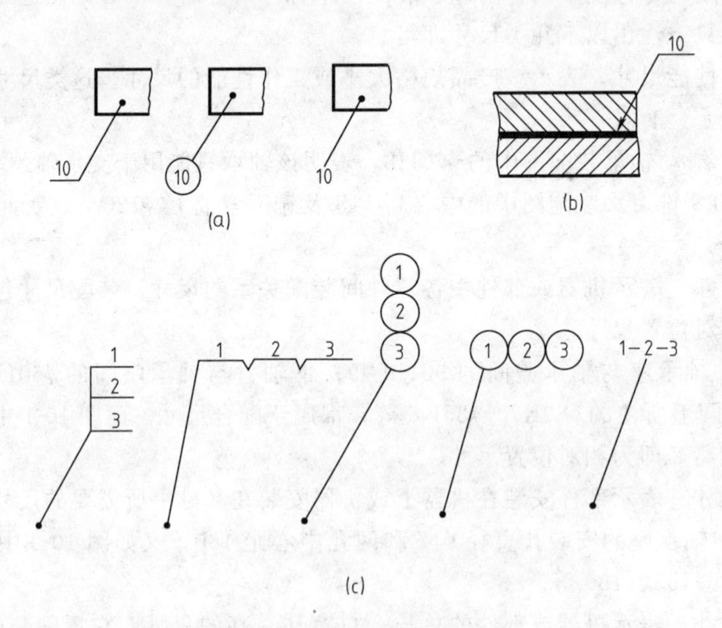

图 10-10　装配图中序号引法

④ 零件序号指引线，不得互相交叉，不得与零件剖面线平行。

⑤ 装配图中的一组紧固件或装配关系明显的零件组，可采用公共指引线，如图 10-10（c）所示。

2. 零件明细栏

零件明细栏一般画在标题栏上方，并与标题栏对正。标题栏上方位置不够时，可在标题栏左方继续列表。

明细栏中，零件序号应由下向上排列，便于编排序号遗漏时进行补充。

对于标准件，应将其规格视为名称的一部分，在备注或件号一栏中写明标准代号。

任务四 由零件图画装配图

本任务以铣床支架为例，介绍了由零件图画装配图的具体步骤，使学生具备绘制装配图的能力。

部件是由若干零件装配而成的，根据这些零件图及有关资料，可以看清各零件的结构形状，了解装配体的用途、工作原理、连接和装配关系，然后拼画成部件的装配图。

以铣床支架为例，具体步骤如下。

1. 了解部件的装配关系和工作原理

对部件的装配关系和工作原理了解清楚，以更好地画装配图。

2. 确定表达方案

画装配图与画零件图一样，应先确定表达方案，根据已学过的机件的各种表达方法（包括装配图的一些表达方法），考虑选用哪一些表达方法能较好地反映出部件的装配关系、工作原理和主要零件的结构形状，实质上也就是视图选择：首先，选定部件的安放位置和选择主视图；然后，再选择其他视图。

（1）选择主视图　一般将装配体的工作位置作为主视图的位置，以最能反映装配体的装配关系、传动路线、工作原理及结构形状的方向作为主视投影方向，如图 10-15 所示。

（2）选择其他视图和表达方法　根据装配体的结构特点，对主视图未能表达清楚的装配关系及传动路线，选择相应的视图来加以表达。根据表达的需要，选用适当的表达方法，但所选视图表达的内容应有所侧重。

（3）实例分析　以图 10-15 为例介绍表达方案的拟订。

图 10-15 所示铣床支架的主视图是沿顶尖轴线作的全剖视图。它反映了主要干线的装配关系和工作原理。俯视图表达了有关零件的相互位置关系。*C—C* 剖视图主要表达了夹紧的工作原理。*A—A* 全剖视图重点表达了顶尖上、下运动的工作原理和锁紧螺杆、定位板及支架体间的装配关系。

3. 画装配图的方法与步骤

① 确定视图方案后，定比例，定图幅，画出标题栏、明细栏框格。

② 合理布图。画出各视图的基准线、中心线、轴线、重要端面、大的平面或底面，此时应注意留出标注尺寸、序号等的位置。

③ 画主要装配干线上的零件。如果从里向外画，一般画运动中的核心零件，其装配轴承的端面常常是定位面。从外向里画，往往画箱体、支架类的零件，由外轮廓中的端面或装有轴承的孔槽作为基准，由外向内装配，逐个画出零件。

④ 画次要装配干线上的零件。在机器中，润滑系统、冷却系统虽是次要装配干线，但只是在画图的步骤上有前、后区别，作为机器的一部分，次要装配干线仍需在某些视图上重点表达清楚。就机械连接方式而言，用螺纹连接是很普遍的，每种螺纹连接及其所在的装配体中的部位一定要表达清楚。对不同种类的螺纹连接以及键连接、销连接、齿轮啮合、铆接

等都应作局部剖视，清楚表达装配体上各种连接形式。这些表达将有助于看图装配、拆卸维修。

⑤ 标注尺寸。尺寸种类如前所述。注意不能将零件图上的尺寸全搬到装配图上。

⑥ 编序号，填写标题栏、明细栏、技术要求。

⑦ 完成全图后应仔细审核，然后签名，填上日期。

4. 铣床支架装配图的绘制过程

见图 10-11～图 10-14。

5. 铣床支架装配图

见图 10-15。

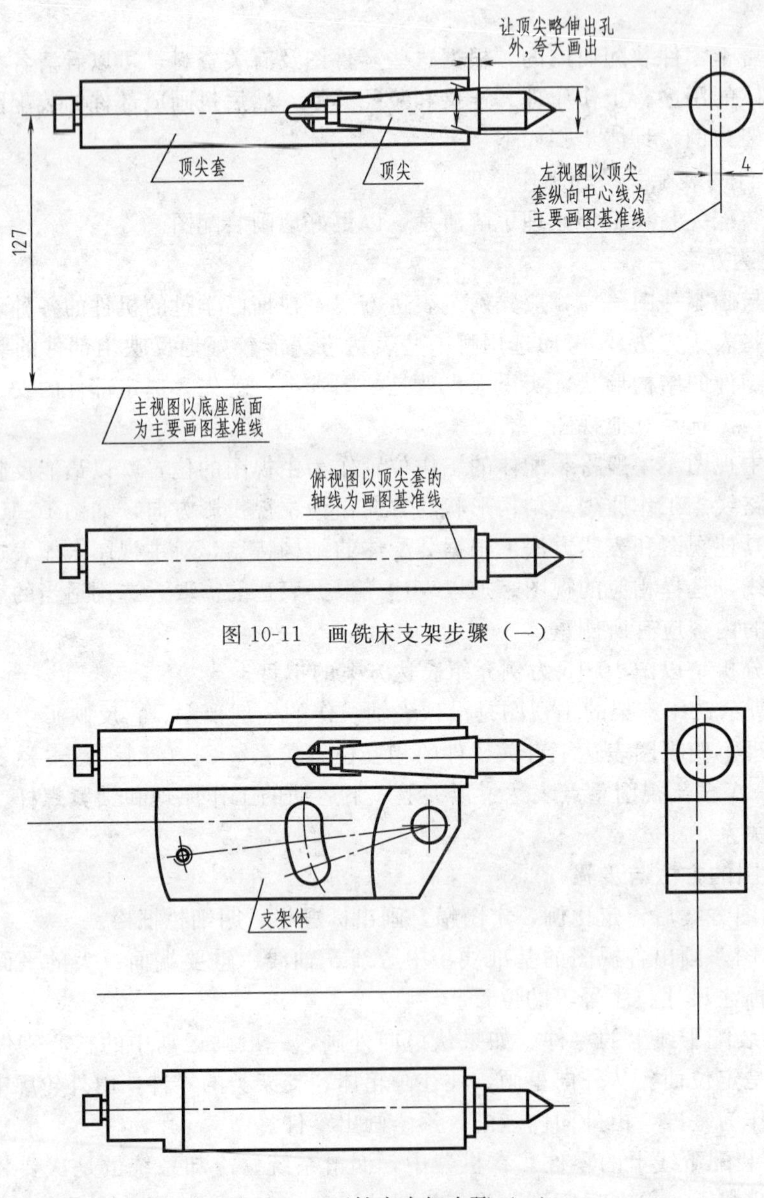

图 10-11　画铣床支架步骤（一）

图 10-12　画铣床支架步骤（二）

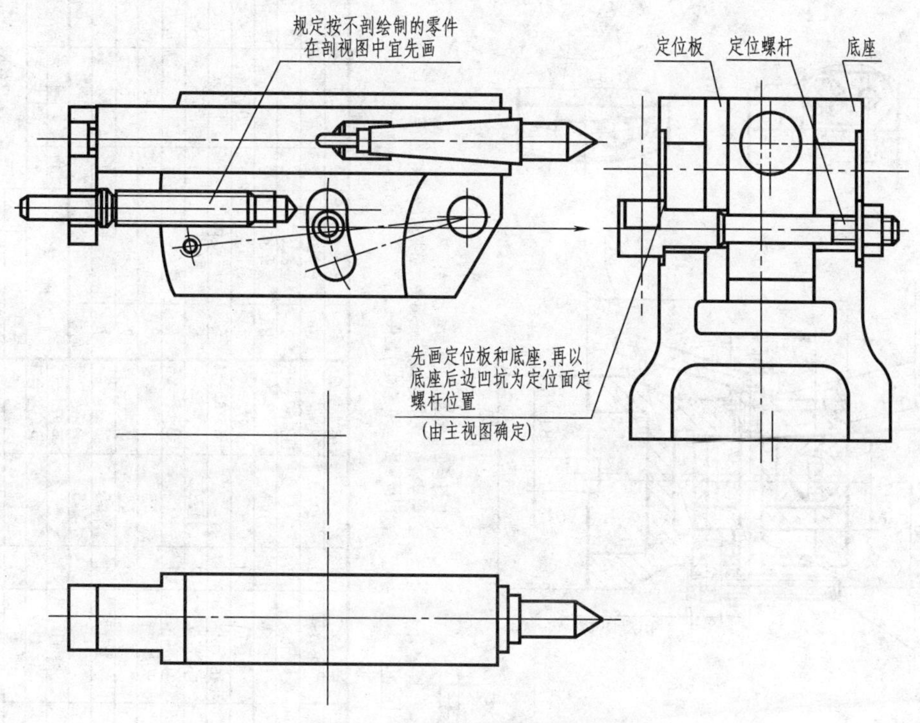

图 10-13 画铣床支架步骤（三）

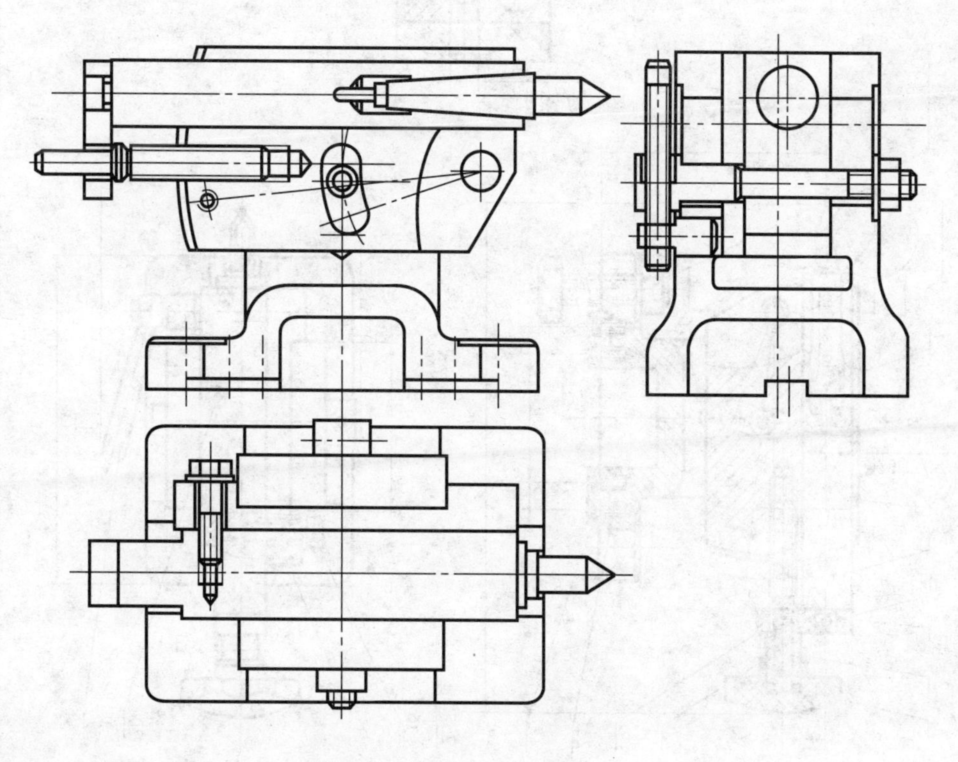

图 10-14 画铣床支架步骤（四）

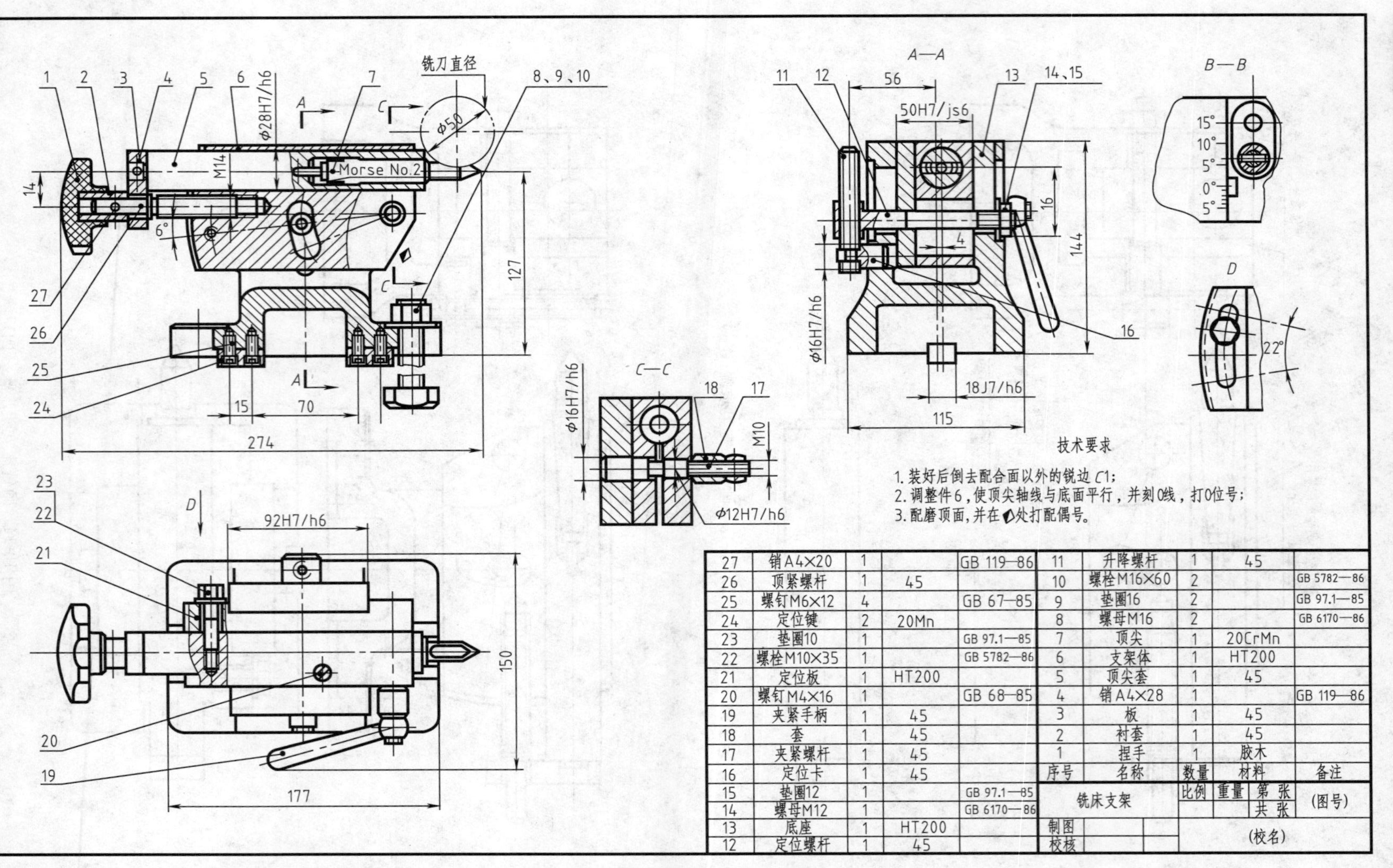

序号	名称	数量	材料	备注
27	销A4×20	1		GB 119—86
26	顶紧螺杆	1	45	
25	螺钉M6×12	4		GB 67—85
24	定位键	2	20Mn	
23	垫圈10	1		GB 97.1—85
22	螺栓M10×35	1		GB 5782—86
21	定位板	1	HT200	
20	螺钉M4×16	1		GB 68—85
19	夹紧手柄	1	45	
18	套	1	45	
17	夹紧螺杆	1	45	
16	定位卡	1	45	
15	垫圈12	1		GB 97.1—85
14	螺母M12	1		GB 6170—86
13	底座	1	HT200	
12	定位螺杆	1	45	
11	升降螺杆	1	45	
10	螺栓M16×60	2		GB 5782—86
9	垫圈16	2		GB 97.1—85
8	螺母M16	2		GB 6170—86
7	顶尖	1	20CrMn	
6	支架体	1	HT200	
5	顶尖套	1	45	
4	销A4×28	1		GB 119—86
3	板	1	45	
2	衬套	1	45	
1	捏手	1	胶木	

铣床支架	比例	重量	第 张 / 共 张	(图号)
制图				
校核		(校名)		

图 10-15 铣床支架装配图

任务五 读装配图及拆画零件图

本任务主要介绍读装配图及由装配图拆画零件图的具体方法，使学生具备识读装配图及拆画零件图的能力。

通过读装配图能够了解到装配体的名称、规格、性能、功用和工作原理；了解其组成零件的相互位置、装配关系及传动路线；了解其中每个零件的作用及主要零件的结构形状以及使用方法、拆装顺序等。因此，学会读装配图并提高读装配图的能力是非常重要的。

一、读装配图要了解的内容

① 装配体的名称、性能、用途及工作原理。

② 各零件间的装配关系及连接关系。

③ 零件的主要结构形状及作用。

二、读装配图的方法

1. 概括了解，弄清表达方法

读装配图首先要读标题栏、明细栏和产品说明书等有关技术资料，了解装配体的名称、性能、功用。从视图中大致了解装配体的形状、尺寸和技术要求，对装配体有一个基本的感性认识。例如读图 10-16 机用虎钳装配图时，首先应了解机用虎钳是机床上夹持工件的一种部件。它由 17 种零件组成，其最大夹持厚度为 178mm。

随后对装配图的表达方法进行分析。弄清各视图的名称、所采用的表达方法及各视图间相互关系，为详细研究装配体结构打好基础。

机用虎钳装配图，共包括三个基本视图。主视图采用了通过螺杆轴线的局部剖视图，表达了虎钳的主要装配干线。左下角局部保留外形，是为了表达钳座和钳身间的外部形状。左视图采用了通过 A—A 剖切平面的半剖视图，表现钳口座与钳身、钳身与钳座间的装配连接关系。俯视图除局部采用拆卸画法表示钳座上的环槽和螺栓贯入孔外，主要是外形视图，表达虎钳俯视方向的总体轮廓。

2. 具体分析，掌握形体结构

在对全图概括了解的基础上，需对装配体进行细致的形体结构分析，以彻底了解装配体的组成情况，各零件的相互位置及传动关系，想象出各主要零件的结构形状。

首先，要按视图间的投影关系，利用零件序号和明细栏以及剖视图中的剖面线的差异，分清图中前后件、内外件的互相遮盖关系，将组合在一起的零件逐一进行分解识别，搞清每个零件在相关视图中的投影位置和轮廓。在此基础上，构思出各零件的结构形状。

然后，仔细研究各相关零件间的连接方式、配合性质，判明固定件与运动件，搞清各传动路线的运动情况和作用。

具体分析机用虎钳装配图，可以看出，其组成零件中，除去一些螺栓、螺钉、垫圈、锥销等标准件外，主要零件是钳座 1、钳身 2、中心轴 6、钳口座 9、螺母 10 和螺杆 11 等。

从主视图中，可以看出钳座的高度和内部形状。中间有一个 $\phi40$ 的孔与中心轴配合。

对照俯、左视图，可以看出其外部形状，上部为短圆锥体，锥面上有刻度；下部在短圆柱体两侧有长方体，其两端开有长槽，利用螺栓 15 与床面连接，用以将虎钳固定在床面上。钳座上还开有一个环状 T 形槽，内装螺栓 14，用以固定钳身。钳身 2 为机用虎钳中形体最大的零件。由主视图有关轮廓与剖面线可看出其基本形状，其下部由 $\phi50$ 孔通过中心轴与钳

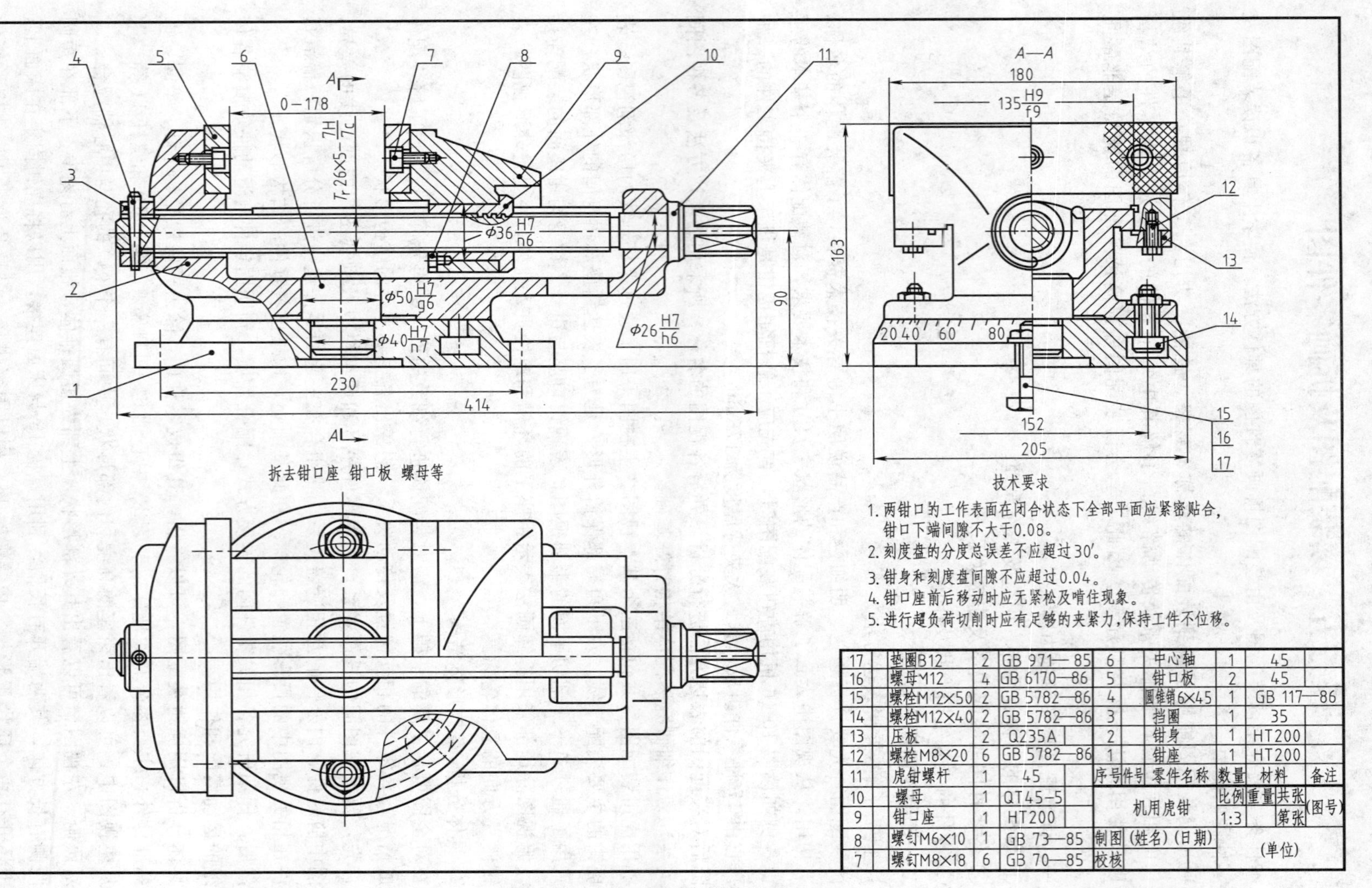

技术要求

1. 两钳口均工作表面在闭合状态下全部平面应紧密贴合，钳口下端间隙不大于0.08。
2. 刻度盘的分度总误差不应超过30′。
3. 钳身和刻度盘间隙不应超过0.04。
4. 钳口座前后移动时应无紧松及啃住现象。
5. 进行超负荷切削时应有足够的夹紧力，保持工件不位移。

17	垫圈B12	2	GB 971—85	6	中心轴	1	45	
16	螺母M12	4	GB 6170—86	5	钳口板	2	45	
15	螺栓M12×50	2	GB 5782—86	4	圆锥销6×45	1	GB 117—86	
14	螺栓M12×40	2	GB 5782—86	3	挡圈	1	35	
13	压板	2	Q235A	2	钳身	1	HT200	
12	螺栓M8×20	6	GB 5782—86	1	钳座	1	HT200	
11	虎钳螺杆	1	45	序号件号	零件名称	数量	材料	备注
10	螺母	1	QT45-5	机用虎钳		比例 重量 共张		(图号)
9	钳口座	1	HT200			1:3	第张	
8	螺钉M6×10	1	GB 73—85	制图	(姓名) (日期)		(单位)	
7	螺钉M8×18	6	GB 70—85	校核				

图 10-16 机用虎钳装配图

座定位连接，并可绕该轴旋转一定角度，用两个螺栓 14 固定在钳座上。上部右端圆孔是支承虎钳螺杆 11 的，而左端圆孔则不起支承作用。螺杆 11 是虎钳的主要传动件，它在钳身上通过左端的挡圈和锥销固定，轴向不能移动。利用右端方头旋转螺杆时，通过与钳口座固定在一起的螺母 10，即可带动钳口座 9 左右移动。

3. 归纳总结,获得完整概念

在作了表达分析和形体结构分析的基础上，进一步完善构思，归纳总结，可得到对装配体总的认识。即能结合装配图说明其传动路线、拆装顺序，以及安装使用中应注意的问题。

机用虎钳主要工作性能和传动关系是：当用扳手转动螺杆 11，迫使螺母 10 带动钳口座 9 左右移动，即可夹紧或松开工件。被夹工件厚度可在 0～178mm 范围内变化。当工件需转动角度时，可松开螺栓 14 上的螺母，使钳身绕中心轴旋转，转角可在钳座刻度上读出。转到需要位置后，利用螺栓 14 将其紧固。加工工件过程中，掉入钳身凹槽中的切屑，可由钳身右部方孔中清除。螺栓 14 因经常拧动，应能随时更换，可以从俯视图局部拆卸画法处显示的贯入孔中取换。

三、读装配图的实例

识读图 10-17 活塞连杆总成装配图。

1. 概括了解，弄清表达方法

由标题栏可知，该部件为“活塞连杆组”，6 个为一组，其作用是利用它维持曲轴旋转。从明细表和图上的零件序号可知，该部件共由 14 种零件组成（2 种标准件、12 种非标准件）。同时也了解了各零件的相对位置。

从装配图可以看出，表达方案采用了主视图和左视图两个基本视图，主视图上采用了局部剖，用来表达活塞内部的结构形状以及活塞 1、活塞销 6、连杆衬套 7 和连杆 8 的相对位置和装配关系；左视图表达了活塞连杆总成的外形。

2. 具体分析,掌握形体结构

由主视图可以看出，活塞销两端与活塞销孔相配合；连杆衬套内圆柱面与活塞销中部外圆柱面相配合，连杆衬套外圆柱面与连杆小头孔相配合。连杆盖用连杆螺栓 9 连接，内孔中装有连杆轴瓦 14，活塞环 2、3 装在活塞上部的环槽内，为了防止活塞销左右轴向移动，在活塞销孔的两端装有锁环 5，为了防止连杆螺母 12 的松动，采用了开口销 13 锁定。由于活塞是装在汽缸内，而连杆大头是与曲轴上的连杆轴颈相连的，因此，活塞上下运动时，通过连杆来推动曲轴作旋转运动。该部件的拆卸顺序是：先拆卸开口销、连杆螺母、连杆螺栓和连杆轴瓦，后用尖嘴钳夹出锁环，从活塞内打出活塞销，从连杆中打出铜套。

通过以上分析，了解了各零件的作用、装配关系以及该部件的工作原理，对部件中的标准件以及一些结构较简单的非标准件，能比较容易地从图上识别出来，对于较复杂的活塞、连杆，对照主视图和左视图，就能想象出它们的形状。

3. 看技术要求，了解有关性能和要求

由尺寸 $\phi28N6/h5$ 可知，活塞销与其孔的配合为基轴制的过渡配合，且配合要求较高，拆卸时应特别注意保护孔的表面。$38^{+0.17}_{-0.23}$、$\phi65.5$ 为重要尺寸。技术要求提出“按说明书 No. 120-3902122 进行装配”，因此装配前必须查阅说明书，并按说明书的技术要求进行装配。

4. 综合归纳，想象整体

由各零件的形状，以及各零件间的装配关系，综合想象出活塞连杆总成的整体形状。

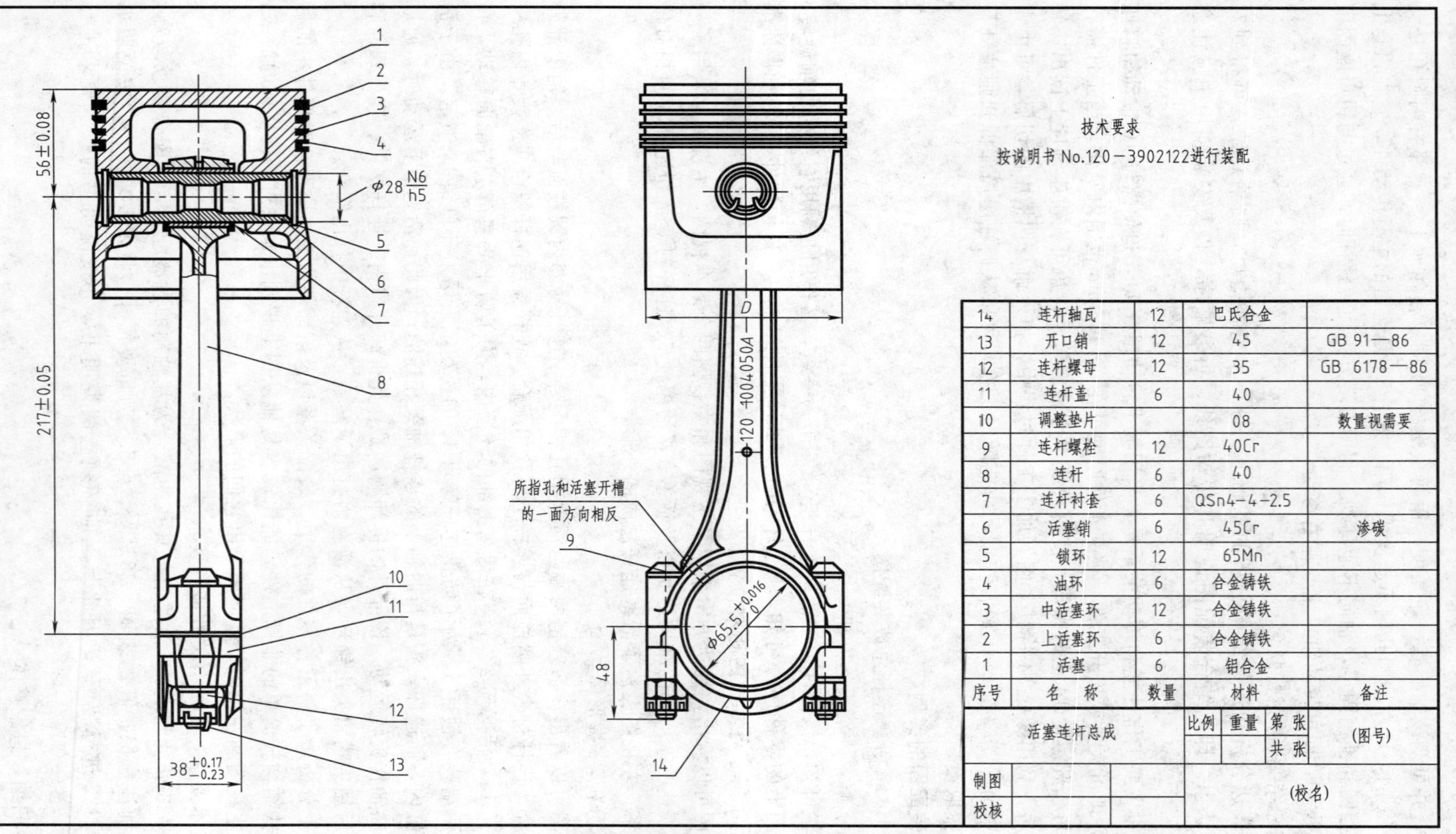

序号	名称	数量	材料	备注
14	连杆轴瓦	12	巴氏合金	
13	开口销	12	45	GB 91—86
12	连杆螺母	12	35	GB 6178—86
11	连杆盖	6	40	
10	调整垫片		08	数量视需要
9	连杆螺栓	12	40Cr	
8	连杆	6	40	
7	连杆衬套	6	QSn4-4-2.5	
6	活塞销	6	45Cr	渗碳
5	锁环	12	65Mn	
4	油环	6	合金铸铁	
3	中活塞环	12	合金铸铁	
2	上活塞环	6	合金铸铁	
1	活塞	6	铝合金	

活塞连杆总成		比例	重量	第 张	(图号)
				共 张	
制图			(校名)		
校核					

图 10-17 活塞连杆总成装配图

四、由装配图拆画零件图

在设计部件时，需要根据装配图拆画零件图，简称拆图。拆图时，应对所拆零件的作用进行分析，然后分离该零件（即把零件从与其组装的其他零件中分离出来）。

具体方法如下。

在各视图的投影轮廓中划出该零件的范围，结合分析，补齐所缺的轮廓线。有时还需要根据零件图的视图表达要求，重新安排视图。选定和画出视图以后，应按零件图的要求，注写尺寸及技术要求。

根据装配图拆画零件工作图，应在看懂装配图的基础上进行。

在零件图的学习中已对零件的结构、画法作了介绍，这里仅就由装配图拆画零件图提出需要注意的问题。

1. 确定零件的形状

装配图主要是表达零件间的装配关系，往往对某些零件结构形状的表达难以兼顾，对个别零件的某些结构未完全表达清楚；零件上某些标准的工艺结构（如倒角、倒圆、退刀槽等）进行了省略。

拆画零件图前，应对装配图所示的机器或部件中的零件进行分类处理，以明确拆画对象。

（1）标准件　大多数标准件属于外购件，故只需列出汇总表，填写标准件的规定标记、材料及数量即可，不需拆画其零件图。

（2）借用零件　是指借用定型产品中的零件，可利用已有的零件图，不必另行拆画其零件图。

（3）特殊零件　是设计时经过特殊考虑和计算所确定的重要零件，如汽轮机的叶片、喷嘴等。这类零件应按给出的图样或数据资料拆画零件图。

（4）一般零件　是拆画的主要对象，应按照在装配图中所表达的形状、大小和有关技术要求来拆画零件图。

因此，在拆画零件图时，应根据零件的作用和要求予以完善，补画出某些结构。如图10-18所示的螺纹堵头头部的形状在装配图中未表达清楚，在画零件图时，应当补画 A 向视图加以表达。

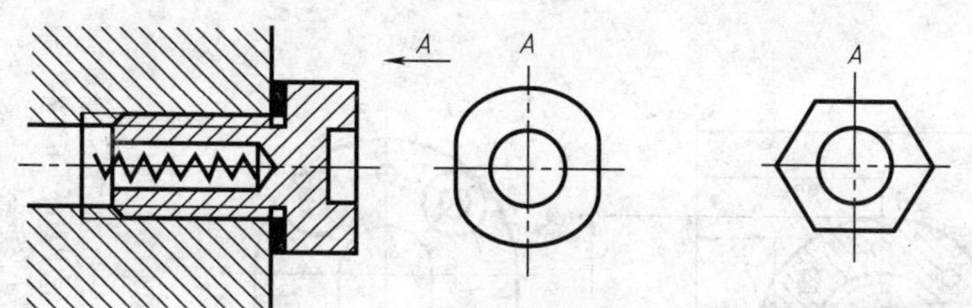

图 10-18　螺纹堵头头部形状

2. 确定表达方案

装配图的表达方案是从整个装配体来考虑的。在拆画零件图时，零件的表达方案应根据零件的结构特点来考虑，不能强求与装配图一致。

一般来讲，壳体、箱体类零件主视图所选的位置可以与装配图一致，这样便于装配时对照。而对于轴类零件，则一般按加工位置选取主视图。

3. 零件图上尺寸的处理

零件图上的尺寸可按零件图讨论的方法标注。零件尺寸的大小，应根据装配图来确定，

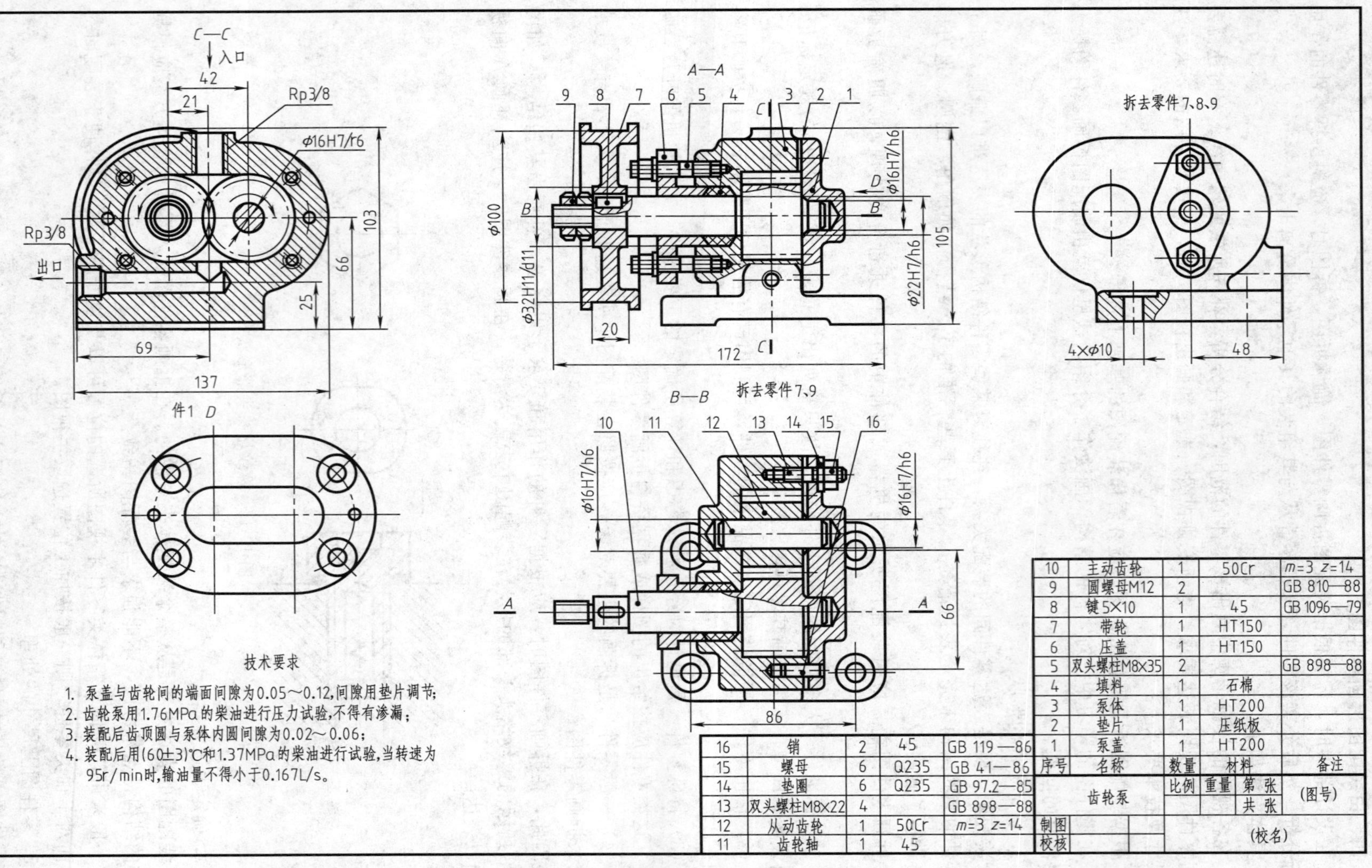

技术要求

1. 泵盖与齿轮间的端面间隙为0.05～0.12,间隙用垫片调节;
2. 齿轮泵用1.76MPa的柴油进行压力试验,不得有渗漏;
3. 装配后齿顶圆与泵体内圆间隙为0.02～0.06;
4. 装配后用(60±3)℃和1.37MPa的柴油进行试验,当转速为95r/min时,输油量不得小于0.167L/s。

序号	名称	数量	材料	备注
16	销	2	45	GB 119—86
15	螺母	6	Q235	GB 41—86
14	垫圈	6	Q235	GB 97.2—85
13	双头螺柱M8×22	4		GB 898—88
12	从动齿轮	1	50Cr	$m=3$ $z=14$
11	齿轮轴	1	45	
10	主动齿轮	1	50Cr	$m=3$ $z=14$
9	圆螺母M12	2		GB 810—88
8	键5×10	1	45	GB 1096—79
7	带轮	1	HT150	
6	压盖	1	HT150	
5	双头螺柱M8×35	2		GB 898—88
4	填料	1	石棉	
3	泵体	1	HT200	
2	垫片	1	压纸板	
1	泵盖	1	HT200	

齿轮泵	比例	重量	第 张	(图号)
			共 张	
制图			(校名)	
校核				

图 10-19　齿轮泵装配图

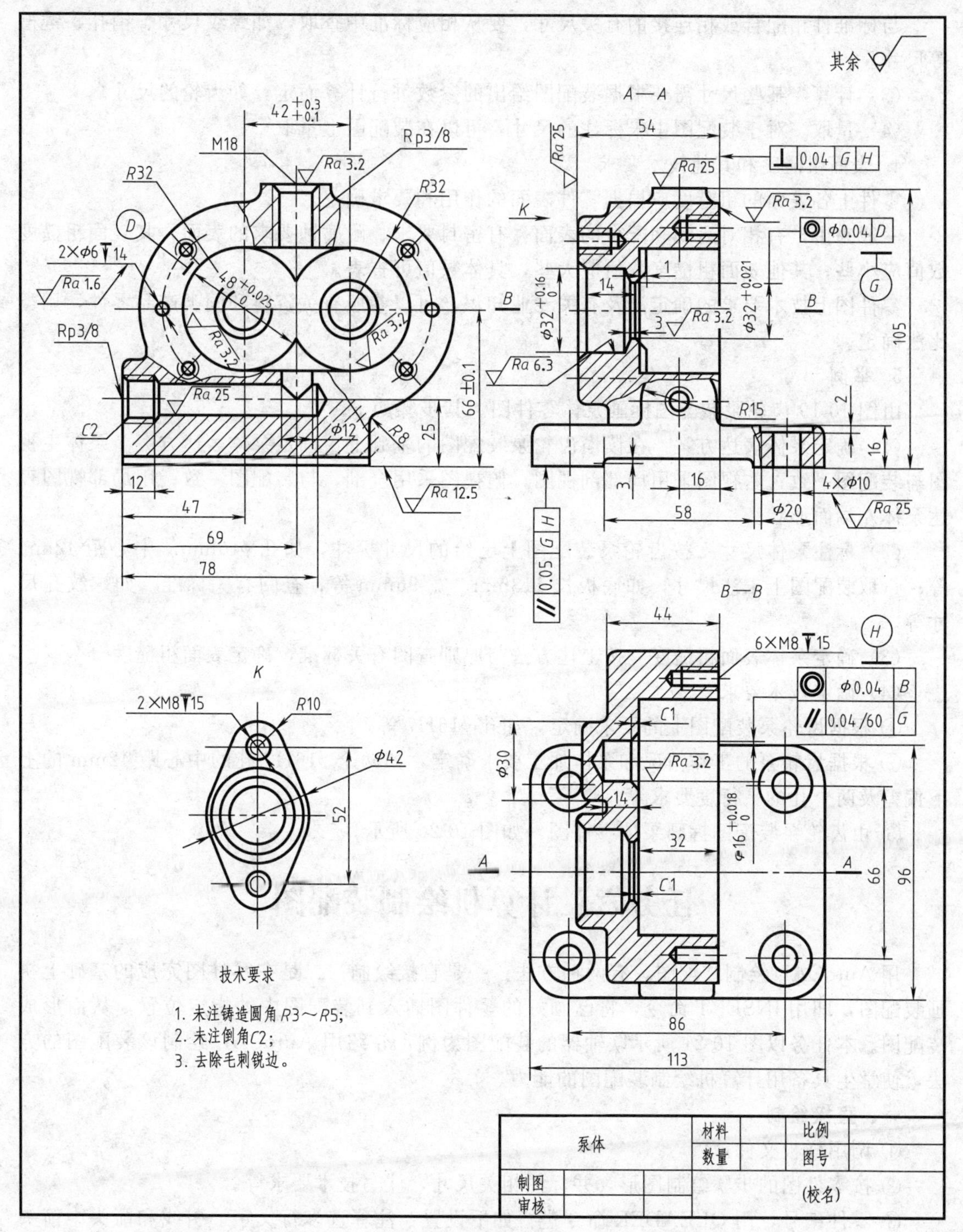

图 10-20　泵体零件图

通常用以下方法。

（1）抄注　装配图已注出的尺寸，必须直接标注在有关零件图上。对于配合尺寸、某些相对位置尺寸，要注出偏差数值。

（2）查取　对于标准结构或工艺结构尺寸，从有关标准中查出，如倒角、沉孔、退刀槽等尺寸。

与标准件相配合或相连接的有关尺寸，要从相应标准中查取，如螺纹尺寸、销孔、键槽等尺寸。

(3) 计算　某些尺寸需要根据装配图给出的参数进行计算而定，如齿轮的尺寸。

(4) 量取　对于装配图中未标注的尺寸，可以在装配图上量取。

4. 表面粗糙度和其他技术要求

零件上各表面的粗糙度应根据零件表面的作用和要求确定。

一般来讲，有相对运动和配合的表面，有密封要求、耐腐蚀要求的表面，其表面粗糙度数值应小些；其他表面粗糙度数值应大些，具体数值可查表。

零件图上技术要求的确定涉及有关专业知识，可以参照有关资料和同类产品零件，用类比法确定。

5. 举例

由图 10-19 齿轮泵装配图拆画泵体零件图。其步骤如下。

(1) 确定泵体表达方案　在读懂齿轮泵装配图的基础上，确定泵体表达方案。泵体主视图与装配图一致；右视图采用局部剖视图；俯视图采用全剖，与装配图一致；用局部视图表达泵体左端面形状。

(2) 标注泵体尺寸　按齿轮泵装配图上已给的尺寸标注，如孔 ϕ16mm、中心距 42mm 等；量取装配图上未注尺寸，如底板长 113mm、宽 96mm 等；查阅有关标准，如螺纹孔尺寸等。

(3) 确定泵体表面粗糙度　按上述方法与原则查阅有关标准，确定表面粗糙度。

(4) 确定技术要求

① 根据齿轮泵装配图上的要求确定，如孔 ϕ16H7 等。

② 根据齿轮泵的工作情况和泵体加工要求确定，如两个 ϕ16H7 孔的中心距 42mm 的上下偏差及两个孔的平行度要求等。

③ 由齿轮泵装配图拆画泵体零件图，如图 10-20 所示。

任务六　计算机绘制装配图

用 AutoCAD 绘制装配图，有两种方法：一是直接绘制；二是在零件图完成的基础上拼画装配图，即用 INSERT 命令，将已画好的零件图插入到装配图中的指定位置，从而形成装配图。本任务以图 10-21 所示联轴器的装配图为例，介绍用 AutoCAD 绘制该装配图的方法，使学生具备用计算机绘制装配图的能力。

一、直接绘制

① 调用样板文件。

② 按零件图的步骤绘制图形，并标注相关尺寸，注写技术要求等。

③ 零件编号，用 QLEADER 命令进行如下设置：注释选多行文字，引线和箭头中箭头选小点，附着选最后一行加下划线，可以做成带属性的图块，插入到装配图中，注意插入基点可选择横线与引线的交点处，运用对象追踪，以符合制图中的序号规定，然后用 Stretch (S) 命令将点放置在合适位置。

④ 列明细表。可利用 Array (AR)、Ddedit 命令。

二、拼画装配图

分析：图 10-21 所示的联轴器的装配图是在左法兰零件的基础上，插入螺栓组件等零件

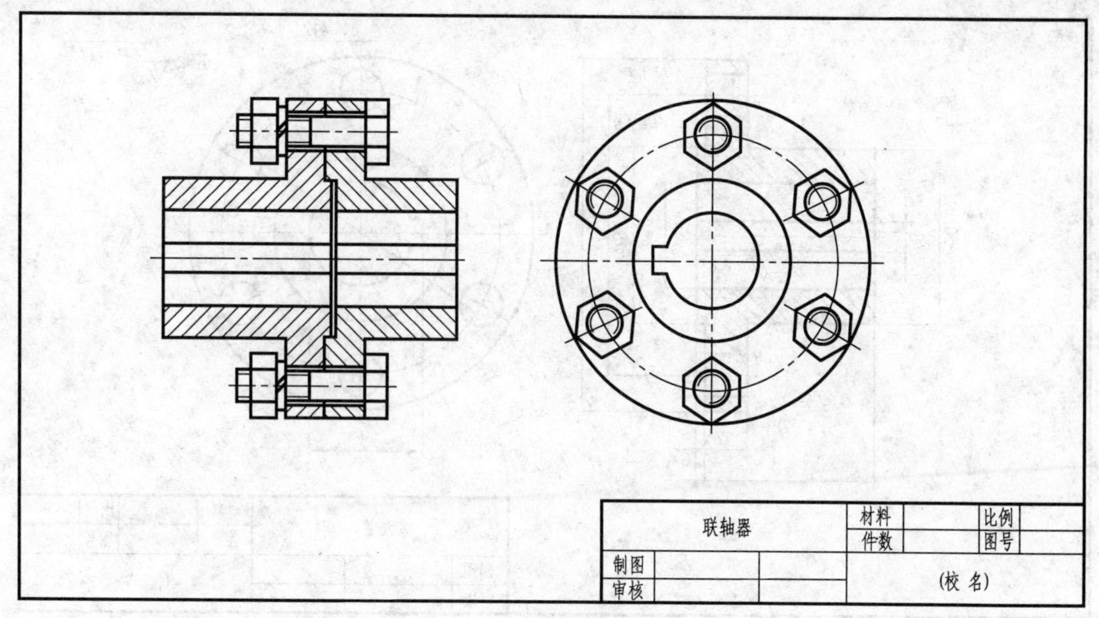

图 10-21 联轴器装配图

拼画而成。在插入零件时，要注意插入点和插入比例。

步骤：在拼画联轴器装配图前，用 Wblock（W）命令按图 10-22 建立右法兰零件的图块（尺寸不注），图块名为 PART2。图 10-23 是左法兰零件图，请学生思考在写块前应做什么调整。

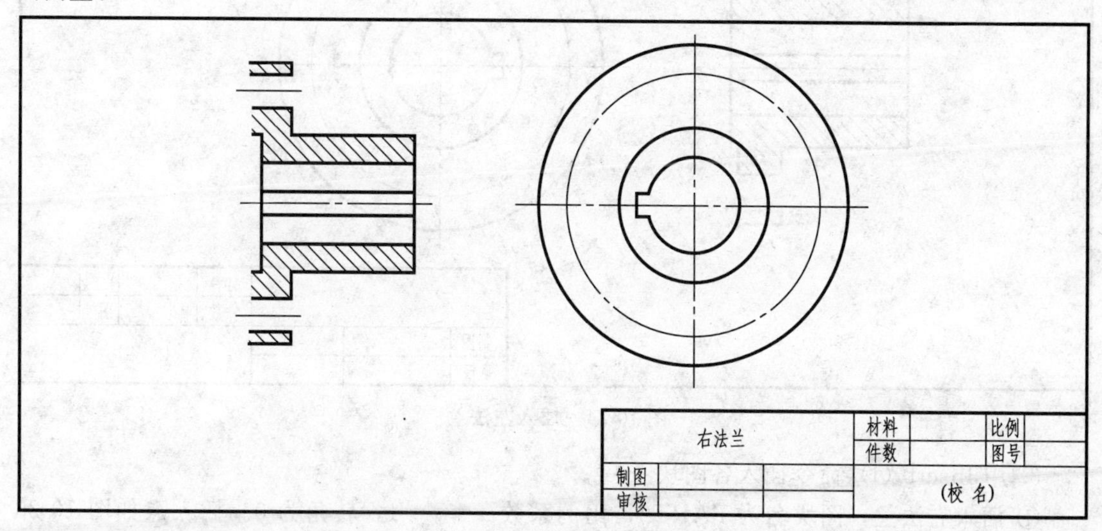

图 10-22 建立右法兰图块

1. 建立装配图的图形文件

建立装配图的图形文件方法是：建立一个新的图形文件，并将零件图调入（装配图的图形环境与该零件相同）。用 Insert（I）命令插入左法兰盘零件图，插入点为图框中的合适位置，比例系数 $x=y=1$，转角为 0。

2. 清除无用线条等（见图 10-24）

当零件图作为图块调入时，用 Layer 命令冻结尺寸和文字层，即隐去零件图中的尺寸及文字符号。

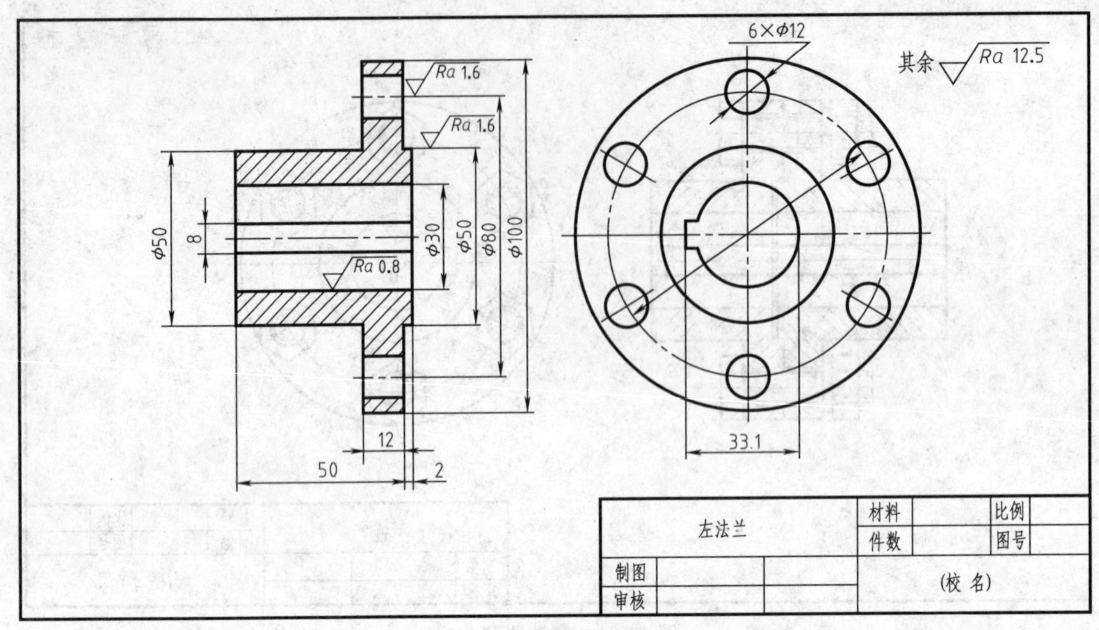

图 10-23　左法兰零件图

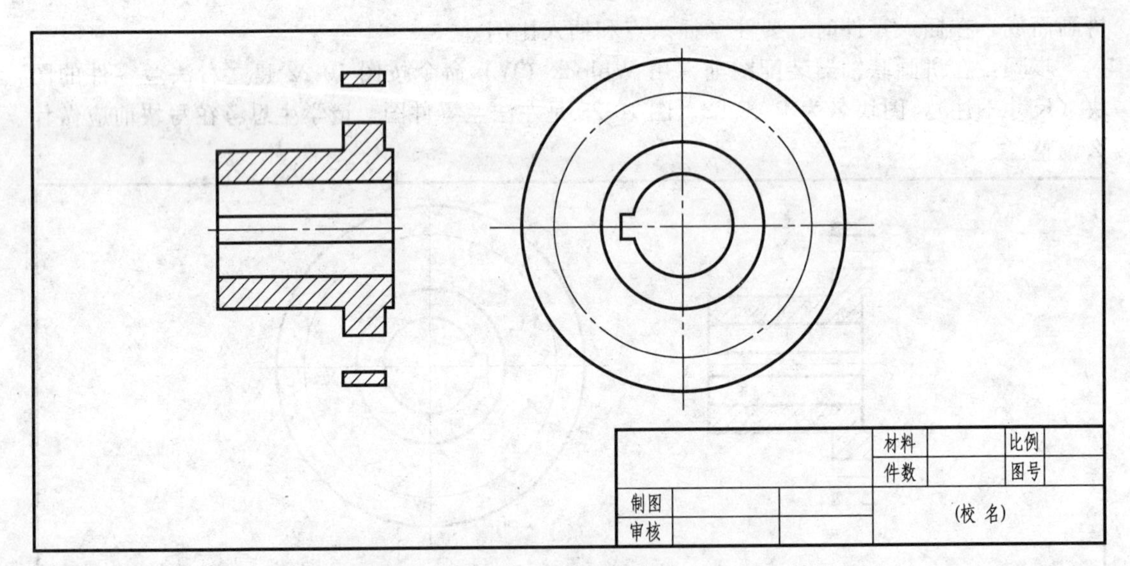

图 10-24　插入左法兰

3. 用 Insert（I）命令插入各图块

① 插入右法兰，图块名为 PART2，比例系数 $x=y=1$，转角为 0。插入点如图 10-25 所示。

② 插入螺栓头部（图 10-26），图块名为 BOLT1，插入点为 A 点，比例系数 $x=y=10$（由于螺栓组件的图块是以 M1 的尺寸建立的，而此处的螺栓大径 $d=10$），转角为 0。

③ 插入螺栓中部（图 10-26），图块名为 BOLT2，插入点仍为 A 点，比例系数 $z=24$（为两被连接零件的厚度），$y=10$，转角为 0。

④ 插入弹簧垫圈（图 10-26），图块名为 WASHER，插入点为 B 点，比例系数 $x=y=10$，转角为 0。

⑤ 插入螺母（图 10-26），图块名为 BOLT1，插入点为 C 点，比例系数 $x=8/7\times10=$

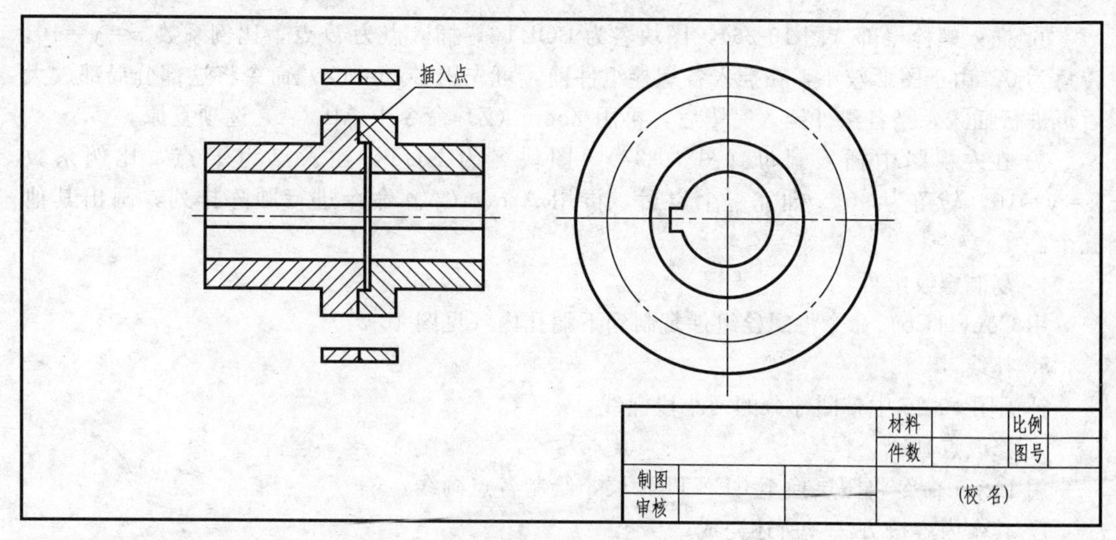

图 10-25 插入右法兰

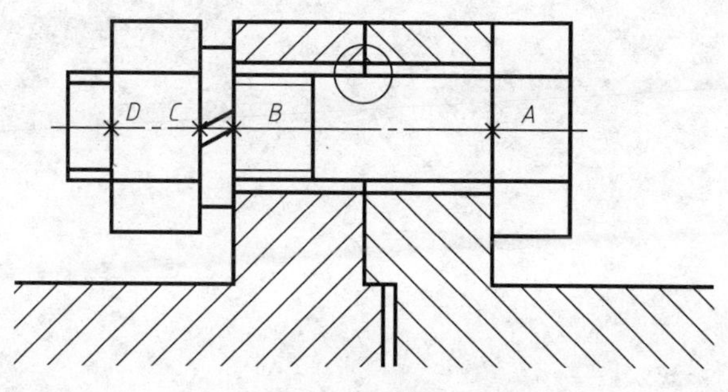

图 10-26 插入螺栓组件

11.43（由于螺母与螺栓头部在该方向上的投影大致相同，仅厚度不同，螺栓头部厚为 0.7d，螺母厚为 0.8d），y=10，转角为 0。

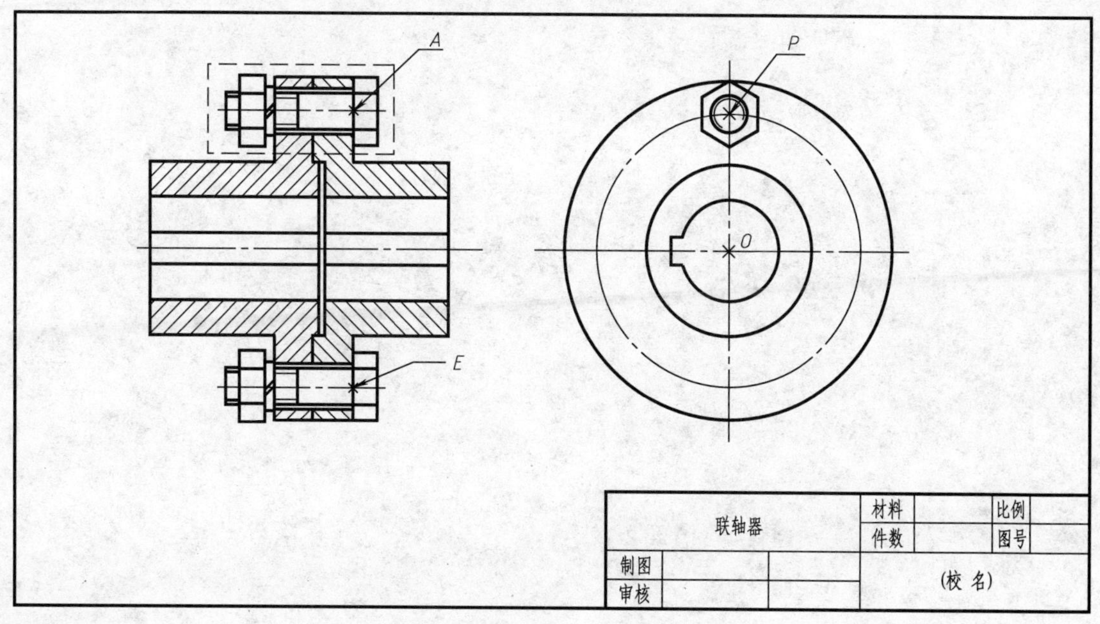

图 10-27 插入螺母、复制螺纹组件

⑥ 插入螺栓尾部（图 10-26），图块名为 BOLT3，插入点为 D 点，比例系数 $x=y=10$，转角为 0。由于图形较小，在插入各螺栓组件前，可先用 Zoom（Z）命令将这部分局部放大后再进行插入，当各组件插入完毕后，再用 Zoom（Z）命令中 All（A）选项复原。

⑦ 在左视图中插入螺母（图 10-27），图块名为 NUT，插入点为 P 点，比例系数 $x=y=10$，转角为 90°。插完一个以后，再用 Array（A）命令进行圆阵排列，画出其他五个。

4. 复制螺纹组件

用 Copy（Co）命令将螺栓组件复制到下端孔内（见图 10-27）。

5. 补线

补画图 10-26 中带圈部分的两小段漏线。

6. 修改点画线

用 Layer 命令将图层换至 CENTER 层，绘制各点画线。

7. 其余内容按方法一所述完成

项目十一　三维实体的绘制

本项目主要介绍 AutoCAD 实体造型中面域、拉伸命令、旋转命令、三维平移、三维缩放、三维动态观察等常用命令和辅助工具。

通过本项目的学习使学生初步具备用计算机绘制三维实体的能力。

一、绘制三维实体时常用的命令和辅助工具

1. 面域

2. 拉伸命令、旋转命令（不同于平面的拉伸与旋转）

3. 并集、差集、交集

4. 俯、仰、左、右、主、后、西南、东南、西北、东北视图

5. 三维评议、三维缩放、三维动态观察

二、绘制如图 11-1 所示三维实体的步骤

要快速生成三维立体图，借助原实体的三视图会节省很多时间，如图 11-2 所示。下面从左向右依次来完成此工件的各部分。

图 11-1　三维实体实例

1. 制作左侧圆筒

(1) 面域命令

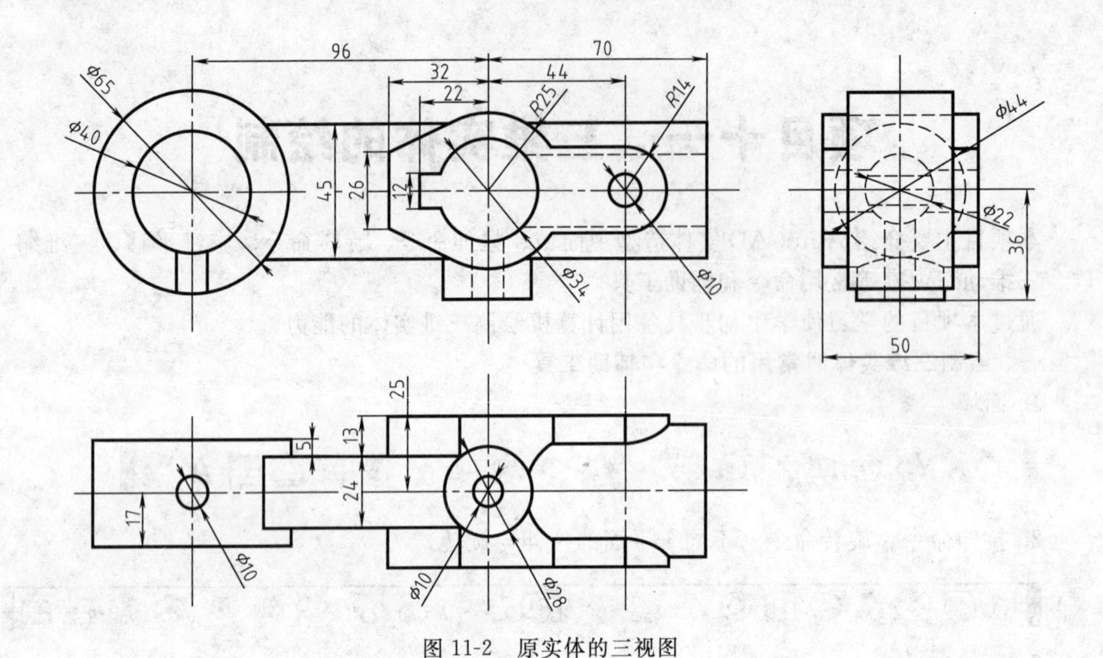

图 11-2 原实体的三视图

功能：将一封闭图形定义成一个面域。

命令执行方式：

下拉菜单：绘图→面域

工具栏：单击绘图工具栏图标

命令行：Region

操作过程：

① 命令：Region↙

② 选择对象：用鼠标拾取封闭图形图 11-3 中的 2 个圆↙

③ 面域定义成功会出现如图 11-4 所示的图形。

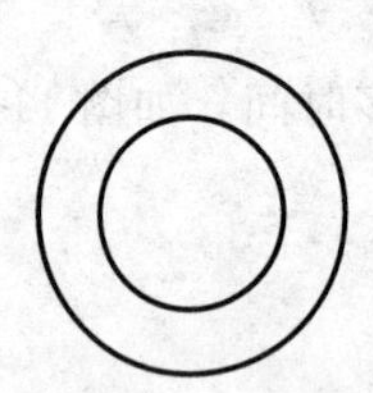

图 11-3 拾取封闭图形

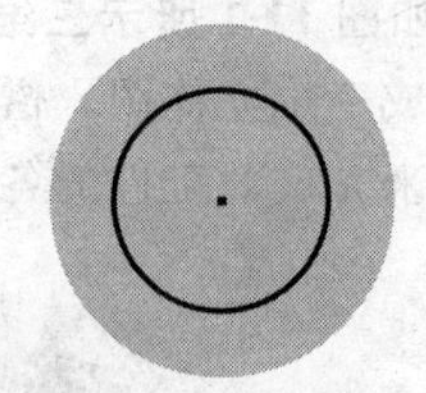

图 11-4 面域定义成功

说明：若图形不封闭，面域会定义不成功，可用图标选中着色、真实、灰度模式观察看是否定义成功。

(2) 差集命令

功能：将一面域（实体）从另一面域（实体）中差掉相交部分。

命令执行方式：

下拉菜单：修改→实体编辑→差集

工具栏：单击绘图工具栏图标

命令：Subtract

操作过程：
命令：Subtract↙
选择第一实体↙
选择第二实体↙
差集成功出现图 11-5 所示图形。
说明：差集命令可理解为减法运算，只是第一实体减掉的是与第二实体的相交的部分，同时第二实体消失。

图 11-5　差集后的图形

图 11-6　拉伸后的图形

(3) 拉伸命令
功能：将一面域按一定路径或高度进行拉伸形成实体。
命令执行方式：
下拉菜单：绘图→建模→拉伸
绘图工具栏：单击绘图工具栏图标
命令：Extrude
操作过程：
命令：Extrude↙
选择要拉伸的面域：单击图 11-5 中图形↙
输入要拉伸的长度：34（或指定拉伸路径）↙
输入要拉伸的倾斜角：（不指定时为 0 度即平行拉伸）
拉伸成功出现如图 11-6 所示图形。
(4) 旋转命令
功能：将一面域按指定轴旋转，面域扫过空间得到实体。
命令执行方式：
下拉菜单：绘图→建模→旋转
工具栏：单击绘图工具栏图标
命令：Revolve
操作过程：
命令：Revolve↙
选择要旋转的面域：图 11-7 中图形↙
选择旋转中心线：↙
旋转形成（图 11-8）与图 11-6 一样的图形（视角不同）。
说明：要形成圆环或其他旋转体部件可用三维旋转命令来实现，先绘制好图 11-7 中的矩形并定义成面域（长宽为要制圆筒一侧的截面图形）。

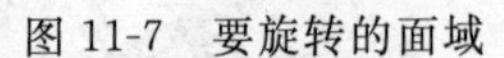

图 11-7 要旋转的面域

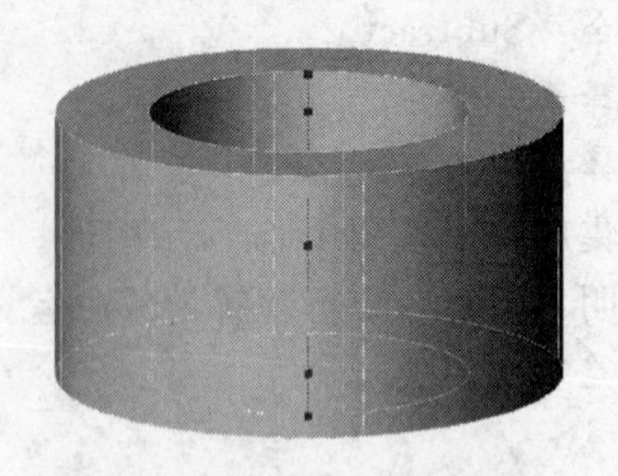

图 11-8 旋转后的图形

2. 在圆筒体上打洞

先通过拉伸或旋转制作 ϕ10 圆柱体（图 11-9），长度为大于圆筒厚度（图 11-10），通过 二维移动命令将圆柱体移动到圆筒两端圆心连线中点处，如图 11-10 所示，通过差集得图 11-11。

图 11-9 圆柱体

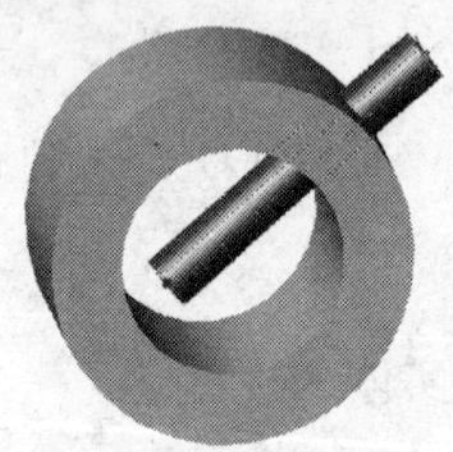

图 11-10 将圆柱体移动到圆筒两端圆心连线中点处

图 11-11 在圆筒体上打洞

3. 制作连接板

对主视图上连接部分进行面域处理，如图 11-12 所示，通过拉伸得实体连接板，如图 11-13 所示。

图 11-12 面域处理

图 11-13 制作连接板

4. 同理制作其他部分

见图 11-14。

5. 将制作好的各部分通过二维移动命令移动到主视图上

见图 11-15。

6. 工件外形已制作完成，通过并集命令将各部分联成一体

并集命令：

功能：将所选择的面域（实体）合成一个面域（实体）

命令执行方式：

下拉菜单：修改→实体编辑→并集

图 11-14　制作其他部分

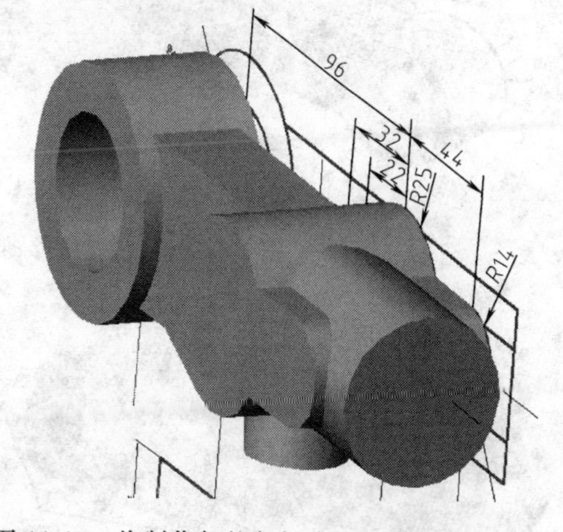

图 11-15　将制作好的各部分移动到主视图上

工具栏：

命令：Union

操作过程：

命令：Union↙

选择所有要合并的实体：↙

所有实体被联成一个实体

说明：联成一个实体通过单击实体任一处，整体被选中则表示并集执行成功。

7. 制作差减件

通过拉伸或旋转命令制作各部分差减件(部分)，如图 11-16 所示。

说明：

① 在制作差减件时要注意从三视图中选择合理的图形进行面域处理后，拉伸形成差减实体，长度要合适，以便对主体进行差处理时保证深度。

图 11-16　制作差减件

② 在制作图形时要注意视图方向，即：俯、仰、左、右、主、后、西南、东南、西北、东北视图。

平时我们二维绘图时是空间中的俯视，因此在做各部分差减件时要选择合理的视图，也可在同一视图中制作差减件，可通过空间旋转或从一视图复制图形到另一视图（同一实体在复制过程中实际空间角度已进行变换，但面向绘图者的角度不变）。

8. 通过二维移动命令将各差减件移动到主视图上

在选择差减件时以端点或中心点等特殊点为基点移动到二维平面主视图的对应点上，然后转换视图至左、右、主或后视图，根据计算高度将差减件向上或下移动一定距离，即得图11-17。

9. 通过差集命令得实体（见图 11-18）

说明：为保证在制作实体时的可视性，各部分实体可能颜色不一，在形成一个实体时也会出现在交界面上出现不同颜色，只要选中实体像改变二维制图线颜色一样进行改变即可。

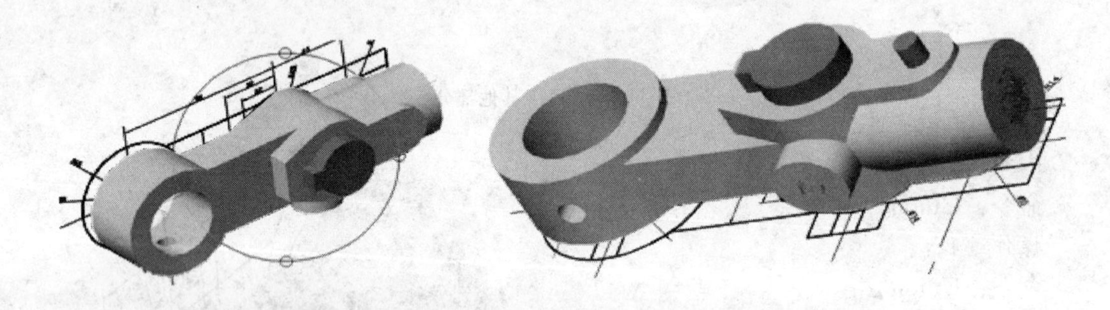

图 11-17　通过二维移动命令将各差减件移动到主视图上

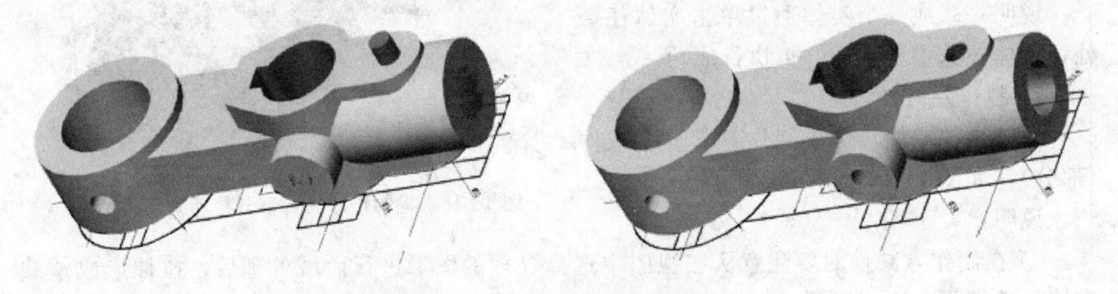

图 11-18　通过差集命令得实体

10. 删除辅助线或关闭辅助线层得最终实体图

可以通过三维平移、三维缩放、三维动态观察来对实体进行观看，如图 11-19 所示。

图 11-19　最终实体图

三维缩放、三维动态使用同二维绘图一样，这里不做详解。

三维动态观察命令：

功能：在空间中以任意一角度观察图形

命令执行方式。

下拉菜单：视图→动态观察→自由动态观察

工具栏图标：单击绘图工具栏图标

命令：3dorbit

操作过程：3dorbit↙

通过用鼠标拉动球体以达到最佳观察角度。

说明：用三维动态观察只是改变观察角度，而不是改变图形在空间中的位置或角度，可通过视图工具条中的不同视图来恢复原视角。

附　　录

1. 螺纹

附表 1-1　普通螺纹直径与螺距系列（GB/T 193—2003）和公称尺寸（GB/T 196—2003）　mm

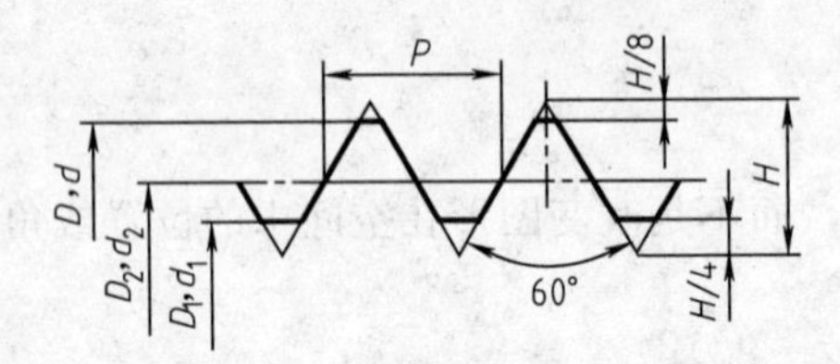

标记示例：

公称直径为 M24，螺距为 3mm，右旋的粗牙普通螺纹，其标记为：M24

公称直径为 M24，螺距为 1.5mm，左旋的细牙普通螺纹，其标记为：M24×1.5-LH

公称直径 D、d			螺距 P		粗牙小径 D_1、d_1
第 1 系列	第 2 系列	第 3 系列	粗牙	细牙	
3			0.5	0.35	2.459
	3.5		(0.6)		2.850
4			0.7	0.5	3.242
	4.5		(0.75)		3.688
5			0.8		4.134
	6		1	0.75、(0.5)	4.917
		7			5.917
8			1.25	1、0.75、(0.5)	6.647
10			1.5	1.25、1、0.75、(0.5)	8.376
12			1.75	1.5、1.25、1、(0.75)、(0.5)	10.106
	14		2	1.5、(1.25)、1、(0.75)、0.5	11.835
		15		1.5、(1)	*13.376
16			2	1.5、1、(0.75)、(0.5)	13.835
	18		2.5	2、1.5、1、(0.75)、(0.5)	15.294
20					17.294
	22				19.294
24			3	2、1.5、1、(0.75)	20.754
		25		2、1.5、(1)	*22.835
	27		3	2、1.5、1、(0.75)	23.752
30			3.5	(3)、2、1.5、1、(0.75)	29.211
	33			(3)、2、1.5、(1)、(0.75)	26.211
		35		1.5	*33.376
36			4	3、2、1.5、(1)	31.670
	39				34.670

注：1. 优先选用第 1 系列。

2. 括号内尺寸尽可能不用。

3. 带 * 号的为细牙参考，是对应于第 1 种细牙螺距的小径尺寸。

2. 螺纹紧固件

附表 2-1　六角头螺栓（GB/T 5780—2000）

mm

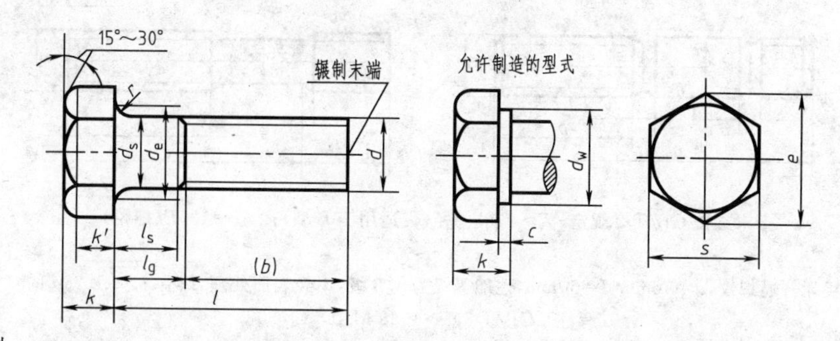

标记示例

螺纹规格 d=M12，公称长度 l=80mm，性能等级为 8.8 级，表面氧化，A 级的六角头螺栓：

螺栓 GB/T 5780—2000　M12×80

螺纹规格 d		M5	M6	M8	M10	M12	M16	M20	M24	M30	M36
$b_{参考}$	$l\leqslant125$	16	18	22	26	30	38	46	54	66	78
	$125<l\leqslant200$	—	—	28	32	36	44	52	60	72	84
	$l>200$	—	—	—	—	—	57	65	73	85	97
c	max	0.5	0.5	0.6	0.6	0.6	0.8	0.8	0.8	0.8	0.8
d_e	max	6	7.2	10.2	12.2	14.7	18.7	24.4	28.4	35.4	42.4
d_s	max	5.48	6.48	8.58	10.58	12.7	16.7	20.84	24.84	30.84	37
	min	4.52	5.52	7.42	9.42	11.3	15.3	19.16	23.16	29.16	35
d_w	min	6.7	8.7	11.4	14.4	16.4	22	27.7	33.2	42.7	51.1
e	min	8.63	10.89	14.20	17.59	19.85	26.17	32.95	39.55	50.85	60.79
k	公称	3.5	4	5.3	6.4	7.5	10	12.5	15	18.7	22.5
	min	3.12	3.62	4.92	5.95	7.05	9.25	11.6	14.1	17.65	21.45
	max	3.88	4.38	5.68	6.85	7.95	10.75	13.4	15.9	19.75	23.85
k'	min	2.2	2.5	3.45	4.2	4.95	6.5	8.1	9.9	12.4	15.0
r	min	0.2	0.25	0.4	0.4	0.6	0.6	0.8	0.8	1	1
s	max	8	10	13	16	18	24	30	36	46	55
	min	7.64	9.64	12.57	15.57	17.57	23.16	29.16	35	45	53.8
l（商品规格范围及通用规格）		25~50	30~60	35~80	40~100	45~120	55~160	65~200	80~240	90~300	110~360
l 系列		25,30,35,40,45,50,(55),60,(65),70,80,90,100,110,120,130,140,150,160,180,200,220,240,260,280,300,320,340,360									

注：1. 末端按 GB/T 2—85 规定。

2. $l_{max}=l_{公称}-b_{参考}$。

3. $l_{min}=l_{max}=5P$。

4. P—螺距。

附表 2-2 双头螺柱（GB/T 897—1988、GB/T 898—1988、GB/T 899—1988、GB/T 900—1988）

mm

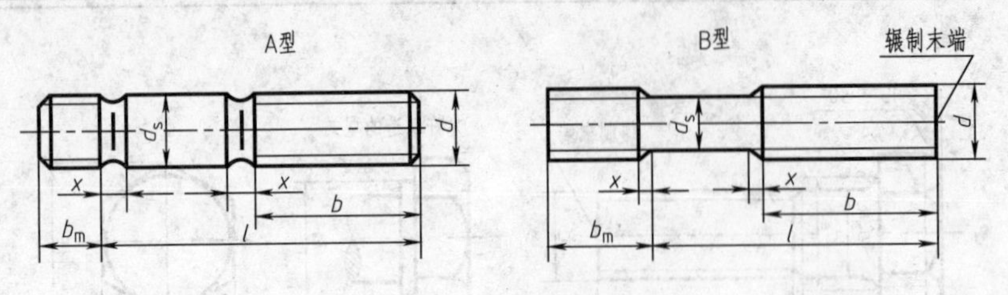

末端按 GB/T 2 规定；d_s≈螺纹中径（仅适用于 B 型）；$x_{max}=1.5P$（螺距）

标记示例

两端均为粗牙普通螺纹，d=10mm，l=50mm，性能等级为 4.8 级，不经表面处理，B 型，$b_m=1.25d$ 的双头螺柱：

螺柱 GB/T 898—1988 M10×1×50

旋入机体一端为粗牙普通螺纹、旋入螺母一端为螺距 P=1mm 的细牙普通螺纹，d=10mm，l=50mm，性能等级为 4.8 级、不经表面处理，A 型，$b_m=1.25d$ 的双头螺柱：

螺柱 GB/T 898—1988 AM10—M10×1×50

螺纹规格	b_m				l/b
	GB/T 897—1988 $b_m=1d$	GB/T 898—1988 $b_m=1.25d$	GB/T 899—1988 $b_m=1.5d$	GB/T 900—1988 $b_m=2d$	
M5	5	6	8	10	16～22/10,25～50/16
M6	6	8	10	12	20～22/10,25～30/14,32～75/18
M8	8	10	12	16	20～22/12,25～30/16,32～90/22
M10	10	12	15	20	25～28/14,30～38/16,40～120/26,130/32
M12	12	15	18	24	25～30/16,32～40/20,45～120/30,130～180/36
(M14)	14	18	21	28	30～35/18,38～50/25,55～120/34,130～180/40
M16	16	20	24	32	30～35/20,40～55/30,60～120/38,130～200/44
(M18)	18	22	27	36	35～40/22,45～60/35,65～120/42,130～200/48
M20	20	25	30	40	35～40/25,45～65/35,70～120/46,130～200/52
(M22)	22	28	33	44	40～55/30,50～70/40,75～120/50,130～200/56
M24	24	30	36	48	45～50/30,55～75/45,80～120/54,130～200/60
(M27)	27	35	40	54	50～60/35,65～85/50,90～120/60,130～200/66
M30	30	38	45	60	60～65/40,70～90/50,95～120/66,130～200/72
(M33)	33	41	49	66	65～70/45,75～95/60,100～120/72,130～200/78
M36	36	45	54	72	65～75/45,80～110/60,130～200/84,210～300/97
(M39)	39	49	58	78	70～80/50,85～120/65,120/90,210～300/103
M42	42	52	64	84	70～80/50,85～120/70,130～200/96,210～300/109
M48	48	60	72	96	80～90/60,95～110/80,130～200/108,210～300/121
(l 系列)	16,(18),20,(22),25,(28),30,(32),35,(38),40,45,50,(55),60,(65),70,(75),80,(85),90,(95),100,110,120,130,140,150,160,170,180,190,200,210,220,230,240,250,260,270,280,290,300				

注：1. 尽可能不采用括号内的规格。

2. P—粗牙螺纹的螺距。

附表 2-3 开槽圆柱头螺钉（GB/T 65—2000）、开槽盘头螺钉（GB/T 67—2000） mm

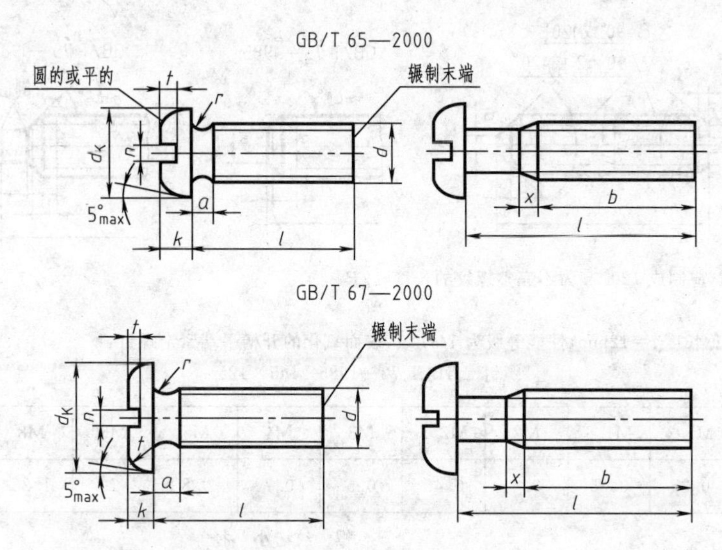

无螺纹部分杆径≈中径或＝螺纹大径，$a=2P$，$x=2.5P$

标记示例

1. 螺纹规格 d＝M5，公称长度 l＝20mm，性能等级为 4.8 级，不经表面处理的开槽圆柱头螺钉：

螺钉 GB/T 65—2000 M5×20

2. 螺纹规格 d＝M5，公称长度 l＝20mm，性能等级为 4.8 级，不经表面处理的开槽盘头螺钉：

螺钉 GB/T 67—2000 M5×20

螺纹规格 d	P	b min	n 公称	r min	l 公称	GB/T 65—2000			GB/T 67—2000			
						d_k max	k max	t min	d_k max	k max	t min	r 参考
M3	0.5	25	0.8	0.1	4～30				5.6	1.8	0.7	0.9
M4	0.7	38	1.2	0.2	5～40	7	2.6	1.1	8	2.4	1	1.2
M5	0.8	38	1.2	0.2	6～50	8.5	3.3	1.3	9.5	3	1.2	1.5
M6	1	38	1.6	0.25	8～60	10	3.9	1.6	12	3.6	1.4	1.8
M8	1.25	38	2	0.4	10～80	13	5	2	16	4.8	1.9	2.4
M10	1.5	38	2.5	0.4	12～80	16	6	2.4	20	6	2.4	3

注：1. 长度 l 系列：4、5、6、8、10、12、(14)、16、20、25、30、35、40、45、50、(55)、60、(65)、70、(75)、80，有括号的尽可能不采用。

2. 公称长度 $l\leqslant40$mm 的螺钉和 M3、$l\leqslant30$mm 的螺钉，制出全螺纹（$b=l-a$）。

3. P—螺距。

附表 2-4　开槽锥端紧定螺钉（GB/T 71—1985）、开槽平端紧定螺钉（GB/T 73—1985）、开槽长圆柱端紧定螺钉（GB/T 75—1985）　　mm

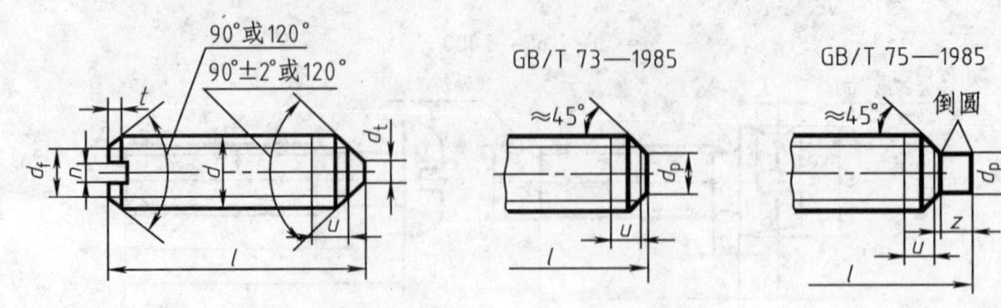

公称长度为短螺钉时，应制成 120°，u 为不完整螺纹的长度≤$2P$

标记示例

螺纹规格 d=M5，公称长度 l=12mm，性能等级为 14H 级，表面氧化的开槽平端紧定螺钉：

螺钉　GB/T 73—1985　M5×12

螺纹规格 d		M1.2	M1.6	M2	M2.5	M3	M4	M5	M6	M8	M10	M12
P		0.25	0.35	0.4	0.45	0.5	0.7	0.8	1	1.25	1.5	1.75
d_f≈		螺纹小径										
d_t	min	—	—	—	—	—	—	—	—	—	—	—
	max	0.12	0.16	0.2	0.25	0.3	0.4	0.5	1.5	2	2.5	3
d_p	min	0.35	0.55	0.75	1.25	1.75	2.25	3.2	3.7	5.2	6.64	8.14
	max	0.6	0.8	1	1.5	2	2.5	3.5	4	5.5	7	8.5
n	公称	0.2	0.25	0.25	0.4	0.4	0.6	0.8	1	1.2	1.6	2
	min	0.26	0.31	0.31	0.46	0.46	0.66	0.86	1.06	1.26	1.66	2.06
	max	0.4	0.45	0.45	0.6	0.6	0.8	1	1.2	1.51	1.91	2.31
t	min	0.4	0.56	0.64	0.72	0.8	1.12	1.28	1.6	2	2.4	2.8
	max	0.52	0.74	0.84	0.95	1.05	1.42	1.63	2	2.5	3	3.6
z	min	—	0.8	1	1.2	1.5	2	2.5	3	4	5	6
	max	—	1.05	1.25	1.25	1.75	2.25	2.75	3.25	4.3	5.3	6.3
GB 71—85	l(公称长度)	2~6	2~8	3~10	3~12	4~16	6~20	8~25	8~30	10~40	12~50	14~60
	l(短螺钉)	2	2~2.5	2~2.5	2~3	2~3	2~4	2~5	2~6	2~8	2~10	2~12
GB 73—85	l(公称长度)	2~6	2~8	2~10	2.5~12	3~16	4~20	5~25	6~30	8~40	10~50	12~60
	l(短螺钉)	—	2	2~2.5	2~3	2~3	2~4	2~5	2~6	2~6	2~8	2~10
GB 75—85	l(公称长度)	—	2.5~8	3~10	4~12	5~16	6~20	8~25	8~30	10~40	12~50	14~60
	l(短螺钉)	—	2~2.5	2~3	2~4	2~5	2~6	2~8	2~10	2~14	2~16	2~20
l(系列)		2,2.5,3,4,5,6,8,10,12,(14),16,20,25,30,35,40,45,50,(55),60										

附表 2-5　1 型六角螺母—A 级和 B 级（GB/T 6170—2000）　mm

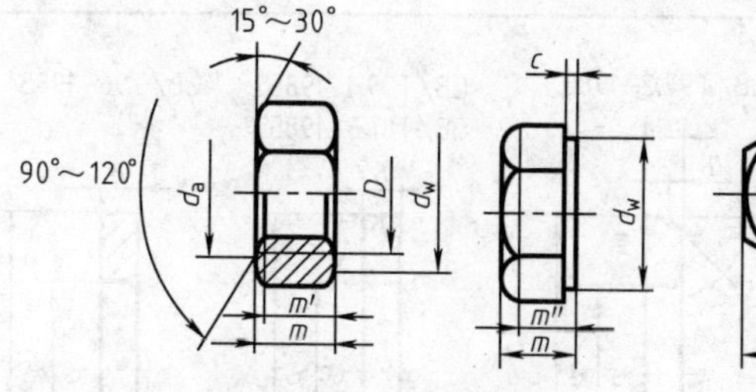

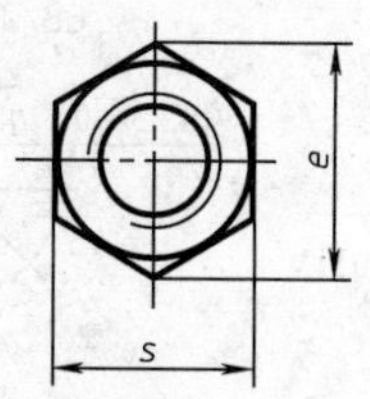

标记示例

螺纹规格 D＝M12，性能等级为 10 级，不经表面处理，A 级的 1 型六角螺母

螺母　GB/T 6170—2000　M16

螺纹规格 D	c max	d_a min	d_a max	d_w min	e min	m max	m min	m' min	m'' min	s max	s min
M1.6	0.2	1.6	1.84	2.4	3.41	1.3	1.05	0.8	0.7	3.2	3.02
M2	0.2	2	2.3	3.1	4.32	1.6	1.35	1.1	0.9	4	3.82
M2.5	0.3	2.5	2.9	4.1	5.45	2	1.75	1.4	1.2	5	4.82
M3	0.4	3	3.45	4.6	6.01	2.4	2.15	1.7	1.5	5.5	5.32
M4	0.4	4	4.6	5.9	7.66	3.2	2.9	2.3	2	7	6.78
M5	0.5	5	5.75	6.9	8.79	4.7	4.4	3.5	3.1	8	7.78
M6	0.5	6	6.75	8.9	11.05	5.2	4.9	3.9	3.4	10	9.78
M8	0.6	8	8.75	11.6	14.38	6.8	6.44	5.1	4.5	13	12.73
M10	0.6	10	10.8	14.6	17.77	8.4	8.04	6.4	5.6	16	15.73
M12	0.6	12	13	16.6	20.03	10.8	10.37	8.3	7.3	18	17.73
M16	0.8	16	17.3	22.5	26.75	14.8	14.1	11.3	9.9	24	23.67
M20	0.8	20	21.6	27.7	32.95	18	16.9	13.5	11.8	30	29.16
M24	0.8	24	25.9	33.2	39.55	21.5	20.2	16.2	14.1	36	35
M30	0.8	30	32.4	42.7	50.85	25.6	24.3	19.4	17	46	45
M36	0.8	36	38.9	51.1	60.79	31	29.4	23.5	20.6	55	53.8
M42	1	42	45.4	60.6	72.02	34	32.4	25.9	22.7	65	63.8
M48	1	48	51.8	69.4	82.6	38	36.4	29.1	25.5	75	73.1
M56	1	56	60.5	78.7	93.56	45	43.3	34.7	30.4	85	82.8
M64	1.2	64	69.1	88.2	104.86	51	49.1	39.3	34.4	95	92.8

注：1. A 级用于 $D \leqslant$ M16 的螺母；B 级用于 $D >$ M16 的螺母。本表仅按商品规格和通用规格列出。

2. 螺纹规格为 M8～M64、细牙、A 级和 B 级的 1 型六角螺母，请查阅 GB/T 6171—1986。

附表 2-6 小垫圈—A 级（GB/T 848—1985）、平垫圈—A 级（GB/T 97.1—1985）、平垫圈（倒角型）—A 级（GB/T 97.2—1985）、大垫圈—A 级和 C 级（GB/T 96—1985） mm

标记示例

标准系列，公称尺寸 $d=8$mm，性能等级为 140HV 级，不经表面处理的平垫圈：

垫圈 GB/T 97.1—1985 8—140HV

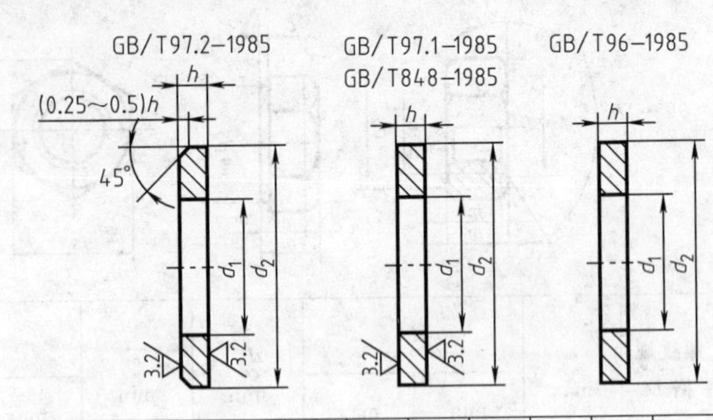

公称尺寸(螺纹规格)d			1.6	2	2.5	3	4	5	6	8	10	12	14	16	20	24	30	36
d_1 内径	max	GB/T 848—1985	1.84	2.34	2.84	3.38	4.48	5.48	6.62	8.62	10.77	13.27	15.27	17.27	21.33	25.33	31.33	37.62
		GB/T 97.1—1985															31.39	
		GB/T 97.2—1985	—	—	—	—	—											
		GB/T 96—1985	—	—	—	3.38	3.48								22.52	26.84	34	40
	公称(min)	GB/T 848—1985	1.7	2.2	2.7	3.2	4.3	5.3	6.4	8.4	10.5	13	15	17	21	25	31	37
		GB/T 97.1—1985																
		GB/T 97.2—1985	—	—	—	—	—											
		GB/T 96—1985	—	—	—	3.2	4.3								22	26	33	39
d_2 外径	公称(max)	GB/T 848—1985	3.5	4.5	5	6	8	9	11	15	18	20	24	28	34	39	50	60
		GB/T 97.1—1985	4	5	6	7	9	10	12	16	20	24	28	30	37	44	56	66
		GB/T 97.2—1985	—	—	—	—	—											
		GB/T 96—1985	—	—	—	9	12	15	18	24	30	37	44	50	60	72	92	110
	min	GB/T 848—1985	3.2	4.2	4.7	5.7	7.64	8.64	10.57	14.57	17.57	19.48	23.48	27.48	33.38	33.38	49.38	58.8
		GB/T 97.1—1985	3.7	4.7	5.7	6.64	8.64	9.64	11.57	15.57	19.48	23.48	27.48	29.48	36.38	43.38	56.26	64.8
		GB/T 97.2—1985	—	—	—	—	—											
		GB/T 96—1985	—	—	—	8.64	11.57	14.57	17.57	23.48	29.48	36.38	43.38	49.38	58.1	70.1	89.8	107.8
h 厚度	公称	GB/T 848—1985	0.3	0.3	0.5	0.5	0.5	1	1.6	1.6	1.6	2	2.5	2.5	3	4	4	5
		GB/T 97.1—1985					0.8				2	2.5		3				
		GB/T 97.2—1985	—	—	—	—	—											
		GB/T 96—1985	—	—	—	0.8	1	1.2	1.6	2	2.5	3	3	3	4	5	6	8
	max	GB/T 848—1985	0.35	0.35	0.55	0.55	0.55	1.1	1.8	1.8	1.8	2.2	2.7	2.7	3.3	4.3	4.3	5.6
		GB/T 97.1—1985					0.9				2.2	2.7		3.3				
		GB/T 97.2—1985	—	—	—	—	—											
		GB/T 96—1985	—	—	—	0.9	1.1	1.4	1.8	2.2	2.7	3.3	3.3	3.3	4.6	6	7	9.2
	min	GB/T 848—1985	0.25	0.25	0.45	0.45	0.45	0.9	1.4	1.4	1.4	1.8	2.3	2.3	2.7	3.7	3.7	4.4
		GB/T 97.1—1985					0.7				1.8	2.3		2.7				
		GB/T 97.2—1985	—	—	—	—	—											
		GB/T 96—1985	—	—	—	0.7	0.9	1.0	1.4	1.8	2.3	2.7	2.7	2.7	3.4	4	5	6.8

3. 键

附表 3-1　平键　键槽的剖面尺寸（GB/T 1095—2003）、普通型　平键（GB/T 1096—2003）

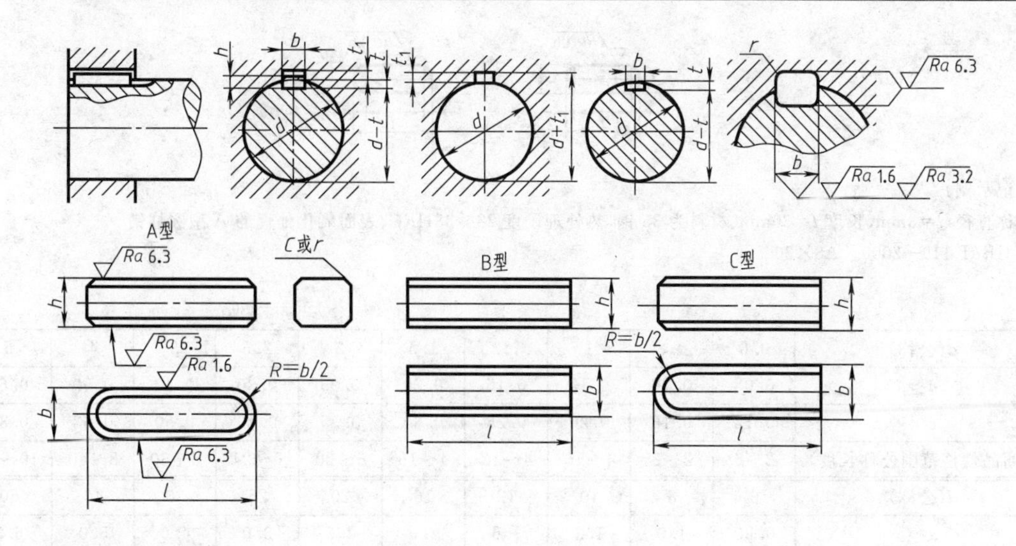

标记示例：

圆头普通平键（A 型），b=18mm，h=11mm，l=100mm，其标记为　键 GB/T 1096—2003　18×100

方头普通平键（B 型），b=18mm，h=11mm，l=100mm，其标记为　键 GB/T 1096—2003　B18×100

单头普通平键（C 型），b=18mm，h=11mm，l=100mm，其标记为　键 GB/T 1096—2003　C18×100

轴	键		键槽											
			宽度 b						深度				半径 r	
				极限偏差					轴 t		毂 t_1			
公称直径 d	公称尺寸 $b \times h$	长度 l	公称尺寸 b	松连接		正常连接		紧密连接	公称尺寸	极限偏差	公称尺寸	极限偏差	最大	最小
				轴 H9	毂 D10	轴 N9	毂 JS9	轴和毂 P9						
>6～8	2×2	6～20	2	+0.035	+0.060	−0.004	±0.0125	−0.006	1.2		1			
>10～12	3×3	6～36	3	0	+0.020	−0.029		−0.031	1.8	+0.1	1.4	+0.1	0.08	0.16
>10～12	4×4	8～45	4	+0.030	+0.078	0		−0.078	2.5	0	1.8	0		
>12～17	5×5	10～56	5				±0.015		3.0		2.3			
>17～22	6×6	14～70	6	0	+0.030	−0.030		−0.030	3.5		2.8		0.16	0.25
>22～30	8×7	18～90	8	+0.036	+0.098	0		−0.015	4.0		3.3			
>30～38	10×8	22～110	10	0	+0.040	−0.036	±0.018	−0.051	5.0		3.3			
>38～44	12×8	28～140	12						5.0		3.3			
>44～50	14×9	36～160	14	+0.043	+0.120	0	±	+0.018	5.5		3.8	+0.2	0.25	0.40
>55～58	16×10	45～180	16	0	+0.050	−0.043	0.022	−0.061	6.0	+0.2	4.3	0		
>58～65	18×11	50～200	18						7.0		4.4			
>65～75	20×12	56～220	20	+0.052	+0.149	0	±	+0.022	7.5	0	4.9			
>75～85	22×14	63～250	22	0	+0.065	−0.052	0.022	−0.074	9.0		5.4		0.40	0.60
>85～95	25×14	70～280	25	+0.052	+0.149	0	±0.026	−0.022	9.0		5.4	+0.02		
>95～110	28×16	80～320	28	0	+0.065	−0.052		−0.074	10		6.4			
>110～130	32×18	90～360	32						11.0		7.4			
>130～150	36×20	100～400	36	+0.062	+0.180	0	±0.031	−0.026	12.0	+0.3	8.4	+0.3	0.70	1.0
>150～170	40×22	100～400	40	0	+0.080	−0.062		−0.088	13.0		9.4	0		
>170～200	45×25	110～450	45						15.0	0	10.4			
l（系列）	6、8、10、12、14、16、18、20、22、25、28、32、36、40、45、50、56、63、70、80、90、100、110、125、140、160、180、200、220、250、280、320、360、400、450、500													

注：1.（$d-t$）和（$d+t_1$）两组组合尺寸的极限偏差按相应的 t 和 t_1 的极限偏差选取，但（$d-t$）极限偏差应取负号（−）。

2. 键 b 的极限偏差为 h9，h 的极限偏差为 h11，l 的极限偏差为 h14。

4. 销

附表 4-1 圆柱销（GB/T 119—2000） mm

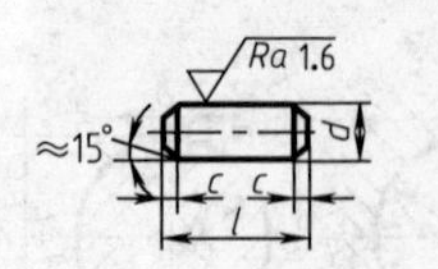

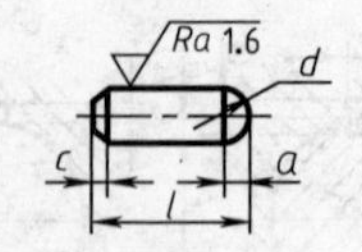

标记示例：
公称直径 d=8mm、长度 l=30mm、材料为 35 钢、热处理硬度 28～38HRC、表面氧化处理的 A 型圆柱销
销 GB/T 119—2000　A8×30

d(公称)	0.6	0.8	1	1.2	1.5	2	2.5	3	4	5
a≈	0.08	0.10	0.12	0.16	0.20	0.25	0.30	0.40	0.50	0.63
c≈	0.12	0.16	0.20	0.25	0.30	0.35	0.40	0.50	0.63	0.80
l(商品规格范围公称长度)	2～6	2～8	4～10	4～12	4～16	6～20	6～24	8～30	8～40	10～50
d(公称)	6	8	10	12	16	20	25	30	40	50
a≈	0.80	1.0	1.2	1.6	2.0	2.5	3.0	4.0	5.0	6.3
c≈	1.2	1.6	2.0	2.5	3.0	3.5	4.0	5.0	6.3	8.0
l(商品规格范围公称长度)	12～60	14～80	18～95	22～140	26～180	35～200	50～200	60～200	80～200	95～200
l系列	2,3,4,5,6,8,10,12,14,16,18,20,22,24,26,28,30,32,35,40,45,50,55,60,65,70,75,80,85,90,95,100,120,140,160,180,200									

附表 4-2 圆锥销（GB/T 117—2000） mm

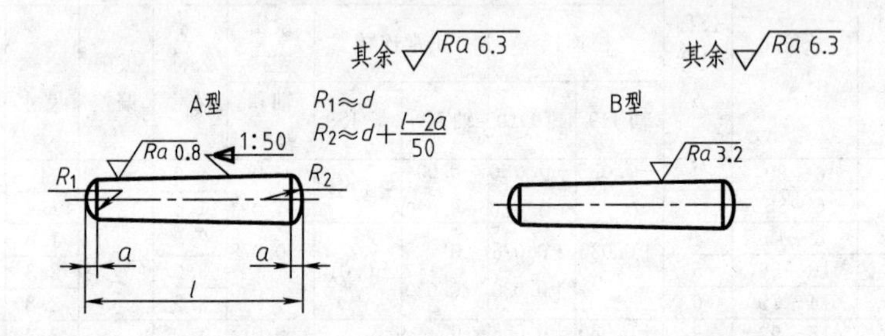

标记示例：
公称直径 d=10mm、长度 l=60mm、材料 35 钢、热处理硬度 28～38HRC、表面氧化处理的 A 型圆锥销
销 GB/T 117—2000　A10×60

d(公称)	0.6	0.8	1	1.2	1.5	2	2.5	3	4	5
a≈	0.08	0.1	0.12	0.16	0.2	0.25	0.3	0.4	0.5	0.63
l(商品规格范围公称长度)	4～8	5～12	6～16	6～20	8～24	10～35	10～35	12～45	14～55	18～60
d(公称)	6	8	10	12	16	20	25	30	40	50
a≈	0.8	1	1.2	1.6	2	2.5	3	4	5	6.3
l(商品规格范围公称长度)	22～90	22～120	26～160	32～180	40～200	45～200	50～200	55～200	60～200	65～200
l系列	2,3,4,5,6,8,10,12,14,16,18,20,22,24,26,28,30,32,35,40,45,50,55,60,65,70,75,80,85,90,95, 100,120,140,160,180,200									

5. 轴承

附表 5-1 深沟球轴承（GB/T 276—1994）

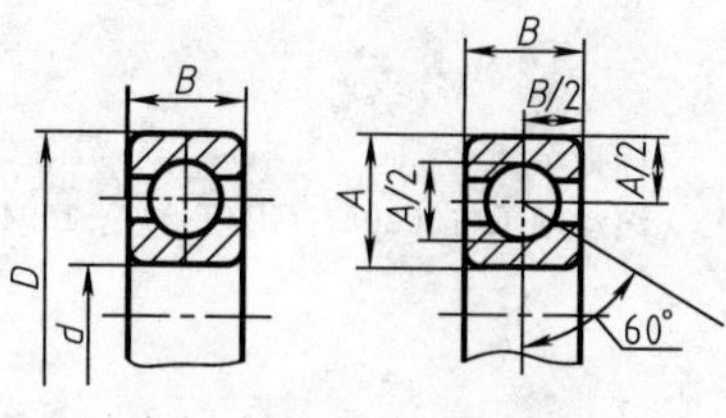

外形尺寸　　规定画法

标记示例
滚动轴承 6012 GB/T 276—1994

轴承型号		外形尺寸/mm			轴承型号		外形尺寸/mm		
		d	D	B			d	D	B
(0)1尺寸系列	6004	20	42	12	(0)3尺寸系列	6304	20	52	15
	6005	25	47	12		6305	25	62	17
	6006	30	55	13		6306	30	72	19
	6007	35	62	14		6307	35	80	21
	6008	40	68	15		6308	40	90	23
	6009	45	75	16		6309	45	100	25
	6010	50	80	16		6310	50	110	27
	6011	55	90	18		6311	55	120	29
	6012	60	95	18		6312	60	130	31
	6013	65	100	18		6313	65	140	33
	6014	70	110	20		6314	70	150	35
	6015	75	115	20		6315	75	160	37
	6016	80	125	22		6316	80	170	39
	6017	85	130	22		6317	85	180	41
	6018	90	140	24		6318	90	190	43
	6019	95	145	24		6319	95	200	45
	6020	100	150	24		6320	100	215	47
(0)2尺寸系列	6204	20	47	14	(0)4尺寸系列	6404	20	72	19
	6205	25	52	15		6405	25	80	21
	6206	30	62	16		6406	30	90	23
	6207	35	72	17		6407	35	100	25
	6208	40	80	18		6408	40	110	27
	6209	45	85	19		6409	45	120	29
	6210	50	90	20		6410	50	130	31
	6211	55	100	21		6411	55	140	33
	6212	60	110	22		6412	60	150	35
	6213	65	120	23		6413	65	160	37
	6214	70	125	24		6414	70	180	42
	6215	75	130	25		6415	75	190	45
	6216	80	140	26		6416	80	200	48
	6217	85	150	28		6417	85	210	52
	6218	90	160	30		6418	90	225	54
	6219	95	170	32		6419	95	240	55
	6220	100	180	34		6420	100	250	58

附表 5-2 圆锥滚子轴承（GB/T 297—1994）

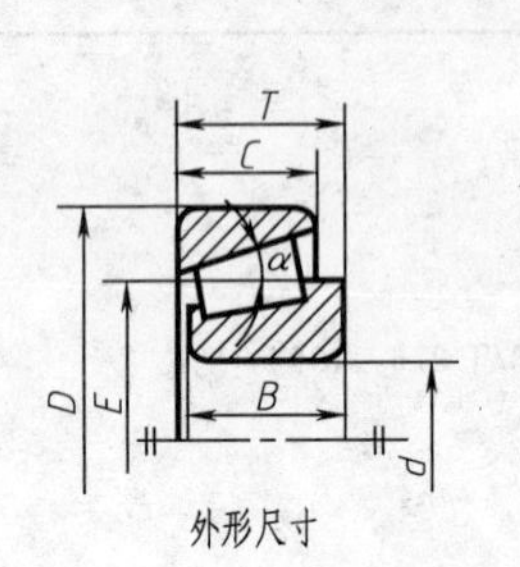

外形尺寸

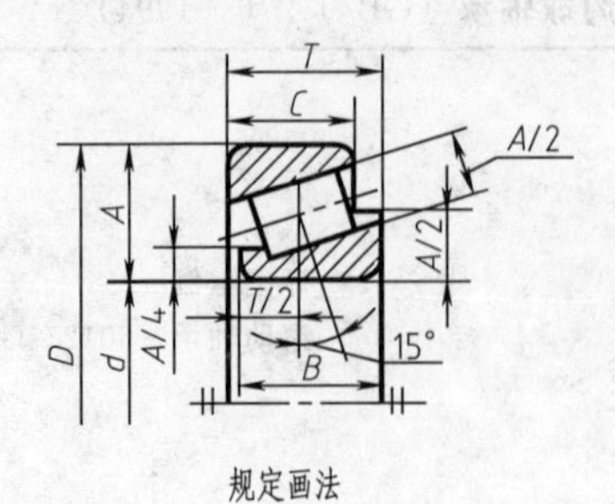

规定画法

标记示例
滚动轴承 30205 GB/T 297—1994

轴承类型		外形尺寸/mm					轴承类型		外形尺寸/mm				
		d	*D*	*T*	*B*	*C*			*d*	*D*	*T*	*B*	*C*
02尺寸系列	30204	20	47	15.25	14	12	22尺寸系列	32204	20	47	19.25	18	15
	30205	25	52	16.25	15	13		32205	25	52	19.25	18	16
	30206	30	62	17.25	16	14		32206	30	62	21.25	20	17
	30207	35	72	18.25	17	15		32207	35	72	24.25	23	19
	30208	40	80	19.75	18	16		32208	40	80	24.75	23	19
	30209	45	85	20.75	19	16		32209	45	85	24.75	23	19
	30210	50	90	21.75	20	17		32210	50	90	24.75	23	19
	30211	55	100	22.75	21	18		32211	55	100	26.75	25	21
	30212	60	110	23.75	22	19		32212	60	110	29.75	28	24
	30213	65	120	24.75	23	20		32213	65	120	32.75	31	27
	30214	70	125	26.25	24	21		32214	70	125	33.25	31	27
	30215	75	130	27.25	25	22		32215	75	130	33.25	31	27
	30216	80	140	28.25	26	22		32216	80	140	35.25	33	28
	30217	85	150	30.50	28	24		32217	85	150	38.50	36	30
	30218	90	160	32.50	30	26		32218	90	160	42.50	40	34
	30219	95	170	34.50	32	27		32219	95	170	45.50	43	37
	30220	100	180	37	34	29		32220	100	180	49	46	39
03尺寸系列	30304	20	52	16.25	15	13	23尺寸系列	32304	20	52	22.25	21	18
	30305	25	62	18.25	17	15		32305	25	62	25.25	24	20
	30306	30	72	20.75	19	16		32306	30	72	28.75	27	23
	30307	35	80	22.75	21	18		32307	35	80	32.75	31	25
	30308	40	90	25.25	23	20		32308	40	90	35.25	33	27
	30309	45	100	27.25	25	22		32309	45	100	38.25	36	30
	30310	50	110	29.25	27	23		32310	50	110	42.25	40	33
	30311	55	120	31.50	29	25		32311	55	120	45.50	43	35
	30312	60	130	33.50	31	26		32312	60	130	48.50	46	37
	30313	65	140	36	33	28		32313	65	140	51	48	39
	30314	70	150	38	35	30		32314	70	150	54	51	42
	30315	75	160	40	37	31		32315	75	160	58	55	45
	30316	80	170	42.50	39	33		32316	80	170	61.50	58	48
	30317	85	180	44.50	41	34		32317	85	180	63.50	60	49
	30318	90	190	46.50	43	36		32318	90	190	67.50	64	53
	30319	95	200	49.50	45	38		32319	95	200	71.50	67	55
	30320	100	215	51.50	47	39		32320	100	215	77.50	73	60

6. 中心孔

附表 6-1　中心孔（GB/T 145—1985，1999 年确认有效）　mm

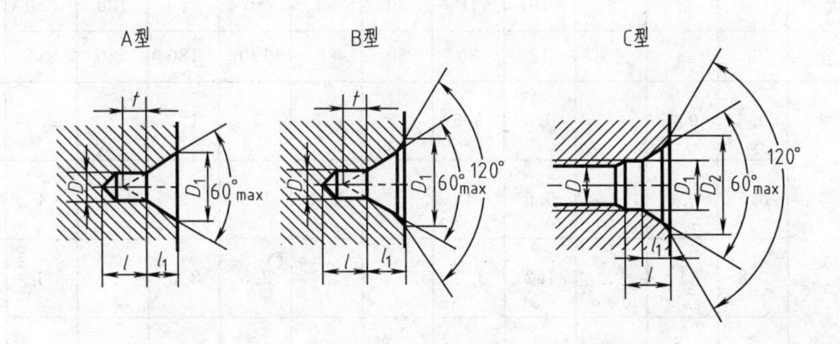

D	A、B 型						C 型					选择中心孔参考数据（非标准内容）		
	A 型			B 型			D	D_1	D_2	l	参考 l_1	原料端部最小直径 D_0	轴状原料最大直径 D_c	工件最大重量/t
	D_1	参考 l_1	参考 t	D_1	参考 l_1	参考 t								
2.00	4.25	1.95	1.8	6.30	2.54	1.8						8	＞10～18	0.12
2.50	5.30	2.42	2.2	8.00	3.20	2.2						10	＞18～30	0.2
3.15	6.70	3.07	2.8	10.00	4.03	2.8	M3	3.2	5.8	2.6	1.8	12	＞30～50	0.5
4.00	8.50	3.90	3.5	12.50	5.05	3.5	M4	4.3	7.4	3.2	2.1	15	＞50～80	0.8
(5.00)	10.60	4.85	4.4	16.00	6.41	4.4	M5	5.3	8.8	4.0	2.4	20	＞80～120	1
6.30	13.20	5.98	5.5	18.00	7.36	5.5	M6	6.4	10.5	5.0	2.8	25	＞120～180	1.5
(8.00)	17.00	7.79	7.0	22.40	9.36	7.0	M8	8.4	13.2	6.0	3.3	30	＞180～220	2
10.00	21.20	9.70	8.7	28.00	11.66	8.7	M10	10.5	16.3	7.5	3.8	42	＞220～260	3

注：1. 尺寸 l 取决于中心钻的长度，此值不应小于 t 值（对 A 型、B 型）。
2. 括号内的尺寸尽量不采用。
3. R 型中心孔未列入。

附表 6-2　中心孔表示法（GB/T 4459.5—1999）

要　求	符　号	表示法示例	说　明
在完工的零件上要求保留中心孔		GB/T 4459.5-B2.5/8	采用 B 型中心孔 D=2.5mm　D_1=8mm 在完工的零件上要求保留
在完工的零件上可以保留中心孔		GB/T 4459.5-A4/8.5	采用 A 型中心孔 D=4mm　D_1=8.5mm 在完工的零件上是否保留都可以
在完工的零件上不允许保留中心孔		GB/T 4459.5-A1.6/3.35	采用 A 型中心孔 D=1.6mm　D_1=3.35mm 在完工的零件上不允许保留

7. 极限与配合

附表 7-1　标准公差数值（GB/T 18001—2009）

公称尺寸/mm	大于	—	3	6	10	18	30	50	80	120	180	250	315	400
	至	3	6	10	18	30	50	80	120	180	250	315	400	500
标准公差等级 IT01	μm	0.3	0.4		0.5	0.6		0.8	1	1.2	2	2.5	3	4
IT0		0.5	0.6		0.8	1		1.2	1.5	2	3	4	5	6
IT1		0.8	1		1.2	1.5		2	2.5	3.5	4.5	6	7	8
IT2		1.2	1.5		2	2.5		3	4	5	7	8	9	10
IT3		2	2.5		3	4		5	6	8	10	12	13	15
IT4		3	4		5	6	7	8	10	12	14	15	18	20
IT5		4	5	6	8	9	11	13	15	18	20	23	25	27
IT6		6	8	9	11	13	16	19	22	25	29	32	36	40
IT7		10	12	15	18	21	25	30	35	40	46	52	57	63
IT8		14	18	22	27	33	39	46	54	63	72	81	89	97
IT9		25	30	36	43	52	62	74	87	100	115	130	140	155
IT10		40	48	58	70	84	100	120	140	160	185	210	230	250
IT11		60	75	90	110	130	160	190	220	250	290	320	360	400
IT12	mm	0.10	0.12	0.15	0.18	0.21	0.25	0.30	0.46	0.74	1.20	1.90	3.0	4.6
IT13		0.14	0.18	0.22	0.27	0.33	0.39	0.46	0.54	0.63	0.72	0.81	0.89	0.97
IT14		0.25	0.30	0.36	0.43	0.52	0.62	0.74	0.87	1.00	1.15	1.30	1.40	1.55
IT15		0.40	0.48	0.58	0.70	0.84	1.00	1.20	1.40	1.60	1.85	2.10	1.30	2.50
IT16		0.60	0.75	0.90	1.10	1.30	1.60	1.90	2.20	2.50	2.90	3.20	3.60	4.00
IT17		1.0	1.2	1.5	1.8	2.1	2.5	3.0	3.5	4.0	4.6	5.2	5.7	6.3
IT18		1.4	1.8	2.2	2.7	3.3	3.9	4.6	5.4	6.3	7.2	8.1	8.9	9.7

附表 7-2　常用及优先用途孔的极限偏差（GB/T 18002—2009）（尺寸至 500mm）　　$\mu m\left(\frac{1}{1000}mm\right)$

公称尺寸/mm		常用及优先公差带														
		A*	B*		C		D				E		F			
大于	至	11	11	12	11	12	8	9	10	11	8	9	6	7	8	9
	3	+330 +270	+200 +140	+240 +140	+120 +60	+160 +60	+34 +20	+45 +20	+60 +20	+80 +20	+28 +14	+39 +14	+12 +6	+16 +6	+20 +6	+31 +6
3	6	+345 +270	+215 +140	+260 +140	+145 +70	+190 +70	+48 +30	+60 +30	+78 +30	+105 +30	+38 +20	+50 +20	+18 +10	+22 +10	+28 +10	+40 +10
6	10	+370 +280	+240 +150	+300 +150	+170 +80	+230 +80	+62 +40	+76 +40	+98 +40	+130 +40	+47 +25	+61 +25	+22 +13	+28 +13	+35 +13	+49 +13
10 14	14 18	+400 +290	+260 +150	+330 +150	+205 +95	+275 +95	+77 +50	+93 +50	+120 +50	+160 +50	+59 +32	+75 +32	+27 +16	+34 +16	+43 +16	+59 +16
18 24	24 30	+430 +300	+290 +160	+370 +160	+240 +110	+320 +110	+98 +65	+117 +65	+149 +65	+195 +65	+73 +40	+92 +40	+33 +20	+41 +20	+53 +20	+72 +20
30	40	+470 +310	+330 +170	+420 +170	+280 +120	+370 +120	+119 +807	+142 +80	+180 +80	+240 +80	+89 +50	+112 +50	+41 +25	+50 +25	+64 +25	+87 +25
40	50	+480 +320	+340 +180	+430 +180	+290 +130	+380 +130										
50	65	+530 +340	+380 +190	+490 +190	+330 +140	+440 +140	+146 +100	+174 +100	+220 +100	+290 +60	+106 +60	+134 +60	+49 +30	+60 +30	+76 +30	+104 +30
65	80	+550 +360	+390 +200	+500 +200	+340 +150	+450 +150										
80	100	+600 +380	+440 +220	+570 +220	+390 +170	+520 +170	+174 +120	+207 +120	+260 +120	+340 +120	+126 +72	+159 +72	+58 +36	+71 +36	+90 +36	+123 +36
100	120	+630 +410	+460 +240	+590 +240	+400 +180	+530 +180										
120	140	+710 +460	+510 +260	+660 +260	+450 +200	+600 +200	+208 +145	+245 +145	+305 +145	+395 +145	+148 +85	+185 +85	+68 +43	+83 +43	+106 +43	+143 +43
140	160	+770 +560	+530 +280	+680 +280	+460 +210	+610 +210										
160	180	+830 +580	+560 +310	+710 +310	+480 +230	+630 +230										
180	200	+950 +660	+630 +340	+800 +340	+530 +240	+700 +240	+242 +170	+285 +170	+355 +170	+460 +170	+172 +100	+215 +100	+79 +50	+96 +50	+122 +50	+165 +50
200	225	+1030 +740	+670 +380	+840 +380	+550 +260	+720 +260										
225	250	+1110 +820	+710 +420	+880 +420	+570 +280	+740 +280										
250	280	+1240 +920	+800 +480	+1000 +480	+620 +300	+820 +300	+271 +190	+320 +190	+400 +190	+510 +190	+191 +110	+240 +110	+88 +56	+108 +56	+137 +56	+186 +56
280	315	+1370 +1050	+860 +540	+1060 +540	+650 +330	+850 +330										
315	355	+1560 +1200	+960 +600	+1170 +600	+720 +360	+930 +360	+229 +210	+350 +210	+440 +210	+570 +210	+214 +125	+265 +125	+98 +62	+119 +62	+151 +62	+202 +62
355	400	+1710 +1350	+1040 +680	+1250 +680	+760 +400	+970 +400										
400	450	+1900 +1500	+1160 +760	+1390 +760	+840 +440	+1070 +440	+327 +230	+385 +230	+480 +230	+630 +230	+232 +135	+290 +135	+108 +68	+131 +68	+165 +68	+223 +68
450	500	+2050 +1650	+1240 +840	+1470 +840	+880 +480	+1110 +488										

续表

公称尺寸/mm		常用及优先公差带														
		G		H							JS			K		
大于	至	6	7	6	7	8	9	10	11	12	6	7	8	6	7	8
	3	+8 +2	+12 +2	+6 0	+10 0	+14 0	+25 0	+40 0	+60 0	+100 0	±3	±5	±7	0 −6	0 −10	0 −14
3	6	+12 +4	+16 +4	+8 0	+12 0	+18 0	+30 0	+48 0	+75 0	+120 0	±4	±6	±9	+2 −6	+3 −9	+5 −13
6	10	+14 +5	+20 +5	+9 0	+15 0	+22 0	+36 0	+58 0	+90 0	+150 0	±4.5	±7	±11	+2 −4	+5 −10	+6 −16
10 14	14 18	+17 0	+24 0	+11 0	+18 0	+27 0	+43 0	+70 0	+110 0	+180 0	±5.5	±9	±13	+2 −9	+6 −12	+8 −19
18 24	24 30	+20 +7	+28 +0	+13 0	+21 0	+32 0	+52 0	+84 0	+130 0	+210 0	±6.5	±10	±16	+2 −11	+6 −15	+10 −23
30 40	40 50	+25 +9	+34 +9	+16 0	+25 0	+39 0	+62 0	+100 0	+160 0	+250 0	±8	±12	±19	+2 −13	+7 −18	+12 −27
50 65	65 80	+29 +10	+40 +10	+19 0	+30 0	+46 0	+74 0	+120 0	+190 0	+300 0	±9.5	±15	±23	+4 −15	+9 −21	+14 −32
80 100	100 120	+34 +12	+47 +12	+22 0	+35 0	+54 0	+87 0	+140 0	+220 0	+350 0	±11	±17	±27	+4 −18	+10 −25	+16 −38
120 140 160	140 160 180	+39 +14	+54 +14	+25 0	+40 0	+63 0	+100 0	+160 0	+250 0	+400 0	±12.5	±20	±31	+4 −21	+12 −28	+20 −43
180 200 225	200 225 250	+44 +15	+61 +15	+29 0	+46 0	+72 0	+115 0	+185 0	+290 0	+460 0	±14.5	±23	±36	+5 −24	+13 −33	+22 −50
250 280	280 315	+49 +17	+69 +17	+32 0	+52 0	+81 0	+130 0	+210 0	+320 0	+520 0	±16	±26	±40	+5 −27	+16 −36	+25 −56
315 355	355 400	+54 +18	+75 +18	+36 0	+57 0	+89 0	+140 0	+230 0	+360 0	+570 0	±18	±28	±44	+7 −29	+17 −40	+28 −61
400 450	450 500	+60 +20	+83 +20	+40 0	+63 0	+97 0	+155 0	+250 0	+400 0	+630 0	±20	±31	±48	+8 −32	+18 −45	+29 −68

续表

公称尺寸/mm		常用及优先公差带														
		M			N			P		R		S		I		U
大于	至	6	7	8	6	7	8	6	7	6	7	6	7	6	7	7
—	3	-2 -8	-2 -12	-2 -16	-4 -10	-4 -14	-4 -18	-6 -12	-6 -16	-10 -20	-10 -20	-14 -20	-14 -24	—	—	-18 -28
3	6	-1 -9	0 -12	+2 -16	-5 -13	-4 -16	-2 -20	-9 -17	-8 -20	-12 -20	-11 -23	-16 -24	-15 -27	—	—	-19 -31
6	10	-3 -12	0 -15	+ -21	-7 -16	-4 -19	-3 -25	-12 -21	-9 -24	-16 -25	-13 -28	-20 -29	-27 -32	—	—	-22 -37
10	14	-4 -15	0 -18	+2 -25	-9 -20	-5 -23	-3 -30	-15 -26	-11 -29	-20 -31	-16 -34	-25 -34	-21 -39	—	—	-26 -44
14	18															
18	24	-4 -17	0 -21	+4 -29	-11 -24	-7 -28	-3 -36	-18 -31	-14 -35	-24 -37	-20 -41	-31 -44	-27 -48	—	—	-33 -54
24	30													-37 -52	-33 -54	-40 -61
30	40	-4 -20	0 -25	+5 -34	-12 -28	-8 -33	-3 -42	-21 -37	-17 -42	-29 -45	-25 -50	-38 -54	-34 -59	-43 -59	-39 -64	-51 -76
40	50													-49 -65	-45 -70	-61 -86
50	65	-5 -24	0 -30	+5 -41	-14 -33	-9 -39	-4 -50	-26 -45	-21 -51	-35 -54	-30 -60	-47 -66	-42 -72	-60 -79	-55 -85	-76 -106
65	80									-37 -56	-32 -62	-53 -72	-48 -78	-69 -88	-64 -94	-91 -121
80	100	-6 -28	0 -35	+6 -48	-16 -38	-10 -45	-4 -58	-30 -52	-24 -59	-44 -66	-38 -73	-64 -86	-58 -93	-84 -106	-78 -113	-111 -146
100	120									-47 -69	-41 -76	-72 -94	-66 -101	-97 -119	-91 -126	-131 -164
120	140	-8 -33	0 -40	+8 -55	-20 -45	-12 -52	-4 -67	-36 -61	-28 -68	-56 -81	-48 -88	-85 -110	-77 -117	-115 -140	-107 -147	-155 -195
140	160									-58 -83	-50 -90	-93 -118	-85 -125	-127 -152	-119 -159	-175 -215
160	180									-61 -86	-53 -93	-101 -126	-93 -133	-139 -164	-131 -171	-195 -235
180	200	-8 -37	0 -46	+9 -63	-22 -51	-14 -60	-5 -77	-41 -70	-33 -79	-68 -97	-60 -106	-113 -142	-105 -151	-157 -186	-149 -195	-219 -265
200	225									-71 -100	-63 -109	-121 -150	-113 -159	-171 -200	-163 -209	-241 -287
225	250									-75 -104	-67 -113	-131 -160	-123 -169	-187 -216	-179 -225	-267 -313
250	280	-9 -41	0 -52	+9 -72	-25 -57	-14 -66	-5 -86	-47 -79	-36 -88	-85 -114	-74 -126	-149 -181	-138 -190	-209 -241	-198 -250	-295 -347
280	315									-89 -121	-78 -130	-161 -193	-150 -202	-231 -263	-220 -272	-330 -382
315	355	-10 -46	0 -57	+11 -78	-26 -62	-16 -73	-5 -94	-51 -87	-41 -98	-97 -133	-87 -144	-179 -215	-169 -226	-257 -293	-247 -304	-369 -426
355	400									-103 -139	-93 -150	-197 -233	-187 -244	-283 -319	-273 -330	-414 -471
400	450	-10 -50	0 -63	+11 -86	-27 -67	-17 -80	-6 -103	-55 -95	-45 -108	-113 -153	-103 -166	-219 -259	-209 -272	-317 -357	-307 -370	-467 -530
450	500									-119 -159	-109 -172	-239 -279	-229 -292	-347 -387	-337 -400	-517 -580

附表 7-3 常用及优先用途轴的极限偏差（GB/T 18002—2009）（尺寸至 500mm） $\mu m\left(\frac{1}{1000}mm\right)$

公称尺寸/mm		常用及优先公差带												
		a*	b*		c			d				e		
大于	至	11	11	12	9	10	11	8	9	10	11	7	8	9
—	3	−270 −330	−140 −200	−140 −240	−60 −85	−60 −100	−60 −120	−20 −34	−20 −45	−20 −60	−20 −80	−14 −24	−14 −28	−14 −39
3	6	−270 −345	−140 −215	−140 −260	−70 −100	−70 −118	−70 −145	−30 −48	−30 −60	−30 −78	−30 −105	−20 −32	−20 −38	−20 −50
6	10	−280 −370	−150 −240	−150 −300	−80 −116	−80 −138	−80 −170	−40 −62	−40 −76	−40 −98	−40 −130	−25 −40	−25 −47	−25 −61
10	14	−290 −400	−150 −260	−150 −330	−95 −138	−95 −165	−95 −205	−50 −77	−50 −93	−50 −120	−50 −160	−32 −50	−32 −59	−32 −75
14	18													
18	24	−300 −430	−160 −290	−160 −370	−110 −162	−110 −194	−110 −240	−65 −98	−65 −117	−65 −149	−65 −195	−40 −61	−40 −73	−40 −92
24	30													
30	40	−310 −470	−170 −330	−170 −420	−120 −182	−120 −220	−120 −280	−80 −119	−80 −142	−80 −180	−80 −240	−50 −75	−50 −89	−50 −112
40	50	−320 −480	−180 −340	−180 −430	−130 −192	−130 −230	−130 −290							
50	65	−340 −530	−190 −380	−190 −490	−140 −214	−140 −260	−140 −330	−100 −146	−100 −174	−100 −220	−100 −290	−60 −90	−60 −106	−60 −134
65	80	−360 −550	−200 −390	−200 −500	−150 −224	−150 −270	−150 −340							
80	100	−380 −600	−220 −440	−220 −570	−170 −257	−170 −310	−170 −390	−120 −174	−120 −207	−120 −260	−120 −340	−72 −107	−72 −126	−72 −159
100	120	−410 −630	−240 −460	−240 −590	−180 −267	−180 −320	−180 −400							
120	140	−460 −710	−260 −510	−260 −660	−200 −300	−200 −360	−200 −450	−145 −208	−145 −245	−145 −305	−145 −395	−85 −125	−85 −148	−85 −185
140	160	−520 −770	−280 −530	−280 −680	−210 −310	−210 −370	−210 −460							
160	180	−580 −830	−310 −560	−310 −710	−230 −330	−230 −390	−230 −480							
180	200	−660 −950	−340 −630	−340 −800	−240 −355	−240 −425	−240 −530	−170 −240	−170 −285	−170 −355	−170 −460	−100 −146	−100 −172	−100 −215
200	225	−740 −1030	−380 −670	−380 −840	−260 −375	−260 −445	−260 −550							
225	250	−820 −1110	−420 −710	−420 −880	−280 −395	−280 −465	−280 −570							
250	280	−920 −1240	−480 −800	−480 −1000	−300 −430	−300 −510	−300 −620	−190 +271	−190 −320	−190 −400	−190 −510	−110 −162	−110 −191	−110 −240
280	315	−1050 −1370	−540 −860	−540 −1060	−330 −460	−330 −540	−330 −650							
315	355	−1200 −1560	−600 −960	−600 −1170	−360 −500	−360 −590	−360 −720	−210 −299	−220 −350	−210 −440	−210 −570	−125 −182	−125 −214	−125 −265
355	400	−1530 −1710	−680 −1040	−680 −1250	−400 −540	−400 −630	−400 −760							
400	450	−1500 −1900	−760 −1160	−760 −1390	−440 −595	−440 −690	−440 −840	−230 −327	−230 −385	−230 −480	−230 −630	−135 −198	−135 −232	−135 −290
450	500	−1650 −2050	−840 −1240	−840 −1470	−480 −635	−480 −730	−480 −880							

续表

公称尺寸/mm		常用及优先公差带															
		f					g			h							
大于	至	5	6	7	8	9	5	6	7	5	6	7	8	9	10	11	12
—	3	−6 −10	−6 −12	−6 −16	−6 −20	−6 −31	−2 −6	−2 −8	−2 −12	0 −4	0 −6	0 −10	0 −14	0 −25	0 −40	0 −60	0 −100
3	6	−10 −15	−10 −18	−10 −22	−10 −28	−10 −40	−4 −9	−4 −12	−4 −16	0 −5	0 −8	0 −12	0 −18	0 −30	0 −48	0 −75	0 −120
6	10	−13 −19	−13 −22	−13 −28	−13 −35	−13 −49	−5 −11	−5 −14	−5 −20	0 −6	0 −9	0 −15	0 −22	0 −36	0 −58	0 −90	0 −150
10 14	14 18	−16 −24	−16 −27	−16 −34	−16 −43	−16 −59	−6 −14	−6 −17	−6 −24	0 −8	0 −11	0 −18	0 −27	0 −43	0 −70	0 −110	0 −180
18 24	24 30	−20 −29	−20 −33	−20 −41	−20 −53	−20 −72	−7 −16	−7 −20	−7 −28	0 −9	0 −13	0 −21	0 −33	0 −52	0 −84	0 −130	0 −210
30 40	40 50	−25 −36	−25 −41	−25 −50	−25 −64	−25 −87	−9 −20	−9 −25	−9 −34	0 −11	0 −16	0 −25	0 −39	0 −62	0 −100	0 −160	0 −250
50 65	65 80	−30 −43	−30 −49	−30 −60	−30 −76	−30 −104	−10 −23	−10 −29	−10 −40	0 −13	0 −19	0 −30	0 −46	0 −74	0 −120	0 −190	0 −300
80 100	100 120	−36 −51	−36 −58	−36 −71	−36 −90	−36 −123	−12 −27	−12 −34	−12 −47	0 −15	0 −22	0 −35	0 −54	0 −87	0 −140	0 −225	0 −350
120 140 160	140 160 180	−43 −61	−43 −68	−43 −83	−43 −106	−43 −143	−14 −32	−14 −39	−14 −54	0 −18	0 −25	0 −40	0 −63	0 −100	0 −160	0 −250	0 −400
180 200 225	200 225 250	−50 −70	−50 −79	−50 −96	−50 −122	−50 −165	−15 −35	−15 −44	−15 −61	0 −20	0 −29	0 −46	0 −72	0 −115	0 −185	0 −290	0 −460
250 280	280 315	−56 −79	−56 −88	−56 −108	−56 −134	−56 −186	−17 −40	−17 −49	−17 −69	0 −23	0 −32	0 −52	0 −81	0 −130	0 −210	0 −320	0 −520
315 355	355 400	−62 −87	−62 −98	−62 −119	−62 −151	−62 −202	−18 −43	−18 −54	−13 −75	0 −25	0 −36	0 −57	0 −89	0 −140	0 −230	0 −360	0 −570
400 450	450 500	−68 −95	−68 −108	−68 −131	−68 −165	−68 −223	−20 −47	−20 −60	−20 −83	0 −27	0 −40	0 −63	0 −97	0 −155	0 −250	0 −400	0 −630

续表

公称尺寸/mm		常用及优先公差带														
		js			k			m			n			p		
大于	至	5	6	7	5	6	7	5	6	7	5	6	7	5	6	7
	3	±2	±3	±5	+4 0	+6 0	+10 0	+6 +2	+8 +2	+12 +2	+8 +4	+10 +4	+14 +4	+10 +6	+12 +6	+16 +6
3	6	±2.5	±4	±6	+6 +1	+9 +1	+13 +1	+9 +4	+12 +4	+16 +4	+13 +8	+16 +8	+20 +8	+17 +12	+20 +12	+24 +12
6	10	±3	±4.5	±7	+7 +1	+10 +1	+16 +1	+12 +6	+15 +6	+21 +6	+16 +10	+19 +10	+25 +10	+21 +15	+24 +15	+30 +15
10	14	±4	±5.5	±9	+9 +1	+12 +1	+19 +1	+15 +7	+18 +7	+25 +7	+20 +12	+23 +12	+30 +12	+26 +18	+29 +18	+36 +18
14	18															
18	24	±4.5	±6.5	±10	+11 +2	+15 +2	+23 +2	+17 +8	+21 +8	+29 +8	+24 +15	+28 +15	+36 +15	+31 +22	+35 +22	+43 +22
24	30															
30	40	±5.5	±8	±12	+13 +2	+18 +2	+27 +2	+20 +9	+25 +9	+34 +9	+28 +17	+33 +17	+42 +17	+37 +26	+42 +26	+51 +26
40	50															
50	65	±6.6	±9.5	±15	+15 +2	+21 +2	+32 +2	+24 +11	+30 +11	+41 +11	+33 +20	+39 +20	+50 +20	+45 +32	+51 +32	+62 +32
65	80															
80	100	±7.5	±11	±17	+18 +3	+25 +3	+38 +3	+28 +13	+35 +13	+48 +13	+38 +23	+45 +23	+58 +23	+52 +27	+58 +37	+72 +37
100	120															
120	140	±9	±12.5	±20	+21 +3	+28 +3	+43 +3	+33 +15	+40 +15	+55 +15	+45 +27	+52 +27	+67 +27	+61 +43	+68 +43	+83 +43
140	160															
160	180															
180	200	±10	±14.5	±23	+24 +4	+33 +4	+50 +4	+37 +17	+46 +17	+63 +17	+51 +31	+60 +31	+77 +31	+70 +55	+79 +50	+96 +50
200	225															
225	250															
250	280	±11.5	±16	±26	+27 +4	+36 +4	+56 +4	+43 +20	+52 +20	+72 +20	+57 +24	+66 +34	+86 +34	+79 +56	+88 +56	+108 +56
280	315															
315	355	±12.5	±18	±28	+29 +4	+40 +4	+61 +4	+46 +21	+57 +21	+78 +21	+62 +37	+73 +37	+94 +37	+87 +62	+98 +62	+119 +62
355	400															
400	450	±13.5	±20	±31	+32 +5	+45 +5	+68 +5	+50 +23	+63 +23	+86 +23	+67 +40	+80 +40	+103 +40	+95 +68	+108 +68	+131 +68
450	500															

续表

公称尺寸/mm		常用及优先公差带														
		r			s			t			u		v	x	y	z
大于	至	5	6	7	5	6	7	5	6	7	6	7	6	6	6	6
	3	+14	+16	+20	+18	+20	+24	—	—	—	+24	+28	—	+26	—	+32
		+10	+10	+10	+14	+14	+14				+18	+18		+20		+26
3	6	+20	+23	+27	+24	+27	+31	—	—	—	+31	+35	—	+36	—	+43
		+15	+15	+15	+19	+19	+19				+23	+23		+28		+35
6	10	+25	+28	+34	+29	+32	+38	—	—	—	+37	+43	—	+43	—	+51
		+19	+19	+19	+23	+23	+23				+28	+28		+34		+42
10	14							—	—	—			—	+51	—	+61
		+31	+31	+41	+36	+39	+46				+44	+51		+40		+50
14	18	+23	+23	+23	+28	+28	+28	—	—	—	+33	+33	+50	+56	—	+71
													+39	+45		+60
18	24							—	—	—	+54	+62	+60	+67	+76	+86
		+37	+37	+49	+44	+48	+56				+41	+41	+47	+54	+63	+73
24	30	+28	+28	+28	+35	+35	+35	+50	+54	+62	+61	+69	+68	+77	+88	+101
								+41	+41	+41	+48	+48	+55	+64	+75	+88
30	40							+59	+64	+73	+76	+85	+84	+96	+110	+128
		+45	+50	+59	+54	+59	+68	+48	+48	+48	+60	+60	+68	+80	+94	+112
40	50	+34	+34	+34	+43	+43	+43	+65	+70	+79	+86	+95	+97	+113	+130	+152
								+54	+54	+54	+70	+70	+81	+97	+114	+136
50	65	+54	+60	+71	+66	+72	+83	+79	+85	+96	+106	+117	+121	+141	+163	+191
		+41	+41	+41	+53	+53	+53	+66	+66	+66	+87	+87	+102	+122	+144	+172
65	80	+56	+62	+73	+72	+78	+89	+99	+94	+105	+121	+132	+139	+165	+193	+229
		+43	+43	+43	+59	+59	+59	+75	+75	+75	+102	+102	+120	+146	+174	+210
80	100	+66	+73	+86	+86	+93	+106	+106	+113	+126	+146	+159	+168	+200	+236	+280
		+51	+51	+51	+71	+71	+71	+91	+91	+91	+124	+124	+146	+178	+214	+258
100	120	+69	+76	+89	+94	+101	+114	+110	+126	+139	+166	+179	+194	+232	+276	+332
		+54	+54	+54	+79	+79	+79	+140	+104	+104	+144	+144	+172	+210	+254	+310
120	140	+81	+88	+103	+110	+117	+132	+140	+147	+162	+195	+210	+227	+273	+325	+390
		+63	+63	+63	+92	+92	+92	+122	+122	+122	+170	+170	+202	+248	+300	+365
140	160	+83	+90	+105	+118	+125	+140	+152	+159	+174	+215	+230	+253	+305	+365	+440
		+65	+65	+65	+100	+100	+100	+134	+134	+134	+190	+190	+228	+280	+340	+415
160	180	+86	+93	+108	+126	+133	+148	+164	+171	+186	+235	+250	+277	+335	+405	+490
		+68	+68	+68	+108	+108	+108	+146	+146	+146	+210	+210	+252	+310	+380	+465
180	200	+97	+106	+123	+142	+151	+168	+186	+195	+212	+265	+282	+313	+379	+454	+549
		+77	+77	+77	+122	+122	+122	+166	+166	+166	+236	+236	+284	+350	+425	+520
200	225	+100	+109	+126	+150	+159	+176	+200	+209	+226	+287	+304	+339	+414	+499	+604
		+80	+80	+80	+130	+130	+130	+180	+180	+180	+258	+258	+310	+385	+470	+575
225	250	+104	+113	+130	+160	+169	+186	+216	+225	+242	+313	+330	+369	+454	+549	+669
		+84	+84	+84	+140	+140	+140	+196	+196	+196	+284	+284	+340	+425	+520	+640
250	280	+117	+126	+146	+181	+290	+210	+241	+250	+270	+347	+367	+417	+507	+612	+742
		+94	+94	+94	+108	+158	+158	+218	+218	+218	+315	+315	+385	+475	+580	+710
280	315	+121	+130	+150	+193	+202	+222	+263	+272	+292	+382	+420	+457	+557	+682	+822
		+98	+98	+98	+170	+170	+179	+240	+240	+240	+350	+350	+425	+525	+650	+790
315	355	+133	+144	+165	+215	+226	+247	+293	+304	+325	+426	+447	+511	+626	+766	+936
		+108	+108	+108	+190	+190	+190	+268	+268	+268	+390	+390	+475	+500	+730	+900
355	400	+139	+150	+171	+233	+244	+265	+319	+330	+351	+471	+495	+566	+696	+856	+1036
		+114	+114	+114	+208	+208	+208	+294	+294	+294	+435	+435	+530	+660	+820	+1000
400	450	+153	+166	+189	+259	+272	+295	+357	+370	+393	+530	+553	+635	+780	+960	+1140
		+126	+126	+126	+232	+232	+232	+330	+330	+330	+490	+490	+595	+740	+920	+1100
450	500	+159	+172	+195	+279	+292	+315	+387	+400	+423	+580	+603	+700	+860	+1040	+1290
		+132	+132	+132	+252	+252	+252	+360	+360	+360	+540	+540	+660	+820	+1000	+1250

参 考 文 献

[1] 马慧．机械制图．北京：机械工业出版社，2003.

[2] 李澄，吴天生，闻百桥．机械制图．第2版．北京：高等教育出版社，2003.

[3] 陈桂芬．机械制图与计算机绘图．西安：西安电子科技大学出版社，2006.

[4] 刘小年．机械制图．第2版．北京：机械工业出版社，2003.

[5] 王建华，毕万全．机械制图与计算机绘图．北京：国防工业出版社，2004.

[6] 钱可强．机械制图．北京：化学工业出版社，2005.

[7] 莫章金，周跃全．AutoCAD 2002工程绘图与训练．北京：高等教育出版社，2003.

[8] 孙开元，李长娜．机械制图新标准解读及画法示例．北京：化学工业出版社，2006.

[9] 王兰美，孙玉峰．现代工程设计制图习题集．北京：高等教育出版社，1999.

[10] 周鹏翔，刘振魁．工程制图．北京：高等教育出版社，2002.

[11] 夏华生，王梓森，杜兴亚，王其昌．机械制图．第2版．北京：高等教育出版社，1997.

[12] 赵国增．计算机绘图及实训——AutoCAD 2002．北京：高等教育出版社，2004.

[13] 导向科技．AutoCAD 2002机械设计培训教程．北京：人民邮电出版社，2003.

[14] 江振禹，李立．AutoCAD 2005基础教程．北京：希望电子出版社，2005.